高等学校教材

燃烧理论与污染控制

钱焕群　张明阳　田永生　主编

化学工业出版社
·北京·

内容简介

《燃烧理论与污染控制》根据我国生态发展理念和大学本科专业工程认证的要求，结合碳达峰、碳中和的目标，分两个部分阐述燃烧过程和烟气净化过程。第一部分内容首先简要讲述燃烧的基本概念、应用及其伴生的污染物，重点论述了燃烧化学动力学和燃烧过程内在的反应机理和基本规律；着重介绍了气体、液体和煤燃烧过程的特性，强化了燃烧器的设计方法。第二部分重点论述了减排颗粒物、二氧化硫、氮氧化物的基本原理、过程和主要设备，并介绍了行业标准规范的技术内容，既注重过程的理论学习，也强调了烟气净化的工程设计与实践。

本书可作为高等学校能源与动力工程专业、环境类专业和建筑与能源应用工程专业的教学用书，也可供从事能源、环境、建设工程领域的科研人员、技术人员和管理人员参考。

图书在版编目（CIP）数据

燃烧理论与污染控制 / 钱焕群，张明阳，田永生主编． -- 北京：化学工业出版社，2024．10． -- ISBN 978-7-122-46359-3

Ⅰ．O643.2；X510.5

中国国家版本馆 CIP 数据核字第 20241KQ405 号

责任编辑：刘丽菲　　　　　　　　　　　文字编辑：王　琪
责任校对：宋　玮　　　　　　　　　　　装帧设计：张　辉

出版发行：化学工业出版社
　　　　　（北京市东城区青年湖南街 13 号　邮政编码 100011）
印　　装：河北延风印务有限公司
787mm×1092mm　1/16　印张 18½　字数 450 千字
2025 年 5 月北京第 1 版第 1 次印刷

购书咨询：010-64518888　　　　　　　　售后服务：010-64518899
网　　址：http://www.cip.com.cn
凡购买本书，如有缺损质量问题，本社销售中心负责调换。

定　　价：58.00 元　　　　　　　　　　　版权所有　违者必究

前言

燃烧系统指组织燃料和空气在锅炉炉膛内燃烧，并将生成的燃烧产物净化和排出所需的设备与相应的燃料（煤、煤粉、油、气等）、风、烟管道的组合，通常包括锅炉燃烧器、煤和制粉系统及烟风系统等。燃烧器和烟气净化设备是燃烧系统的两个重要设备，其在理论和工程方面可作总体考虑与综合优化，其相对应的燃烧内容和烟气净化内容可作相互融合，形成本书的主要内容，以满足不同专业的本科生、研究生或者工程技术人员的学习与参考需要。

本书编写团队依据当代工程技术人才的培养目标，充分考虑多年来专业课程的教学实践和学生的学习感受，结合能源与动力工程专业与环境工程专业知识交叉的需求，组织编写。教材特色主要体现在以下方面：

（1）在价值导向方面，本书坚持立德树人根本任务，弘扬社会主义核心价值观，将"课程思政"相关内容有机融入教材。

（2）在国家政策方面，围绕清洁生产政策，面向"碳达峰、碳中和"发展目标，将燃料化学能的转化过程、烟气净化和二氧化碳捕集等方面进行有机融合。

（3）在能力培养方面，本书将主要规范标准的技术要求融合于理论知识，体现了当代工程教育的理念，不仅注重加强学生专业能力（工程知识应用能力、问题分析能力、设计/开发能力、研究能力）的培养，而且注重引导学生遵循设计规范技术标准的意识。

（4）在软件工具方面，本书将商业软件的理论基础融合到教材中，有助于本科生、研究生或者科技工作者快速掌握数字仿真的开发工具。

（5）在内容编排方面，本书根据专业课时压缩的教学要求，力求数据夯实，知识归类与更新，重点突出，体现从理论到应用的思维方法。

本书共11章，主要分为燃烧和烟气净化两个部分。相对于燃烧学课程教材，本书增加了燃烧器设计、烟气净化和二氧化碳捕集方面的内容，删除了偏向研究方面和复杂推导方面的内容，充分考虑学以致用的目标性。本书在各个相关章节以例题或其他形式从数据上强化对概念的理解，以增强学生在理论、实验、数值计算和设计方面参数的把控能力。

本书由山东建筑大学钱焕群教授、张明阳副教授、田永生博士、毛煜东副教授和杨开敏副教授共同完成。

本书编写的具体分工如下：第1章、第2章2.9～2.10节、第4章4.5～4.6节、第5章5.4～5.5节、第7章7.7节、第10章10.4节、第11章由钱焕群编写；第2章2.1～2.8节、第3章、第8章由张明阳编写；第4章4.1～4.4节、第5章5.1～5.3节、第6章、第7章7.1～7.6节由田永生编写；第9章由杨开敏编写；第10章10.1～10.3节由毛煜东编写；张明阳负责本书全部资料的整理工作。

由于编者知识、能力和阅历的局限，书中难免有不妥之处，恳请广大读者提出宝贵意见。

编者

2024年12月

目 录

第 1 章 绪论 /1

1.1 燃烧的概念 /1
    1.1.1 燃烧的定义 /1
    1.1.2 燃料与燃烧生成的污染物 /2
1.2 燃烧学的应用 /2
1.3 学习方法 /4

第 2 章 燃烧化学反应动力学 /6

2.1 燃料的化学反应计算 /6
    2.1.1 当量比 /6
    2.1.2 热值 /7
    2.1.3 绝对燃烧温度 /8
2.2 总包反应与基元反应 /9
2.3 化学反应速率的影响因素 /11
    2.3.1 活化能对化学反应速率的影响 /11
    2.3.2 温度对化学反应速率的影响 /11
    2.3.3 压力对化学反应速率的影响 /12
    2.3.4 反应物浓度对化学反应速率的影响 /12
2.4 多步反应机理的反应速率 /12
    2.4.1 连续反应的反应速率 /12
    2.4.2 稳态近似分析 /13
    2.4.3 部分平衡近似 /14

2.5 化学时间尺度 / 15
    2.5.1 单分子反应 / 15
    2.5.2 双分子反应 / 15
    2.5.3 三分子反应 / 16

2.6 部分重要的燃烧反应机理 / 16
    2.6.1 链式反应 / 16
    2.6.2 一氧化碳的氧化机理 / 19
    2.6.3 甲烷的氧化机理 / 20
    2.6.4 高链烷烃的氧化 / 21
    2.6.5 氨能的氧化 / 22

2.7 氮氧化物的生成机理 / 23
    2.7.1 热力型机理 / 23
    2.7.2 快速型机理 / 24
    2.7.3 N_2O 中间体机理 / 24
    2.7.4 燃料型机理 / 25

2.8 硫氧化物的生成机理 / 25

2.9 表面反应机理 / 26

2.10 燃烧反应器模型 / 27
    2.10.1 净生成率 / 28
    2.10.2 平衡反应器模型 / 28
    2.10.3 定容-定质量反应器模型 / 28
    2.10.4 全混流反应器模型 / 29
    2.10.5 平推流反应器模型 / 29

思考题与习题 / 30

第 3 章 传质基础 / 31

3.1 传质的基本概念 / 31
    3.1.1 菲克定律 / 31
    3.1.2 绝对通量 / 32
    3.1.3 组分 A 在静止介质中扩散 / 33
    3.1.4 气液界面的边界条件 / 34

3.2 控制体的组分守恒 / 35

3.3 液滴的蒸发 / 36
3.4 伴有反应的传质过程 / 37
    3.4.1 均相反应的传质过程 / 37
    3.4.2 异相反应的传质过程 / 38
思考题与习题 / 38

第4章 燃料的着火与火焰传播 / 39

4.1 着火的基本概念 / 39
4.2 热力自燃 / 39
4.3 链式着火 / 44
4.4 强迫着火 / 46
    4.4.1 强迫着火的种类 / 46
    4.4.2 强迫着火的理论 / 47
    4.4.3 电火花点火 / 49
4.5 火焰传播 / 50
    4.5.1 火焰的概念 / 50
    4.5.2 火焰的特征 / 51
    4.5.3 锥形火焰结构的简单分析 / 51
    4.5.4 火焰传播速度的理论 / 52
    4.5.5 火焰传播速度的影响因素 / 54
4.6 熄火 / 55
思考题与习题 / 57

第5章 气体燃料的燃烧 / 58

5.1 气体燃料的燃烧方式 / 58
5.2 层流扩散燃烧 / 59
    5.2.1 层流扩散火焰的类型 / 59
    5.2.2 层流扩散火焰结构与火焰长度 / 60
    5.2.3 层流扩散火焰长度的影响因素 / 63
    5.2.4 碳烟的形成和分解 / 65
5.3 湍流燃烧 / 66
    5.3.1 湍流尺度 / 66

5.3.2　湍流雷诺数　/ 67
　　　5.3.3　湍流流动的简单分析　/ 67
　　　5.3.4　湍流预混燃烧　/ 69
　　　5.3.5　湍流扩散燃烧　/ 73
　5.4　火焰稳定　/ 77
　　　5.4.1　推举和吹熄　/ 77
　　　5.4.2　火焰稳定　/ 79
　5.5　气体燃烧器设计　/ 85
　　　5.5.1　设计要求　/ 85
　　　5.5.2　烹饪用的燃烧器设计　/ 86
思考题与习题　/ 87

第6章　液体燃料的燃烧　/ 88

　6.1　液体燃料的特性　/ 88
　　　6.1.1　相对密度　/ 88
　　　6.1.2　黏度　/ 88
　　　6.1.3　表面张力　/ 89
　　　6.1.4　比热容和热导率　/ 89
　　　6.1.5　热值　/ 89
　　　6.1.6　凝固点　/ 89
　　　6.1.7　沸点　/ 90
　　　6.1.8　闪点　/ 90
　　　6.1.9　燃点　/ 90
　6.2　液体燃料的雾化　/ 90
　　　6.2.1　液体燃料燃烧的基本过程　/ 90
　　　6.2.2　雾化过程及机理　/ 91
　　　6.2.3　压力雾化结构　/ 92
　　　6.2.4　压力雾化性能　/ 92
　6.3　液滴的蒸发　/ 94
　　　6.3.1　基本假设　/ 94
　　　6.3.2　气相守恒方程　/ 95
　6.4　液滴的燃烧　/ 96
　　　6.4.1　燃烧问题的描述　/ 96

6.4.2 燃烧问题的分析思路 / 97

6.4.3 基本假设 / 97

6.4.4 界面上的能量平衡 / 97

6.4.5 求解与结果 / 98

6.4.6 对流条件的处理 / 100

6.5 一维喷雾燃烧 / 102

6.5.1 假设 / 102

6.5.2 目标参数 / 103

6.5.3 平衡方程 / 103

6.6 喷雾燃烧的合理配风 / 104

6.6.1 配风原理 / 104

6.6.2 合理配风的基本方式 / 105

思考题与习题 / 106

第7章 煤的燃烧 / 107

7.1 煤的组成 / 107

7.2 煤的燃烧过程 / 108

7.3 煤的热解 / 109

7.3.1 热解的主要化学反应 / 109

7.3.2 热解产物的组分 / 111

7.3.3 热解的描述方程 / 112

7.3.4 热解产物的燃烧 / 113

7.4 碳的燃烧 / 114

7.4.1 碳的结构 / 114

7.4.2 碳的燃烧反应 / 115

7.4.3 碳球的燃烧速率 / 117

7.4.4 碳球的燃烧时间 / 120

7.4.5 碳球燃烧的工况 / 121

7.4.6 考虑二次反应的碳球燃烧 / 124

7.4.7 多孔性碳球的燃烧 / 127

7.5 焦炭燃烧的影响因素 / 128

7.5.1 挥发分析出对焦炭燃烧的影响 / 128

  7.5.2 灰分对燃烧的影响 / 129

 7.6 煤粉燃烧器 / 130

  7.6.1 煤粉燃烧器的布置 / 130

  7.6.2 燃烧器的基本要求 / 132

  7.6.3 燃烧方式的选择 / 133

  7.6.4 燃烧器设计参数的选择 / 133

  7.6.5 煤粉燃烧器的设计 / 134

思考题与习题 / 141

第 8 章　颗粒污染物的控制　/ 142

 8.1 颗粒的粒径及粒径分布 / 142

  8.1.1 颗粒的粒径 / 142

  8.1.2 粒径分布 / 143

  8.1.3 粒径分布函数 / 144

 8.2 粉尘的物理性质 / 146

  8.2.1 粉尘的密度 / 146

  8.2.2 粉尘的含水率 / 147

  8.2.3 粉尘的润湿性 / 147

  8.2.4 粉尘的荷电性 / 147

  8.2.5 粉尘的导电性 / 148

  8.2.6 粉尘的黏附性 / 148

  8.2.7 粉尘的安息角和滑动角 / 149

  8.2.8 粉尘的比表面积 / 149

  8.2.9 粉尘的自燃性和爆炸性 / 149

 8.3 净化装置的性能 / 150

  8.3.1 处理气体流量 / 150

  8.3.2 净化效率 / 150

  8.3.3 压力损失 / 151

 8.4 颗粒捕集的理论基础 / 152

  8.4.1 颗粒的流体阻力 / 152

  8.4.2 阻力导致的减速运动 / 153

  8.4.3 重力沉降 / 154

  8.4.4 离心沉降 / 155

8.4.5 静电沉降 / 156
8.4.6 惯性沉降 / 156
8.4.7 扩散沉降 / 157

8.5 电除尘器 / 159
8.5.1 电除尘器的基本理论 / 159
8.5.2 电除尘器的结构 / 164
8.5.3 电除尘器的供电 / 172
8.5.4 电除尘器的性能 / 174
8.5.5 电除尘器性能的影响因素 / 174
8.5.6 电除尘器的设计 / 180
8.5.7 电除尘器的选用 / 185

8.6 袋式除尘器 / 186
8.6.1 袋式除尘器的基本原理 / 186
8.6.2 袋式除尘器的分类 / 187
8.6.3 袋式除尘器的滤料 / 189
8.6.4 袋式除尘器的性能及其影响因素 / 190
8.6.5 袋式除尘器的设计与选型 / 192

8.7 电袋复合除尘器 / 194
8.7.1 电袋复合除尘器的基本原理 / 194
8.7.2 电袋复合除尘器的结构 / 194
8.7.3 电袋复合除尘器的技术特点 / 196
8.7.4 电袋复合除尘器的应用 / 196

8.8 除尘器的选择与发展 / 197
8.8.1 除尘器的选择 / 197
8.8.2 除尘器的发展 / 198

思考题与习题 / 199

第9章 石灰石湿法烟气脱硫技术 / 200

9.1 气体吸收理论 / 200
9.1.1 相际传质理论 / 200
9.1.2 吸收速率方程 / 201
9.1.3 相平衡 / 202
9.1.4 传质系数 / 203

9.1.5 界面浓度 / 204
9.1.6 吸收单元操作 / 204
9.1.7 化学吸收过程 / 208

9.2 石灰石浆液脱除 SO_2 的化学原理 / 210
9.2.1 石灰石浆液吸收 SO_2 的主要化学反应 / 210
9.2.2 pH 值对石灰石浆液脱硫化学反应的影响 / 212

9.3 逆流喷淋吸收塔 / 213
9.3.1 逆流喷淋吸收塔结构 / 213
9.3.2 逆流喷淋吸收塔的主要参数 / 215

9.4 石灰石湿法烟气脱硫的平衡方程 / 220
9.4.1 石灰石湿法烟气脱硫系统 / 220
9.4.2 烟气平衡 / 221
9.4.3 固体物平衡 / 221
9.4.4 水平衡 / 225
9.4.5 系统热平衡 / 226

9.5 石灰石-石膏湿法烟气脱硫工艺设计 / 227
9.5.1 选择工艺的原则 / 227
9.5.2 石灰石-石膏湿法烟气脱硫工艺的规定 / 228
9.5.3 喷淋吸收塔设计计算 / 230
9.5.4 湿法烟气脱硫工艺技术性能 / 230

思考题与习题 / 231

第 10 章 选择性催化还原烟气脱硝技术 / 232

10.1 选择性催化还原反应 / 232
10.1.1 催化作用 / 232
10.1.2 SCR 化学反应 / 233
10.1.3 催化反应本征动力学 / 234
10.1.4 催化反应动力学 / 236

10.2 SCR 反应器 / 240
10.2.1 催化反应器的结构 / 240
10.2.2 影响脱硝效率的主要因素 / 241
10.2.3 催化剂 / 244
10.2.4 SCR 反应器的设计 / 251

10.3 SCR 烟气脱硝系统及其附属设施 / 258
  10.3.1 SCR 系统布置 / 259
  10.3.2 SCR 烟气脱硝系统 / 259
  10.3.3 还原剂储存与制备 / 260
  10.3.4 SCR 烟气脱硝的附属设施 / 267
  10.3.5 SCR 烟气脱硝系统的技术性能 / 269
思考题与习题 / 269

第11章　二氧化碳捕集技术　/ 270

11.1 二氧化碳捕集方法 / 270
11.2 溶液化学反应 / 271
11.3 溶液吸收二氧化碳的传质过程 / 274
11.4 二氧化碳捕集系统 / 274
  11.4.1 填料吸收塔 / 275
  11.4.2 塔顶冷凝器 / 277
  11.4.3 塔底再沸器 / 277
  11.4.4 二氧化碳捕集性能 / 278
  11.4.5 吸收剂 / 279
思考题与习题 / 280

参考文献　/ 281

第 1 章
绪论

1.1 燃烧的概念

1.1.1 燃烧的定义

火的使用是人类起源的重要标志之一。随着人类对火的长期认知和经验积累,人类发明了蒸汽机。蒸汽机的不断革新和应用深化了人们对火的认识,逐步揭示了火的本质,提出了燃烧的概念。燃烧是燃料与氧气等氧化剂发生剧烈氧化反应同时产生热量或伴随发光的现象。该定义强调:一是说明燃烧的本质是一种化学反应;二是表明燃烧是燃料的化学能转换方式;三是要求燃烧应具有一定的剧烈程度,以表现出显著的热效应。

随着热力学和热化学的发展,人们从系统角度阐述燃烧过程的热力学平衡特性,从而能以系统参数方式定量描述燃烧过程,如燃烧焓、热值、绝热燃烧温度、燃烧产物的组分等。可以说,热力学是燃烧现象的首要认识基础。

燃烧过程的热力学平衡特性没有考虑时间因素和过程细节,这无法满足解释一些燃烧现象和燃烧应用的需求。美国化学家刘易斯和苏联化学家谢苗诺夫等将化学动力学引入燃烧的研究,研究确认化学反应动力学是影响燃烧速率的重要因素,且发现燃烧反应具有链式反应的特点,这些研究初步奠定了燃烧的理论基础。

燃烧化学反应动力学特性仅依据理想的化学反应模型揭示燃烧过程的化学反应本征,没有考虑其他物理因素(反应体系的流动、传质和传热等)对化学反应的影响。随着 20 世纪初各学科的迅速发展,流体力学和传热传质学被引入对燃烧过程的认识,从而建立了着火理论、火焰传播和湍流燃烧的规律。美国力学家冯·卡门和我国力学家钱学森首先倡议用连续介质力学研究燃烧的基本过程,并逐渐建立了"反应流体力学"。很多学者以此为基础对燃烧现象展开广泛的研究,从而使燃烧理论提升到一个新的高度,能很好地定量描述和预测燃烧过程,正因如此,燃烧技术得到了大幅发展与应用。

燃烧不仅是以燃料释放化学能而提供热量的热源,而且成为了大气污染的排放源,因为燃料存在有害物质,在燃烧过程中会形成不可忽视的污染物,比如颗粒物、硫氧化物、氮氧化物、一氧化碳、碳氢化合物以及二氧化碳等。这些污染物是雾霾、酸雨和温室效应的主要来源，严重危害着人类的健康、动植物的生长，甚至影响生态系统的平衡。因此，燃烧污染物的生成机理丰富与完整了燃烧理论的内容，通过相关理论，可以探索洁净燃烧技术，获得减少或消除污染物生成的有效方法。

鉴于现有的燃烧过程污染物控制技术已经不能满足现行大气污染控制指标的要求（超低排放，二氧化碳减排），有必要从燃烧系统角度讨论控制燃烧污染物排放的方法与技术，以使燃烧学更趋于完善与扩展。

1.1.2 燃料与燃烧生成的污染物

（1）燃料

燃料指可燃烧的物质，主要用于释放燃料化学能。

按形态分，燃料分为气体燃料、液体燃料和固体燃料。鉴于不同形态的燃料性质，本书主要讨论气体燃料、液体燃料和固体燃料的燃烧特性。

按来源分，燃料分为化石燃料（煤、天然气、石油）、生物质燃料（秸秆、树皮、酒精、生物柴油和木材）、垃圾燃料和核燃料等。根据2021年我国能源统计数据，化石燃料占总能源消耗的82.72%。

围绕"双碳"目标，相关政策的推进与实施，氢能（包括氨能）已经纳入国家或者地方能源规划，获得了局部推广应用与深化发展，是未来可期的清洁能源。

（2）燃烧生成的污染物

国际标准化组织（ISO）认为，大气污染系指由于人类活动或自然过程引起一些物质进入大气，呈现出足够的浓度，达到足够的时间，并因此危害了人体的舒适、健康和福利或环境的现象。

燃烧能提供热源，为人类造福，但不可避免地向大气排放污染物，给人类环境带来严重影响。燃烧产生的污染物主要有烟尘、硫氧化物（SO_2和SO_3）、氮氧化物（NO和NO_2等）、未燃尽或部分燃烧的碳氢化合物（醛和一氧化碳等）和二氧化碳。

燃烧产生的污染物排入大气，对动植物与环境带来直接伤害或者间接影响。如大量CO_2排入大气会产生温室效应，温室效应将直接导致全球陆地与海洋的平均温度上升。升温2℃可能会破坏全球陆地上约13%的生态系统，植物、动物（包括海洋生物）都将"背井离乡"，远离当下理想的栖居地，从而增大许多植物和动物灭绝的风险。燃烧产生的污染物在大气中发生反应，可导致光化学烟雾现象、酸雨问题、臭氧层破坏问题，严重影响与危害人类生存环境。

根据我国对烟尘、SO_x、NO_x和CO_x四种污染物来源的统计，燃烧产生的空气污染物约占全部污染物的70%，工业生产产生的约占20%，机动车产生的约占10%。由此可见，燃烧是产生污染的主要来源。

1.2 燃烧学的应用

燃烧学是一门内容丰富、发展迅速、实用性强的交叉学科。在电力、化工、冶金、水泥、航空、运输以及日常生活等诸多方面，都是通过燃烧来提供热源的。

根据2021年发电量统计，我国电力通过燃烧方式生产约占67.48%。如图1-1所示，在电力生产工业中，主要是利用燃煤锅炉，使燃料煤燃烧进而产生蒸汽，通过蒸汽驱动发电机发电，燃煤发电约占62.56%。

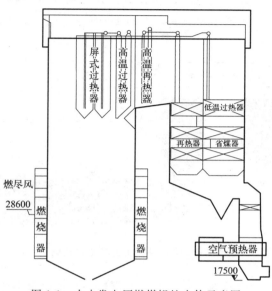

图1-1　火力发电厂燃煤锅炉本体示意图

汽车发动机依据奥托循环或者狄塞尔循环将燃油燃烧所释放的热能转换为机械能，为汽车行驶提供动力，如图1-2所示。

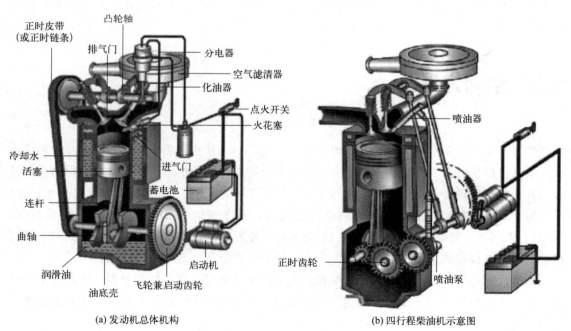

(a) 发动机总体机构　　　　(b) 四行程柴油机示意图

图1-2　发动机结构

涡扇发动机可谓是飞机的心脏，是依据布雷顿循环将燃油燃烧所释放的热能转换为动能为飞机提供推力。涡轮前温度是航空发动机的重要设计参数，喷气发动机普遍能达到1400K以上，一些战斗机的发动机涡轮前温度能达到2000K左右，高温对发动机热端材料及冷却系统设计提出了巨大挑战。

水泥生产利用燃料（煤炭或天然气）燃烧所释放的热量将生料加热到约1400℃，在回转窑内发生高温煅烧反应，生成水泥熟料，如图1-3所示。

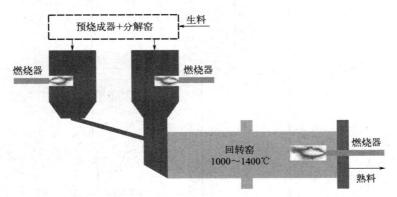

图1-3 水泥煅烧工艺技术示意图

在冶金生产过程中各种物料或工件的升温所需要的热量也是由燃料燃烧提供的，具体处理过程包括焙烧、熔炼、加热、热处理、干燥等环节。冶金工业的能源消耗，在很大程度上取决于各种冶金炉的能耗。

燃烧也可作为废物处置的一种方式，能够为有毒有害废物提供安全妥善的处置。垃圾焚烧发电作为"减量化、无害化、资源化"处置生活垃圾的最佳方式，已经在我国各地获得普遍推广应用。

1.3 学习方法

燃烧学是一门涉及热力学、流体力学、化学动力学、传热传质学，以数学为基础的综合理论学科。根据燃烧的应用，燃烧学主要在于研究燃料和氧化剂进行化学反应的物理化学过程及其组织与处理。

鉴于燃烧过程的复杂性与燃烧理论的交叉性，在燃烧的学习过程中务必坚持学与问。"学而不思则罔，思而不学则殆"。到目前为止，燃烧科学仍以实验研究为主，因此在学习过程中需注意掌握实验方法、测量手段，为进一步开展燃烧研究获得实验技能。

随着计算科学的发展，理论和数学模型的方法对燃烧研究显得越发重要，因此在学习过程中要注重简单燃烧过程的数学描述、反应动力学软件的基础操作，从而为燃烧研究培养一定的建模能力和数字仿真基础。

本章旨在尽可能提供一种足够简单的处理燃烧的方法，以从简单到复杂的思路，讨论与分析复杂的燃烧问题与现象，使得新接触的学生对燃烧的概念、方法和应用都能有所领会。第 2 章抛开燃烧过程的细节，依据热力学概念建立燃烧过程的定量描述，然后剥离流动、传质和传热因素，单纯讨论燃烧过程中的热化学和动力学问题，这部分知识是学习燃烧必备的基础。第 3 章在介绍燃烧过程所涉及的传质规律时引入反应对传质的影响。第 4 章抛开相态的变化，讨论燃料着火概念及火焰传播理论。第 5 章、第 6 章和第 7 章将上述理论与不同形态燃料的燃烧特性应用性地联系起来，并应用了这些基本原理来理解火焰结构和不同形态燃料燃烧器的设计。

第 2 章 燃烧化学反应动力学

在实际中，燃料的燃烧是非常复杂的物理化学过程。本章以燃料的反应体系为研究对象，在忽略该体系与外界作用的情况下，讨论与确定描述燃烧体系的状态参数和实现状态变化的系统内部化学反应途径，即燃烧的热化学和反应动力学。通过本章的学习，可以清晰掌握燃料与氧化剂（如空气）之间的相互关系，确定燃料能释放的最大热量和燃烧体系能达到的最高温度，燃烧过程的变化快慢和污染物的生成原因等。这些内容都是系统与设备的设计、开发和运行所必需的知识。

2.1 燃料的化学反应计算

2.1.1 当量比

碳氢燃料与空气进行燃烧，假设空气过量，其反应方程式可写为：

$$C_xH_y + a(O_2 + 3.76N_2) \longrightarrow xCO_2 + (y/2)H_2O + 3.76aN_2 + bO_2 \tag{2-1}$$

依据反应的原子数平衡，推导获得：

$$a = [x + 0.25(1 + \chi_{O_2})y]/(1 - 4.76\chi_{O_2}) \tag{2-2}$$

$$\chi_{O_2} = b/(x + 0.5y + 3.76a + b) \tag{2-3}$$

如果燃料与空气完全反应，则燃烧为化学当量工况，有：

$$a_{stoic} = x + y/4 \tag{2-4}$$

化学当量空燃比为：

$$(A/F)_{stoic} = \frac{4.76 a_{stoic}}{1} \times \frac{MW_{air}}{MW_{fuel}} \tag{2-5}$$

当量比常被用于表示燃料与空气混合物的富燃、贫燃或化学当量的情况，其定义为：

$$\Phi = (A/F)_{stoic}/(A/F) \tag{2-6}$$

对于富燃料混合工况，则 $\Phi > 1$；对于贫燃料混合工况，则 $\Phi < 1$；对于完全化学当量工况，则 $\Phi = 1$。

在许多燃烧应用中，当量比是确定燃烧系统性能的重要因素。在工程上，常用过量空气

系数 α 说明空气的过量情况，即：

$$\alpha = 1/\Phi \tag{2-7}$$

在实际燃烧应用中，过量空气系数与烟气含氧量之间关系如图 2-1 所示。

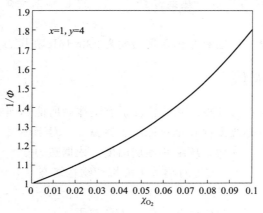

图 2-1　过量空气系数与烟气含氧量之间关系

【例题 2-1】　一台小型固定燃气轮机，在额定负荷（3950kW）工况下运行，其当量比为 0.286，空气的流量为 15.9kg/s。天然气的当量组成为 $C_{1.16}H_{4.32}$。试问：发动机的运行空燃比和天然气的质量流量大约为多少？

解：在化学当量工况下：

$$a_{\text{stoic}} = x + y/4 = 1.16 + 4.32/4 = 2.24$$

$$(A/F)_{\text{stoic}} = \frac{4.76 a_{\text{stoic}}}{1} \times \frac{MW_{\text{air}}}{MW_{\text{fuel}}} = \frac{4.76 \times 2.24}{1} \times \frac{28.85}{18.286} = 16.82$$

$$(A/F) = \frac{(A/F)_{\text{stoic}}}{\Phi} = \frac{16.82}{0.286} = 58.8$$

由此可得天然气质量流量为：

$$\dot{m}_{\text{fuel}} = \frac{\dot{m}_{\text{fuel}}}{(A/F)} = \frac{15.9}{58.8} = 0.270 (\text{kg/s})$$

2.1.2　热值

以燃料和氧化剂建立一个控制体系，如图 2-2 所示。根据热力学第一定律，能量守恒方程为：

$$H_{\text{reac}} + \dot{Q} = H_{\text{prod}} + \dot{W} \tag{2-8}$$

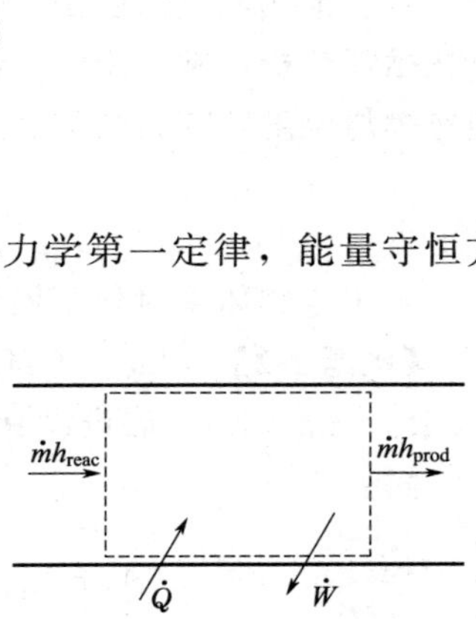

假设控制体系为稳态，对外输出功为 0，则该燃烧体系放出的热量为：

$$\Delta H_R = \dot{Q} = H_{\text{prod}} - H_{\text{reac}} \tag{2-9}$$

图 2-2　燃烧控制体系

以单位质量的燃料计算，则为：

$$\Delta h_R \equiv q_{\text{CV}} = \Delta H_R / MW_{\text{fuel}} = h_{\text{prod}} - h_{\text{reac}} \tag{2-10}$$

燃料热值是指单位燃料所能放出的化学能，在数值上等于燃烧产物与反应物的绝对焓之差，即燃烧焓，取正值，单位为 kJ/kg，或者 kJ/kmol。

产物的水分都凝结为液体时的燃烧热称为高位热值（HHV）；如果水为气态，热值被称为低位热值（LHV）。两者之间的关系为：

$$LHV = HHV - h_{fg} \tag{2-11}$$

对于 CH_4，其高位热值比低位热值高约 11%。这是凝结锅炉和烟气余热利用的一个依据。

特别注意，热值概念的标准参考状态是温度为 298.15K 和压力为 101.325kPa。

2.1.3 绝对燃烧温度

燃料的燃烧在绝热且不对外输出功的情况下燃烧体系所能达到的最高温度被称为理论燃烧温度，其分为定压绝热燃烧温度和定容绝热燃烧温度。对于燃料-空气混合物的定压系统，如燃气轮机和锅炉的燃烧，采用定压绝热燃烧温度。依据热力学第一定律，燃烧体系在初态（如 $T = 298K$，$P = 101325Pa$）的绝对焓等于燃烧产物在终态（$T = T_{ad}$，$P = 101325Pa$）的绝对焓，即：

$$H_{reac}(T_i, P) = H_{prod}(T_{ad}, P) \tag{2-12}$$

以单位质量计为：

$$h_{reac}(T_i, P) = h_{prod}(T_{ad}, P) \tag{2-13}$$

上述等式中的定压绝热燃烧温度只是说明燃烧前后的能量守恒情况。如果需要计算该值，必须确定燃烧产物的组成，因为在燃烧达到一定的温度下，产物会发生离解，因此燃烧产物由许多组分组成。确定了燃烧产物的组成，可依据混合物的特性计算混合物的比热容，进而按下式计算定压绝热燃烧温度。

$$T_{ad} = \frac{q_{CV}}{c_{prod}} \times \frac{1}{1+(A/F)} + 298.15 \tag{2-14}$$

燃烧体系的定压绝热燃烧温度一般在 3000K 左右。例如，氢气与氧气燃烧，理论上能达到 5000K 左右，但是水分子在高温下发生离解，因此定压绝热燃烧温度约为 3000K。定压绝热燃烧温度主要由燃烧体系、燃烧产物的化学稳定性决定。

定容绝热燃烧温度是指燃烧体系在完全燃烧和绝热定容条件下所达到的温度。对于理想奥托循环分析，常采用定容绝热燃烧温度。由于热化学数据很少列举内能数据，因此，定容绝热燃烧温度转变为焓的表达式，即：

$$h_{prod} - h_{reac} + R\left(\frac{T_i}{MW_{reac}} - \frac{T_{ad}}{MW_{prod}}\right) = 0 \tag{2-15}$$

由于定容体系对外不做功，因此定容绝热燃烧温度高于定压绝热燃烧温度。

【例题 2-2】 4kg 的 CH_4 与空气进行化学当量燃烧，热值为 55000kJ/kg，产物比热容约 1.25kJ/(kg·K)，假设没有离解，则定压绝热温度为多少？

解：

$$a = x + y/4 = 1 + 4/4 = 2$$

$$(A/F)_{stoic} = \frac{4.76a}{1} \times \frac{MW_{air}}{MW_{fuel}} = \frac{4.76 \times 2 \times 28.85}{16} = 17.17$$

$$m_{prod} = m_{reac} = 1 + (A/F)$$

$$T_{ad} = \frac{q_{CV}}{C_{p,prod}} \frac{1}{1+\left(\frac{A}{F}\right)} + 298.15 = \frac{55000}{1.25} \times \frac{1}{1+17.17} + 298.15 = 2421.57 + 298.15 = 2719.72(K)$$

依据此题试定量分析空燃比对定压绝热温度的影响。

2.2 总包反应与基元反应

实验测量结果显示在化学反应过程中存在中间产物，这说明反应物并不是直接反应生成产物。例如，C 与 O_2 燃烧生成 CO_2，但不是直接反应生成 CO_2，而是由下述反应共同完成：

$$O_2 \longrightarrow O+O$$
$$C+O_2 \longrightarrow CO+O$$
$$CO+O_2 \longrightarrow CO_2+O$$
$$CO+O+M \longrightarrow CO_2+M$$

在上述化学反应中，常将反应物按计量方程式转变为产物并非一步完成的反应称为总包反应，例如，$C+O_2 \Longrightarrow CO_2$。将反应物分子（或者离子、原子、自由基等）在宏观上一步直接实现的反应称为基元反应，例如，$C+O_2 \longrightarrow CO+O$ 和 $O_2 \longrightarrow O+O$，等等。可以说，总包反应是由一系列的若干基元反应构成的宏观化学反应，并不代表实际的反应历程。将描述一个总包反应所需要的基元反应的组合称为反应机理（历程）。反应机理可能包括几个基元反应，也可能包括几百个基元反应。越是完备的基元反应组合，越能精确地描述一个总包反应的特性。

在确定产物的情况下，燃烧的总包反应方程式可表示为：

$$F + a\,Ox \longrightarrow b\,Pr \tag{2-16}$$

通过实验测量，总包反应的燃料消耗速率可按下式表示：

$$r = \frac{d[F]}{dt} = -k_G [F]^m [Ox]^n \tag{2-17}$$

在式（2-17）中，k_G 为反应速率常数，是与反应温度密切相关的函数。$m+n$ 为总包反应的阶数，其值通常由实验测量数据拟合获得。

在实际应用中，反应速率常数常表示为三参数形式：

$$k_G = AT^b \exp\left(-\frac{E_a}{RT}\right) \tag{2-18}$$

式中　E_a——反应体系的活化能，kJ/mol；
　　　R——通用气体常数，J/(mol·K)。

上述总包反应速率仅在实验限定的温度和压力范围内成立，通常不能应用到实验范围之外。也可能在不同的温度区间，需要采用不同的速率表达式及不同的参数。

对于基元反应，可用图 2-3 加以说明。反应物存在的形式为 A、B 和 C。由 A 向 C 和由 C 向 A 都不是基元反应，因为其间存在 2 个能峰；由 A 向 B 是基元反应；由 B 向 C 是基元反应；由 C 向 B 是基元反应。

$2H_2 + O_2 \longrightarrow 2H_2O$ 是基元反应吗？这难以根据物质稳定性直接说明。但是，依据概率可对其加以说明。化学反应本质上就是参

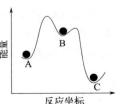

图 2-3　物质的稳定性

与反应的原子的重新组合,当2个氢分子与1个氧分子碰撞时,这3个分子都需要同时断裂共价键,并形成4个新键,这样的可能性很小,因此这个反应不属于基元反应。

飞秒激光技术可用于观测反应过程,获得各种反应物质的光谱变化,能够推断反应过程中会出现什么样的物质?物质在什么状态下发生反应?因此,飞秒激光技术是研究燃烧反应机理的一种重要的实验方法。

大多数的燃烧体系都有自由基参与的反应。自由基就是含有一个或多个未成键单电子的物种,例如,氢自由基H·、氧自由基O·和羟基自由基·OH等。自由基可以是单原子,也可以是基团。自由基的常见标记是在单原子符号或基团符号旁边加一个点"·"表示。

自由基主要以下述方式产生:

(1) σ键的断裂(容易断裂的C—N、O—O、卤素键等)。
(2) π键的光化学激发。
(3) 单电子氧化或还原。

π键的键能要小于σ键的键能,因此π键的稳定性低于σ键,π键电子比σ键电子活泼。典型的自由基生成的反应有:

$$O_2 \xrightarrow{加热} O\cdot + O\cdot$$

$$Cl_2 \xrightarrow{h\nu} Cl\cdot + Cl\cdot$$

$$(RC=OR) \xrightarrow{h\nu} (RC-OR)\cdot$$

$$H_2O_2 + Fe^{2+} \longrightarrow 2HO\cdot + Fe^{3+}$$

燃烧过程涉及的典型基元反应主要有单分子、双分子和三分子形式的基元反应。基元反应速率同样依据质量作用定律进行计算,化学反应速率常数可依据活化络合物理论(过渡态理论)从最基本的原理进行计算获得。为简明起见,典型的基元反应及其动力学方程列于表2-1。

表 2-1 燃烧涉及的典型基元反应

类型	反应方程式	速率方程	半衰期
单分子反应	$A \longrightarrow B$ 或 $A \longrightarrow B+C$	$d[A]/dt = -k[A]$	$t_{1/2} = (\ln 2)/k$
双分子反应	$A+B \longrightarrow C+D$	$d[A]/dt = -k[A][B]$	$t_{1/2} = 1/(k[A]_0)$
三分子反应	$A+B+M \longrightarrow AB+M$	$d[A]/dt = -k[A][B][M]$	

单分子基元反应在燃烧过程中十分重要,主要为离解反应。离解反应在燃烧的初期起着自由基的产生与积累作用。其中有:

$$O_2 \longrightarrow O\cdot + O\cdot \tag{2-19}$$

$$H_2 \longrightarrow H\cdot + H\cdot \tag{2-20}$$

单分子基元反应在较高压力下呈现为一级反应,但在较低压力下呈现为二级反应。对此分析可参考林德曼的单分子反应理论。

燃烧过程涉及的基元反应大多数是双分子反应,特别是在燃烧的平稳期,双分子反应起着主导作用,不仅生成中间产物,同时起着自由基传播作用,使得燃烧反应持续进行,典型的双分子反应有:

$$H\cdot + O_2 \longrightarrow \cdot OH + O\cdot \tag{2-21}$$

$$\cdot OH + H_2 \longrightarrow H_2O + H\cdot \tag{2-22}$$

$$\cdot OH + CO \longrightarrow CO_2 + H\cdot \tag{2-23}$$

$$\cdot OH + CH_4 \longrightarrow CH_3 + H_2O \qquad (2-24)$$

$$\cdot OH + HCO \longrightarrow CO + H_2O \qquad (2-25)$$

双分子基元反应均为二级反应。分子碰撞理论可以合理地解释双分子反应的这一特征。

三分子反应在燃烧过程中主要是自由基与自由基之间的重组反应，形成稳定的组分时所释放的内能传递给第三体 M，且表现为 M 的动能，如果没有这一能量传递过程，新组分会重新离解为组成它的原子。三分子反应是链式反应终止方式，也是单分子反应的逆过程。典型的三分子反应有：

$$H + H + M \longrightarrow H_2 + M \qquad (2-26)$$

$$O + O + M \longrightarrow O_2 + M \qquad (2-27)$$

$$H + OH + M \longrightarrow H_2O + M \qquad (2-28)$$

$$H + O_2 + M \longrightarrow HO_2 + M \qquad (2-29)$$

三分子反应是三级反应。在燃烧过程中，三分子反应的化学反应速率极低，因为三个分子相互碰撞的概率很小。

完整描述燃烧过程的反应机理，少则有几步基元反应，多则有数百个基元反应。随着反应动力学研究的发展，已经积累了大量反应动力学参数的数据，可查阅文献或数据库。已商业化的化学动力学模拟软件 CHEMKIN 可应用于模拟燃烧过程，以探索与分析燃烧特性。

2.3 化学反应速率的影响因素

依据化学反应速率方程，反应速率主要与反应物的结构（活化能）、反应体系的温度、压力和浓度等因素有关。

2.3.1 活化能对化学反应速率的影响

化学反应就是反应物分子键断裂而重组的过程，因此分子结构对反应起着决定作用。根据分子碰撞理论和阿累尼乌斯公式，活化能是衡量反应物分子活性的一个主要参数。活化能越低，在体系中正常的反应物分子变为活化分子的概率越大，从而反应速率越快。

对于燃烧体系，活化能一般在 40~150kJ/mol 之间。当活化能小于 40kJ/mol 时，反应速率极快，以至于瞬间可完成。对于活化能大于 400kJ/mol 的反应体系，反应速率极慢，甚至认为不发生化学反应。通过比较基元反应的活化能大小，可以初步识别控制总体燃烧的基元反应，以利于简化反应机理。

活化能可通过实验测定。对于一个燃烧体系，实验测取各个温度下的反应速率常数，然后将数据绘制为 $\ln k$-$1/T$ 曲线，该曲线应为一条拟合直线，其斜率即为 $-E/R$，从而可知该反应体系的活化能。特别注意，在实验前需要确定实验温度区间，因为温度对所生成的产物及其反应机理有影响。

2.3.2 温度对化学反应速率的影响

对于燃料的燃烧，温度是反应速率最为重要的影响参数。大多数化学反应速率随温度升高而急剧加快。

依据阿累尼乌斯公式，可得反应速率常数与温度之间变化关系为：

$$\ln \frac{k_2}{k_1} = \frac{E}{R}\left(\frac{1}{T_1} - \frac{1}{T_2}\right) \tag{2-30}$$

反应速率常数与温度变化呈指数函数关系。根据范特霍夫实验结果，在其他条件不变的情况下温度升高10K，化学反应速率能增至2～4倍；温度提高100K，化学反应速率加快近2^{10}倍。但是，通过查询数据代入计算看出，对于活化能较高的反应体系，提高温度对反应速率的影响比活化能较低的反应体系更为显著有效，因此在考虑如何提高反应速率的问题时需要注意反应体系的活化能区间。

此外，温度对反应速率常数的影响有一个温度范围。例如，在碳的燃烧过程中碳的氧化反应和还原反应在不同的温度区间起着不同的主导作用。氮氧化物的生成也仅在特定温度范围生成。相关的内容将在后续的章节作具体分析。

2.3.3 压力对化学反应速率的影响

对于许多燃烧体系，压力对化学反应速率有重要影响。根据理想气体方程，反应组分的浓度与分压力呈正比关系，$c_i \propto p_i$。依据反应速率方程，反应速率是各反应组分浓度的指数函数，$r \propto f(c_1, c_1, \cdots, c_N)$。从而，压力增大，反应速率加快。在温度不变的条件下，反应速率与系统压力呈指数关系，即：

$$w \propto p^{n-1} \tag{2-31}$$

因此，在温度不变的条件下，以摩尔分数表示的反应速率与压力的$n-1$次方成正比。

2.3.4 反应物浓度对化学反应速率的影响

反应速率方程表明，反应组分浓度对反应速率有直接影响。依据碰撞理论，反应组分浓度越大，反应分子发生有效碰撞的概率越大，以致反应速率加快。

但是，燃烧体系中惰性组分（惰性气体、氮气、二氧化碳）浓度的提高可降低反应速率，甚至完全阻碍燃烧反应。

除以上参数对化学反应速率有影响外，大多数催化剂可加快化学反应速率。催化剂之所以能加快反应速率，是因为降低了化学反应的活化能。后续章节将详细讨论催化反应机理。

2.4 多步反应机理的反应速率

在燃烧过程中涉及多步基元反应和多种中间组分，假设已知每个基元反应的速率，如何根据详细的基元反应获得总包反应速率呢？下述内容讨论该问题。

2.4.1 连续反应的反应速率

对于连续反应体系，有三个组分，起始反应物A、中间产物I和产物P，2个基元反应，其连续反应方程式为：

$$A \xrightarrow{k_1} I \xrightarrow{k_2} P \qquad (2-32)$$

根据质量作用定律，列出下述微分方程组：

$$\begin{cases} d[A]/dt = -k_1[A] \\ d[I]/dt = k_1[A] + k_2[I] \\ d[P]/dt = k_2[I] \end{cases} \qquad (2-33)$$

设初始条件为 $t=0$：$[A]=[A]_0$；$[I]=0$；$[P]=0$。解之得：

$$[P] = [A]_0 \left(1 - \frac{k_2}{k_2-k_1}e^{-k_1 t} + \frac{k_1}{k_2-k_1}e^{-k_2 t}\right) \qquad (2-34)$$

总包反应特征取决于 k_1、k_2，主要受反应速率常数最小的基元反应控制，一般称为速率控制步骤。设置具体数据计算可知，连续反应的控制模式如图 2-4～图 2-6 所示。

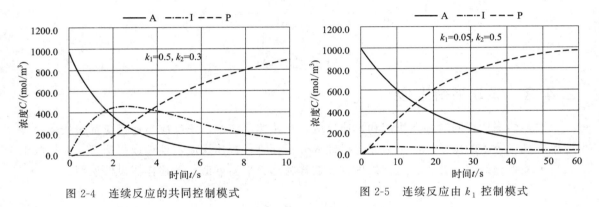

图 2-4　连续反应的共同控制模式　　　　图 2-5　连续反应由 k_1 控制模式

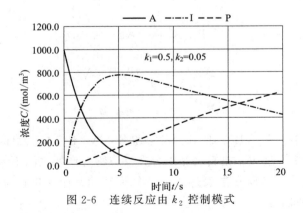

图 2-6　连续反应由 k_2 控制模式

2.4.2　稳态近似分析

上述内容已经给出了单分子反应的速率方程，但是没有给出详细的分析。单分子反应实际是由三步基元反应完成，即：

$$\begin{cases} A+M \xrightarrow{k_{f1}} A^* + M \\ A^* + M \xrightarrow{k_{r1}} A+M \\ A^* \xrightarrow{k_{uni}} P \end{cases} \qquad (2\text{-}35)$$

依据上述反应，容易列出下述方程：

$$\frac{d[P]}{dt} = k_{uni}[A^*]$$

$$\frac{d[A^*]}{dt} = k_{f1}k_{uni}[A][M] - k_{r1}[A^*][M] - k_{uni}[A^*]$$

在上述反应中，A^* 为具有高内能的中间产物，如同自由基一样，在迅速的初始增长后，其消耗与生成的速率很快趋近平衡，因此有：

$$\frac{d[A^*]}{dt} = k_{f1}[A][M] - k_{r1}[A^*][M] - k_{uni}[A^*] = 0$$

从而推导得：

$$\frac{d[P]}{dt} = \frac{k_{f1}[A][M]}{(k_{r1}/k_{uni})[M] + 1} = k_p[A]$$

$$k_p = \frac{k_{f1}[M]}{(k_{r1}/k_{uni})[M] + 1}$$

2.4.3 部分平衡近似

许多燃烧过程同时存在快速和慢速反应。在快速反应中，正反应与逆反应都很快速。慢速反应是三分子的重组反应。为简化机理或分析计算，快速反应被处理成平衡态，无须写出其自由基组分的速度方程。这种处理方法被称为部分平衡近似。下述作假设性说明：

$$A + B_2 \xrightleftharpoons{K_1} AB + B$$

$$B + A_2 \xrightleftharpoons{K_2} AB + A$$

$$AB + A_2 \xrightleftharpoons{K_3} A_2B + A$$

$$AB + A + M \xrightarrow{k_{f4}} A_2B + M$$

在上述反应体系中，A_2、B_2、A_2B 为稳态组分，A、B、AB 为自由基（中间组分）。三个双分子基元反应为快速反应，是自由基组分在反应物与产物之间不断进行的转换反应，可以近似为平衡态，仅列出平衡常数表达式。三分子基元反应为慢速反应，列出反应速率方程。这样所得方程组如下：

$$K_1 = \frac{[AB][B]}{[A][B_2]}$$

$$K_2 = \frac{[AB][BA]}{[A_2][B]}$$

$$K_3 = \frac{[A_2B][A]}{[A_2][AB]}$$

$$\frac{d[A_2B]}{dt} = k_{f4}[AB][A][M]$$

联立上述方程，将反应速率方程中的自由基组分替换为稳定组分的浓度即可进行计算。部分平衡近似与稳态近似的效果一样，但是有所不同：一是以代数方程确定自由基的浓度，简化计算，不必求解微分方程；二是物理意义不同，部分平衡近似是强制一个或者一组反应处于平衡，稳态近似是强制反应体系中一个组分或多个组分处于平衡。在许多燃烧研究的文献中，部分平衡近似常被用于简化问题。

2.5 化学时间尺度

利用化学时间尺度的概念可以更深入认识燃烧过程的特性。本节仅导出基元反应的化学时间尺度的表达式。

2.5.1 单分子反应

利用单分子反应速率表达式，对之积分，得组分 A 的时间变化表达式为：

$$[A](t) = [A]_0 \exp(-k_{app}t) \tag{2-36}$$

化学时间尺度 t_{chem} 定义为 A 的浓度从其初始值下降到初始值的 $1/e$ 所需要的时间，即：

$$\frac{[A](t_{chem})}{[A]_0} = 1/e \tag{2-37}$$

从而有：

$$t_{chem} = 1/k_{app} \tag{2-38}$$

上式表明，单分子反应的时间尺度仅与表观的反应速率常数 k_{app} 有关。

2.5.2 双分子反应

对于反应物 A 和 B 的双分子反应，其反应速率为：

$$d[A]/dt = -k_{bimolec}[A][B] \tag{2-39}$$

对于单一的基元反应，根据等当量关系，有下述等式：

$$[A]_0 - [A] = [B]_0 - [B] \tag{2-40}$$

将 B 组分的浓度用 A 组分的浓度表示：

$$[B] = [A] + [B]_0 - [A]_0 \tag{2-41}$$

将 B 组分的浓度代入反应速率进行积分有：

$$\frac{[A](t)}{[B](t)} = \frac{[A]_0}{[B]_0} \exp[([A]_0 - [B]_0)k_{bimolec}t] \tag{2-42}$$

设 $\frac{[A]}{[A]_0}=1/e$,则有:

$$t_{chem}=\frac{\ln[e+(1-e)([A]_0/[B]_0)]}{([B]_0-[A]_0)k_{bimolec}} \quad (2-43)$$

对于双分子基元反应,经常存在一种反应物比另一种大得多,比如 $[B]_0 \gg [A]_0$ 的情况,则上式简化为:

$$t_{chem}=\frac{1}{[B]_0 k_{bimolec}} \quad (2-44)$$

对于简单的双分子反应,其特征时间尺度与初始反应物浓度和反应速率常数有关。

2.5.3 三分子反应

对于三分子反应的速率方程 $\frac{d[A]}{dt}=-k_{ter}[A][B][M]$,第三物质浓度 $[M]$ 可以看成恒量。则三分子反应的速率方程与双分子反应等价,根据双分子化学时间尺度表达式,可得三分子反应的特征时间为:

$$t_{chem}=\frac{\ln[e+(1-e)([A]_0/[B]_0)]}{([B]_0-[A]_0)k_{ter}[M]} \quad (2-45)$$

且当 $[B]_0 \gg [A]_0$ 时,有:

$$t_{chem}=\frac{1}{[B]_0[M]k_{ter}} \quad (2-46)$$

2.6 部分重要的燃烧反应机理

2.6.1 链式反应

在燃烧过程中由于形成极其活跃的活性组分(自由基)而引发一系列连续、竞争的中间反应,活性组分以很高的化学反应速率与原始反应物分子进行化学反应,在活性组分消失的同时会生成新的活性组分,使反应持续直至结束,生成最终反应产物,活性组分起到了中间链节的作用,该反应历程被称为链式反应。

链式反应过程由链的引发、链的传播和链的终止构成。根据链的传播反应,链式反应分为不分支链式反应和分支链式反应。在链的传播过程中,如果生成自由基的数目等于销毁的自由基数目,则称为不分支链式反应;若生成自由基的数目大于销毁的自由基数目,则称为分支链式反应。

2.6.1.1 不分支链式反应

以 Cl_2 和 H_2 化合反应为例,其总包反应为:

$$Cl_2+H_2 \xrightarrow{h\nu} 2HCl \quad (2-47)$$

其链式反应过程为:

(1) 链的引发

$$Cl_2 \xrightarrow{h\nu} Cl\cdot + Cl\cdot \tag{2-48}$$

$$H_2 \xrightarrow{h\nu} H\cdot + H\cdot \tag{2-49}$$

(2) 链的传播

$$Cl\cdot + H_2 \longrightarrow HCl + H\cdot \tag{2-50}$$

$$H\cdot + Cl_2 \longrightarrow HCl + Cl\cdot \tag{2-51}$$

(3) 链的终止

$$Cl\cdot + H\cdot + M \longrightarrow HCl + M \tag{2-52}$$

$$Cl\cdot + Cl\cdot + M \longrightarrow Cl_2 + M \tag{2-53}$$

在上述链式反应中,自由基 Cl· 与 H_2 分子反应快速,其活化能很小,为 25.12kJ/mol,对应的反应速率常数为 k_1;自由基 H· 与 Cl_2 反应更为快速,其活化能更低,为 8.4kJ/mol,对应的反应速率常数为 k_2。因此,整个链的传播受自由基 Cl· 控制,自由基 Cl· 的浓度保持平衡。自由基 Cl· 平衡方程为:

$$d[Cl]/dt = -k_1[Cl][H_2] + k_2[H][Cl_2] = 0 \tag{2-54}$$

从而有:

$$[H] = \frac{k_1}{k_2} \times \frac{[H_2]}{[Cl_2]}[Cl] \tag{2-55}$$

HCl 生成速率为:

$$d[HCl]/dt = k_1[Cl][H_2] + k_2[H][Cl_2] \tag{2-56}$$

在整个链式反应中,由于自由基 Cl· 保持平衡,且链的传播反应速率远快于链的引发反应速率和链的终止反应速率,因此链的引发反应速率与链的终止反应速率相当,近似分析得:

$$[Cl] \approx [Cl_2]^{0.5} \tag{2-57}$$

从而,总包反应速率为:

$$d[HCl]/dt \approx 2k_1[H_2][Cl_2]^{0.5} \tag{2-58}$$

上式表明,总包反应的级数为 1.5。实验证明,上述分析非常接近实际。

2.6.1.2 分支链式反应

以 H_2 和 O_2 燃烧体系为例,其总包反应为:

$$O_2 + 2H_2 \longrightarrow 2H_2O \tag{2-59}$$

其链式反应过程为:

(1) 链的引发

$$O_2 + M \longrightarrow O\cdot + O\cdot + M \tag{2-60}$$

$$H_2 + M \longrightarrow H\cdot + H\cdot + M \tag{2-61}$$

$$H_2 + O_2 \longrightarrow HO_2 + H\cdot \tag{2-62}$$

(2) 链的传播

$$O\cdot + H_2 \longrightarrow OH\cdot + H\cdot \tag{2-63}$$

$$H\cdot + O_2 \longrightarrow OH\cdot + O\cdot \tag{2-64}$$

$$OH\cdot + H_2 \longrightarrow H_2O + H\cdot \tag{2-65}$$

$$HO_2 + H\cdot \longrightarrow H_2O + O\cdot \tag{2-66}$$

$$HO_2 + O\cdot \longrightarrow O_2 + OH\cdot \tag{2-67}$$

（3）链的终止

$$OH\cdot + H\cdot + M \longrightarrow H_2O + M \tag{2-68}$$

$$H\cdot + H\cdot + M \longrightarrow H_2 + M \tag{2-69}$$

$$O\cdot + O\cdot + M \longrightarrow O_2 + M \tag{2-70}$$

$$OH\cdot + OH\cdot + M \longrightarrow H_2O_2 + M \tag{2-71}$$

在上述反应机理中，自由基有 $H\cdot$、$O\cdot$、$OH\cdot$ 和 $HO_2\cdot$，其中 $HO_2\cdot$ 的活性在高温时比较强，低温时活性较弱，可看成稳定组分。上述反应机理要包含 40 多个基元反应，为简洁起见，未列出其他基元反应。

在链的传播中自由基以分裂方式增长，自由基的浓度呈指数关系累积，使得传播反应非常迅速，是发生爆炸的理论依据。

设反应物浓度为 [R]，自由基浓度为 [FR]，生成物浓度为 [P]。将上述分支链式反应简化为下述方程式：

$$n\text{R} \xrightarrow{k_1} \text{FR} \tag{2-72}$$

$$\text{R} + \text{FR} \xrightarrow{k_2} \text{P} + x\text{FR} \tag{2-73}$$

$$\text{R} + \text{R} + \text{FR} \xrightarrow{k_3} \text{P} \tag{2-74}$$

$$\text{FR} \xrightarrow{k_4} \text{P} \tag{2-75}$$

推导分析可得下式：

$$\frac{d[\text{FR}]}{dt} = k_1[\text{R}]^n + (x - x_c)k_2[\text{R}][\text{FR}] \tag{2-76}$$

$$x_c = 1 + \frac{k_3[\text{R}]^2 + k_4}{k_2[\text{R}]} \tag{2-77}$$

根据微分方程的解可知，$x - x_c$ 数值的正负号决定自由基的变化情况，以极限表示为：

当 $x > x_c$ 时，$\lim\limits_{t \to \infty}[\text{FR}] = \infty$，自由基呈增长变化。

当 $x < x_c$ 时，$\lim\limits_{t \to \infty}[\text{FR}] = 0$，自由基呈递减变化。

燃烧体系的压力变化对分支链式反应有什么影响呢？如果压力趋向无穷大，则有：

$\lim\limits_{P \to \infty}[\text{R}] = \infty$，$\lim\limits_{P \to \infty} x_c = \infty$，所以 $\lim\limits_{P \to \infty}(x - x_c) = -\infty$，自由基呈递减变化。

$\lim\limits_{P \to 0}[\text{R}] = 0$，$\lim\limits_{P \to 0} x_c = \infty$，所以 $\lim\limits_{P \to 0}(x - x_c) = -\infty$，自由基呈递减变化。

根据上述分析，可给出爆炸区域，如图 2-7 所示。

图 2-8 是 H_2 和 O_2 化学当量爆炸分区图。利用上述分支链式反应机理可以对爆炸特性进行解释。温度、压力、反应程度的变化和壁面都会影响爆炸特性。在上述链的传播反应中，自由基增长的基元反应，比如 $O\cdot + H_2 \longrightarrow OH\cdot + H\cdot$ 和 $H\cdot + O_2 \longrightarrow OH\cdot + O\cdot$，这样的基元反应都存在化学键的断裂，一般是吸热反应，活化能较大，分别为 75kJ/mol、25kJ/mol。因此 H_2 和 O_2 混合物的爆炸存在温度最低极限。自由基数目不变的

基元反应，比如 OH·+H$_2$ ⟶ H$_2$O+H· 和 H·+HO$_2$ ⟶ H$_2$O+O·，是放热反应，有助于自由基的增长，是自由基自行传播的动力。

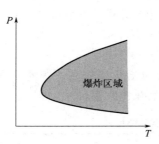

图 2-7　爆炸发生的区域

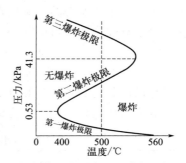

图 2-8　氢氧体系化学当量混合物的爆炸极限

以 500℃ 为例，在压力低于第一爆炸极限情况下，由于压力很低，链的传播反应所增长的自由基容易到达容器壁面，与壁面反应而被消耗，从而抑制了自由基的快速累积与增加，中断了链的传播，因此反应不会发生爆炸现象。

既然化学反应速率与压力为正相关，那么为什么存在第二爆炸极限呢？H·+O$_2$ ⟶ OH·+O· 与 H·+O$_2$+M ⟶ HO$_2$·+M 相互竞争。前者反应速率与 P^2 成正相关，后者则与 P^3 正相关，且反应活化能低，反应速率相对快速，但是 HO$_2$· 在低温下的活性相对不活跃，因此其生成反应相当于链的中断反应，该自由基可以扩散到壁面而被消耗，所以两者竞争的结果是形成了第二爆炸极限。

在第三爆炸极限以上的区域，HO$_2$· 和 H$_2$O$_2$ 加入分支链式反应，比如，HO$_2$·+H· ⟶ OH·+OH·，HO$_2$·+HO$_2$· ⟶ H$_2$O$_2$+O$_2$ 和 H$_2$O$_2$+OH· ⟶ H$_2$O+HO$_2$·。

由上可知，详细的化学机理可用于解释实验观察到的现象，也是发展燃烧现象的预测模型所具备的基础。

2.6.2　一氧化碳的氧化机理

一氧化碳本身是一种重要的燃料，也是含碳燃料在燃烧过程中生成的中间产物。因此，对一氧化碳氧化机理的认识有助于更深入分析含碳燃料的燃烧特性。

一氧化碳是三重键分子结构（σ+π+π），其中一个 π 为配位键，一氧化碳分子是不饱和的亚稳态分子，键能为 1071.1kJ/mol，比一般碳氧双键的键能大，化学稳定性较强。

一氧化碳与氧气的总包反应为：

$$CO+0.5O_2 \longrightarrow CO_2$$

其链式反应为：

(1) 链的引发

$$O_2+M \longrightarrow O·+O·+M$$
$$CO+M \longrightarrow C·+O·+M$$

(2) 链的传播

$$CO+O_2 \longrightarrow CO_2+O·$$

(3) 链的终止

$$CO + O\cdot + M \longrightarrow CO_2 + M$$

在上述基元反应中，自由基 O·与反应物 CO 生成二氧化碳时，高度放热，使得二氧化碳分子被高度激发，处于激发态的二氧化碳分子可以转变为紫外和红外发射，或者直接与氧分子碰撞，使氧分子分裂为两个自由基 O·，即能量分支方式，其方程式为：

$$CO_2^* + O_2 \longrightarrow CO_2 + O\cdot + O\cdot$$
$$O_2 + h\nu \longrightarrow O\cdot + O\cdot$$

在上述一氧化碳的氧化过程中，由于链的引发反应活化能较高，链的传播反应速率较慢，虽然有能量分支的作用，但是一氧化碳在整体上氧化速率很慢。

表 2-2　含水一氧化碳的燃烧特性

水分/(μL/L)	0	1	10	100
$\tau_{1/2}/s$	1.03	0.27	0.038	0.0043

表 2-2 数据表明，少量水分被添加到一氧化碳气体中，一氧化碳的燃烧速率有大幅提高。该燃烧效果主要在于自由基 HO·的作用。羟基 HO·具有很强的氧化能力，氧化电位为 2.8V，在自然界中处于第二高的数值。水分的加入改变了一氧化碳的氧化机理，主要基元反应为：

$$CO + O_2 \longrightarrow CO_2 + O\cdot$$
$$O\cdot + H_2O \longrightarrow HO\cdot + HO\cdot$$
$$OH\cdot + CO \longrightarrow CO_2 + H\cdot$$
$$H\cdot + O_2 \longrightarrow HO\cdot + O\cdot$$
$$CO + O\cdot + M \longrightarrow CO_2 + M$$

上述基元反应有 2 个链的分支反应，加速了自由基的生成及其浓度突增，加之羟基的强氧化能力，羟基主导一氧化碳的氧化，因此，一氧化碳的总体氧化速率大幅加快。

2.6.3　甲烷的氧化机理

天然气是常用的气体燃料，其主要组分是甲烷。由于甲烷分子为四面体结构且 C—H 键能较大，因此它显示出独特的燃烧特性。

甲烷燃烧的反应机理已经发展得相对广泛和清楚，含有 49 个组分的 277 个基元反应。优化的甲烷动力学机理（GRI Mech 机理）已被广泛应用，可从因特网上获取，且在不断更新中。为了更明确 GRI Mech 机理，下面针对高温和低温燃烧两种反应途径进行分析。

2.6.3.1　高温反应途径分析

在温度为 2200K 下，甲烷最先由自由基 HO·、H·和 O·氧化，生成甲基自由基，基元反应为：

$$CH_4 + HO\cdot \longrightarrow \cdot CH_3 + H_2O \tag{2-78}$$
$$CH_4 + H\cdot \longrightarrow \cdot CH_3 + H_2 \tag{2-79}$$
$$CH_4 + O\cdot \longrightarrow \cdot CH_3 + HO\cdot \tag{2-80}$$

甲基自由基以 3 个主要途径生成甲醛。其中，甲基自由基与氧自由基直接反应，基元反应为：

$$\cdot CH_3 + O\cdot \longrightarrow CH_2O + H\cdot \tag{2-81}$$

甲基自由基与羟基反应生成甲醛，基元反应为：
$$\cdot CH_3 + HO \cdot \longrightarrow CH_2OH + H \cdot \tag{2-82}$$
$$CH_2OH + M \longrightarrow CH_2O + H \cdot + M \tag{2-83}$$

甲基自由基与羟基反应，中间经生成亚甲基自由基或碳氢自由基，生成甲醛，其中基元反应为：
$$\cdot CH_3 + HO \cdot \longrightarrow \cdot CH_2 + H_2O \tag{2-84}$$
$$\cdot CH_2 + HO \cdot \longrightarrow \cdot CH + H_2O \tag{2-85}$$
$$\cdot CH + H_2O \longrightarrow CH_2O + H \cdot \tag{2-86}$$
$$\cdot CH_2 + HO \cdot \longrightarrow CH_2O + H \cdot \tag{2-87}$$

甲醛被自由基（$HO \cdot$、$H \cdot$ 或 $O \cdot$）氧化生成甲醛自由基，其中基元反应为：
$$CH_2O + HO \cdot \longrightarrow \cdot CHO + H_2O \tag{2-88}$$

甲醛自由基再被羟基氧化，或与 H_2O、M 反应生成一氧化碳，其中基元反应为：
$$\cdot CHO + HO \cdot \longrightarrow CO + H_2O \tag{2-89}$$

最终，一氧化碳被羟基完全氧化，生成二氧化碳，其中基元反应为：
$$\cdot CO + HO \cdot \longrightarrow CO_2 + H \cdot \tag{2-90}$$

2.6.3.2 低温反应途径分析

由于温度对物质的稳定性与反应活性有直接影响，因此燃烧体系在不同温度范围下呈现不同的氧化途径。在低温情况下，甲烷被自由基直接氧化的途径与高温反应途径相同，不同的是出现了其他反应。一是，出现甲基重新生成甲烷的反应。二是，出现由甲醇生成甲醛的新反应途径。三是，出现由甲基生成乙烷、乙烯和乙炔的中间产物反应，显示出碳氢化合物低温氧化的共同特点，即在氧化过程中碳氢化合物的碳原子数有增加的中间反应。

综上所述，甲烷的氧化过程涉及氢气的氧化和一氧化碳的氧化途径。

2.6.4 高链烷烃的氧化

碳原子数大于 1 的碳氢化合物由于分子结构与甲烷不同，因此其氧化机理涉及与甲烷氧化所不同的反应。

(1) C—C 键断裂反应。对于碳氢化合物分子结构，C—C 键比 C—H 键弱，因此在反应过程中 C—C 键比 C—H 键先发生断裂。例如，基元反应为：
$$C_3H_8 + M \longrightarrow \cdot C_2H_5 + \cdot CH_3 + M \tag{2-91}$$

(2) 脱氢反应。从碳氢化合物分子中分解出氢，脱氢反应遵守 β-剪刀规则，即 C—C 键和 C—H 键的断裂处远离自由基位置一个键。例如：
$$C_2H_5 + M \longrightarrow C_2H_4 + H \cdot + M \tag{2-92}$$

(3) 燃料分子直接被氧化的反应。例如：
$$C_3H_8 + HO \cdot \longrightarrow \cdot C_3H_7 + H_2O \tag{2-93}$$

(4) 所产生的中间产物烯烃被氧自由基氧化，生成甲醛或甲醛自由基。例如：
$$C_3H_6 + O \cdot \longrightarrow C_2H_4 + CH_2O \tag{2-94}$$
$$C_3H_6 + O \cdot \longrightarrow \cdot C_2H_5 + CHO \tag{2-95}$$

在生成甲醛和甲醛自由基之后的进一步氧化机理与甲烷的相同。

碳氢燃料的氧化是非常复杂的反应系统。在工程上，其总包反应的动力学方程可表示为：

$$d[C_xH_y]/dt = -A\exp(-E_a/RT)[C_xH_y]^m[O_2]^n \tag{2-96}$$

上述部分燃料动力学方程的参数如表 2-3 所列。

表 2-3　部分碳氢燃料的动力学参数

燃料	指前因子 A	活化温度(E_a/R_a)/K	m	n
CH_4	1.3×10^8	24358	-0.3	1.3
CH_4	8.3×10^5	15098	-0.3	1.3
C_2H_6	1.1×10^{12}	15098	0.1	1.65
C_3H_8	8.6×10^{11}	15098	0.1	1.65
C_4H_{10}	7.4×10^{11}	15098	0.15	1.6
C_5H_{12}	6.4×10^{11}	15098	0.25	1.5
C_6H_{14}	5.7×10^{11}	15098	0.25	1.5
C_7H_{16}	5.1×10^{11}	15098	0.25	1.5

对碳氢化合物的燃烧反应机理的理解与论述，有待于更先进的实验分析手段、大量实验数据的积累与理论模型的进一步发展。

2.6.5　氨能的氧化

氨分子中氮原子的氧化数为 -3，为氮的最低氧化态。氨的氧化有两个最主要的反应路径，产物以 N_2 为主。即：

$$NH_3 \longrightarrow NH_i \begin{cases} \longrightarrow NO+H_2O \\ \longrightarrow NO \longrightarrow N_2+H_2O \end{cases} \tag{2-97}$$

对于 NH_3/O_2 反应体系，反应途径如图 2-9 所示。氨分子主要被羟基氧化，基元反应为：

$$NH_3 + HO\cdot \longrightarrow \cdot NH_2 + H_2O \tag{2-98}$$

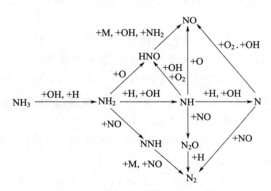

图 2-9　NH_3/O_2 反应体系的反应途径

氨分子氧化所生成的中间产物 $\cdot NH_2$ 分 3 个反应路径，即：

$$\cdot NH_2 + H\cdot \longrightarrow \cdot NH + H_2 \tag{2-99}$$

$$\cdot NH_2 + O\cdot \longrightarrow HNO\cdot + H\cdot \tag{2-100}$$

$$\cdot NH_2 + NO \longrightarrow \cdot NNH + HO\cdot \tag{2-101}$$

由中间产物·NH_2所生成的·NH又有3个反应方向，即：

$$\cdot NH + H \cdot \longrightarrow N \cdot + H_2 \tag{2-102}$$

$$\cdot NH + O_2 \longrightarrow HNO \cdot + O \cdot \tag{2-103}$$

$$\cdot NH + NO \longrightarrow N_2O + H \cdot \tag{2-104}$$

氨分子的氧化机理非常复杂，不仅与化学反应本身有关，还与温度、压力、当量比、停留时间等有关。一般根据氨气燃烧的研究目的对详细反应机理进行敏感性分析以获得简化机理，再通过简化机理进行深入研究与分析。

2.7 氮氧化物的生成机理

氮分子为三重键结构（一个 σ 键和两个 π 键），具有较强的稳定性，离解能高达 945kJ/mol，在3273K高温时也不分解。但是，燃烧过程还是生成了一定微量的氮氧化物。

在燃料不含氮的条件下，氮氧化物的形成主要是由空气中氮气通过下述三种机理氧化而成：热力型（Zeldovich）机理、快速型机理（Fenimore）和 N_2O-中间体机理。研究表明，除了上述三种机理外，还存在NNH的机理。

2.7.1 热力型机理

在高温气体燃烧过程中热力型机理是NO的主要生成途径。该生成机理由3个基元反应组成。在高温燃烧区域，氮分子首先受自由基 $O\cdot$ 激发，反应活化能较高（314kJ/mol），为速率控制步骤，基元反应为：

$$O \cdot + N_2 \rightleftharpoons NO + N \cdot \tag{2-105}$$

自由基 $N\cdot$ 一旦生成，随即与羟基 $HO\cdot$ 或 O_2 进行氧化，基元反应为：

$$N \cdot + HO \cdot \rightleftharpoons NO + H \cdot \tag{2-106}$$

$$N \cdot + O_2 \rightleftharpoons NO + O \cdot \tag{2-107}$$

上述反应的动力学参数如表2-4所示。

表2-4 热力型机理NO生成动力学参数

反应	A	β	E
$NO + N \cdot \rightleftharpoons O \cdot + N_2$	9.4×10^{12}	0.140	0
$N \cdot + HO \cdot \rightleftharpoons NO + H \cdot$	3.8×10^{13}	0.000	0
$N \cdot + O_2 \rightleftharpoons NO + O \cdot$	5.9×10^9	1.000	6280

采用上述动力学参数对NO生成进行预测，所得结果与实验数据非常相符，误差在20%之内。但是，在温度高于1723K且含氧量大于30%情况下，预测结果会出现显著的误差。

2.7.2 快速型机理

在碳氢燃料的燃烧过程中呈现中间产物碳氢自由基,碳氢自由基也是具有较强活性的自由基。氮分子受碳氢自由基激发,生成胺或氰基化合物,胺或氰基化合物进一步转变成中间体,最终形成 NO。

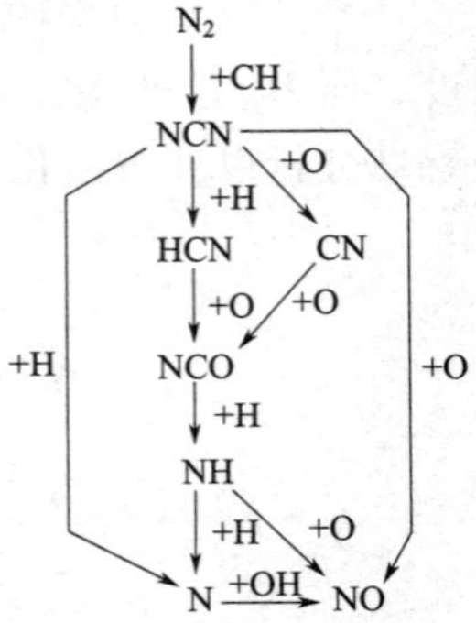

在当量比小于 1 的情况下,快速型 NO 生成的比例极小。在当量比在 1.0～1.4 情况下,快速型 NO 生成的比例随当量比增加,逐渐达到最大值,快速型 NO 生成占主导作用。NO 的快速型生成途径如图 2-10 所示。具体的动力学参数如表 2-5 所列。在当量比大于 1.4 情况下,几乎都是快速型 NO 的生成,因为其生成速率快,所以浓度几乎和平衡浓度一致,且随当量比增加而减小。此时,快速型 NO 的生成机理非常复杂,呈现出阻止 NO 生成的反应。详细分析可参考相关研究文献。

图 2-10 在 $\Phi \approx 1.2$ 条件下 NO 生成途径

表 2-5 快速型机理 NO 生成动力学参数

反应	A	β	E
$CH + N_2 \rightleftharpoons NCN \cdot + H$	5.3×10^9	0.790	16.770
$CN + N \rightleftharpoons C + N_2$	5.9×10^{14}	-0.400	0
$C_2 + N_2 \rightleftharpoons CN + CN$	1.5×10^{13}	0.000	41.730
$NCN + M \longrightarrow C + N_2 + M$	8.9×10^{14}	0.000	62100
$NCN + H \longrightarrow HCN + N$	2.2×10^{11}	0.710	5321
$NCN + H \longrightarrow HNC + N$	4.3×10^{-4}	4.690	2434
$NCN + O \longrightarrow CN + NO$	2.5×10^{13}	0.170	-34
$NCN + OH \longrightarrow HCN + NO$	2.6×10^8	1.220	3593
$NCN + OH \longrightarrow NCO + NH$	1.7×10^{18}	-1.830	4143
$NCN + O_2 \longrightarrow NO + NCO$	1.3×10^{12}	0.000	23.167
$NCN + NO \longrightarrow CN + N_2O$	1.9×10^{12}	0.000	6280

2.7.3 N_2O 中间体机理

在燃烧过程中氮分子受自由基 O· 激发的另一个反应途径是重组反应,即:

$$O \cdot + N_2 + M \rightleftharpoons N_2O + M \tag{2-108}$$

在当量比小于 1(贫燃)、低温情况下,N_2O-中间机理变得重要,所涉及的主要反应如表 2-6 所示。该机理可用于预测与控制燃气轮机中氮氧化物的生成。

表 2-6　N_2O-中间机理主要涉及的反应动力学参数

反应	A	β	E
$N_2O(+M) \Longleftrightarrow O+N_2(+M)$	9.9×10^{10}	0.000	57901
低压限	6.0×10^{14}	0.000	57444
$N_2O+H \Longleftrightarrow N_2+OH$	6.4×10^7	1.835	13492
$NH+NO \longrightarrow N_2+H+O$	2.7×10^{15}	-0.780	20
$N_2O+O \longrightarrow NO+NO$	9.2×10^{13}	0.000	27679
$N_2O+O \longrightarrow N_2+O_2$	9.2×10^{13}	0.000	27679

2.7.4　燃料型机理

有些燃料在分子结构中含有氮，其中氮原子的键合力弱于氮分子的键合力，因此在燃烧过程中易释放出中间含氮产物 I，比如 NH_i 和 HCN。这些含氮产物 I 在低温下就容易生成氮氧化物。所生成的中间含氮产物通过竞争反应，一部分转换为 NO，其余的转换为 N_2。竞争反应可表示为：

$$\text{fuel-N} \longrightarrow \text{I} \tag{2-109}$$

$$\text{I} + (\text{HO} \cdot, \text{HO} \cdot, O_2) \longrightarrow NO + \cdots \tag{2-110}$$

$$\text{I} + NO \longrightarrow N_2 + \cdots \tag{2-111}$$

燃料氮向 I 的转化非常快速，上述反应动力学常按下式整理：

$$\frac{[NO]}{X} = 1 - \exp\left(-[NO] + \frac{[FN]}{2X}\right) \tag{2-112}$$

式中　[FN]——燃料氮全部转换为 NO 时的浓度；

　　　X——增加燃料氮时 NO 浓度达到的饱和值，由火焰特性决定的参数。

燃料氮生成氮氧化物的转化率随当量比、温度、压力、燃料的种类以及氮氧化物的种类和浓度的变化而不同。在当量比小于 1.4 范围，转化率随当量比增大而降低，在当量比约为 1.4 时达到最小；在当量比大于 1.4 情况下，转化率回升，因为 HCN 和 NH_3 与下游吹入的空气混合，部分转化为 NO。该特性对两段燃烧技术非常重要。

一般来说，气相中的燃料氮分解和由此引起的氮氧化物的生成是以和燃烧相同程度的速率进行的，因此，燃料型 NO 的生成特性不仅受反应区附近局部空燃比和温度的影响，同时还明显受到燃料的氧化过程、自由基（$O \cdot$、$OH \cdot$、$H \cdot$）浓度等局部燃烧条件的影响。与化学反应的影响相比，燃料型 NO 的生成更受燃料与空气的混合过程所控制。所以说，理解与研究燃料型 NO 的生成更适合与具体的燃烧过程相结合。

2.8　硫氧化物的生成机理

在燃烧过程中，硫氧化物（SO_3 和 SO_2）的生成机理比较复杂，目前还不是十分清楚，但已提出下述在火焰中的反应路径：

$$\text{fuel-S} \longrightarrow \begin{cases} \cdot\text{XS} \longrightarrow \text{SO} \longrightarrow \text{SO}_2 \longrightarrow \text{SO}_3 \\ \text{SO} \longrightarrow \text{SO}_2 \longrightarrow \text{SO}_3 \end{cases} \tag{2-113}$$

·XS 表示含有 HS、CS、CH_3S 和 S 等化学物质的自由基。硫氧化物在火焰中的生成速率比燃料的氧化速率快，因为 SO· 和羟基自由基的反应是极为快速的双分子反应。

$$\text{SO}\cdot + \cdot\text{OH} \longrightarrow \text{SO}_2 + \text{H}\cdot \tag{2-114}$$

$$\text{H}_2\text{O} + \text{H}\cdot \longrightarrow \cdot\text{OH} + \text{H}_2 \tag{2-115}$$

由上述反应，可根据热力学平衡推算在局部温度下 SO· 和 SO_2 的浓度。

在火焰中 SO_3 的生成反应为：

$$\text{SO}_2 + \text{O}\cdot + \text{M} \longrightarrow \text{SO}_3 + \text{M}, \quad k = 10^{11.37}\exp(-1260/T) \tag{2-116}$$

由于火焰中氧的浓度 [O] 高于其平衡浓度，因此上述反应速率很快，但与此同时 SO_3 又会分解还原为：

$$\text{SO}_3 + \text{O}\cdot \longrightarrow \text{SO}_2 + \text{O}_2, \quad k = 10^{11.46}\exp(-6040/T) \tag{2-117}$$

$$\text{SO}_3 + \text{H}\cdot \longrightarrow \text{SO}_2 + \cdot\text{OH}, \quad k = 10^{11.81}\exp(-5435/T) \tag{2-118}$$

这样，在火焰中观测到 SO_3 的浓度是由其生成与消耗的平衡决定的，不过 SO_3 的分解还原速率相对于生成速率要慢，因此 SO_3 的浓度有可能高于其热力学平衡浓度。

在火焰中 SO_2 也存在结合与消失过程，其反应为：

$$\text{SO}_2 + \text{H}\cdot \longrightarrow \cdot\text{HSO}_2 \tag{2-119}$$

$$\text{H}\cdot + \cdot\text{HSO}_2 \longrightarrow \text{SO}_2 + \text{H}_2 \tag{2-120}$$

$$\cdot\text{OH} + \cdot\text{HSO}_2 \longrightarrow \text{SO}_2 + \text{H}_2\text{O} \tag{2-121}$$

纵观上述反应，在火焰中 SO_2 的存在降低了羟基自由基的浓度，虽然这会引发烟灰的产生，但也抑制了 NO 的高温生成。研究表明，在甲烷与空气混合燃烧中添加 H_2S 或 SO_2 可降低 30% 的高温 NO 生成。

对于更深入的硫氧化物的生成机理研究可以查阅相关文献，此处不作展开讨论。

2.9 表面反应机理

前述内容都是讨论气相空间的氧化反应机理，属于均相反应。在燃烧系统中，不乏在固体表面发生的化学反应，如碳与煤的燃烧、催化燃烧和氮氧化物的选择性催化还原反应等。在固体表面发生的化学反应属于异相反应，其反应特性与固体表面性质有直接关系。无论是固体燃料表面的氧化反应，还是反应物在催化剂表面的反应，固体表面上的化学吸附都起着重要的作用。

表面反应分三个步骤：首先，反应物（底物）被吸附于固体表面的活性位（吸附位），生成中间产物（活化复合物）；其次，中间产物发生反应转化为另一种中间产物（活化复合物）；最后，中间产物在活性位被脱附，生成产物。由此可知，表面反应速率与固体表面上反应物的浓度和活性位的覆盖率有关。

为了构造表面反应的动力学方程，作如下假设：

(1) 固体表面含有一定数目的活性位 σ。

(2) 每个活性位只能束缚一个分子。
(3) 所有活性位的作用都相等。
(4) 不同部位的分子之间的侧向相互作用都为零。

鉴于化学吸附的特性，化学吸附作用可用反应方程表示。这样，表面反应可表示为：

$$A+\sigma(\quad) \underset{k_{1r}}{\overset{k_{1f}}{\rightleftharpoons}} \sigma(A) \xrightarrow{k_2} \sigma(B) \underset{k_{3r}}{\overset{k_{3f}}{\rightleftharpoons}} B+\sigma(\quad) \tag{2-122}$$

在朗格缪尔等温吸附理论中，覆盖率 θ_A 为反应分子 A 已经占据吸附部位的比例。吸附速率表示为：

$$r_{ad}=k_{1f}p_A(1-\theta_A) \tag{2-123}$$

解吸速率为：

$$r_{de}=k_{1r}p_A\theta_A \tag{2-124}$$

如果表面反应为控制步骤，则反应速率为：

$$r=k_2\theta_A \tag{2-125}$$

由于化学吸附速率很快，因此可用吸附平衡常数 K_A 描述化学吸附反应的参数关系，则反应速率整理为：

$$r=k_2K_Ap_A/(1+K_Ap_A) \tag{2-126}$$

如果反应物的化学吸附很弱，有 $K_Ap_A\ll 1$，则反应呈一级反应，即：

$$r=k_2K_Ap_A \tag{2-127}$$

如果反应物的化学吸附很强，$K_Ap_A\gg 1$，或组分浓度很大，$\theta_A=1$，则反应呈零级反应，即：

$$r=k_2 \tag{2-128}$$

上述表面反应动力学方程也被称为 Langmuir-Hinshelwood 方程。

对于表面化学反应，主要采用朗格缪尔等温吸附理论。θ_A 与其说是表示表面上反应物的浓度，不如说表示由反应物与表面活性位生成中间产物的浓度。

如果化学吸附为多组分吸附，则吸附位方程为：

$$\theta_i=\frac{K_ip_i}{1+\sum K_ip_i} \tag{2-129}$$

由上述单分子表面反应动力学方程可知，表面反应与反应体系的温度、压力、反应物浓度和表面性质有关。双组分表面反应可用相似方法讨论，感兴趣的读者可查阅相关文献。

2.10 燃烧反应器模型

前述内容一部分定量描述了燃烧反应系统的热力学问题，另一部分介绍了反应系统的动力学知识。本节将动力学知识与热力学耦合，通过耦合以描述该反应系统从初始反应状态到最终产物状态的详细过程，计算出系统温度和各种组分浓度随时间的变化趋势。

本节的分析是理想化的，并没有考虑复杂的传递过程，但是，其结果更能体现燃烧系统的化学动力学本质特性。

2.10.1 净生成率

对于包含几十或者几百个基元反应的燃烧反应体系，如何较为准确地获得化学反应动力学特性呢？数学理论分析、稳态近似和化学平衡近似还不足以解决该问题。随着计算科学的发展，现今已经发展了一些化学反应动力学软件包，比如气相反应动力学软件 CHEMKIN 已经商业化，获得了广泛推广应用，为燃烧动力学模拟提供有力的分析工具。为了便于掌握，此处介绍反应动力学计算的主要理论依据。

基元反应的一般形式为：

$$\sum_{i=1}^{I} \nu'_{ij} \chi_i \longleftrightarrow \sum_{i=1}^{I} \nu''_{ij} \chi_i \tag{2-130}$$

依据质量作用定律，任一组分的净生成率为：

$$\dot{\omega}_i = \sum_{j=1}^{J} (\nu'_{ij} - \nu''_{ij}) q_j \tag{2-131}$$

$$q_j = k_{fj} \prod_{i=1}^{I} [X_i]^{\nu'_{ij}} - k_{rj} \prod_{i=1}^{N} [X_i]^{\nu''_{ij}} \tag{2-132}$$

逆反应速率常数由正反应速率常数和化学平衡常数求得，即：

$$k_{rj} = k_{fj} / K_{cj} \tag{2-133}$$

2.10.2 平衡反应器模型

燃烧反应体系的平衡是由系统的自由能最小化来确定。反应平衡即自由能达到最小化。平衡反应器模型就是依据自由能最小化计算获取绝热火焰温度和平衡产物（主要组分、次要组分）。燃烧体系的自由能为：

$$G = \sum_{i=1}^{I} \overline{g}_i N_i \tag{2-134}$$

燃烧体系的自由能最小化计算采用元素势能方法，即元素守恒作为约束计算元素势能对组分自由能函数的贡献。

2.10.3 定容-定质量反应器模型

定容-定质量反应器是零维闭口反应体系，反应过程仅与热力学和反应动力学有关。方程可以简化为：

$$\left. \begin{array}{l} dT/dt = f([X_i], T) \\ d[X_i]/dt = \dot{\omega}_i = f([X_i], T) \\ T(t=0) = T_0 \\ [X_i](t=0) = [X_i]_0 \end{array} \right\} \tag{2-135}$$

焓值和压力皆可用理想气体状态方程进行计算。在确定反应机理的条件下即可用刚性方程组的求解方法实现对上述方程进行积分。

该反应器模型可以求温度和浓度的变化规律，分析压力随时间的变化特性。通过压力的升高速率分析发动机的爆震现象。计算表明，基于总包反应动力学的求解结果不能解释发动机爆震问题，而基于详细反应机理的求解结果则能很好阐释发动机爆震现象。

2.10.4 全混流反应器模型

均匀搅拌或完全搅拌的全混流反应器是一个在控制容积内达到完全混合的理想反应器，如图 2-11 所示。

全混流反应器是开口反应体系。假设该体系处于稳态工况，在数学模型中没有时间相关的项，因此描述反应器的方程是一组质量守恒和能量守恒与反应机理耦合的非线性代数方程组。

$$\left.\begin{aligned} &\dot{\omega}_i \mathrm{MW}_i V + \dot{m}(Y_{i,\mathrm{in}} - Y_{i,\mathrm{out}}) = 0 \\ &\dot{\omega}_i = f([\mathrm{X}_i]_{\mathrm{out}}, T) \\ &\dot{Q} = \dot{m}(h_{\mathrm{out}} - h_{\mathrm{in}}) \\ &\tau_\mathrm{R} = \rho V/\dot{m} \end{aligned}\right\} \qquad (2\text{-}136)$$

全混流反应器模型可用于分析在不同的当量比情况下燃烧的吹熄特性，特别是，燃料与空气的混合物越是贫燃，火焰越易被吹熄。

全混流反应器的计算分析表明，达到充分燃烧效果必须保证一定的停留时间。当停留时间小于 1s 时，氧原子摩尔分数与其平衡值有很大的差值，因为没有足够的化学反应时间以形成稳定的组分。如若停留时间为 0.01s，由完整化学动力学计算的 NO 摩尔分数可达到平衡计算结果的 5 倍。

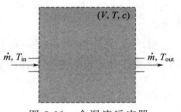

图 2-11 全混流反应器

2.10.5 平推流反应器模型

平推流反应器也称活塞流反应器，也是一种理想的反应器，如图 2-12 所示，其假设为：

（1）一维稳定流动。
（2）在轴向没有混合，即在流动方向上忽略分子扩散和质量扩散。
（3）垂直于流动方向的参数均相同。
（4）理想流体流动，即可用简单的欧拉方程关联压力与速度。
（5）理想气体特性。

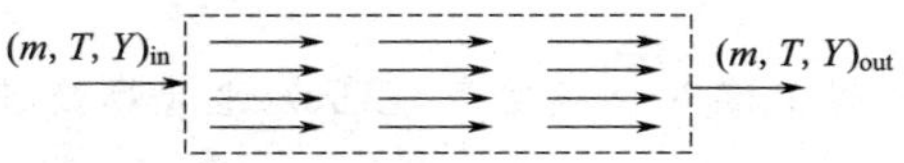

图 2-12 平推流反应器模型

依据上述假设，易列出下列守恒方程，即：

质量守恒

$$\frac{\mathrm{d}(\rho u A)}{\mathrm{d}x} = 0 \qquad (2\text{-}137)$$

动量守恒

$$\frac{dP}{dx}+\rho u\frac{du}{dx}=0 \tag{2-138}$$

能量守恒

$$\frac{d(h+u^2/2)}{dx}+\frac{\dot{Q}_x}{\dot{m}}=0 \tag{2-139}$$

组分守恒

$$\frac{dY_i}{dx}+\frac{\dot{\omega}_i M_i}{\rho u}=0 \tag{2-140}$$

热方程

$$h=h(T,Y) \tag{2-141}$$

停留时间方程

$$\frac{d\tau_R}{dx}=\frac{1}{u} \tag{2-142}$$

总之，平推流反应器模型为一组一维坐标的耦合的常微分方程组，而不是时间的函数。平推流反应器相较于全混流反应器，能更好地用于分析燃烧稳定性与抑制污染物的生成方法。

对于复杂的燃烧系统，可以采用各种理想反应器的组合构成更能反映实际过程的反应器族，以获得燃烧设备的燃烧性能。

思考题与习题

2-1 分析影响燃烧反应速率的各种因素。

2-2 用一个化学反应体系说明什么是分支链式反应。

2-3 试写出甲烷氧化的主要步骤，并写出对应的典型基元反应。

2-4 一台天然气炉运行时，烟气中所含氧气的摩尔分数分别为0和2%。求两种运行情况下空燃比和当量比。

2-5 甲种燃料的活化能为50kJ/kmol，分别在400℃和500℃情况下进行燃烧反应，试计算该两种情况下的反应速率常数之比。

2-6 4kg丁烷与空气进行化学当量燃烧，热值为49546kJ/kg，产物比热容约1.32kJ/(kg·K)，试计算定压绝热燃烧温度。

2-7 试分析甲烷在燃烧过程中加入硫化氢可以抑制氮氧化物的热力生成原因，需要写出相应的基元反应。

2-8 试阐述在纯一氧化碳中掺入少量氢气能否加速其燃烧速率。

第 3 章 传质基础

燃烧体系是一个混合物系统，包含反应物组分、中间产物组分和产物组分。只有反应物组分之间存在相对运动，才能形成反应组分之间的相互碰撞，进而发生反应。燃烧产生的产物必须借助宏观运动不断地排出反应空间，以维持较高的反应物浓度，增强燃烧效果。这些运动即是传质现象。鉴于不少学生在学习传热课程时很少甚至没有学习传质方面的知识，本章在初步介绍传质的基本概念和基本定律的基础上，详细讨论燃烧所涉及的传质问题及其求解方法，以描述反应组分之间的相对运动，更好地认识与理解燃烧过程的规律。

3.1 传质的基本概念

在含有两种或两种以上组分的混合体系中，如果存在浓度梯度，每一种组分都会由高浓度向低浓度方向转移，该现象被称为传质，也称为质量传递。传质方式可分为分子扩散和对流传质。

分子扩散是指由于分子的无规则热运动而形成的物质传递现象。例如，在一个空气相对静止的房间中打开一个香水瓶，一段时间后香水味就会弥漫到整个房间。分子运动过程相对较慢且仅限于较小的空间范围。对流传质是指由流体自身的宏观运动而形成的流体与固体之间的质量传递，或者两个有限互溶的运动流体之间的质量传递。例如，在有风的情况下，位于工厂下风很远处还能闻到气体污染物的味道。由此可知，对流传质与速度有关。

质量传递采用扩散通量来描述。扩散通量（扩散速率）是指单位时间内通过垂直于浓度梯度的单位面积上的物质数量，在单位上主要以质量通量 $[kg/(m^2 \cdot s)]$ 和摩尔通量 $[mol/(m^2 \cdot s)]$ 表示。

3.1.1 菲克定律

对于 A、B 两种组分所组成的混合物，组分 A 在 B 中的扩散通量遵守菲克定律，即：

$$J_A = D_{AB} \frac{dc_A}{dz} \tag{3-1}$$

式中 J_A——A 在 B 中的扩散通量，$mol/(m^2 \cdot s)$ 或 $kg/(m^2 \cdot s)$；

D_{AB}——分子扩散系数，m^2/s；

c_A——组分 A 的浓度，mol/m^3 或 kg/m^3。

组分 A 从高浓度向低浓度区域扩散，与热量传递和动量传递在物理意义上具有相似性，传递特性系数 D、a 和 ν 都具有相同的单位，即 m^2/s。特别是传热与传质现象，传质的计算公式不少是通过与传热现象的类比分析获得，具有相同的表达形式。

各种物质的扩散系数范围如下：气体为 $5 \times 10^{-6} \sim 1 \times 10^{-5} m^2/s$；液体为 $10^{-10} \sim 10^{-9} m^2/s$；固体为 $10^{-14} \sim 10^{-10} m^2/s$。扩散系数的大小主要取决于扩散系统的压力、温度和组成的成分种类，主要依赖于实验测定。计算中扩散系数可从有关物性手册查取，少数可通过计算公式估算。

3.1.2 绝对通量

不同于导热的是，组分的扩散总是分子或原子从一个位置运动到另一个位置。在多数情况下，这类分子尺度的运动导致了混合组分的总体运动。就是说，组分的扩散同时包含了分子扩散和对流扩散。

对于双组分混合体系，总质量通量、组分 A 的绝对质量通量和组分 B 的绝对质量通量分别为：

$$\dot{m}'' = \dot{m}''_A + \dot{m}''_B = \rho u \tag{3-2}$$

$$\dot{m}''_A = \rho_A u_A \tag{3-3}$$

$$\dot{m}''_B = \rho_B u_B \tag{3-4}$$

因此，混合体系的总体质量平均速度可推导为：

$$u = Y_A u_A + Y_B u_B \tag{3-5}$$

式中　Y_A——组分 A 的质量分数；

Y_B——组分 B 的质量分数。

组分 A 相对于总体平均速度的分子扩散质量通量为：

$$J_A = \rho_A (u_A - u) \tag{3-6}$$

从而有：

$$\dot{m}''_A = J_A + \rho_A u \tag{3-7}$$

式(3-1)、式(3-2) 和式(3-5) 代入式(3-7) 整理得：

$$\dot{m}''_A = Y_A(\dot{m}''_A + \dot{m}''_B) - \rho D_{AB} \frac{dY_A}{dz} \tag{3-8}$$

上式也可以转换为物质的量浓度的表达式，组分 A 的绝对摩尔通量为：

$$\dot{m}''_A = x_A(\dot{m}''_A + \dot{m}''_B) - cD_{AB} \frac{dx_A}{dz} \tag{3-9}$$

从式(3-8) 和式(3-9) 可以看出，组分 A 的绝对通量是由流动引起的通量和分子扩散引起的通量组成的。

对于双组分混合物，根据式(3-6)，可推得：

$$J_A + J_B \equiv 0 \tag{3-10}$$

因而有：

$$D_{AB} = D_{BA} \tag{3-11}$$

传质现象除了由浓度梯度引起的扩散外,还有温度梯度引起的热扩散和压力梯度引起的压力扩散。热扩散和压力扩散只有在特定条件下才予以考虑,本书不讨论热扩散和压力扩散。

【例题 3-1】 有一管道内充满了甲烷-氦(CH$_4$-He)混合气体,其温度为 300K,总压力为 1×10^5Pa,一端甲烷的分压力为 $p_{A1}=0.6\times 10^5$Pa,另一端为 $p_{A2}=0.1\times 10^5$Pa,两端相距 30cm,已知扩散系数 $D_{CH_4\text{-}He}=0.687\times 10^{-4}$ m^2/s,试计算稳态下甲烷的摩尔通量。

解: 由于总压力不高,混合气体按理想气体处理。依据菲克定律,有:

$$J_{A,z}=-D_{AB}\frac{dc_A}{dz}\approx D_{AB}\frac{\Delta c_A}{\Delta z}=D_{AB}\frac{c_{A1}-c_{A2}}{z_2-z_1}$$

对于理想气体,有:

$$\chi_A=n_A/V=p_A/RT$$

因此:

$$J_{A,z}=\frac{D_{AB}(p_{A1}-p_{A2})}{RT(z_2-z_1)}=\frac{0.687\times 10^{-4}\times(0.6\times 10^5-0.1\times 10^5)}{8314\times 300\times 0.3}$$
$$=4.59\times 10^{-6}[\text{kmol}/(\text{m}^2\cdot\text{s})]$$

3.1.3 组分 A 在静止介质中扩散

如图 3-1 所示,在一根玻璃管内装有一定量的液体 A,液体 A 为挥发性物质,组分 B 不溶于液体 A,从液面到管口的距离为 L,在管口处有组分 A 和 B 的混合气体流过。整个系统保持恒定压力和温度,液面处达到气液平衡状态,管内没有反应现象。如何计算组分 A 的蒸发速率呢?

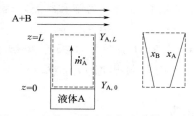

图 3-1 组分 A 蒸发向气流的传质过程

由于系统处于恒定的平衡状态,不妨假设该双组分体系为稳态,忽略液面的微小变化对扩散的影响(液相与气相的比容相差较大使得液面的位移很小或者移动速度很慢)。

根据式(3-9),可得组分 A 的传质方程为:

$$\dot{m}''_A=x_A(\dot{m}''_A+\dot{m}''_B)-cD_{AB}\frac{dx_A}{dz}$$

由于组分 B 不溶于液体 A,则组分 B 通过液体界面的通量为 0,加之管内传质为稳态,因此整个管内的组分 B 的通量为 $\dot{m}''_B=0$。就是说,该问题属于组分 A 在相对静止的介质中的传质现象。

从而有:

$$\dot{m}''_A=x_A\dot{m}''_A-cD_{AB}\frac{dx_A}{dz}$$

进一步整理，得：

$$\dot{m}''_A = \frac{cD_{AB}}{1-x_A} \times \frac{dx_A}{dz}$$

由于传质过程为稳态，则有：

$$d\dot{m}''_A/dz = 0$$

从而有：

$$\frac{d}{dz}\left(\frac{cD_{AB}}{1-x_A} \times \frac{dx_A}{dz}\right) = 0$$

其边界条件为：

$$x(0) = x_{A,0}, x(L) = x_{A,L}$$

解常微分方程，得：

$$\dot{m}''_A = \frac{cD_{AB}}{L}\ln\left(\frac{1-x_{A,L}}{1-x_{A,0}}\right) \tag{3-12}$$

从式(3-12)看出，组分 A 的蒸发速率与密度 ρ 和扩散系数 D_{AB} 的乘积成正比，与长度 L 成反比。

上述传质过程是典型的斯蒂芬传质问题。在实际应用中，加湿过程、干燥过程、农药喷雾过程、汽车化油器内的汽化过程以及液体燃料的喷雾燃烧过程等都涉及该问题。斯蒂芬传质问题的分析对实际应用有很大帮助。

3.1.4 气液界面的边界条件

在式(3-12)中，需要确定界面处参数摩尔分数 $x_{A,0}$。根据分压定律，该参数等于界面处对应组分的分压与总压之比。在界面处可设为饱和状态，因此饱和状态下摩尔分数为：

$$x_{A,0} = p_{sat}/p \tag{3-13}$$

液体的饱和压力仅是饱和温度的函数。如果已知饱和温度，则可通过 Clausius-Clapeyron 方程计算饱和压力，进而计算出摩尔分数。对于常见的液体，可以直接查表获得。

在界面上能量守恒可以表示为：

$$\dot{Q}_{net} = \dot{m}h_{fg} \tag{3-14}$$

式(3-14)可用来计算在已知蒸发速率 $\dot{m}$ 的情况下需向界面传输的热量。反之，如果已知传输的热量 $\dot{Q}_{net}$，可求得蒸发速率。

【例题 3-2】 一块阻水性纤维材料，水只能通过蒸发经微孔向空气中散发。设微孔直径为 $10\mu m$，长度为 $100\mu m$。纤维材料边缘的空气相对湿度为 50%，空气温度为 298K，压强为 101325Pa，试求通过单个微孔的蒸发速率。

解：该传质作为稳态处理。查阅物性手册，水分在空气中的扩散系数 $D_{AB} = 0.26 \times 10^{-4} m^2/s$，$p_{sat}(298K) = 0.03165 \times 10^5 Pa$。

总物质的量浓度为：

$$c = \frac{p}{RT} = \frac{101325}{8.314 \times 298} = 40.9 (mol/m^3)$$

$$x_{A,0} = \frac{p_{A,sat}}{p} = \frac{0.03165}{1.0133} = 0.031$$

$$x_{A,L} = \frac{\varphi p_{A,sat}}{p} = \frac{0.5 \times 0.03165}{1.0133} = 0.0156$$

根据式(3-12)，得：

$$\dot{m}''_A = \frac{\pi}{4} d^2 \frac{cD_{AB}}{L} \ln\left(\frac{1-x_{A,L}}{1-x_{A,0}}\right) = 13.4 \times 10^{-12} \text{ (mol/s)}$$

如果忽略混合物的平均速度，则根据式(3-9)，得：

$$\dot{m}''_A = \frac{\pi}{4} d^2 cD_{AB} \frac{dx_A}{dz} = 13.0 \times 10^{-12} \text{ (mol/s)}$$

上述问题涉及两个方面：一是对流作用对组分扩散的影响，在考虑对流作用时，蒸发速率稍有增大，大约提高3%，但是其影响将会随系统温度的上升而加大，后续的相关问题将验证这点；二是忽略总体平均速度对传质的影响，总体平均速度与组分的质量分数或者摩尔分数有关，在本例中 $x_A \ll 1$，则组分 A 的运动变化对总体平均速度的影响不大，所以假设组分 B 为静止的是相对合理的。

3.2 控制体的组分守恒

与能量守恒类似，任何组分在控制体内都遵循质量守恒，如图3-2所示。控制体内的组分守恒方程为：

$$\dot{m}_{A,in} + \dot{m}_{A,g} - \dot{m}_{A,out} = \dot{m}_{A,st} = dm_{A,st}/dt \quad (3\text{-}15)$$

依据组分守恒方程，一维控制体的守恒方程具体表示为：

$$\frac{dm_{A,st}}{dt} = [\dot{m}''_A A]_x - [\dot{m}''_A A]_{x+\Delta x} + \dot{m}_{A,g} V \quad (3\text{-}16)$$

$$\dot{m}''_A = Y_A \dot{m}'' - \rho D_{AB} \frac{dY_A}{dz} \quad (3\text{-}17)$$

代入组分 A 的通量，整理得：

$$\frac{\partial(\rho Y_A)}{\partial t} = -\frac{\partial}{\partial x}\left(Y_A \dot{m}'' - \rho D_{AB} \frac{dY_A}{dx}\right) + \dot{m}_{A,g} \quad (3\text{-}18)$$

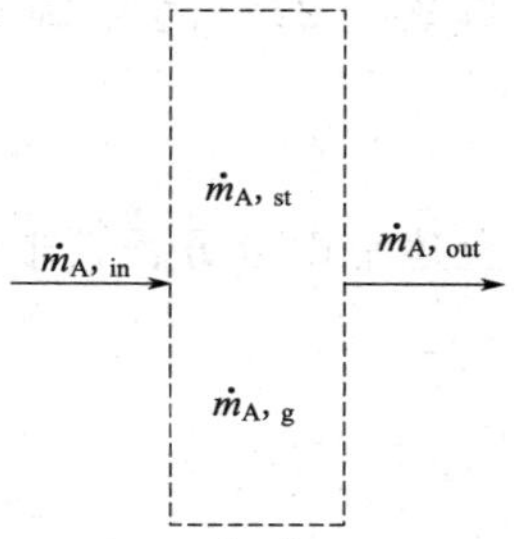

图 3-2 控制体内的组分守恒

在稳态流动情况下，有 $\partial(\rho Y_A)/\partial t = 0$，则：

$$-\frac{\partial}{\partial x}\left(Y_A \dot{m}'' - \rho D_{AB} \frac{dY_A}{dx}\right) + \dot{m}_{A,g} = 0 \quad (3\text{-}19)$$

如果仅考虑分子扩散，则组分守恒方程如同导热守恒方程的形式，即：

$$\frac{\partial}{\partial x}\left(\rho D_{AB} \frac{dY_A}{dx}\right) + \dot{m}_{A,g} = 0 \quad (3\text{-}20)$$

上式也可以写为摩尔分数的形式，即：

$$\frac{\partial}{\partial x}\left(cD_{AB} \frac{dx_A}{dx}\right) + \dot{m}_{A,g} = 0 \quad (3\text{-}21)$$

3.3 液滴的蒸发

在液体燃料燃烧过程中，液体燃料常以液滴形状在燃烧空间中燃烧。比如，汽车的电喷发动机、航空发动机和燃油锅炉等。液滴的蒸发特性与这些设备的燃烧性能有直接关系。

单个液滴环境空间如图 3-3 所示。设置液滴中心位于原点的球坐标系，气液界面的半径为 r_s。在远离液滴表面处，蒸发组分的质量分数为 $Y_{F,\infty}^*$。

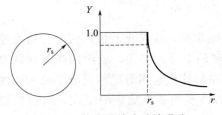

图 3-3　静止环境中液滴蒸发

液滴在一定温度下蒸发，其蒸发组分从液滴的表面向周围的气体扩散，在离液体表面很远处质量分数为 0。该问题属于斯蒂芬传质问题。

为简化分析，假设：
(1) 蒸发过程是准稳态的。
(2) 液滴内温度均匀一致。
(3) 恒定物性，特别是 ρD 乘积是常数。

引用式(3-8)，且液滴周围介质是静止的，因此液滴表面空间的传质方程为：

$$\dot{m}_A'' = Y_A \dot{m}_A'' - \rho D_{AB} \frac{dY_A}{dz} \tag{3-22}$$

扩散的质量守恒方程为：

$$\dot{m} = \dot{m}_A = 4\pi r^2 \dot{m}_A'' = 常数 \tag{3-23}$$

将式(3-22)代入式(3-23)，整理得：

$$\dot{m} = -4\pi r^2 \frac{\rho D_{AB}}{1-Y_A} \times \frac{dY_A}{dr} \tag{3-24}$$

上述常微分方程，求解得：

$$Y_A(r) = 1 - \frac{(1-Y_{A,S})\exp\left[\dfrac{\dot{m}}{(4\pi D_{AB} r)}\right]}{\exp\left[-\dfrac{\dot{m}}{(4\pi D_{AB} r_s)}\right]} \tag{3-25}$$

$$\dot{m} = 4\pi r_s \rho D_{AB} \ln\left(\frac{1-Y_{A,\infty}}{1-Y_{A,S}}\right) \tag{3-26}$$

传质数定义为：

$$B_Y = \frac{Y_{A,S} - Y_{A,\infty}}{1 - Y_{A,S}} \tag{3-27}$$

式(3-26)变为：

$$\dot{m} = 4\pi r_s \rho D_{AB} \ln(1+B_Y) \tag{3-28}$$

式(3-28)表明，蒸发速率随传质数增加而提高。传质数具有传质"驱动力"的物理意义。

对于液滴，其变化量等于蒸发量，即有：

$$\frac{dm_d}{dt} = -\dot{m} \tag{3-29}$$

$$m_d = \rho_l \pi D^3 / 6 \tag{3-30}$$

将式(3-29)和式(3-30)代入式(3-28)，并求解得：

$$D^2 = D_0^2 - Kt \tag{3-31}$$

$$K = \frac{8\rho D_{AB}}{\rho_l} \ln(1 + B_Y) \tag{3-32}$$

式中 K——蒸发常数。

依据式(3-31)，液滴完全蒸发所需要的时间（液滴寿命）为：

$$t_d = \frac{D_0^2}{K} \tag{3-33}$$

式(3-31)被称为液滴蒸发的 D^2 定律。

【例题 3-3】 假设燃料液滴在其燃烧空间中最多滞留时间为 0.04s，蒸发常数为 $2.5 \times 10^{-7} m^2/s$，要使燃料液滴在燃烧空间内完全蒸发为气体，则液滴直径最大不超过多少？

解：由题可知，蒸发寿命为 0.04s，根据式(3-33)：

$$D_0 = \sqrt{Kt_d} = \sqrt{0.04 \times 2.5 \times 10^{-7}} = 0.0001(m) = 100(\mu m)$$

3.4 伴有反应的传质过程

在燃烧体系中，有均相和异相反应。例如，气体燃料的氧化反应为均相反应；固体燃料的氧化反应和催化燃烧反应则为异相反应。本节仅是初步讨论伴有反应的传质现象。

3.4.1 均相反应的传质过程

对于均相反应，建立如图 3-4 所示的传质控制体。反应组分 A 在从 0 向 L 的扩散过程中发生反应，因此在扩散方程中需要加入源项。组分平衡方程为：

$$\begin{cases} \dfrac{d}{dx}\left(D_{AB}\dfrac{dc_A}{dx}\right) + \dot{m}_{A,g} = 0 \\ \dot{m}_{A,g} = -k_1 c_A \end{cases} \tag{3-34}$$

边界条件为：$x = 0$，$c_A = c_{A,0}$；$x = L$，$\dfrac{dc_A}{dx} = 0$。

上述为传质与反应相互耦合问题。参考具有内热源的导热微分方程求解方法，可得：

$$\begin{cases} c_A = c_{A,0} \dfrac{\cosh[n(L-x)]}{\cosh(nL)} \\ \dot{m}''_A(0) = D_{AB} c_{A,0} \tanh(nL) \\ n = \sqrt{k_1/D_{AB}} \end{cases} \tag{3-35}$$

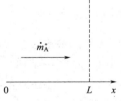

图 3-4 均相反应传质模型

3.4.2 异相反应的传质过程

对于表面反应体系，建立如图 3-5 所示的传质模型。以甲醇催化制氢反应为例，其化学反应为：

$$CH_3OH + H_2O \longrightarrow CO_2 + 3H_2 \quad (3-36)$$
$$A + B \longrightarrow C + D$$

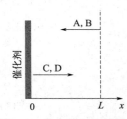

图 3-5 催化反应传质模型

以催化剂表面为坐标原点，$0-L$ 为传质控制体。反应物 A、B 由 L 处向催化剂表面扩散，在催化剂表面完成反应，生成产物 C 和 D 向 L 处扩散，在 $0-L$ 空间没有反应。因此，催化剂表面的反应可视为边界条件。

应用式(3-9)，得：

$$\begin{cases} \dot{m}''_A = x_A(\dot{m}''_A + \dot{m}''_B + \dot{m}''_C + \dot{m}''_D) - cD_{AB}\dfrac{dx_A}{dx} \\ \dot{m}''_B = \dot{m}''_A, \dot{m}''_C = -\dot{m}''_A, \dot{m}''_D = -3\dot{m}''_A \\ \dfrac{d\dot{m}''_A}{dx} = 0 \end{cases} \quad (3-37)$$

解上述方程组，并整理得：

$$\dot{m}''_A = \frac{cD_{AB}}{2L}\ln\left(\frac{1+2x_{A,0}}{1+2x_{A,L}}\right) \quad (3-38)$$

在催化剂表面上，反应动力学方程为：

$$\dot{m}''_A = \dot{m}''_A|_{x=0} = k_s c_{A,0} = k_s c x_{A,0} \quad (3-39)$$

式(3-39)代入式(3-38)，得：

$$\dot{m}''_A = \frac{cD_{AB}}{2L}\ln\left[\frac{1+2\dot{m}''_A/(k_s c)}{1+2x_{A,L}}\right] \quad (3-40)$$

组分 A 的扩散通量是一个隐式函数，与化学动力学参数、物性和几何参数有关，反应对扩散的影响是通过边界条件起作用的。

思考题与习题

3-1 根据图 3-1，如果在自由流中有组分 A 存在会怎么样影响蒸发速率？为什么？

3-2 在任一瞬间，一蒸发液滴表面外的质量平均速度随距离是如何变化的？

3-3 一个 1mm 直径的水滴，温度为 75℃，在 500K、101325Pa 的干空气中蒸发，求其蒸发常数。

3-4 一燃料液滴，其蒸发受质量扩散控制，其表面温度是一个重要的参数。一个正十二烷液滴，直径 $100\mu m$，在干燥的氮气中蒸发，氮气压力 101325Pa，液滴温度比其沸点低 10K，试求其寿命。再令温度降低 10K（低于沸点 20K），重新计算，比较结果。为了简化，设两个工况下平均气体密度等于氮气在平均温度为 800K 时的密度。用同样的温度来估计燃料蒸气的扩散率。液态正十二烷的密度为 $749kg/m^3$。

第 4 章
燃料的着火与火焰传播

从化学动力学可知，任何一种燃烧，都存在从引发反应到剧烈反应的发展过程。该发展过程不论在燃烧应用方面还是在防火阻燃方面都是需要关注的阶段，该阶段即是本章需要介绍的着火概念及其分析。燃烧经过发展阶段后即进入燃烧的稳定状态，描述该稳定状态即是本章需要介绍的火焰传播概念及其模型。不管是着火概念，还是火焰传播概念，都在为燃烧装置的开发与设计提供重要的理论基础。

4.1 着火的基本概念

燃料和氧化剂混合后，由无化学反应、缓慢的化学反应向稳定的强烈放热状态的过渡过程，最终在某个时刻、燃烧空间中某个部分出现火焰的现象，称为着火。着火过程就是燃烧的发展过程。燃料着火后即转向持续、稳定的放热反应过程。

从微观机理方面看，着火方式可以分为热力着火和链式着火（也称链锁着火）两种。根据着火的热量来源，热力着火又可分为热力自燃和强迫点燃。

燃烧是放热的反应过程，而燃烧反应速率是强烈依赖于温度的函数，温度越高，反应速率越快，但是在温度较低的情况下，反应速率一般较低。因此燃料着火是燃烧体系的化学动力学因素和传热因素共同作用的结果。着火应具有以下两个基本的效果：

（1）燃烧体系的化学反应速率自动地、持续地加速，直至达到一个较高的化学反应速率。

（2）实际的化学反应速率趋近于一个有限的数值，在这个有限的化学反应速率下，燃烧空间存在剧烈发光发热的现象。

4.2 热力自燃

热力自燃是在燃烧体系自身的热量积累作用下所形成的着火。比如，柴油发动机，燃料被喷入热空气，其着火就是自燃方式。火花塞点火发动机，敲缸现象也是未燃燃料的自燃造成的。烟煤因长期堆积且通风不好而着火，等等。热力自燃是内部反应与外界条件综合的效果。

如图 4-1 所示，全混流系统的初始温度为 T_0，体积为 V，表面积为 A，表面换热系数为 α，反应热为 Q，活化能为 E，反应速率常数为 k。假设着火过程中浓度变化不大。

为简化分析，建立全混流着火系统的集中参数模型，不考虑系统内的参数分布，假定边界温度与环境温度在反应过程中恒定，方程表示为：

$$\begin{cases} \rho c_p \dfrac{\mathrm{d}T}{\mathrm{d}t} = \dot{q}_{\mathrm{W,L}} + \dot{q}_{\mathrm{R,g}} \\ \dot{q}_{\mathrm{W,L}} = \dfrac{\alpha A}{V}(T - T_0) \\ \dot{q}_{\mathrm{R,g}} = Qr = QkC^n \mathrm{e}^{-E/(R_u T)} \end{cases} \quad (4\text{-}1)$$

式中　$\dot{q}_{\mathrm{W,L}}$——系统向外散发的热量，$\mathrm{kW/m^3}$；
　　　$\dot{q}_{\mathrm{R,g}}$——系统反应生成的热量，$\mathrm{kW/m^3}$。

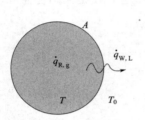

图 4-1　全混流着火模型

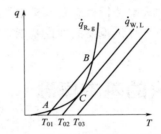

图 4-2　生成热曲线与散热曲线之间关系

由此可见，只要可燃混合物反应的生成热大于散热，系统就能积累热量，温度上升，根据阿累尼乌斯公式，反应速率则加快。反应速率上升反过来促使系统热量积累，使得温度再次上升，反应速率又加快，如此循环不断，最终形成着火。那么两者满足什么样的关系才能达到这样的效果呢？

全混流系统的生成热曲线与散热曲线之间相互关系如图 4-2 所示。两者有相交、相切和相离三种情况。这三种情况代表生成热和散热相互作用的结果。如果生成热曲线与散热曲线相交，不妨设有两个交点为 A 和 B。假如系统开始处于 A 点状态，如果系统因扰动离开 A 点向右偏移，此时因为散热量大于生成热，温度要降低，致使反应速率变慢，生成热又将减小，温度再次降低，直至系统恢复到 A 点状态；同样分析可知，如果系统因扰动离开 A 点向左偏移，因为生成热大于散热量，温度将提高，不断调整，系统也恢复到 A 点状态。像 A 点能自行恢复的特性被称为系统的稳定性。就是说，系统一旦处于 A 点附近，系统状态就能保持不变。A 点是系统的着火状态点吗？显然不是，因为 A 点温度不高，对应的反应速率也不高，不符合着火过程的两个效果，因此燃烧系统在该点状态不会着火。

假如系统开始处于 B 点状态，如果系统因扰动离开 B 点向右偏移，因为生成热大于散热量，温度将提高，致使反应速率变快，反过来促使生成热增大，温度再次提高，继续加快反应速率，不断变化，系统越发向右远离 B 点状态。温度和对应的反应速率达到并不断超出着火的两个效果。如果系统因扰动离开 B 点向左偏移，因为散热量大于生成热，温度将降低，燃烧速率变慢，继而生成热降低，温度再次降低，燃烧速率再次变慢，如此系统越发向左远离 B 点。像 B 点不能自行恢复到原始状态的特性被称为不稳定性。就是说，系统一旦处于像 B 这样的不稳定点，则系统状态不能确定。纵然 B 点的温度和反应速率都符合着火过程的两个基本效果，但是，只要系统初始温度低于 B 点温度，系统状态必定趋向并稳定在 A 点状态，将达不到反应速率高的状态，因此生成热曲线与散热曲线相交不能确保系统着火。

如果生成热曲线与散热曲线相切，切点为 C。通过上述稳定性分析，C 为不稳定点。但是，在 $[0,\infty]$ 温度区域，因为生成热始终大于等于散热量，系统只存在温度和反应速率呈单调上升的特性，反应速率和温度不断自行上升，一定能达到且能超过着火的两个基本效果。

同样，如果生成热曲线与散热曲线相离，系统一定能达到且能超过着火的两个基本效果。

综上所述，生成热曲线与散热曲线相切是确保全混流系统着火的临界情况。只要系统的外界条件与内部反应条件满足两曲线相切要求，系统就能达到着火的基本效果。

根据两曲线相切的数学关系，定量描述着火的充要条件是：

$$\begin{cases} \dot{q}_{W,L}\big|_{T=T_C} = \dot{q}_{R,g}\big|_{T=T_C} \\ \dfrac{d\dot{q}_{W,L}}{dT}\bigg|_{T=T_C} = \dfrac{d\dot{q}_{R,g}}{dT}\bigg|_{T=T_C} \end{cases} \tag{4-2}$$

如图 4-2 所示，点 B 对应的温度被称为燃烧系统的着火温度。相应的介质温度 T_{02} 就是可能引起燃料混合物着火的最低温度，称为自燃温度。常见燃料在大气压力和通常条件下的着火温度如表 4-1 所示。由表可知，甲烷和一氧化碳的着火温度较高，液体燃料的着火温度较低。对于气体燃料，甲烷的着火温度较高，因为其分子结构为稳定的正四面体，键能也较大。乙炔的着火温度较低，因为乙炔分子是 $C\equiv C$ 不饱和键，活性相对较强。液态碳氢化合物的着火温度较低。烟煤的着火温度与煤的挥发分有关，挥发分越高，着火温度越低。

表 4-1 部分燃料的着火温度

名称	氢气	汽油	CO	重油	甲烷	煤油	乙烯	木材	乙炔	烟煤
着火温度/℃	530~590	390~685	654~658	530~580	658~750	250~609	542~547	250~350	406~480	300~500

对于着火点，将式(4-1) 代入式(4-2)，整理得：

$$\frac{E}{R}T_C^2 - T_C + T_0 = 0 \tag{4-3}$$

解之，并舍去不符合实际的解，得：

$$T_C = \frac{E - \sqrt{E^2 - 4RET_0}}{2R} \tag{4-4}$$

在一般情况下，$E=200\text{kJ/mol}$，$T_0=500\sim1000\text{K}$，所以 $E\gg RT_0$，采用二项式展开方法，并略去二次方以上各项，有：

$$T_C = T_0 + \frac{RT_0^2}{E} \tag{4-5}$$

也可以变为下式：

$$\Delta T_C = T_C - T_0 = \frac{RT_0^2}{E} \tag{4-6}$$

若取 $E = 200\text{kJ/mol}$，$T_0 = 700\text{K}$，则 $\Delta T_C = 16 \sim 40\text{K}$。即在一般情况下，自燃温度很接近着火温度。

将式(4-5)代入式(4-1)的反应速率关系式，采用上述同样方法化简得：

$$r_C = er_0 \tag{4-7}$$

由此可见，着火温度 T_C 对应的反应速率是自燃温度 T_0 对应的反应速率的 e 倍。

将式(4-6)、式(4-1)代入式(4-2)，整理得：

$$\ln\left(\frac{c^n}{T_0^2}\right) = \frac{E}{RT_0^2} - \ln\left(\frac{qVkE}{\alpha SR}\right) - 1 \tag{4-8}$$

令 $b = -\left[1 + \ln\left(\frac{qVkE}{\alpha SR}\right)\right]$，则上式变为：

$$\frac{p_0^n}{R^n T_0^{n+2} e^{E/RT_0}} = e^b \tag{4-9}$$

依据上式可绘制图 4-3 所示的 T-p 关系曲线，该曲线右侧为着火区，左侧为不着火区。对于一定的可燃混合物，在其他参数不变的情况下，当温度低于临界温度 $T_{0,C}$ 时，可燃混合物不可能着火，只能处于低温氧化状态。同理，当压力低于临界压力时，可燃混合物也不可能着火。

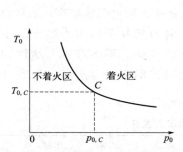

图 4-3　临界温度与压力之间关系

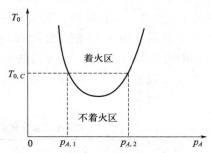

图 4-4　混合燃料压力的着火极限

式(4-9)给出的是系统压力与临界温度之间关系。对于双分子反应，假设反应为二级反应，则有 $p = p_A + p_B$。以分压 p_A、c_A、c_B 替换 c^n，代入式(4-2)的 $\dot{q}_{W,L} = \dot{q}_{R,g}$，简化为：

$$c_A c_B \frac{p_A(p_0 - p_B)}{T_0^4 e^{\frac{E}{RT_0}}} = 常数 \tag{4-10}$$

由上式可绘制图 4-4 所示的 T_0-p_A 关系曲线。该曲线内侧为着火区，外侧为不着火区。对于一定的可燃混合物，在一定的温度下，可燃混合物的浓度低于下限值或高于上限值都不可能着火，两者数值被称为在一定温度下可燃混合物的爆炸极限。由图可知，当温度上升，爆炸极限扩大；反之，则爆炸极限缩小，当温度低至一定数值，可燃混合物不会发生爆炸。

对式(4-10)进行简单变换即可获得 T_0-x_A 关系曲线和 p_A-x_A 关系曲线，分别如图 4-5 和图 4-6 所示。

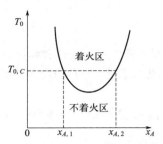

图 4-5 着火温度与燃料摩尔分数之间关系

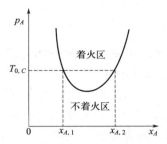

图 4-6 燃料压力与摩尔分数之间关系

利用式(4-2)中 $\dot{q}_{W,L}|_{T=T_C} = \dot{q}_{R,g}|_{T=T_C}$，并结合球形特征尺度 $\dfrac{V}{A} = \dfrac{1}{6}d$，整理得：

$$p_C^2 d = 常数 \tag{4-11}$$

由公式可知，增大燃烧体系的尺寸，可以降低着火压力，从而改善着火性能；反之，增加着火困难，甚至不能着火。因此，对于小尺寸的燃烧设备，尤其要注意改善着火条件。

可燃混合物从初始状态到着火的一段时间，被称为着火孕育期。以浓度表示，则着火孕育期 τ_i 可定义为：

$$\tau_i = \dfrac{c_0 - c_C}{r_i} \tag{4-12}$$

式中 c_0——可燃混合物的初始浓度，mol/m^3；

c_C——着火时可燃混合物的浓度，mol/m^3；

r_i——着火孕育期内平均反应速率，$mol/(m^3 \cdot s)$。

在着火孕育期内可燃混合物的反应速率较低，因此着火孕育期内平均反应速率可取着火点的反应速率 r_C 的一半。

假设系统没有散热损失，反应热效应仅限于升温，则温度与浓度之间存在类比关系 $(T_C - T_0) \sim (c_0 - c_C)$。这样，将反应速率 r_C 和式(4-6)代入式(4-12)，整理得：

$$\dfrac{\tau_i p_C^n}{T_C^{n+2} e^{\frac{E}{RT_C}}} = 常数 \tag{4-13}$$

由上式可知，系统压力越大，着火孕育期越长；着火温度越高，着火孕育期越长。

如果对式(4-13)取对数，整理可得：

$$\ln \tau_i = \dfrac{E}{R} \times \dfrac{1}{T_C} + 常数 \times \dfrac{T_C^{n+2}}{p_C^n} \tag{4-14}$$

对上式的函数关系作图，不管截距如何，即可获得直线的斜率，从而可得出反应活化能。该式为反应活化能提供一种测量方法。

采用类似方法，可以获得反应级数的测量关系式，即：

$$\ln \tau_i = n \ln p_C + b \tag{4-15}$$

式中 b——截距，其包含了多个变量与常数。

4.3 链式着火

在实际中，存在一些爆燃现象无法用热力自燃理论来解释。比如，可燃混合物在低温或低压条件下发生的爆燃现象；氢氧体系化学当量混合物的爆炸极限 P-T 曲线呈 S 形（图 2-8）。因此，提出了着火过程的链式着火理论。

在链式反应中，在某种外加作用下反应生成了自由基，之后链的分支传播使得自由基浓度陡然增大，反应速率急剧加快，直至出现爆炸现象。

自由基浓度增大有两种因素：一是分子热运动导致的分子碰撞；二是链式反应的分支传播。总体上，自由基浓度是自由基生成与销毁净增加的结果。因此，自由基的浓度变化为：

$$\frac{\mathrm{d}c}{\mathrm{d}t} = r_T + fc - gc = r_T + (f-g)c = r_T + \varphi c \tag{4-16}$$

式中　r_T——因外界引起的自由基初始形成速率；
　　　f——链式反应的自由基生成速率常数；
　　　g——链式反应的自由基销毁速率常数；
　　　φ——自由基净增加速率常数。

式(4-16)的初始条件为：

$$t=0, c=0, \left.\frac{\mathrm{d}c}{\mathrm{d}t}\right|_{t=0} = r_T \tag{4-17}$$

解微分方程式(4-16)，得：

$$c = \frac{r_T}{\varphi}(\mathrm{e}^{\varphi t} - 1) \tag{4-18}$$

在链式反应中，自由基只有参加分支链式反应才能生成反应产物。设 a 为一个自由基参加反应后生成的最终产物分子数。比如，氢气和氧气反应，消耗 1 个氢原子，生成 3 个氢原子和 2 个水分子，a 值为 2。因此，整个链式反应的速率为：

$$r = af\frac{r_T}{\varphi}(\mathrm{e}^{\varphi t} - 1) \tag{4-19}$$

式(4-18)和式(4-19)存在以下三种极限情况。

当 $\varphi<0$ 时，自由基和反应速率的极限值为：

$$\begin{cases} \lim\limits_{t\to 0}c = \lim\limits_{t\to 0}\left[\frac{r_T}{\varphi}(\mathrm{e}^{\varphi t}-1)\right] = \frac{r_T}{\varphi} \\ \lim\limits_{t\to 0}r = \lim\limits_{t\to 0}\left[\frac{afr_T}{\varphi}(\mathrm{e}^{\varphi t}-1)\right] = \frac{afr_T}{\varphi} \end{cases} \tag{4-20}$$

自由基的浓度和反应速率随时间变化趋近于渐近值，反应达到稳态。但是，自由基的浓度和反应速率都很低，不满足着火效果，该情况不会引起着火。在该情况下，如果提高自由基的浓度和反应速率，就需要提高系统温度。

当 $\varphi>0$ 时，自由基和反应速率的极限值为：

$$\begin{cases} \lim\limits_{t\to\infty} c = \lim\limits_{t\to\infty}\left[\dfrac{r_T}{\varphi}(e^{\varphi t}-1)\right]=\infty \\ \lim\limits_{t\to\infty} r = \lim\limits_{t\to\infty}\left[\dfrac{afr_T}{\varphi}(e^{\varphi t}-1)\right]=\infty \end{cases} \quad (4\text{-}21)$$

自由基的浓度和反应速率随时间变化呈指数函数单调增大，反应为非稳态。在很短时间内，自由基的浓度和反应速率都能达到着火效果，该情况一定会引发自燃，而不需要提高温度即可着火。

当 $\varphi=0$ 时，自由基和反应速率的极限值为：

$$\begin{cases} \lim\limits_{\varphi\to 0} c = \lim\limits_{\varphi\to 0}\left[\dfrac{r_T}{\varphi}(e^{\varphi t}-1)\right]=r_T t \\ \lim\limits_{\varphi\to 0} r = \lim\limits_{\varphi\to 0}\left[\dfrac{afr_T}{\varphi}(e^{\varphi t}-1)\right]=afr_T t \end{cases} \quad (4\text{-}22)$$

在该情况下，自由基的产生与销毁处于平衡，自由基的浓度和反应速率的极限值随时间呈线性增大，直至反应物全部消耗为止。但是，在该情况下，反应不会引起自燃，因为自由基的初始浓度和反应速率都较低，不满足着火效果。此时，若稍微提高反应温度，即能打破自由基的产生与销毁的平衡状态，使得 $\varphi>0$，从而反应转为非稳态而形成着火。可以认为，$\varphi=0$ 是链式自燃的临界状况。图 4-7 为上述三种情况下的链式反应速率随时间的变化规律。

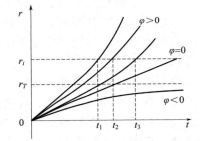

图 4-7 不同 φ 情况下链式反应发展

当时间达到着火孕育期时，反应速率为：

$$r_i = af\dfrac{r_T}{\varphi}(e^{\varphi \tau_i}-1) \quad (4\text{-}23)$$

在着火孕育期内，可认为 $\varphi\approx f$，$e^{\varphi \tau_i}\gg 1$，则上式可写为：

$$r_i = a\dfrac{r_T}{\varphi}e^{\varphi \tau_i} \quad (4\text{-}24)$$

对于一定的燃烧反应，在一定的组成、温度和压力下，一些参数受外界影响很小，因此有：

$$\varphi \tau_i = \ln\dfrac{r_i}{ar_T} = 常数 \quad (4\text{-}25)$$

上式已被实验证实。对一般可燃混合气的着火而言，可以写为：

$$\tau_i p^2 e^{-E/(RT)} = 常数 \quad (4\text{-}26)$$

需要指出的是，在链式着火的孕育期内温度变化不大，仅由于链的分支而自行加速，但是在着火以后，温度会因急剧放热来不及向外散热而升高。这不同于热力自燃，在孕育期内必须由温度的升高而发生着火。

可燃混合气在低压情况下可出现两个甚至三个爆炸极限，在一般文献中被称为"着火半岛现象"。着火半岛现象可以作为链式反应的证明。

自由基销毁有两个方面因素：一是自由基因碰撞失去能量，进而结合成稳定的产物；二是自由基向边界扩散，直至与壁面碰撞而失去能量。由此可见，自由基的销毁与系统压力有关。

实验证明，对于一定的可燃混合气，在一定的温度下自由基的分支链式反应速率常数（f）几乎与压力无关。自由基的销毁与生成可用图4-8表示。

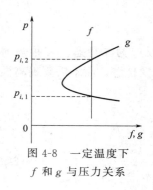

图4-8 一定温度下 f 和 g 与压力关系

在化学反应动力学内容中，已经从基元反应角度对三个爆炸极限作了分析。此处根据链式自燃理论对之进行分析。在压力很低时，气体稀薄，自由基向容器壁快速扩散，提高了自由基与器壁的碰撞概率，从而增大了自由基的销毁速率，压力越低，自由基销毁速率越大。当压力降低到一定数值时，自由基销毁速率大于自由基生成速率，这样就形成了着火的低压下限。

如果提高可燃混合气的压力，气体分子浓度增大，减弱了自由基向器壁的扩散，降低了自由基与器壁的碰撞概率，从而降低了自由基的销毁速率。使得自由基的生成速率大于自由基的销毁速率，可燃混合气可实现着火。但当压力提高到一定数值后，因为气体分子浓度增大，使得自由基的中断反应速率加大，中断反应成为自由基销毁的主导因素，当压力继续提高到一定数值时，自由基销毁速率大于其生成速率，这样就形成了着火的压力上限。

在压力超过着火上限后，由于自由基的浓度增加使得反应放热效果越发显著，由于系统热量积累效应越发显著且处于主导地位，引起反应自动加速的作用越发强劲，反过来促进自由基的浓度增大而加快反应速率。这体现出热力自燃的特性。实质上，第三界限就是热力自燃界限。

综上所述，上述内容仅从单一角度讨论与分析热力自燃和链式自燃。多个着火界限的现象说明，着火机理非常复杂。着火现象本身就是反应与热效应相互耦合、相互作用的结果。链式反应在温度较低的范围起着主导作用，但是反应释放热量的积累必然引起温度上升和反应加速的现象，在温度升高至一定数值时，热力自燃即会起着主导作用，因此有的着火现象可能同时有链式自燃和热力自燃。进一步统一和完善上述两种理论的研究还处在发展阶段。总之，热力自燃和链式自燃都是近代燃烧理论的基础。

4.4 强迫着火

4.4.1 强迫着火的种类

可燃混合物在部分空间受到外界能量的作用而形成着火，然后向其他区域传播，该着火方式被称为强迫着火。

通常，实现强迫着火的类型有多种，典型的有炽热体点燃、电火花点燃、火焰点燃和等离子体点燃。

在工程上，炽热体点燃主要是采用电加热方式，即以金属板、电阻丝或球作为电阻，通过电流发热保持高温的方法。

电火花点燃主要是采用电容放电或感应放电产生电火花，电火花的作用是在可燃混合物中形成一个瞬时火焰核心,由该火焰核心发展到着火状态。电火花点燃主要用于内燃机、燃气轮机、民用燃气锅炉、民用燃气灶。

等离子体点燃是借助等离子发生器产生的高温(4000~12000K)等离子体来点燃可燃混合物,主要用于煤粉的点燃,煤粉在燃烧器内分级点燃,火焰逐级放大,在燃烧器喷嘴处形成3~10m长的火焰,点燃的煤粉量有5~15t/h之多,等离子枪的功率为50~300kW。

火焰点燃是利用小部分易燃的气体燃料来形成一股稳定的小火焰,以其作为热源去点燃其他不易着火的可燃物质。由于火焰点燃的点火能量大,所以它在工业上有着广泛的应用。

4.4.2 强迫着火的理论

此处以炽热体点火为例,阐述强迫着火的理论依据。如图4-9所示,将一炽热体放在静止的可燃混合物中,系统的初始气体温度为T_0,炽热体表面的温度为T_w,且$T_w>T_0$。

如果可燃混合物不发生氧化反应,或者氧化反应速率较低,则炽热体的邻近区域的气体温度分布如图4-10中实线所示,散热量大于放热量,气体的温度梯度总是小于0。提高炽热体温度,邻近炽热体的气体温度随之升高,可燃混合物的反应速率加快,反应放热强度加大,使得气体温度分布趋向平缓,如果温度提高到T_{w2}数值,放热量等于散热量,气体的温度梯度等于0。

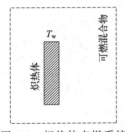

图4-9 炽热体点燃系统

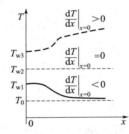

图4-10 炽热体邻近气体的温度变化

进一步提高炽热体温度,如T_{w3},邻近炽热体的气体温度随之升高,相应的可燃混合物反应速率达到较高数值,反应放热强度大幅增加,放热量高于散热量,气体空间的温度得到累积,使得气体温度高于T_{w3},温度分布呈向上递增趋势,气体的温度梯度大于0,反应必然会自动地加速到着火的效果。

根据着火效果,在炽热体壁面处的温度梯度等于0即为着火的临界值,是强迫点燃的着火条件,用数学形式表示为:

$$\frac{dT}{dx}\bigg|_{x=0}=0 \tag{4-27}$$

以炽热体邻近可燃混合物为控制体,假设壁面附近的可燃气体为静止的,且为稳态,控制体内有导热和反应内热源两种作用,因此建立热量平衡与反应耦合的能量方程为:

$$\begin{cases} \lambda\dfrac{d^2T}{dx^2}+Qr=0 \\ r=k_0c^n e^{-\frac{E}{RT}} \end{cases} \tag{4-28}$$

假设邻近壁面的边界层厚度为δ,其边界上的温度为T_δ。依据强迫着火的条件,$T_w=$

T_δ,因此,边界层向外散热量为:

$$Q_s = \alpha(T_\delta - T_0) = \alpha(T_w - T_0) \tag{4-29}$$

控制体的边界条件为:

$$x = 0, T = T_w, \left(\frac{dT}{dx}\right)_w = 0$$

$$x = \delta, T = T_\delta, -\lambda \frac{dT}{dx}\bigg|_{x=0} = \alpha(T_w - T_0)$$

鉴于控制体为稳态,边界层向外侧散热量等于控制体的反应放热量。令 $y = dT/dx$,则有:

$$y\frac{dy}{dT} = -\frac{Qk_0 c^n}{\lambda} e^{-\frac{E}{RT}} \tag{4-30}$$

对上式求解,得:

$$\lambda \left(\frac{dT}{dx}\right)_\delta = -\sqrt{\frac{2Qk_0 c^n}{\lambda} \int_T^{T_w} e^{-\frac{E}{RT}} dT} \tag{4-31}$$

控制体向外侧散热必须足够将外侧邻近的可燃混合物加热到壁面温度 T_w,以达到着火。质量流速设为 m,单位为 $kg/(m^2 \cdot s)$,则所需加热量为 $mc_p(T_w - T_0)$。这样有:

$$\frac{\alpha}{c_p} = \frac{\sqrt{\frac{2Qk_0 c^n}{\lambda} \int_T^{T_w} e^{-\frac{E}{RT}} dT}}{c_p(T_w - T_0)} = m \tag{4-32}$$

再整理,得:

$$Nu = \frac{\psi m c_p d}{\lambda} = \psi \frac{\rho u_{fl} c_p d}{\lambda} = \psi \frac{u_{fl} d}{a} = \psi S \tag{4-33}$$

式中 d——炽热体的特征直径,m;
 ψ——修正系数;
 u_{fl}——火焰传播速度,m/s;
 S——稳定特征数,$S = u_{fl} d/a$。

式(4-33)的物理意义是:对一定的可燃混合物和炽热体尺寸,当努塞尔数达到式(4-33)的数值时,可燃混合物才能着火,且持续传播。

如将努塞尔数与雷诺数关系形式表示为 $Nu = A_1 Re^n$,则保证着火的临界雷诺数表示为:

$$Re_{cr} = AS^{1/n} \tag{4-34}$$

根据各种不同类型炽热体的大量着火实验,上述经验公式的系数为:$A = 1.45$,$n = 0.5$。

对于湍流工况,分子热扩散率和火焰传播速度用湍流热扩散率和湍流燃烧速率代替,但是着火与湍流参数之间关系非常复杂。如果感兴趣,可以参考相关文献。

根据上述分析,强迫着火的具体条件是:一是炽热体温度足够高;二是供给的能量足够。对于用热烟气回流来点燃的要求是:回流的烟气温度足够高;回流量和回流区尺寸足够大;配合适当的可燃物的浓度,浓度过大或过小都不利于可燃混合物着火。

在式(4-32)中,m 是炽热体壁面温度的函数,因此临界点燃温度 T_w 与炽热体定性尺寸之间关系如图 4-11 所示。在其他条件不变的情况下,炽热体直径越大,临界点燃温度越低。若要在数学上获得两者的显式关系，可以采用二项式展开的近似方法进行推导分析，详见教材的相关内容。

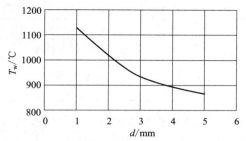

图 4-11 临界点燃温度 T_w 与直径 d 之间关系

炽热体点火同热力自燃一样，也存在点火孕育期。炽热体温度越高，点火孕育期越短。

4.4.3 电火花点火

电火花点火的机理有两种看法：一种是着火的热理论，认为电火花是外加的高温热源；另一种是着火的电理论，认为靠近电火花部分的气体被电离而形成自由基，形成链式反应着火的条件。实验证明，这两种机理同时存在，一般来说，在压力低的情况下电离作用是主要的；在压力高的情况下主要体现为热作用。

电火花点火可看成是脉冲加热过程，目的是形成球形火焰中心，由该火焰中心发展而形成着火。火花的能量要足以将直径取厚度大小的球状可燃混合物从最初的状态加热到着火温度，其关系式为：

$$E_{\min} \approx \frac{\pi}{6}\rho\delta_x^3 c_p(T_w - T_0) = \frac{\pi}{6}\rho c_p(T_w - T_0)(a/u_{\text{fl}})^3 \tag{4-35}$$

$E_{\min}$ 为点火成功所需的最小能量。尽管式(4-35)的预测值与实际点火能有所差异，其也能给予合理的定性认识。若火焰传播速度增大，最小点火能则下降。因为可燃混合物的密度对火焰传播速度影响不大，而热扩散率与密度成反比，所以最小点火能与密度的平方成反比，密度越大，点火能越小。

以电容放电为例，如果已知产生电火花前后的电压分别为 V_1 和 V_2，电容为 C，则放电的能量为：

$$E_C = \frac{1}{2}C(V_1^2 - V_2^2) \tag{4-36}$$

实验证明，置于可燃混合物中电极，点火能量随电极间距 d 的变化规律如图 4-12 所示。只有放电能量大于最小点火能时才能成功点燃。最小点火能有一个最低值，相对于该最低值，电极间距过大或过小都对点火不利。不同的燃料和点火方式有不同的最低值。需要注意的是，电极间距存在最小间距 d_{crit}，如果电极间距小于 d_{crit}，则不管点火能量有多大，都不能点燃可燃混合物。该最小间距被称为熄火距离。熄火距离也取决于可燃混合物的物理化学性质、温度、压力、速度以及电极的几何形状等。

实验证明，最小点火能的最低值与最小间距存在下述关系：

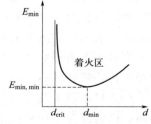

图 4-12 最小点火能与熄火距离之间关系

$$E_{\min,\min} = k d_{\text{crit}}^2 \qquad (4\text{-}37)$$

式中 k——常数。

表 4-2　部分可燃气体的最小点火能与熄火距离

项目	氢气	甲烷	乙烷	乙烯	乙炔	甲醇
氧化剂	空气	空气	空气	空气	空气	空气
熄火距离/mm	0.64	2.5	2.3	1.3	2.3	1.8
最小点火能/10^{-5}J	2.0	33	42	9.6	3	21.5

表 4-2 列出部分常见的可燃气体混合物在室温、大气压和化学计量数情况下的最小点火能和熄火距离。对于各类烃类燃料/空气混合物，常数 $k=17\text{J/m}^2$。

4.5　火焰传播

4.5.1　火焰的概念

可燃的气体混合物在着火后，进入自维持的、稳定的燃烧状态，比如会呈现如图 4-13 所示的火焰现象。火焰形态各异，颜色多样，但其局限在狭小的空间里。这种火焰现象正好说明火焰区域发生了剧烈的化学反应。火焰就是可燃物与助燃物在很小的空间区域发生剧烈化学反应，同时发出光和释放热量的物理化学现象。

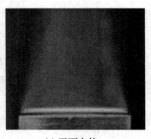　　

(a) 平面火焰　　　　　　　　　(b) 锥形火焰

图 4-13　可燃气体混合物的火焰形态

实验证明，火焰以波的形式传播。比如，一根具有一定直径的长管，管内充满静止的可燃气体混合物，在其一端点燃，即可观察到火焰向另一端传播。对于由喷口流出的可燃气体混合物，其锥形火焰相对静止在一定位置，但是它却以一定速度向来流方向传播，因为气体在流动，火焰只有向来流方向传播才能保持静止，以不断加热并点燃来流混合物。像这样的火焰常以亚声速传播，称为缓燃波。如果火焰是超声速传播，则称为爆震波。两者具有不同的基本传播机理和不同的现象。

火焰在本质上具有以下方面的特征：在物质组成方面火焰是一种混合物，有固态和气态物质，因为高温，存在一定的自由基；火焰是能量的梯度场，剧烈的氧化放热反应达到很高的温度，不断加热未燃混合物，以达到持续燃烧，同时火焰因为核外电子能级变化而散发光谱线；火焰是一种等离子体，在整体上为电中性，但是在电磁场作用下会发生宏观位移变化；火焰的形态是多种因素（流动、重力、燃烧方式等）的综合效果。

4.5.2 火焰的特征

图 4-14 是一个典型的火焰剖面的温度和其他基本特征。火焰中的温度分布是其最重要的特征。既然火焰是以一定速率传播的，那么不妨将坐标系固定在传播的燃烧波上。位于波上的观察者可以观察到未燃的混合物以一定的速度向其流动，这个速度就是火焰传播速度，记作 u_{fl}。

由图 4-14 可知，以一维为例，火焰将燃烧分成两个区域：预热区和反应区。在预热区几乎没有热量释放，而在反应区大量的化学能被释放。在常压下，火焰的厚度很薄，只有毫米量级。这样，反应区可进一步被划分为一个很窄的快速反应区和一个紧随其后的较宽的慢速反应区。燃料分子的消耗和许多中间组分的生成皆发生在快速反应区，主要为双分子反应。由

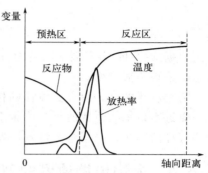

图 4-14　层流预混火焰结构

于快速反应区很薄，因此其温度梯度和组分的浓度梯度都很大。很高的梯度为火焰提供了自维持的驱动力，即热量和自由基组分从反应区扩散到预热区，以满足着火条件。慢速反应区主要由三分子反应支配，反应速率比典型的双分子反应慢得多。在 101325Pa 下火焰的慢速反应区可以延伸到几毫米。

对于烃类燃料，其火焰的另一个特征是可见的辐射。在空气过量时，快速反应区呈蓝色，蓝色的辐射来源于在高温区域被激活的 CH 自由基。当空气减少到小于化学计量比时，快速反应区呈蓝绿色，这来源于被激活的 C 辐射。在这两种火焰中，OH 都会发出可见光。此外，反应 $CO+O\cdot \longrightarrow CO_2+h\nu$，会发出弱一些的化学荧光。如果火焰缺氧的话，就会生成碳烟，形成黑体辐射。具体的感光颜色取决于火焰的温度。

4.5.3 锥形火焰结构的简单分析

本生灯实验产生的层流预混火焰如图 4-15 所示。由管内向上流动的流体是燃料与空气充分混合。管道喷口的半径为 r_0，流量为 q_V，实验观测火焰锋面的高度为 h，火焰锋面与水平面的夹角为 θ。

火焰的速度分布和向管壁的热量损失共同决定了火焰的形状。将垂直向上的流体速度 u 沿火焰锋面和其法线进行分解，法线方向的速度为 u_n，火焰锋面方向速度为 u_1。由于火焰静止不动，火焰传播速度 u_{fl} 和未燃气流速度在火焰锋面法线方向的分速度 u_n 处处相等，如图 4-15 的矢量图。因而有：

$$u_{fl}=u_n=u\cos\theta \tag{4-38}$$

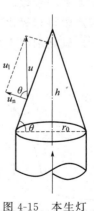

图 4-15　本生灯的火焰结构

分别取喷口和火焰锋面作为流体断面，两断面质量守恒，有：

$$q_V = \int u_n \, dS = \int u \, dA \tag{4-39}$$

火焰锋面的面积为：

$$\int dS = \pi r_0 \sqrt{h^2 + r_0^2} \tag{4-40}$$

火焰传播速度为：

$$u_{fl} = u_n = \frac{q_V}{\pi r_0 \sqrt{h^2 + r_0^2}} \tag{4-41}$$

根据式(4-41)，只要测出可燃气体混合物的流量、喷口的直径和火焰的高度，即可获得火焰的平均传播速度。

需要注意的是，沿火焰锋面的传播速度是不相同的，靠近喷口附近的火焰传播速度较小，靠近喷口轴线位置的火焰传播速度较大。此外，火焰传播速度在管径大于 $7\sim 8\text{cm}$ 时可忽略管径的影响。采用本生灯测量火焰传播速度非常简便，数值较为准确，被广泛采用。

4.5.4 火焰传播速度的理论

层流预混火焰的理论非常丰富，比如简化分析方法、泽利多维奇近似解法、斯波尔丁简化分析方法和数值计算方法。本章主要介绍斯波尔丁简化分析方法，因为该方法仅注重陈述物理过程，不需要进行复杂的数学推导。该分析方法可与传热传质、化学动力学和热力学的内容相结合，有助于理解影响火焰传播速度和火焰厚度的因素。此外，斯波尔丁简化分析方法对燃烧过程的描述与数值计算的物理模型较为一致，这非常有益于对燃烧过程的数值模拟的学习。

为简化起见，作如下假设：

（1）一维稳态流动，恒定过流断面面积。
（2）忽略动能、势能、黏性力做功和热辐射。
（3）压力恒定。
（4）热扩散和质量扩散分别遵守傅里叶定律和菲克定律。假定是二元扩散。
（5）路易斯数 Le 等于 1，即路易斯数表示热扩散系数和质量扩散系数的比值。
（6）可燃混合物的比热容与温度及其组成无关。即假设各种组分的比热容都相等，且是与温度无关的常数。
（7）燃料和氧化剂采用总包反应。
（8）氧化剂等于化学当量或者过量混合。

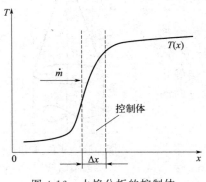

图 4-16 火焰分析的控制体

为描述火焰传播，建立如图 4-16 所示的控制体，控制体的质量、组分、能量守恒定律的表达式如下：

（1）质量守恒方程

针对恒定过流断面，质量守恒方程可写为代数形式：

$$d(\rho u)/dx = 0 \text{ 或 } \dot{m}'' = \rho u = 常数 \tag{4-42}$$

（2）组分守恒方程

$$\frac{d\dot{m}_i''}{dx} = \frac{d}{dx}\left(Y_i \dot{m}'' - \rho D \frac{dY_i}{dx}\right) = \dot{m}_{i,g} \tag{4-43}$$

式中 $\dot{m}_{i,g}$——第 i 种组分在控制体中单位体积内质量生成速率，kg/(m³·s)。

式(4-43)中各组分之间通过化学计量方程式相互关联。将化学反应方程式写为更为一般的形式，即：

$$1\text{kg 燃料} + \nu \text{kg 氧化剂} = (\nu+1) \text{kg 产物} \tag{4-44}$$

因而各组分的生成速率有：

$$\dot{m}_{F,g} = \frac{1}{\nu} \dot{m}_{O,g} = \frac{1}{\nu+1} \dot{m}_{P,g} \tag{4-45}$$

每一种组分都可以依照式(4-43)列出相应的组分守恒方程，此处略去。在分析中，组分关系仅用于简化能量方程。因为假设了二元扩散且遵守菲克扩散定律，且路易斯数为1，从而不需要求解组分守恒方程。

(3) 能量守恒方程

忽略了动能的能量守恒方程即为：

$$\dot{m}'' c_p \frac{dT}{dx} - \frac{d}{dx}\left[(\rho D c_p) \frac{dT}{dx}\right] = \dot{m}_{F,g} Q \tag{4-46}$$

上述方程中的质量扩散通量与火焰传播速度有如下关系：

$$\dot{m}'' = \rho u_{fl} \tag{4-47}$$

根据层流预混火焰结构，上述方程的边界条件有：

$$\begin{cases} T(x \to -\infty) = T_0 \\ \dfrac{dT}{dx}(x \to -\infty) = 0 \\ T(x \to \infty) = T_b \\ \dfrac{dT}{dx}(x \to \infty) = 0 \end{cases} \tag{4-48}$$

为了消去不连续性，对能量方程式(4-46)进行积分，得：

$$\dot{m}'' T(x) \Big|_{T_0}^{T_b} - \frac{\lambda}{c_p} \times \frac{dT}{dx} \Big|_{\frac{dT}{dx}=0}^{\frac{dT}{dx}=0} = \frac{Q}{c_p} \int_{-\infty}^{\infty} \dot{m}_{F,g} dx \tag{4-49}$$

组分的生成速率主要集中在火焰厚度 δ 内，其他区域为0。由于火焰厚度很薄，因此温度梯度近似为：

$$\frac{dT}{dx} = \frac{T_b - T_0}{\delta} \to dx = \frac{\delta}{T_b - T_0} dT \tag{4-50}$$

式(4-50)代入式(4-49)，得：

$$\dot{m}''(T_b - T_0) = \frac{Q\delta}{c_p} \times \frac{1}{T_b - T_0} \int_{T_0}^{T_b} \dot{m}_{F,g} dT \tag{4-51}$$

根据平均反应速率定义，或积分中值定理，从而有：

$$\dot{m}''(T_b - T_0) = \frac{Q\delta}{c_p} \overline{\dot{m}_{F,g}} \tag{4-52}$$

当 $x = \delta/2$ 时，温度为 $T(x=\delta/2) = (T_b + T_0)/2$。由于反应主要发生在高温区，因此可以假设区域 $(-\infty, \delta/2)$，组分的生成速率为0。这样，对式(4-46)在 $(-\infty, \delta/2)$ 再次应用积分，可得：

$$\dot{m}''\frac{\delta}{2}-\frac{\lambda}{c_p}=0 \tag{4-53}$$

联立式(4-52)和式(4-53)，得：

$$u_{\mathrm{fl}}=\dot{m}''/\rho=\left[2a(\nu+1)\frac{\overline{\dot{m}}_{\mathrm{F,g}}}{\rho}\right]^{1/2} \tag{4-54}$$

$$\delta=\left[\frac{2\rho a}{(\nu+1)\overline{\dot{m}}_{\mathrm{F,g}}}\right]^{1/2}=2a/u_{\mathrm{fl}} \tag{4-55}$$

上述是在一定的假设情况下通过简化分析获得可燃气体混合物的层流预混火焰传播速度。现今数值模拟已经成为火焰传播速度的研究工具。比如，采用 GRI-Mech 2.0 详细的化学反应机理，利用 CHEMKIN 软件揭示碳氢燃料的详细火焰结构，具体内容可以参考相关文献。

4.5.5 火焰传播速度的影响因素

4.5.5.1 温度的影响

温度对火焰传播速度的影响分为可燃气体混合物初始温度和火焰温度两个方面：

(1) 初始温度的影响

火焰温度对反应速率有非常显著的影响。根据绝热燃烧温度的计算，可燃混合气初始温度越高，绝热燃烧温度越高，从而显著加快化学反应，提高火焰传播速度。文献给出了甲烷和空气混合物的初始温度对火焰传播速度（cm/s）的影响关系式：

$$u_{\mathrm{fl}}=10+3.71\times10^{-4}T_0^2 \tag{4-56}$$

若可燃气体混合物的初始温度提高 300K，火焰传播速度则可提高 3 倍左右。

(2) 火焰温度的影响

由阿累尼乌斯定律可知，燃烧的化学反应速率随温度升高而显著提高，显然提高火焰温度能显著提高火焰传播速度，因为温度高能增大火焰中自由基 H、OH 等的浓度，增强了燃烧反应。在其他参数不变的情况下，火焰温度下降 300K，火焰传播速度可降低一半。

单纯根据火焰温度分析其对火焰传播速度的影响并不太合理，因为在燃烧过程中火焰温度是因变量，它受可燃混合物初温、空燃比和散热情况等因素的影响。初始温度对火焰传播速度的显著影响，正是因为其大幅提高了火焰温度。

4.5.5.2 压力的影响

研究压力对燃烧过程的影响在工程应用方面具有重要意义，因为增加压力一般都能提高燃烧强度，减小燃烧设备的体积。此外，讨论压力对火焰传播速度的影响有助于解决在不同压力下存在的工程燃烧问题。

由化学反应动力学可知，反应速率与压力有 $r\sim p^n$。根据火焰传播理论可得出 $\rho u_{\mathrm{fl}}=p^{n/2}$。考虑到 $p=\rho/RT$，因而有 $u_{\mathrm{fl}}=p^{(n/2)-1}$。实验证明，一般的碳氢燃料在空气中燃烧，其总反应级数均小于等于 2，因此火焰传播速度与压力成负相关性。

4.5.5.3 当量比的影响

当量比对火焰传播速度的影响主要是通过对火焰温度的影响而引起的。由燃烧热力学内容可知，绝热燃烧温度在当量比为 1 时取得最大值，对于贫燃区和富燃区火焰温度都要低，因此火焰传播速度在稍微缺氧一点情况下达到最大值，因为此时火焰中自由基 H、OH 等的浓度较高，链式反应的中断率较低，燃烧反应速率较高。

4.5.5.4 燃料类型

文献汇总了各种纯燃料以及混合气的层流火焰速度数据，这些数据被认为是比较可靠的结果。表 4-3 所列数据即来自该文献。烷烃的火焰传播速度相对较小，在 40~50cm/s 范围。炔烃的火焰传播速度相对较高，烯烃比烷烃稍高。氢的火焰传播速度要比甲烷大许多倍，这是多种因素综合作用的结果：

(1) 纯 H 的热扩散率比烃类大很多倍。
(2) H 的质量扩散率同样比烃类燃料大得多。
(3) 在氢燃烧中，反应速率很快，而在烃类燃烧中，影响反应速率的主要因素是 $CO \longrightarrow CO_2$ 的反应步骤相当慢。

表 4-3　燃料在空气中的层流火焰速度[①]

燃料	甲烷	乙烷	丙烷	乙烯	乙炔	氢
层流火焰速度/(cm/s)	40	43	44	67	136	210

① 当量比为 1，101325Pa，25℃。

4.5.5.5 惰性组分的影响

添加惰性物质，一方面直接影响火焰温度，从而影响火焰传播速度；另一方面是影响反应物浓度，通过影响反应速率而影响火焰传播速度；最后是通过影响可燃混合气的物理性质而影响火焰传播速度。大量实验表明，在可燃气体混合物中掺入惰性组分，会降低火焰传播速度，可燃界限缩小，火焰传播速度的最大值向燃料浓度小的方向偏移。

在工程中惰性物质对火焰传播速度的影响可用下式估计：

$$u_{fl} = u_{fl,0}(1 - \varphi_{N_2} - 1.2\varphi_{CO_2}) \tag{4-57}$$

式中　φ_{N_2}，φ_{CO_2}——可燃气体混合物 N_2、CO_2 的体积分数。

4.6　熄火

上面只讨论了着火和层流预混火焰的稳态传播过程，本节介绍熄火过程。就是讨论在什么条件下火焰会熄灭。

火焰熄灭的途径很多。例如，当火焰通过狭窄的通道时就会熄灭，这一现象是许多火焰熄灭装置设计的基础。在 1815 年，Davey 发明的安全矿工照明灯就是应用这一原理。熄灭预混火焰的其他方法是增加稀释剂或抑制剂。稀释剂（如水）主要是通过热作用熄火，而抑制剂（如卤素）则通过改变化学动力学特性而达到熄火。把火焰从反应物吹离也是一种有效的熄灭火焰的方法，比如用炸药熄灭油井的火。

当火焰进入一个足够小的通道中时，就会熄灭。如果通道不是太小，火焰就会传播过去。火焰进入一个圆管中熄灭而无法传播的临界直径，称为熄火距离。在实验中，当反应物流动在一根特定直径的管子中突然停止的时候，观察稳定在管子上方的火焰，若发生回火即为熄火距离。实验也可采用高长宽比的矩形扁口来确定熄火距离，熄火距离是指两个长边之间的距离，即开口的开度。基于圆管测量的熄火距离值比基于矩形口的测量值大 20%~30%。

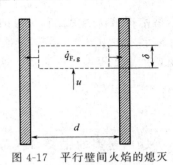

图 4-17　平行壁间火焰的熄灭

如图 4-17 所示，火焰进入两平行壁面之间的夹缝。应用反应生成的热量与通过壁面导热而散出的热量相等的表达式为：

$$\dot{q}_{F,g}V = \overline{\dot{m}}_{F,g}QV = -\lambda A \left.\frac{dT}{dx}\right|_{wall} \tag{4-58}$$

在式(4-58)中，得到 dT/dx 要困难很多，为此采用下式表示：

$$\left|\frac{dT}{dx}\right| = \frac{T_b - T_w}{d/b} \tag{4-59}$$

式中　b——大于 2 的修正系数。

结合火焰传播理论的分析，推导获得火焰熄火距离为：

$$d = 2\sqrt{b}a/u_{fl} = \sqrt{b}\delta \tag{4-60}$$

上式表明，熄火距离比火焰厚度大。依据 $\dfrac{\overline{\dot{m}}_{F,g}}{\rho} \propto T_0 T_b^n p^{n-1} \exp\left(-\dfrac{E}{RT}\right)$，可以讨论温度和压力对熄火距离的影响。

【**例题 4-1**】　采用薄壁管按图布置，组成一个正方形的层流绝热平面火焰燃烧器。燃料-空气混合物流过管子及其缝隙。设计要求达到化学当量的甲烷-空气混合物，在管子出口的温度为 300K，压力为 5atm（1atm=101325Pa）。求在设计条件下单位横截面积的混合物质量流量。

解：依据平面火焰结构，要求在设计温度与压力下其平均流速与层流火焰速度相等，即：

$$S_L(300K, 5atm) = 43/\sqrt{P} = 43/\sqrt{5} = 19.2(cm/s)$$

质量通量 $\dot{m}''$ 为：

$$\dot{m}'' = \frac{\dot{m}}{A} = \rho_a S_L$$

假设是理想气体混合物，其密度可以近似计算出，即：

$$MW_{mix} = x_{CH_4}MW_{CH_4} + (1 - x_{CH_4})MW_{air} = 0.095 \times 16.04 + 0.905 \times 28.85$$
$$= 27.6(kg/kmol)$$

及：

$$\rho_a = \frac{P}{(R_a/MW_{mix})T_a} = \frac{5 \times 101325}{(8315/27.6) \times 300} = 5.61(kg/m^3)$$

得质量通量为：

$$\dot{m}'' = \rho_a S_L = 5.61 \times 0.192 = 1.08[kg/(s \cdot m^2)]$$

思考题与习题

4-1　热力自燃和强迫着火的区别是什么？

4-2　阐述参数温度对火焰传播速度的影响。

4-3　热力自燃必要条件有两个判据，写出它们的表达式。影响热力自燃着火温度的主要因素有哪些？

4-4　依据着火理论，试设计一种测试燃烧体系活化能的方法。

4-5　火焰是混合物吗？试具体阐述。

4-6　在其他条件相同情况下，对于800K、1000K和1200K，哪种燃烧温度的火焰传播速度最大？并作阐述。

4-7　乙烷和空气混合燃烧，设火焰区域的平均密度为0.25kg/m^3，单位体积内平均生成速率为$5.0 \times 10^{-7} \text{kg/(s} \cdot \text{m}^3)$，热扩散率为$4.5 \times 10^{-5} \text{m}^2/\text{s}$。试估算火焰的传播速度。

4-8　在一个生物质发电厂，露天存放的草堆在雨天过后发生了自燃，试分析其原因。

第 5 章
气体燃料的燃烧

天然气是一种洁净环保的优质燃料,在工程与生活中有广泛的应用。针对气体燃料,依据火焰传播理论,本章通过介绍可燃气体的燃烧方式,讨论燃烧特性和燃烧稳定机理,并结合工程规范给出燃烧器的设计要求和设计步骤。

5.1 气体燃料的燃烧方式

针对不同的燃烧应用,气体燃料的燃烧有不同的组织方式。如图 5-1 所示,以燃烧反应空间为边界,在进入反应空间之前气体燃料与助燃空气已经形成均匀混合,且混合比例满足充分反应的要求,该燃烧方式被称为预混燃烧。例如,民用燃气灶、火花点火发动机、乙炔气割枪等典型的预混燃烧器都属于预混燃烧方式。由上一章内容可知,着火理论和火焰传播理论即是对可燃气体混合物所作的分析,可燃气体混合物即是预混的结果。

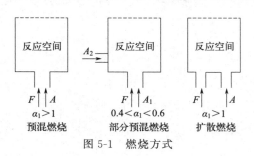

图 5-1 燃烧方式

如果气体燃料在进入反应空间之前没有与空气进行混合,在燃烧反应区域所需要的氧化剂都是来自周围空气的扩散,这样的燃烧方式被称为扩散燃烧(非预混燃烧)。例如,蜡烛和本生灯就属于扩散燃烧方式。

将气体燃料与部分空气进行混合,然后进入反应区域燃烧,不足的氧化剂由周围空气通过扩散补充,这样的燃烧方式称为部分预混燃烧。在工程上,将部分预先混合的空气称为一次风。部分预混燃烧是工程燃烧设备经常采用的燃烧方式,例如,锅炉的气体燃烧器。

如果以空气过量系数表示,在进入反应区之前预混燃烧的空气过量系数大于 1.0,部分预混燃烧的空气过量系数一般取 0.4~0.6，扩散燃烧的过量空气系数为 0。

在不同的流态下，燃烧表现出不同的特性。因此，按流态区分，燃烧可分为层流预混燃烧、层流湍流预混燃烧、层流扩散燃烧、湍流扩散燃烧。

气体燃料达到完全燃烧所需的时间由气体燃料与空气混合所需的时间 t_{mix} 和完成氧化反应所需要的时间 t_{ch} 两部分组成，即：

$$t = t_{mix} + t_{ch} \tag{5-1}$$

燃料与空气的混合有分子扩散及湍流扩散两种方式，因此燃料与空气混合的时间可写成：

$$t_{mix} = 1 \Big/ \left(\frac{1}{t_M} + \frac{1}{t_T} \right) \tag{5-2}$$

式中　t_M，t_T——分子扩散时间、湍流扩散时间。

对于预混燃烧，混合扩散时间为 0，可以说预混燃烧要比扩散燃烧快速且剧烈。扩散燃烧受流动混合影响很大，因此扩散燃烧表现出与预混燃烧明显的不同特性。

5.2　层流扩散燃烧

5.2.1　层流扩散火焰的类型

按照燃料和空气进入燃烧空间的不同方式，扩散燃烧有以下几种情况：

(1) 自由射流扩散燃烧

气体燃料以射流形式经燃烧器喷入具有空气的燃烧空间中，形成具有自由射流特性的扩散燃烧方式，如图 5-2 所示。

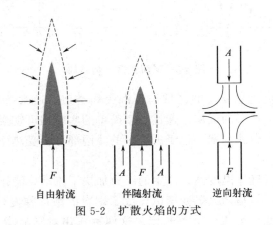

图 5-2　扩散火焰的方式

(2) 同轴伴随流射流扩散燃烧

气体燃料和空气分别由环形喷管的内管与外环管喷入燃烧室，形成同轴扩散射流，如图 5-2 所示。由于射流受到燃烧室容器壁面的限制和周围空气流速的影响，因而为受限射流扩散燃烧方式。

（3）逆向射流扩散燃烧

气体燃料和空气喷出的射流方向正好相对，形成逆向喷射扩散燃烧方式，如图5-2所示。

如果没有反应，一股气体燃料喷入一个无限大燃烧空间，其充满着静止的空气，那么该问题仅是层流射流的基本流动和扩散现象。有关射流特性和扩散特性可以参考流体力学中有关射流的内容。

5.2.2 层流扩散火焰结构与火焰长度

5.2.2.1 层流自由射流扩散火焰的结构

具有燃烧反应的层流自由射流在流动和扩散方面与等温射流相似，其基本特点如图5-3所示。燃料沿着轴向流动，同时快速向外扩散，氧化剂（如空气）迅速向内扩散。在流场中，燃料和氧化剂之比为化学当量值的点则构成了火焰锋面（如图5-3中的虚线）。燃料与氧化剂在火焰锋面处发生反应而生成产物，产物的组分向内、向外快速扩散。火焰锋面的外侧区域为富氧燃烧，该区域存在过量的氧化剂。

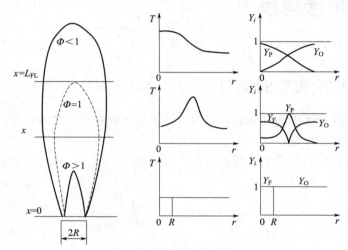

图5-3 层流扩散火焰结构

在整个火焰中，发生化学反应的区域与预混火焰类似，通常是很窄的。在火焰顶部以前，高温的反应区是一个环形的区域。通过一个简单的实验即可观察到该区域。在本生灯火焰处垂直于轴线放置一个金属滤网，位于火焰区的滤网部分会受热而发光，可以观察到明亮的环形结构。

在火焰的上部，由于气体温度高，产生的浮力加快了流动，流体的流线分布变密，拉伸了火焰，使得火焰变窄。但是，火焰变窄也导致了燃料的浓度梯度增加，增强了扩散作用，加快了燃烧，在一定程度上缩短了火焰长度。这两种作用对圆喷嘴火焰长度的影响互相抵消。因此，在忽略浮力作用的简化理论和考虑浮力作用的舒曼理论中，所得出的火焰长度基本一致。文献通过数值计算和对比分析，也精确地给出了浮力带来的双重效果。

火焰锋面处温度最高，向外或者向内都有较大的温度梯度。火焰内侧的氧浓度为0，因此燃料在高温处容易发生裂解，使得扩散火焰的颜色有时呈现黄色，或者出现炭黑，造成不完全燃烧损失。层流扩散火焰的温度一般较低，一般不超过 900℃；湍流扩散火焰的温度一般不超过 1050℃；逆向射流扩散火焰温度一般不超过 1160℃。

为了定量描述层流自由射流的燃烧过程，可以通过建立该过程的守恒方程，采用理论近似分析和数值计算方法获得火焰温度和火焰长度的解。对于守恒方程，前面已经作了不少介绍，此处略去，感兴趣的读者可以参考相关文献。

5.2.2.2 扩散燃烧器的火焰长度

在燃烧应用中，火焰长度是最重要的参数。文献对不同燃烧器的扩散火焰作了详细实验研究，获得了圆口、方口和扁口的火焰长度理论公式和实验关联式，这些公式可供设计计算与分析的依据。

(1) 圆口

$$L_{\text{fl,thy}} = \frac{Q_F(T_\infty/T_F)}{4\pi D_\infty \ln(1+1/S)} \left(\frac{T_\infty}{T_{\text{fl}}}\right)^{0.67} \tag{5-3}$$

$$L_{\text{fl,expt}} = 1330 \frac{Q_F(T_\infty/T_F)}{\ln(1+1/S)} \tag{5-4}$$

式中　S——化学当量氧化剂与燃料之间物质的量比；
　　　D_∞——氧化剂在 T_∞ 温度下的平均扩散系数；
　　　T_F，T_{fl}——燃料的温度和火焰的平均温度。

(2) 方口

$$L_{\text{fl,thy}} = \frac{Q_F(T_\infty/T_F)}{16 D_\infty [\text{inverf}(1+S)^{-0.5}]^2} \left(\frac{T_\infty}{T_{\text{fl}}}\right)^{0.67} \tag{5-5}$$

$$L_{\text{fl,expt}} = 1045 \frac{Q_F(T_\infty/T_F)}{[\text{inverf}(1+S)^{-0.5}]^2} \tag{5-6}$$

式中　inverf——反误差函数，可查取。

在氧气过量的情况（即富氧燃烧）情况下，上述圆口和方口燃烧器的火焰长度计算公式对静止的氧化剂空间和同轴扩散射流都适用，而不必考虑动力因素和浮力因素在燃烧中的作用地位。

(3) 槽形口-动量控制

$$L_{\text{fl,thy}} = \frac{b\beta^2 Q_F(T_\infty/T_F)^2}{hID_\infty Y_F} \left(\frac{T_{\text{fl}}}{T_\infty}\right)^{0.33} \tag{5-7}$$

$$L_{\text{fl,expt}} = 86000 \frac{b\beta^2 Q_F}{hIY_F} \left(\frac{T_\infty}{T_{\text{fl}}}\right)^2 \tag{5-8}$$

式中　b，h——槽的宽度和长度；

$$\beta \text{——} \beta = \frac{1}{4\text{inverf}\left(\frac{1}{1+S}\right)};$$

I——实际流动槽流出的初始动量流率与均匀流动时动量流率之比值，$I = \dfrac{J_{\text{e,act}}}{\dot{m}_F v_e}$。

如果流动是均匀的，则有 $I=1$；若 $h \gg 1$，则在充分发展流动时速度呈抛物线分布，有

$I=1.5$。

(4) 槽形口-浮力控制

$$L_{\mathrm{fl,thy}} = \left(\frac{9\beta^4 Q_F Q_F^4 T_\infty^4}{8 D_F^2 a h^4 T_F^4}\right)^{1/3} \left(\frac{T_{\mathrm{fl}}}{T_\infty}\right)^{2/9} \tag{5-9}$$

$$L_{\mathrm{fl,expt}} = 2000 \left(\frac{\beta^4 Q_F^4 T_\infty^4}{a h^4 T_F^4}\right)^{1/3} \tag{5-10}$$

式中 a——平均浮力加速度，$a \approx 0.6g\left(\frac{T_\infty}{T_{\mathrm{fl}}}-1\right)$。

根据式(5-9)和式(5-10)，a的数值变化对火焰长度影响不大，因此在计算重力加速度时，可选取平均火焰温度为1500K。

(5) 槽形口-过渡区控制

判断火焰是受动量控制还是受浮力控制，依据的是火焰的弗劳德数 Fr。弗劳德数的物理意义是射流初始动量流率与火焰受到的浮力作用之比。对于喷入静止介质中的层流射流火焰，有：

$$Fr = \frac{(v_e I Y_F)^2}{a L_{\mathrm{fl}}} \tag{5-11}$$

如果 $Fr \gg 1$，为动量控制；如果 $Fr \approx 1$，为混合控制；如果 $Fr \ll 1$，为浮力控制。

对于混合控制，动量和浮力都起着比较重要的作用，火焰长度采用下式计算：

$$L_{\mathrm{fl,T}} = \frac{4}{9} L_{\mathrm{fl,M}} \left(\frac{L_{\mathrm{fl,B}}}{L_{\mathrm{fl,M}}}\right)^3 \left\{\left[1+3.38\left(\frac{L_{\mathrm{fl,M}}}{L_{\mathrm{fl,B}}}\right)^3\right]^{2/3}-1\right\} \tag{5-12}$$

式中 $L_{\mathrm{fl,M}}$，$L_{\mathrm{fl,B}}$，$L_{\mathrm{fl,T}}$——动量控制、浮力控制和过渡区控制的火焰长度。

上述槽形喷口的火焰长度计算公式只适用于静止的氧化剂情况。

特别注意的是，在计算火焰长度时弗劳德数用于判别浮力对火焰长度的影响，但是在弗劳德数的计算公式中，含有火焰长度，这是待求参数。怎样处理这样的计算问题呢？一般采用迭代计算方法。

计算步骤是：先估计扩散火焰长度，再计算 Fr，依据 Fr 判别控制规则，然后选用对应的扩散火焰长度计算公式，再根据扩散火焰长度计算值重新计算 Fr，最后比较两次 Fr，如果两次 Fr 数值一致，则迭代计算完成，否则继续迭代，直到获得最终结果。

【例题 5-1】 实验室为获得一个50mm高的火焰，采用方形喷口扩散火焰燃烧器。燃料采用丙烷，试求需要的体积流量。并确定火焰的放热率。如果用甲烷代替丙烷，则体积流量变为多少？

解： 对于方形喷口，采用关系式(5-6)。

化学当量物质的量比为：

$$S = (x+y/4) \times 4.76 = \left(3+\frac{8}{4}\right) \times 4.76 = 23.8 (\mathrm{kmol/kmol})$$

燃料和环境温度都取为300K。

$$\mathrm{inverf}(1+S)^{-0.5} = \mathrm{inverf}\, 0.2008 = 0.18$$

$$Q_F = \frac{0.050 \times 0.18^2}{1045 \times \left(\frac{300}{300}\right)} = 1.55 \times 10^{-6} (\mathrm{m^3/s})$$

查取热值，则放热率为：

$$\dot{Q} = \rho_F Q_F Q = 1.787 \times 1.55 \times 10^{-6} \times 46357000 = 128(\text{W})$$

对于甲烷，同理计算得 $S=9.52$，$\rho_F=0.65$，$Q_F=3.75 \text{cm}^3/\text{s}$，$\dot{Q}=122\text{W}$。

比较两种燃料的计算结果，甲烷的体积流量是丙烷的 2.4 倍，但是火焰的放热率几乎相等。

5.2.3 层流扩散火焰长度的影响因素

5.2.3.1 流量、喷口形状的影响

图 5-4 将圆口燃烧器和不同长宽比的槽形口燃烧器产生的火焰长度进行了对比，所有燃烧器的喷口面积和平均出口速度都相等。由图 5-4 可知，圆口燃烧器的火焰长度与燃料的体积流率呈线性关系，槽形口燃烧器的火焰长度对燃料体积流量的变化曲线还与 h/b 的大小有密切关系。对于图 5-4 所列情况，火焰的弗劳德数都很小，火焰受浮力控制。当体积流量一定时，若槽形口燃烧器的喷口变窄，其火焰长度会明显变短。

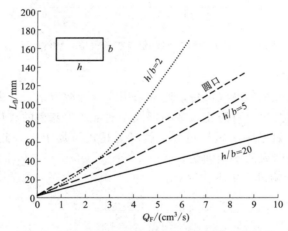

图 5-4 圆口和槽形口燃烧器的层流扩散火焰长度

5.2.3.2 影响化学当量的因素

层流扩散火焰长度与化学当量物质的量比 S 相关。其定义为：

$$S = \left(\frac{\text{环境流体的物质的量}}{\text{喷射流体的物质的量}} \right)_{\text{stoic}} \tag{5-13}$$

由上式看出，S 取决于喷射流体和环境流体的化学组成。例如，纯燃料和用氮气稀释后的燃料分别在空气中燃烧，它们的 S 取值就不同。与此类似，环境流体中的氧气物质的量也会影响到 S。在大多数的应用中，主要关注下面几个参数对 S 的影响。

（1）燃料类型的影响

对于纯燃料，化学当量空燃物质的量比采用简单的原子平衡计算。例如，碳氢燃料的 S 为：

$$S = \frac{x + y/4}{\chi_{O_2}} \tag{5-14}$$

式中 χ_{O_2}——空气中氧气的摩尔分数。

如图 5-5 所示，将不同燃料的 S 代入圆口的火焰长度表达式，可以看出不同燃料对扩散火焰长度的影响。假设各种混合物具有相同的平均扩散系数（不适合氢气）和燃料流量。计算结果表明，丙烷的火焰长度大概是甲烷火焰长度的 2.5 倍。对于同一类的高碳氢化合物，当碳原子数增加时，高碳氢化合物氢碳比的变化比低碳氢化合物的变化要小得多，彼此之间的火焰长度相差不大。一氧化碳和氢气的火焰长度和碳氢化合物相比要短得多。

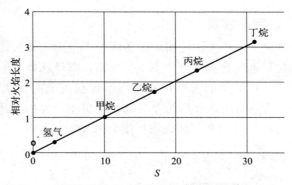

图 5-5 部分燃料类型对层流扩散火焰长度的影响

（2）一次风的影响

对于层流射流扩散火焰的燃气设备，通常采用部分预混方式，一次风量占所需空气量的 40%～60%，它使火焰变短，可防止碳烟的形成，通常产生蓝色的火焰。一次风量的最大值取决于安全性的要求。如果一次风量过大，就可能超过可燃上限，此时即变为预混燃烧方式。预混燃烧方式存在回火的安全问题。

一次风率对 S 的影响可采用下式计算：

$$S = \frac{1-\psi_{pri}}{\psi_{pri}+1/S_{pure}} \tag{5-15}$$

式中 ψ_{pri}——一次风率；

S_{pure}——纯燃料对应的化学当量物质的量比。

如图 5-6 所示，在一次风率为 40%～60% 时，火焰长度和不加一次风相比，减小了 85%～90%。为了防止回火，规定不超过可燃的上限。

（3）空气含氧浓度的影响

如图 5-7 所示，氧化剂中的含氧量对火焰长度的影响很大，因为含氧量越大，S 值越短，火焰长度越短。空气中的含氧量为 21%，如果氧气含量减少一点，所产生的火焰长度就大幅变长。甲烷在纯氧中燃烧，其火焰长度是在空气中的 1/4 左右。

（4）加入惰性气体稀释的影响

惰性气体被加入燃料中会影响当量比，从而影响火焰长度。对于碳氢燃料，其 S 为：

$$S = \frac{x+y/4}{\chi_{O_2}/(1-\chi_{dil})} \tag{5-16}$$

式中 χ_{dil}——惰性气体在燃料中的摩尔分数。

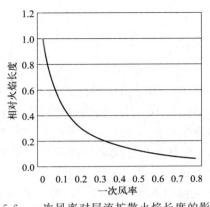
图 5-6 一次风率对层流扩散火焰长度的影响

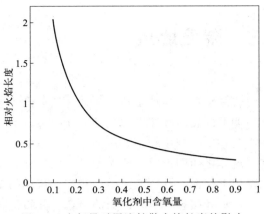
图 5-7 含氧量对层流扩散火焰长度的影响

5.2.4 碳烟的形成和分解

碳氢燃料的扩散燃烧方式容易形成碳烟，这是碳氢化合物扩散燃烧的一个重要特点。碳烟能导致火焰的辐射热损失，其发出的波长主要处于红外区域。研究普遍认为，碳烟是在一定温度范围内的扩散火焰中形成的，温度范围大致为 $1300K<T<1600K$，含有碳烟的区域很窄。扩散火焰中碳烟形成的化学物理过程可分为 4 个步骤：

(1) 前体物的形成

多环芳烃（PAH）是燃料分子向初始碳烟颗粒转变过程中的一种重要的中间产物，其中化学动力学起着很重要的作用。虽然这一步所包含的详细化学机理和确切的前体物还有待研究，但是已经确定其中的一个重要步骤，即环状化合物的形成及其通过与乙炔反应而长大。

(2) 开始形成颗粒

通过化学和凝结作用，形成了临界尺寸（3000～10000u）的小颗粒。通过这一步，大分子转变成颗粒。

(3) 颗粒的长大和聚合

小的初始碳烟颗粒在随着燃料流向火焰的运动过程中，不断暴露于热解燃料形成的组分，并不断长大和聚合。在特定的时刻碳烟进入并通过火焰的某个氧化区。

(4) 颗粒被氧化

对于射流火焰来说，氧化区就是焰舌。碳烟总是在火焰下的反应区内形成，并且其流动的流线在接近焰舌时才能和反应区相交。如果所有的碳烟颗粒都被完全氧化，火焰中就不会产生烟；相反，碳烟颗粒的不完全氧化会导致烟的产生。在焰舌外面，如果碳烟的体积流量不为零，就表示该火焰会产生烟。

扩散火焰是否会有烟的形成与燃料类型有很大的关系。燃料的发烟倾向（即发烟点）是通过试验测定的。发烟点试验的基本思想是逐渐增大燃料的流量，直到焰舌处开始出现烟为止。刚开始有烟产生时，燃料流量越大，这种燃料就越不容易发烟。有时发烟点也用刚开始产生烟时的火焰长度来表示。对于一定的流量，火焰越长，表明燃料越不容易发烟。甲烷的层流火焰不会产生稳定的烟。不同种类燃料的发烟趋势按从小到大依次为烷烃、烯烃、炔烃和芳香烃。

5.3 湍流燃烧

湍流的物理特性就是整个流动区域充满了不同尺寸和不同涡量的旋涡构成的流体运动。旋涡一侧的旋转切线速度与流动方向一致，流速较大，压强较小；另一侧的旋转切线速度与流动方向相反，流速较小，压强较大。因此，旋涡在两侧压差作用下产生横向移动，形成了不同层流体之间的掺混。旋涡除了横向运动，还有相对于流体总体运动的反向运动。旋涡在黏性作用下变形、分裂或扩散，构成了流体的杂乱无章地随机运动。湍流的随机运动引起了动量、热量和质量在流动区域的传递，其传递速率比层流高好几个数量级。因此，在锅炉、窑炉、燃气轮机、火箭发动机、往复式内燃机等燃烧设备中，多采用湍流方式在很小的体积内实现快速混合和释放热量。

对于湍流，雷诺数可以衡量湍流尺度涉及的范围。雷诺数越大，说明最小的旋涡与最大的旋涡尺寸差别越大。正是由于湍流尺度的范围很大，才使得难以从基本原理出发直接对湍流进行计算。

5.3.1 湍流尺度

描述湍流的一些几何尺度，可更好地理解湍流结构的性质和其对湍流燃烧特性的影响。按照尺度大小依次为：流动的特征宽度或宏观尺度；积分尺度或湍流宏观尺度；泰勒微尺度；柯尔莫哥洛夫（Kolmogorov）微尺度。

(1) 流动的特征宽度或宏观尺度 L

流动的特征宽度是系统中最大的一个尺度，也是可能的最大旋涡的上边界。比如，在管道流动中，最大的旋涡尺寸等于管道的直径；对于射流，L 则表示任意轴向位置上射流的局部宽度。通常情况下，这个尺度根据具体的硬件或设备来确定，被用来定义平均流速下的雷诺数。

最大的结构搅动流体的能力是燃烧需要重点关注的一个问题。比如，燃料射流中最大的旋涡能很好地卷入或搅动空气，将空气带入射流的中心区域。在某些湍流流动中，持久的有组织运动与随机运动可以同时存在。最常见的例子就是二维混合边界层，其中，沿宽度方向黏附的旋涡结构支配着大尺度运动。

(2) 积分尺度或湍流宏观尺度 l_0

积分尺度表示了湍流中大旋涡的平均尺寸，这些旋涡的频率低、波长长。积分尺度永远小于 L，但量级相同。将空间两点脉动速度之间的相关系数表示为两点之间距离的函数，并对其进行积分可求得积分尺度，表达式为：

$$l_0 = \int_0^\infty R_x(r) \mathrm{d}r \tag{5-17a}$$

其中：

$$R_x(r) = \frac{\overline{v_x'(0) v_x'(r)}}{v_{x,\mathrm{rms}}'(0) v_{x,\mathrm{rms}}'(r)} \tag{5-17b}$$

(3) 泰勒微尺度 l_λ

泰勒微尺度是介于积分尺度和柯尔莫哥洛夫微尺度之间的几何尺度,更偏向于小尺度。该尺度与平均应变率有关,其表示为:

$$l_\lambda = \frac{v'_{x,\text{rms}}}{[(\partial v_x/\partial x)^2]^{1/2}} \tag{5-18}$$

其中,分母为平均应变率。

(4) 柯尔莫哥洛夫(Kolmogorov)微尺度 l_K

柯尔莫哥洛夫微尺度是湍流流动中最小的尺度,代表湍流动能耗散为流体内能的尺度。因此,在柯尔莫哥洛夫微尺度下,分子作用(运动黏度)非常重要。量纲分析表明,该尺度可以与耗散率 ε_0 建立联系,即:

$$l_K \approx (\nu^3/\varepsilon_0)^{1/4} \frac{v'_{x,\text{rms}}}{[(\partial v_x/\partial x)^2]^{1/2}} \tag{5-19a}$$

其中:

$$\varepsilon_0 = \frac{\delta(ke_{\text{turb}})}{\delta t} \approx \frac{3v'^2_{\text{rms}}}{2l_0/v'_{\text{rms}}} \tag{5-19b}$$

由上式可知,积分尺度与柯尔莫哥洛夫微尺度有关联。

柯尔莫哥洛夫微尺度在物理上表示为整个湍流中最小涡流或涡线的厚度。

5.3.2 湍流雷诺数

上述已经描述了湍流的尺度:流动的宏观尺度、积分尺度、泰勒微尺度和柯尔莫哥洛夫微尺度。三个尺度都有对应的湍流雷诺数。定义如下:

$$Re_{l_0} = \frac{v'_{\text{rms}} l_0}{\nu} \tag{5-20a}$$

$$Re_{l_\lambda} = \frac{v'_{\text{rms}} l_\lambda}{\nu} \tag{5-20b}$$

$$Re_{l_K} = \frac{v'_{\text{rms}} l_K}{\nu} \tag{5-20c}$$

由式(5-19)可知,有:

$$l_0/l_K = Re_{l_0}^{3/4} \tag{5-21}$$

同样有:

$$l_0/l_\lambda = Re_{l_0}^{1/2} \tag{5-22}$$

假定 $Re_{l_0} = 1000$,则 $\frac{l_0}{l_K} \approx 178:1$;当增加到 10000 时,比例达到 1000:1。该数据表明,在高雷诺数流动中湍流尺度跨度很大。而实际观察证明,流动中最大的尺度并没有什么变化,只是随着雷诺数的增加,引起更小尺度的湍流发展,从而导致了燃烧特性的变化。

5.3.3 湍流流动的简单分析

与实验方式不同,现在的技术已经可以对湍流进行分析,得出有用的信息,并且对湍流进行预测。一种有效的分析湍流的方法是写出包含基本守恒原理(质量、动量、能量、组分）的偏微分方程，并对其进行雷诺分解，然后对方程进行时间平均得到的控制方程称为雷诺平均方程。

将方程中的每一个瞬时值用雷诺分解获得的平均量和脉动量之和代入，即会在时均方程中出现新的项，详细推导可参考流体力学参考书。计算或估计这些新的项即成为湍流的封闭问题。

这些新项表示湍流脉动引起的附加动量通量，在习惯上作如下定义：

$$\tau_{xx,\text{turb}} \approx -\rho \overline{v_x' v_x'} \tag{5-23a}$$

$$\tau_{xy,\text{turb}} \approx -\rho \overline{v_x' v_y'} \tag{5-23b}$$

上式分别被称为湍流动量通量、湍流应力或者雷诺应力。

层流应力和湍流应力分别表示为：

$$\tau_{\text{lam}} \approx \mu \frac{\overline{\partial v_x}}{\partial y} \tag{5-24a}$$

$$\tau_{\text{turb}} \approx \rho \varepsilon \frac{\overline{\partial v_x}}{\partial y} \tag{5-24b}$$

式中 ε——旋涡运动黏度，$\varepsilon = \mu_{\text{turb}}/\rho$，$\mu_{\text{turb}}$ 是表观湍流黏度。

有效黏度为：

$$\mu_{\text{eff}} = \mu + \mu_{\text{turb}} = \mu + \rho \varepsilon \tag{5-25}$$

对于远离壁面的湍流，$\rho \varepsilon \gg \mu$；对于靠近壁面的湍流，层流应力和湍流应力都起作用。

值得注意的是，分子黏度是流体本身的物理性质，而旋涡黏度则与流动有关。对于不同的流动有不同的旋涡黏度。比如，带回流的受限的旋流与自由射流应该有不同的值。由于 ε 取决于局部的流动性质，因此 ε 在流动区域的不同位置各不相同。此外，在某些流动中，湍流应力并不像式(5-24b)表示的那样与平均速度梯度成正比。

引入旋涡黏度并没有使系统方程封闭。如果假设在整个流场中旋涡黏度为常数即可封闭，但是这样假设并不有效。最为实用的假设是普朗特提出的混合长度假设，其表达式为：

$$\mu_{\text{turb}} = \rho \varepsilon = \rho l_m^2 \left| \frac{\overline{\partial v_x}}{\partial y} \right| \tag{5-26}$$

上式对于分析靠近壁面的湍流很有效。对于自由湍流（无限制湍流），普朗特提出特征湍流速度的假设，即：

$$\mu_{\text{turb}} = \rho \varepsilon = 0.1365 \rho l_m (\overline{v}_{x,\max} - \overline{v}_{x,\min}) \tag{5-27}$$

其中，等式的系数是根据实验结果确定的；$(\overline{v}_{x,\max} - \overline{v}_{x,\min})$ 表示特征湍流速度。只有确定了混合长度，才算解决了封闭问题。

由于混合长度与流动本身有关，因此每一种流动都有其特定的混合长度表达式。本节只讨论射流和壁面流动问题的混合长度。

对于一个自由轴对称射流，有：

$$l_m = 0.075 \delta_{99\%} \tag{5-28}$$

式(5-28)中，$\delta_{99\%}$ 是射流的半宽，定义为在射流轴线的某一位置 x 处的平均速度从中心线沿径向衰减到轴线上速度的1%时的径向距离。$\delta_{99\%}$ 不是定值，随着轴向距离的增加而增加，相应混合长度也增加。但是，混合长度在任一轴向位置的射流宽度上为定值。

在靠近壁面的湍流中，混合长度本身与垂直于流线的距离相关。因此，对于壁面的边界层流动，可分为三个区域：贴近壁面的黏性底层（层流底层）、过渡层和远离壁面的充分发展湍流区。它们的混合长度为：

层流底层 $$l_m = 0.41y\left[1 - \exp\left(-\frac{y\sqrt{\rho\tau_w}}{26\mu}\right)\right] \tag{5-29a}$$

过渡层 $$l_m = 0.41y, y \leqslant 0.2195\delta_{99\%} \tag{5-29b}$$

充分发展湍流区 $$l_m = 0.075\delta_{99\%} \tag{5-29c}$$

上述公式中，τ_w 是局部壁面切应力，$\delta_{99\%}$ 为局部边界层厚度，定义为速度等于自由流动速度99%处的 y 轴坐标。当与壁面的距离 y 为0时，混合长度也变为0，此时 $\mu_{eff} = \mu$。如果 y 值很大时，则式(5-29a)可简化为式(5-29b)。

对于圆管中的湍流流动，常用的混合长度公式为：

$$l_m/R_0 = 0.14 - 0.08(r/R_0)^2 - 0.06(r/R_0)^4 \tag{5-30}$$

式中 R_0——管道半径。

至此，混合长度得以确定，解决了封闭问题即可求解射流等流场的速度分布。

【例题 5-2】 空气的自由射流，在 x 轴向某一位置，平均轴流速度降为出口速度的60%，该位置处射流宽度为15cm，初始射流速度为70m/s，压力为101325Pa，温度为300K。试求湍流黏度及其与分子黏度的比值。

解：根据自由射流的混合长度计算公式，计算为：

$$l_m = 0.075\delta_{99\%} = 0.075 \times 0.15 = 0.01125(\text{m})$$

根据状态方程，密度计算为：

$$\rho = \frac{101325}{8315/28.85 \times 300} = 1.17(\text{kg/m}^3)$$

$$\mu_{turb} = 0.1365\rho l_m(\overline{v}_{x,\max} - \overline{v}_{x,\min}) = 0.1365 \times 1.17 \times 0.01125 \times (0.6 \times 70 - 0) = 0.0755$$

$$\mu_{turb}/\mu = 0.0755/(184 \times 10^{-7}) = 4103$$

计算结果表明，湍流黏度远大于分子黏度，即湍流应力起主导作用。射流宽度是混合长度的13倍。

总的来说，湍流求解问题封闭的方法主要分为三类：雷诺时均模拟、尺度解析模拟和直接数值模拟。在雷诺时均模拟方法中，常用的模型包括混合长度模型、$k\text{-}\varepsilon$ 模型、$k\text{-}\omega$ 模型和雷诺应力模型等。雷诺时均模拟方法计算效率较高，解的精度基本满足工程实际需要。在尺度解析模拟方法中，常用的模型包括大涡模拟、尺度自适应模拟、分离涡模拟等。尺度解析模拟方法需要较大的计算机资源，但在求解瞬态性和分离性比较强的流动时具有优势。直接数值模拟方法在理论上可以得到准确的计算结果，但是，由于现有的计算机能力难以满足其计算要求，因此直接数值模拟方法目前无法用于真正意义上的工程计算。

5.3.4 湍流预混燃烧

5.3.4.1 应用

湍流预混燃烧在实际应用中具有非常重要的地位。除了用于电火花发动机外，航空动力发动机、燃气轮机、工业气体燃烧器以及其他设备等都采用湍流预混燃烧方式。

现代的燃气轮机设计采用不同程度的预混以避免氮氧化物高温生成区的形成。对于外燃式燃气轮机，燃烧室带有陶瓷砖衬，充分混合的燃料和空气在燃烧室中进行燃烧，高温的烟气再进入转动叶片空间推动做功。一台小型低污染的燃气轮机共采用8个燃烧筒，燃烧筒配置燃料-空气预混管。但是，通过预混燃烧控制氮氧化物也带来一些问题，主要存在负荷调节能力（最大流量与最小流量之比）、火焰稳定性和一氧化碳的排放问题。

在许多工业设备中，燃料与空气的混合可以由燃烧器上游的混合器完成，也可在燃烧器中完成，其中吸入式混合器和喷嘴混合器是常见的两种混合器。

5.3.4.2 湍流预混火焰速度

根据实验观察，层流火焰轮廓清晰，而湍流火焰表面轮廓模糊，并在火焰前缘出现了不规则皱褶。这说明湍流运动对湍流预混火焰有直接影响。

在湍流预混火焰中，以火焰为参考坐标系，未燃气沿火焰面法向进入火焰区的速度被定义为湍流火焰速度，湍流火焰速度标记为 u_{turb}。由于湍流火焰中特定空间位置的物理参数，如速度、温度等都是不确定并具有脉动特性的，因此在燃烧计算中采用平均值来表示。这样，湍流预混火焰速度可表示为：

$$u_{\text{turb}} = \frac{\dot{m}}{\overline{A}\rho_0} \tag{5-31}$$

式中 $\dot{m}$ ——反应物质量流量；

ρ_0 ——未燃气的密度；

$\overline{A}$ ——火焰表面的时间积分平均面积，也称为湍流火焰表观面积。

实际上，各个局部的湍流燃烧速率不等于所定义的平均值。由于湍流火焰面具有不确定性，且测量困难，从而湍流预混火焰速度的测量是一个很大的难题。

5.3.4.3 湍流预混火焰结构特征

如图5-8所示，湍流预混火焰有其明显的结构特征。湍流预混火焰不同时刻火焰反应锋面是在不同时刻湍流火焰外轮廓线的叠加；反应区明显具有一定的厚度，该反应区通常被称为湍流火焰刷。由图5-8可知，实际湍流预混火焰反应区与层流预混火焰类似，也相对较薄，也称为层流火焰片。当预混的未燃气自下向上流动，在进入环境时，瞬时火焰面发生卷曲现象，卷曲现象在火焰顶部表现得最为明显。

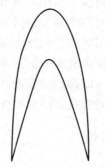

(a) 不同时刻火焰反应锋面　　(b) 火焰的时均图（火焰刷）

图 5-8　湍流预混火焰的结构特征

5.3.4.4 湍流预混火焰模式

湍流运动会使层流火焰前缘面产生皱褶或者扭曲，此形态的湍流火焰被称为褶皱层流火焰模式，这种模式是湍流预混火焰的一种极端情况。另一种极端条件下的湍流预混火焰模式为分布反应模式。介于这两者之间的火焰模式被称为旋涡小火焰模式。

(1) 湍流预混火焰模式判据

如何准确判断湍流火焰模式呢？依据湍流尺度概念来判别火焰模式。在湍流结构尺度中，柯尔莫哥洛夫微尺度是湍流中的最小旋涡尺度，该尺度下的湍流具有很高的旋涡强度，其作用是将流体的动能通过黏性耗散的方式使得流体的温度升高而转化为内能。湍流积分尺度是最大的湍流尺度。由此可以推断湍流火焰的基本结构是由两个湍流极限尺度与层流火焰厚度 δ_L 之间关系决定。而层流火焰厚度表示不受湍流作用下传热传质控制的反应区。因此，湍流预混火焰模式可定义为：褶皱层流火焰模式，$\delta_L \leqslant l_K$；旋涡小火焰模式，$l_0 > \delta_L > l_K$；分布反应模式，$\delta_L > l_0$。

当层流火焰厚度比湍流最小尺度薄时，湍流运动只能使很薄的层流火焰区发生皱褶变形。该判别为威廉斯-克里莫夫判据。

当所有的湍流尺度都小于层流火焰厚度时，反应区内的输运现象不仅受到分子运动控制，而且受到湍流运动的控制，或者至少受到湍流运动的影响。该判别为丹姆克尔判据。

(2) 无量纲数

丹姆克尔数 Da 是分析化学反应的重要无量纲数。丹姆克尔数的物理意义是流体流动特征时间或混合时间与化学特征时间的比值，即：

$$Da = \frac{流体流动特征时间}{化学特征时间} = \frac{\tau_{flow}}{\tau_{chem}} \tag{5-32}$$

对于预混火焰，最大旋涡在反应区中的驻留时间为 $\tau_{flow} = l_0/u'_{rms}$，其中 u'_{rms} 为湍流脉动速度的均方根。层流火焰的化学特征时间为 $\tau_{chem} = \delta_L/u_{fl}$。因此，丹姆克尔数也表示为：

$$Da = \frac{l_0/u'_{rms}}{\delta_L/u_{fl}} = \frac{l_0}{\delta_L} \times \frac{u_{fl}}{u'_{rms}} \tag{5-33}$$

当燃烧反应速率比流体的混合速度快时，即 $Da \gg 1$，火焰模式被称为快速化学反应模式。当燃烧反应速率较慢时，即 $Da \ll 1$。

从另一角度来看，丹姆克尔数也可以理解为几何尺度比 l_0/δ_L 与相对湍流强度倒数的乘积。

描述湍流火焰结构主要采用湍流雷诺数、丹姆克尔数 Da、l_K/δ_L、l_0/δ_L 和 u'_{rms}/u_{fl} 共5个无量纲数。这5个无量纲参数是相互关联的，其关系如图5-9所示。

图5-9可分为三个区域，分别对应于褶皱层流火焰模式、旋涡小火焰模式和分布反应模式。褶皱层流火焰模式位于 $l_K/\delta_L = 1$ 的粗线上方，燃烧反应发生在很薄的厚度内。分布反应模式在 $l_0/\delta_L = 1$ 粗线的下方，燃烧反应发生在相对较厚的区域内。旋涡小火焰模式则位于两线之间的区域。在实际应用中，可以根据相应的燃烧反应条件计算出丹姆克尔数和湍流雷诺数，然后依据图5-9判断湍流火焰模式。

(3) 褶皱层流火焰模式

褶皱层流火焰结构如图5-10所示。在雷诺数大于2300时，流动进入湍流状态。在雷诺数不高的情况下，脉动速度较小，湍流强度不大，湍流作用使得火焰锋面产生一定的褶皱，但仍保持火焰锋面的光滑连续性，火焰厚度小于柯尔莫哥洛夫微尺度，燃烧反应仍然在很薄的层流火焰区域中完成。由于火焰锋面的皱褶，增加了火焰与未燃气体混合物的接触面积，从而强化了未燃气体与火焰之间的输运，从而改善未燃气体混合物的着火条件，进而提高了燃烧速率，增大了火焰传播速度。所以，褶皱层流火焰速度比层流预混火焰的快。

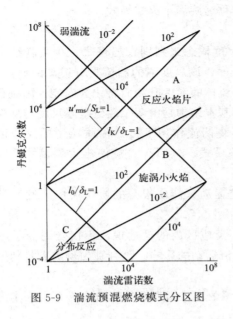

图 5-9 湍流预混燃烧模式分区图

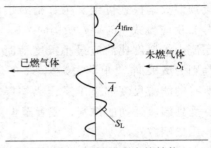

图 5-10 褶皱层流火焰结构

根据湍流平均火焰速度的定义，总体燃烧速率是各个局部层流燃烧速率的叠加，假设各局部层流火焰速度相同，则有：

$$\dot{m} = \rho_0 u_{\text{turb}} \overline{A} = \rho_0 u_{\text{fl}} \sum A_i \tag{5-34}$$

则有：

$$\frac{u_{\text{turb}}}{u_{\text{fl}}} = \frac{\sum A_i}{\overline{A}} \tag{5-35}$$

褶皱层流火焰速度有多种不同的计算关系式。克里莫夫根据理论推导和实验结果，获得的褶皱层流火焰速度关系式与实验数据吻合较好，其表达式为：

$$u_{\text{turb}}/u_{\text{fl}} = 3.5 (u'_{\text{rms}}/u_{\text{fl}})^{0.7} \tag{5-36}$$

由上式和实验可知，褶皱层流火焰速度仅与脉动速度和层流火焰速度有关，而与湍流的其他特性无关，如图 5-11 所示。

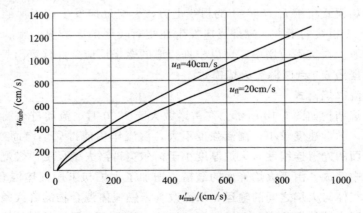

图 5-11 湍流火焰速度和湍流脉动速度的关系

(4) 分布反应模式

在雷诺数很大情况下，分布反应区结构如图 5-12 所示。当 $l_0/\delta_L < 1$ 时，湍流尺度都很小，湍流强度很大，湍流脉动速度的均方根 u'_{rms} 很大，压力损失很大，如果再要求流道的几何尺度小，则将导致在实际设备中很难实现。

由于湍流强度很大，层流火焰锋面被撕裂破坏，形成相互混合的未燃气体团和已燃气体团。由于湍流脉动速度很大，甚至大于火焰传播速度，这样使得自燃着火条件恶化，火焰能否维持还是一个问题。

尽管如此，在分布反应模式下研究化学反应与湍流如何相互作用仍然具有理论意义。

(5) 旋涡小火焰模式

旋涡小火焰模式是介于褶皱层流火焰模式与分布反应模式之间，其主要特征是，丹姆克尔数 Da 数值为中等大小，湍流强度较高（$u'_{rms}/u_{fl} \gg 1$）。在许多燃烧设备中，火焰处于这种模式。

湍流旋涡小火焰结构如图 5-13 所示。由于湍流强度较高，湍流作用能撕裂层流火焰锋面，使得燃烧火焰区域充满大小不一的已燃气团。未燃气体与已燃气体之间的接触界面取决于未燃气团被破碎成更小微团的速度。湍流强度越高，破碎速度越快，快速的混合强化了未燃气团与已燃气团之间的传热，改善了未燃气体的着火条件，提高了反应速率。对此，单位体积的燃料质量燃烧速率为：

$$\overline{\dot{m}_{F,g}} = -\rho C_F Y'_{F,rms} \varepsilon_0 / (3 u'^2_{rms}/2) \tag{5-37}$$

式中　C_F——常数，$0.1 < C_F < 100$；

$Y'_{F,rms}$——燃料质量分数脉动的均方根；

$3u'^2_{rms}/2$——湍流动能。

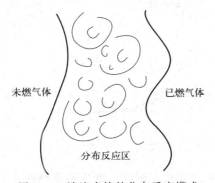
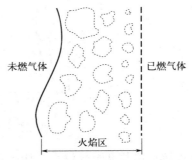

图 5-12　湍流火焰的分布反应模式　　　图 5-13　湍流旋涡小火焰模式

假设湍流各向同性，则有：

$$\overline{\dot{m}_{F,g}} = -\rho C_F Y'_{F,rms} u'_{rms}/l_0 \tag{5-38}$$

从式(5-38) 看出，容积质量燃烧速率由 $Y'_{F,rms}$ 和旋涡特征时间（驻留时间）u'_{rms}/l_0 决定，也表明，湍流尺度对湍流燃烧速率起着主导作用。

5.3.5　湍流扩散燃烧

前述已经介绍了层流预混燃烧、层流扩散燃烧和湍流预混燃烧。由于湍流扩散燃烧易于控制，因此在实际中有着广泛应用。

针对不同的燃烧用途，湍流扩散燃烧有不同的结构形式。本节以射流火焰为例讨论湍流扩散燃烧的特性。

湍流扩散火焰可以采用激光诱导荧光方法、米氏散射测量方法和温度测量方法来观测湍流扩散射流火焰的结构。

通过实验可以看到，湍流非预混射流火焰锋面不光滑，呈毛刷状，或者说边界模糊，火焰明亮；火焰底部呈蓝色，亮度很弱，没有碳烟生成；更高处的碳烟数量明显增多，火焰呈亮黄色。

对于冷态湍流射流，有三个重要特性：以喷嘴出口速度和半径为基准的无量纲化，速度场方程是普适的；射流扩展角是常数，与射流出口速度和直径无关；旋涡黏度与喷嘴出口速度和直径成正比，与流场位置无关。依据该模型计算获得的结果与实验数据较吻合。

在分析湍流扩散火焰时，也可以采用混合物分数 f 概念，即：

$$f = \frac{\text{源于燃料的质量}}{\text{混合物总质量}} = \frac{\Phi}{(A/F)_{\text{stoic}} + \Phi} \tag{5-39}$$

采用混合物分数代替燃料的质量分数，$\Phi=1$ 代入上式，f 也有一个定值，即可表示火焰的边界。采用混合物分数的另一个好处是，在整个流场中始终保持守恒，具有"无源项"特性，使得描写射流的数理方程大为简化。如果采用普朗特混合长度理论对射流火焰进行计算，可得混合物分数的计算结果如图 5-14 所示。混合物分数的等值线如同速度场一样，能很好地用于描述湍流射流火焰的总体特征。

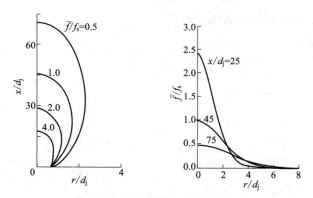

图 5-14　射流的混合物分数分布

湍流扩散火焰长度至今没有公认的定义和测量的方法。因此，在应用不同修正公式时需要倍加注意。火焰长度的定义一般包括：由一系列瞬时火焰长度照片取可视火焰长度的平均值；用热电偶测量轴线上温度最高点，测取其轴向位置；用气体采样的方法测量平均混合物分数，确定化学当量值所处的轴向位置。总而言之，火焰的可视长度要大于靠温度或浓度测量所得出的长度，根据燃料的不同，基于温度特性测量的火焰长度是时均可视火焰长度的 65%～80%。

对于湍流射流火焰，弗劳德数定义为：

$$Fr_{\text{f}} = \frac{u_0 f_{\text{s}}^{1.5}}{(\rho_0/\rho)^{0.5}[gd_0(T_{\text{fl}} - T_{\infty})/T_{\infty}]^{0.5}} \tag{5-40}$$

当 Fr_{f} 很小时，火焰受浮力控制；当 Fr_{f} 很大时，初始射流动量决定了气体的混合区域及火焰区域的速度场。由于浮力引起的流动，增强了火焰中各成分混合，并导致了火焰长度比近似无浮力作用的长度要短得多。

动量直径定义为喷口直径与密度比 ρ_0/ρ 的乘积，即：

$$d^* = (\rho_0/\rho)^{0.5} d_0 \tag{5-41}$$

动量直径的基本含义是初始射流动量相同的射流具有相同的速度场。因此，式(5-41)表明，加大喷嘴出口流体密度与增加喷嘴直径的效果相同。实验证明，该结论是合理的。

湍流扩散火焰长度的无量纲定义为：

$$L^* \equiv L_{\mathrm{fl}} f_s / d^* \tag{5-42}$$

经过实验数据修正，当湍流扩散火焰状态分别由浮力控制和动量控制时，其无量纲湍流扩散火焰长度为：

$$L^* = 13.5 Fr_{\mathrm{f}}^{0.4}/(1+0.07 Fr_{\mathrm{f}}^2)^{0.2}, \quad Fr_{\mathrm{f}} < 5$$
$$L^* = 23, \quad\quad\quad\quad\quad\quad\quad\quad\quad\quad Fr_{\mathrm{f}} \geqslant 5 \tag{5-43}$$

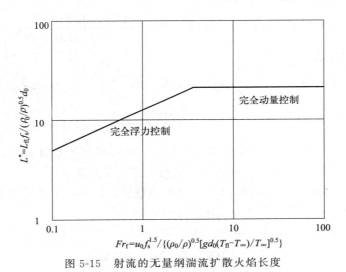

图 5-15　射流的无量纲湍流扩散火焰长度

综上所述，对于燃料射流喷入静止环境，其火焰长度主要由弗劳德数、化学当量值 f_s、射流密度与环境气体密度的比、初始射流直径 d_0 共同决定。无论浮力影响与否，上述其余的三个因素都是十分重要的。比如，单位质量的 f_s 值较小的燃料需要更多的空气才能达到燃烧的化学当量。由式(5-42)可知，f_s 越小其火焰越长。就拿丙烷和一氧化碳来说，丙烷所需的当量空气质量是一氧化碳的 6 倍，而丙烷火焰的长度则大概是一氧化碳火焰长度的 7 倍。

【例题 5-3】 试估算丙烷射流在空气中燃烧的火焰长度。环境条件为：$P = 101325\mathrm{Pa}$，$T_\infty = 300\mathrm{K}$。丙烷的质量流量为 $3.66 \times 10^{-3} \mathrm{kg/s}$，喷嘴的出口直径为 $6.17\mathrm{mm}$，假设喷嘴出口的丙烷密度为 $1.854\mathrm{kg/m^3}$。

解： 根据题意，可以通过查取获得所需要的参数为：

$$\rho_\infty = \rho_{\mathrm{air}} = 1.1614 \mathrm{kg/m^3}$$
$$T_f \approx T_{\mathrm{ad}} = 2267\mathrm{K}$$

空气-燃料的化学当量比由第 2 章的公式计算，其值为 15.57。

$$f_s = \frac{1}{(A/F)_{\text{stoic}} + 1} = \frac{1}{15.57 + 1} = 0.06035$$

喷嘴出口速度由质量流量计算为：

$$u_0 = \frac{\dot{m}}{\rho_0 \pi d_i^2 / 4} = \frac{3.66 \times 10^{-3}}{1.854 \pi \times 0.00617^2 / 4} = 66.0 \,(\text{m/s})$$

弗劳德数计算为：

$$Fr_f = \frac{u_0 f_s^{1.5}}{\left(\frac{\rho_0}{\rho}\right)^{0.5} [g d_0 (T_{fl} - T_\infty)/T_\infty]^{0.5}}$$

$$= \frac{66.0 \times 0.06035^{1.5}}{\left(\frac{1.854}{1.1614}\right)^{0.25} \left(\frac{2267-300}{300} \times 9.81 \times 0.00617\right)^{0.5}} = 1.386$$

由于 $Fr_f < 5$，则无量纲火焰长度 L^* 为：

$$L^* = 13.5 Fr_f^{0.4} / (1 + 0.07 Fr_f^2)^{0.2} = \frac{13.5 \times 1.386^{0.4}}{(1 + 0.07 \times 1.386^2)^{0.2}} = 15.0$$

实际的火焰长度为：

$$d^* = (\rho_0/\rho)^{0.5} d_0 = 0.00617 \times \left(\frac{1.854}{1.1614}\right)^{0.5} = 0.0078 \,(\text{m})$$

$$L_{fl} = L^* d^* / f_s = \frac{15.0 \times 0.0078}{0.06035} = 1.94 \,(\text{m})$$

由图 5-15 可知，该火焰在两种状态的交汇区，即既受初始动量控制，又受火焰所引起的浮力控制。上述计算出的火焰长度略小于可视火焰长度的测量值。

【例题 5-4】 如果释热率和喷嘴出口直径与例题 5-3 相同，试计算甲烷火焰长度，并与丙烷火焰长度作比较。甲烷密度为 0.6565kg/m^3。

解： 根据两个火焰释放出相同的化学能，可得：

$$\dot{m}_{CH_4} \text{LHV}_{CH_4} = \dot{m}_{C_3H_8} \text{LHV}_{C_3H_8}$$

查取甲烷的低位热值，甲烷的质量流量可计算为：

$$\dot{m}_{CH_4} = \dot{m}_{C_3H_8} \frac{\text{LHV}_{C_3H_8}}{\text{LHV}_{CH_4}} = 3.66 \times 10^{-3} \times \frac{46357}{50016} = 3.39 \times 10^{-3} \,(\text{kg/s})$$

$$\rho_\infty = 1.1614 \,\text{kg/m}^3$$

$$T_f = 2226 \text{K}, f_s = 0.0552$$

$$u_0 = 172.7 \,\text{m/s}$$

计算得下述结果：

$$Fr_f = 4.154, L^* = 20.36, d^* = 0.0046$$

最后得：

$$L_f = 1.71 \,\text{m}$$

两种火焰长度的比为：

$$\frac{L_{f,CH_4}}{L_{f,C_3H_8}} = \frac{1.71}{1.94} = 0.88$$

甲烷火焰比丙烷火焰短 12%。

思考：什么原因使得甲烷火焰变短呢？

湍流扩散火焰具有较高的辐射能力。辐射既有积极的一面，又有消极的一面。火焰的辐射可以用于加热载体。但是对于燃气轮机，辐射将影响燃烧室衬里的耐用性。

辐射分数 χ_R 是指火焰向周围环境的辐射传热速率 $\dot{Q}_R$ 与火焰的总放热 $\dot{m}_F \Delta h_c$ 的比值，即：

$$\chi_R \equiv \frac{\dot{Q}_R}{\dot{m}_F \Delta h_c} \tag{5-44}$$

根据辐射计算公式，上式变为：

$$\chi_R \equiv \frac{\alpha_p V_{fl} \sigma T_{fl}^4}{\dot{m}_F \Delta h_c} \tag{5-45}$$

根据燃料种类和流动条件的不同，射流火焰的辐射分数的范围很大，从几个百分点到大于50%。燃料的辐射分数与其形成碳烟的能力在同一量级上。比如，甲烷不生成碳烟，相应的辐射分数就很低。火焰的辐射分数的大小由火焰尺寸和放热率决定。当固定燃烧速率而减小火焰尺寸，或者固定火焰尺寸而增大燃烧速率时，都会造成辐射分数的减小。

若火焰在动量控制状态下，射流火焰长度与喷嘴直径的关系为：

$$V_{fl} \propto d_0^3 \tag{5-46}$$

结合燃料的流量公式，辐射分数为：

$$\chi_R \propto \alpha_p T_{fl}^4 d_0 / u_0 \tag{5-47}$$

式(5-47)只是简单的分析，更为复杂的分析可以参考文献。

燃料形成碳烟的能力是影响火焰辐射热损失的主要因素。辐射源有两个：一是二氧化碳和水蒸气的分子辐射；二是碳烟的黑体辐射。

5.4 火焰稳定

5.4.1 推举和吹熄

5.4.1.1 预混火焰的推举

可燃气体混合物从燃烧器管口流出，火焰与管口不接触，且稳定在离管口一定距离的位置，这种现象则被称为火焰推举。

火焰推举依赖于燃烧器喷口附近局部火焰和气流的性质。稳定在圆形管口的火焰，在气流速度较低时，火焰的边缘离燃烧器管口很近，就好像火焰附着在管口，称为火焰附着。当气流速度增大时，根据锥形火焰结构，火焰锥形角随之减小，则火焰的边缘移动到下游一小段距离的位置。如果气流速度进一步增大，则可达到其临界速度，使得火焰边缘跳离到距燃烧器管口较远的位置，这就发生火焰推举。如果进一步增加气流速度，火焰推举距离随之加长。当气流速度增大到一定数值时，火焰将被完全吹离管口，发生吹熄现象。

火焰推举和吹离是由火焰速度分布和气流速度分布决定的，如图5-16所示。火焰速度分布主要与当量比、散热和自由基损失有关。在靠近壁面的区域，壁面的冷却和自由基销毁占主导作用，使得火焰传播速度较低，其数值达不到当地气流速度，因此火焰会被移向下游。在燃烧器喷口上方的局部区域，随着离管口距离增大，壁面作用减小，此时周围气体对可燃气流的稀释作用不大，因此火焰速度呈增大趋势。在远离管口达到一定数值后，火焰速度达到最大值。再随着轴向距离增大，周围气体对可燃气流的稀释作用增强，火焰速度呈下降趋势。在横向截面上，周围气体的稀释作用由外向内逐渐减弱，因此火焰速度在射流边界上为0，沿半径向内逐渐增大且趋近恒定。综合以上分析，火焰速度与气流速度之间相对大小关系是发生火焰推举现象的关键；如果火焰推举高度一旦超过临界数值，火焰则马上被吹熄。

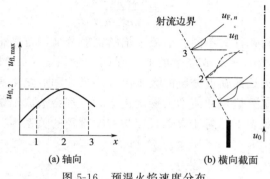

图 5-16　预混火焰速度分布

火焰推举使得燃烧器存在以下问题：一是，火焰推举可能引起未燃气体的逃逸，即形成不完全燃烧；二是，超过了推举极限，点火困难；三是，火焰推举距离的精确控制与否，会导致传热变差；四是，火焰推举有噪声。

5.4.1.2　扩散火焰的推举

对于气体燃料的非预混燃烧，当喷嘴出口速度足够大时，射流火焰也会被从管口推举起来。如果继续增大流速，火焰根部与管口之间的距离（推举高度）也会相应增大，直到火焰被吹熄。对湍流扩散射流火焰的推举和吹熄现象，其解释的理论依据是：层流火焰速度最大处的局部气流速度恰好与湍流预混火焰的燃烧速率相等，即 $\overline{u}(u_{fl,max}) = u_{turb}$。依据此理论，文献建立了碳氢化合物-空气火焰推举关系式，即：

$$\frac{\rho_0 u_{fl,max} h}{\mu_0} = 50 \left(\frac{u_0}{u_{fl,max}}\right) \left(\frac{\rho_0}{\rho_\infty}\right)^{1.5} \tag{5-48}$$

其中，对于碳氢化合物，最大层流火焰速度 $u_{fl,max}$ 出现在化学当量比附近。

射流火焰吹熄速度的通用关系式为：

$$(u_0/u_{fl,max})(\rho_0/\rho_\infty)^{1.5} = 0.017 Re_H (1 - 3.5 \times 10^{-6} Re_H)$$

$$Re_H = \frac{\rho_0 u_{fl,max} H}{\mu_0}$$

$$H = 4\left[\frac{Y_{F,0}}{Y_{F,stoic}}\left(\frac{\rho_0}{\rho_\infty}\right)^{0.5} - 5.8\right] d_0 \tag{5-49}$$

式(5-49)适用于许多燃料。如图 5-17 所示，对于一定的燃料，吹熄速度随射流直径的增加而增大。这就是油井不容易灭火的原因。

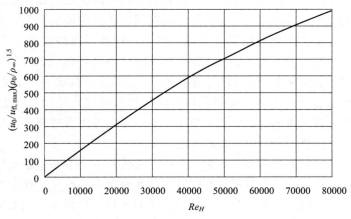

图 5-17 通用吹熄曲线

【例题 5-5】 计算丙烷-空气射流火焰的吹熄速度。喷嘴直径为 6.17mm，环境条件为：$P=101325\text{Pa}$，$T_\infty=300\text{K}$。丙烷的质量流量为 $3.66\times10^{-3}\text{kg/s}$，丙烷出口温度为 300K，丙烷密度为 1.854kg/m^2。

解：由例题 5-1 计算可知：

$$Y_{F,\text{stoic}} = f_n = 0.06035$$

因为喷口为纯燃料，则：

$$Y_{F,0} = 1$$

从而，有：

$$H = 4\left[\frac{Y_{F,0}}{Y_{F,\text{stoic}}}\left(\frac{\rho_0}{\rho_\infty}\right)^{0.5} - 5.8\right]d_0 = 4\times\left[\frac{1}{0.06035}\times\left(\frac{1.854}{1.1614}\right)^{0.5} - 5.8\right]\times 0.00617 = 0.3735(\text{m})$$

查取丙烷在 300K 时的动力黏度 $\mu = 8.26\times10^{-6}\text{Pa}\cdot\text{s}$。
查取最大层流火焰速度的计算参数，采用下式计算，得：

$$u_{\text{fl,max}} = u_{\text{fl,ref}} = B_M + B_2(\Phi - \Phi_M)^2 = 34.22 - 138.65\times(1-1.08)^2 = 33.33(\text{cm/s}) = 0.3333(\text{m/s})$$

雷诺数为：

$$Re_H = \frac{\rho_0 u_{\text{fl,max}} H}{\mu_0} = \frac{1.854\times 0.3333\times 0.3735}{8.26\times 10^{-6}} = 27942$$

采用吹熄速度关联式计算为：

$$\frac{u_{\text{extin}}}{u_{\text{fl,max}}}\left(\frac{\rho_0}{\rho_\infty}\right)^{1.5} = 0.017 Re_H(1-3.5\times 10^{-6} Re_H)$$

$$= 0.017\times 27942\times(1-3.5\times 10^{-6}\times 27942) = 429$$

火焰吹熄速度为：

$$u_{\text{extin}} = 429\times 0.3333\times\left(\frac{1.1614}{1.854}\right)^{1.5} = 70.9(\text{m/s})$$

气流速度已经非常接近火焰吹熄速度，需要一定的稳燃措施防止被吹熄。

5.4.2 火焰稳定

不管是预混燃烧和非预混燃烧，还是层流燃烧和湍流燃烧，它们在实际中都有重要的应用。在燃烧器中，必须确保火焰稳定。火焰稳定就是指火焰能稳定在需要的位置，且在燃烧器运行范围内避免回火、推举和吹熄的问题。解决问题的理论依据就是，在流场中存在火焰速度能达到与当地气体流速相等的局部区域。但是，在许多燃烧设备中，气流速度大多在10m/s以上，而常见的碳氢燃料的层流火焰速度大多≤0.4m/s，最高的氢燃料层流火焰速度也只有3.15m/s，气流速度一般是火焰速度的10倍以上。数值说明，火焰速度不可能达到火焰稳定的平衡要求。在高速气流中，如果问题源自流动，可用流体力学的方法稳定火焰；如果问题出于火焰传播速度，可用热力学、化学动力学的方法稳定火焰。更多、更有效的是采用流体力学及化学动力学相结合的方法。

因此，典型的火焰稳定方法有钝体稳定火焰、旋流稳定火焰和引燃火焰稳定主火焰。

针对不同的实际问题，燃烧器可能会同时用到1种以上的稳定燃烧方法。在远离吹熄界限的情况下，湍流火焰稳定的原理与层流火焰稳定的类似，只是用湍流火焰速度代替层流火焰速度，即本地湍流火焰速度与本地平均气流流速相等。吹熄判据与着火所用判据更为相似。

5.4.2.1 钝体稳定火焰

如图5-18所示，在可燃气流中放置一个圆柱体，即形成钝体绕流的流动结构，形如"猫头鹰"。流场呈现两个对称旋涡，流场具有明显的回流区和主流区，虚线椭圆是轴向分速度的0速度连线，是回流区的边界线。在回流区的边界线到主流区之间，流速大小介于0到主气流速度之间，因此在流场中总存有满足火焰速度与未燃气流速度相平衡的区域。

主流是低温的未燃气体。进入回流区的气流是高温的已燃气体，其在逆向到达钝体的滞止点后进入顺流，与外侧主流进行较强的质量交换和热量交换，使得在顺流与主流之间的部分区域达到了着火条件，该着火区域内火焰速度与未燃气流速度相匹配。由于空间结构对称，因而在此区域形成环形结构的稳定火焰，被称为点火环。该点火环的位置固定，起着点燃主流未燃气体的作用，如图5-19所示。

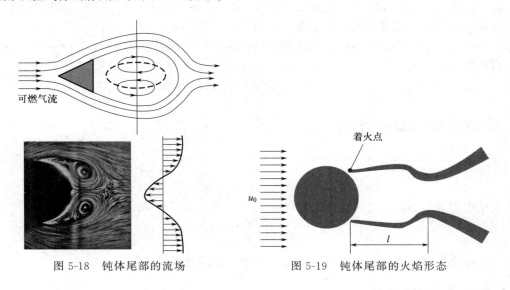

图5-18 钝体尾部的流场　　　　图5-19 钝体尾部的火焰形态

依据以上分析，回流达到稳定火焰的基本条件是：点火环有足够的能量；可燃混合燃料的组成在着火极限内；气流速度不能大于吹熄速度。

钝体稳定火焰的影响因素主要有着火极限、燃气种类、可燃混合气的组成、气流速度、湍流强度、混合气的压力和温度、钝体的尺寸等。这是一个非常复杂的问题，已有不少文献对此作了理论和实验研究。

回流特征对稳定火焰非常关键。钝体几何参数如图 5-20 所示。不同形状的钝体对应不同的回流量。比如，圆盘后的回流量最大，圆锥次之，圆柱最小。阻塞比 d_{BLB}/d_0 增大，回流区轴向长度缩短，回流量增多。不过，阻塞比变化对回流区宽度几乎没有影响。

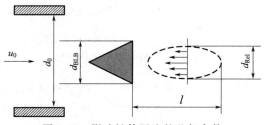

图 5-20 影响钝体回流的几何参数

Longwell 首先提出了回流区燃烧模型，即将回流区看作一个均匀反应器，其体积设为 V，进出回流区的未燃气体及已燃气体的质量流量为 G。假设回流区燃烧快速，反应为二阶。根据均匀反应器理论，可推导出给定可燃混合气的临界火焰稳定条件，其表达式为：

$$\frac{\dot{m}}{Vp^2} = f(\alpha) \tag{5-50}$$

该式表明，当回流区容积 V、压力 p 一定时，可燃混合气存在着一个极限流量。如果超过这个临界流量，火焰则被吹熄。

鉴于 V 和 $\dot{m}$ 不易测定，考虑到 $V \propto d^3$，$\dot{m} = \rho A u_{BLB} \propto p d^2 u_{BLB}$，以及采用 Dezube 公式的形式，式(5-50) 可改写为喷口速度 u_0 和钝体特征尺寸 d 的形式，即：

$$\frac{u_0}{p^{0.85} d} = f(\alpha) \tag{5-51}$$

在实际钝体稳定火焰的应用中，针对不同的问题，可以依据上述定性认识和吹熄公式形式进行实验与分析，即可设计出具有一定稳定火焰的范围。

5.4.2.2 旋流稳定火焰

运用钝体可以形成回流区以达到稳定燃烧的作用。运用旋流元件或者以特定方式引入射流也可以产生回流区。

旋流稳定燃烧普遍用于预混式或非预混式的工业燃烧器和燃气轮机燃烧室。对于非预混燃烧，旋流流动不仅使产物和反应物混合，还促使燃料和空气混合。

如图 5-21 所示，气流经过旋流器由喷口进入燃烧空间，由于没有喷口壁面的约束，产生了像龙卷风一样的气体运动，这样的射流被称为旋转射流。旋转射流为三维流动，同时具有轴向运动、周向运动和径向运动。旋转射流在轴向上，离喷口越远，压力越高；在径向上，越靠近轴线，压力越低，出口中心附近压力最低。较高的压差，致使在中心部分存在较强的回流，同时在旋转射流根部的外侧也有回流，两个回流使得旋转射流具有强烈的动量、热量和质量的交换，对改善着火条件和强化稳定火焰起着重要的作用。因此，旋转射流在燃烧设备上被普遍应用。

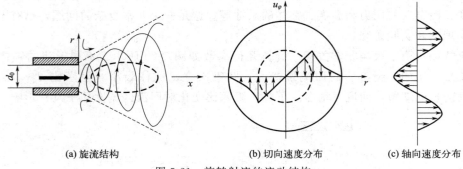

(a) 旋流结构　　　　　　(b) 切向速度分布　　　　　(c) 轴向速度分布

图 5-21　旋转射流的流动结构

旋转射流的理论分析相对复杂且困难，工程上一般依据实验获得旋流射流的特性。

假设旋转射流的初始速度环量为 Γ，根据能量方程，则轴向速度和气体射流边界内部的压力分布分别为：

$$u_\varphi = \frac{\Gamma}{2\pi r} \tag{5-52}$$

$$p = p_\infty - \frac{\rho}{2}\left(\frac{\Gamma}{2\pi r}\right)^2 = p_\infty - \frac{\rho}{8\pi^2}\left(\frac{\Gamma}{x\tan\alpha + r_0}\right)^2 \tag{5-53}$$

旋流强度定义为气流的旋转动量与轴向动量之比，也是旋转气流的相似特征数。其表达式为：

$$\Omega = \frac{M_\varphi}{M_x r_0} = \frac{\dot{m}u_\varphi r}{\dot{m}u_x r_0} \tag{5-54}$$

根据旋流强度，可将旋转射流分为弱旋转射流（$\Omega < 0.6$）和强旋转射流（$\Omega > 0.6$）。在燃烧设备中，大部分采用强旋转射流。因此，讨论旋流强度对火焰稳定非常重要。

旋流强度对中心回流区的大小有显著影响，如图 5-22 所示。旋流强度越大，回流区范围越大，横向宽度越大。但是，回流区轴向长度随旋流强度增大呈先变长后变短。旋流强度增大到一定程度，旋转射流将变为飞边型气流，使得外卷吸和内卷吸作用消失或很弱，达不到强化混合传质效果，也可能造成燃烧工况恶化，或者给煤粉燃烧带来结渣问题。因此，旋流强度有一个限值。

回流量随旋流强度变化如图 5-23 所示。旋流强度越大，回流量越大。

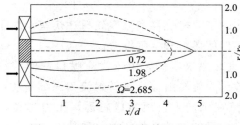
图 5-22　回流区大小与旋流强度关系

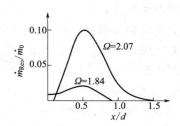
图 5-23　回流量与旋流强度关系

火焰稳定与气流速度直接相关。以轴向分速度为例，旋转射流的速度变化如图 5-24 所示。由速度分布曲线可知，轴向速度衰减很快，在无量纲射程 2 范围内，衰减至原来的约

1/2以下，说明内外侧卷吸流量很大。速度值的衰减，使得火焰速度与当地气流速度有更好的匹配性，以满足火焰稳定的基本条件。对于压力衰减，如图 5-25 所示，旋流强度越大，有更多的气流被卷吸。

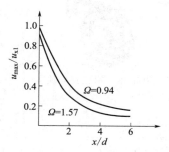 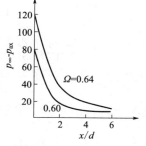

图 5-24 轴向速度与旋流强度关系　　图 5-25 压力变化与旋流强度关系

对于旋流稳定火焰，除了考虑旋流强度之外，必须注意射流喷口的几何结构对旋转射流的特性的影响。研究表明，同样的旋流强度情况下，带有扩口的旋流结构明显好于无扩口的旋流结构，如图 5-26 所示。

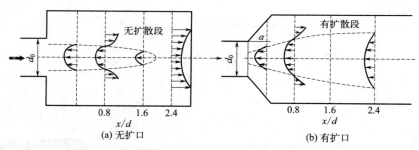

图 5-26 扩口对旋转射流的影响

在旋流强度＞0.5 的情况下，理想的情况是在扩口的外部和内部都形成回流，扩口壁面的辐射及其回流的高温烟气、扩口中心区的回流高温烟气都有利于形成一个良好的着火区域，形成具有足够能量的点火源，强化了旋转射流的稳定燃烧。

在弱旋转射流中，旋流强度与扩张角呈线性关系，扩张角是扩口半角的 2 倍，如图 5-27 所示，可根据旋流强度确定合适的扩张角。

对于强旋转射流，扩张角在＜35°内，旋流强度与扩张角呈反比关系。

总之，旋转射流的燃烧相当于一个搅拌反应器，靠气流的自身旋转实现气流的搅拌。旋流强度直接影响可燃气流在燃烧空间中的停留时间。充分的搅拌保证稳定燃烧，足够的停留时间保证气体燃尽。

用于燃烧器的旋流结构主要有蜗壳式、轴向叶片式、切向旋转叶片式。蜗壳式旋流器如图 5-28 所示。其旋流强度为：

$$\Omega = \frac{\pi r_0^2}{ab} \tag{5-55}$$

式中　r_0——蜗壳出口断面的半径。

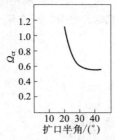

图 5-27 扩口半角与临界旋流强度关系　　图 5-28 蜗壳式旋流器

切向式旋流器如图 5-29 所示。其旋流强度为：

$$\Omega = \frac{1.57}{1-\zeta} \times \frac{d_0 d_1 \sin\varphi}{nbb_1}$$

$$\zeta = \frac{nb_1}{2\pi r_1 \cos\varphi}$$

(5-56)

式中　d_0——旋流器出口断面的直径；
　　　b_1——叶片出口通流宽度；
　　　ζ——阻塞系数。

轴向式旋流器如图 5-30 所示。其旋流强度为：

$$\Omega = \frac{2}{3} \times \frac{1-(r_1/r_2)^3}{1-(r_1/r_2)^2} \tan\beta$$

(5-57)

式中　β——叶片安装角。

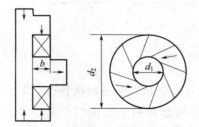
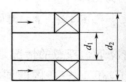

图 5-29 切向式旋流器　　　　　　图 5-30 轴向式旋流器

5.4.2.3　引燃火焰稳定主火焰

引燃火焰稳定主火焰的结构如图 5-31 所示。该方法就是采用一个较稳定的小火焰，用于点燃主要可燃气流的燃烧，这个小火焰称为引燃火焰。这个方法的本质主要是基于化学动力学方法稳定火焰。主火焰稳定的基本条件是：一是小火焰的稳定；二是小火焰要有足够的能量；三是引燃火焰与主火焰的相互作用，即热量交换、质量交换。该方法有两种典型引燃火焰的结构：一个是缝隙型；另一个是凹槽型。第一个相当于同轴直流射流；第二个相当于交叉射流。后者的小火焰稳定性较好。具体表现在，临界吹熄速度较高；小火焰的高温产物与主流气体为交叉射流结构，其热量交换、质量交换相对较为强烈。

下面简要分析引燃火焰的火焰稳定。

根据质量守恒，$\rho u A \leqslant u_{fl} V$，可得引燃火焰的临界吹熄速度为：

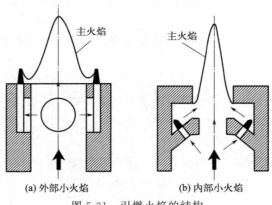

图 5-31　引燃火焰的结构

$$u_{Bl} = u_{fl} V/\rho A \tag{5-58}$$

将火焰传播速度公式代入上式，得：

$$u_{Bl} = \frac{V}{A} \times \frac{\rho c_p^2 (T_f - T_\infty) u_{fl}^2}{\lambda Q} \tag{5-59}$$

上式说明，临界吹熄速度为未燃预混可燃气射流的特征尺寸 d、压力 p 和火焰传播速度的函数。引燃气流的燃料量占总燃料的 20%～30%。

5.5　气体燃烧器设计

气体燃烧器一般应包含的主要部件有燃气喷嘴、燃气阀系组件、燃气流量调节阀、风机、调风器、配风器、空气和燃气联动调节装置、点火装置（无辅助点火燃料喷嘴的燃烧器仅含电火花引燃器）、燃气压力检测开关、助燃空气压力检测开关、火焰监测器、主燃气控制阀自动检漏装置和控制箱等。除了大型气体燃烧器和特殊用途的气体燃烧器，气体燃烧器都有商业产品系列的整装设备，供工程设计选型。

5.5.1　设计要求

在设计气体燃烧器时，燃烧性能必须满足下述要求：

（1）点火

燃烧器应能在安全时间 12s 内建立起稳定的点火火焰，在安全时间 9s 内建立起稳定的主火焰。

（2）燃烧稳定性

燃烧器的设计能力应以额定能力的 1.1～1.25 倍计算。

燃烧器在其负荷调节范围内变换燃烧负荷时，应无脱火、熄火、冒黑烟发生，火焰应无明显偏斜和振动。除位式调节燃烧器外，调节过程中的火焰变化应连续、稳定，燃烧器的负荷调节比由合同确定。对于气体燃烧器，调节比一般为 5∶1。

燃烧器在其负荷调节范围内燃料正常燃烧时，燃油烟气中的 CO 含量（体积分数，以下相同)变化应不超过±0.5%，燃气烟气中的CO含量变化应不超过±1.5%。

(3) 燃烧充分性

燃烧器在其负荷调节范围内燃料最大流量下正常燃烧时，燃烧烟气中的O_2和CO含量应符合：$O_2 \leqslant 3.5\%$，$CO < 0.020\%$。

(4) 氮氧化物生成量

燃烧器在其负荷调节范围内燃料最大流量下正常燃烧时，烟气中按过剩空气系数为1.2时折算出的氮氧化物(NO_x)含量$< 200 mg/m^3$。

(5) 火焰尺寸

燃烧器在其负荷调节范围内燃料最大流量下正常燃烧时，火焰的最大长度和最大直径应小于配套炉的炉膛尺寸，具体尺寸由供、需双方确定。

5.5.2 烹饪用的燃烧器设计

设计内容：设计一个用于燃气灶的燃烧器，功率为2.2kW，可燃混合气的喷口为圆形，喷口沿一个圆周布置，圆周的直径为160mm。每个喷口的功率不大于$10W/m^2$，一次风率取40%，满负荷时的火焰高度不能超过20mm，试确定喷口的直径与数目。

该设计的计算程序如表5-1所列。该表仅为燃烧器的设计提供一个参考性的计算框架和燃烧器的主要参数，没有考虑其他方面的要求。针对该设计，关键点是火焰高度的计算。在本书中是采用上述火焰长度的计算公式。对于其他实际工程，则需要选择符合实际问题的计算公式或者经验公式，如果没有合适的公式，则采用针对性的实验数据。特别注意的是，火焰高度是针对单个喷口而言，如果喷口靠得很近，则火焰高度的计算公式是无效的。该设计所采用的计算公式中，火焰高度与流量成正比，因此该计算采用总体流量计算，然后除以火焰高度限值，即得喷口数目。

表5-1 用于燃气灶的燃烧器设计计算

序号	项目	单位	计算依据	数值
1	燃烧器能力	kW	给定	2.2
2	燃料热值	kJ/kg	热力学数据	50016
3	燃料流量	kg/s	热量平衡	4.399×10^{-5}
4	化学当量空燃比	kg/kg	式(2-5)	17.11
5	一次风率	%	给定	40
6	一次风流量	kg/s	一次风定义	3.01×10^{-4}
7	喷口的总流量	kg/s	燃料与风之和	3.45×10^{-4}
8	一次空气-燃料的物质的量比	—	$4.76(x+y/4) \times 40\%$	3.81
9	一次空气的摩尔分数		混合物摩尔分数定义	0.792
10	燃气摩尔分数		混合物摩尔分数定义	0.208
11	混合气摩尔质量	kg/kmol	混合摩尔质量计算	26.19
12	平均密度	kg/m³	理想气体状态方程	1.064
13	体积流量	m³/s	由质量流量计算	3.24×10^{-4}
14	扩散喷射物质的量比	—	式(5-15)	1.19
15	空气温度	K	取值	300

续表

序号	项目	单位	计算依据	数值
16	燃气温度	K	取值	300
17	火焰长度	m	式(5-4)	0.7064
18	火焰长度限值	m	给定	0.02
19	缩短倍数	—	由火焰长度计算	35.32
20	喷口间距	m	喷口火焰不能合并	0.014
21	圆周直径	m	喷口布置计算	0.1575

燃气灶的设计必须遵守《家用燃气灶具能效限定值及能效等级》(GB 30720—2014)、《家用燃气灶具》(GB 16410—2020)和《工业燃油燃气燃烧器通用技术条件》(GB/T 19839—2005)等规范。

思考题与习题

5-1 火焰是混合物吗？试具体阐述。

5-2 试分析空气含氧量对气体燃料火焰长度的影响。

5-3 阐述扩散火焰和预混火焰的特点。

5-4 简述湍流火焰的特点。如何区分层流火焰和湍流火焰？研究层流燃烧的意义是什么？

5-5 为什么说扩散火焰不容易脱火，也不容易回火？

5-6 试分析火焰推举现象。

第 6 章 液体燃料的燃烧

液体燃烧关系到许多重要燃烧设备,包括内燃机、燃气轮机、火箭、火力燃煤发电厂的点火装置等。因此,本章将定量描述液体的燃烧过程,分析液体燃烧的特性,以及对液体燃烧器作简要介绍。

6.1 液体燃料的特性

根据 2018 年数据统计,我国汽油产量为 1.4 亿吨,汽油表观消耗 1.2 亿吨。我国石油需求量日益增加,预计到 2035 年达到峰值,约为 30 亿吨,其中燃用油占重要部分。燃用油主要是碳氢化合物的混合物,比如:汽油的主要成分为碳原子数 $C_5 \sim C_{12}$ 的脂肪烃和环烷烃,以及一定量的芳香烃;柴油是碳原子数 $C_{10} \sim C_{22}$ 的复杂烃类混合物;煤油为碳原子数 $C_{11} \sim C_{17}$ 的高沸点烃类混合物,主要成分是饱和烃类,也含有不饱和烃和芳香烃。由于液体的物理性质对燃烧有很大影响,因此下述对液体燃料的主要物理性质作一定介绍。

6.1.1 相对密度

油的相对密度是指温度为 $t(℃)$ 时油的密度和 4℃时纯水的密度之比,符号记作 γ_4^t。通常以 20℃时的密度作为油的标准相对密度,即:

$$\gamma_4^t = \gamma_4^{20} + k_\gamma (20-t) \tag{6-1}$$

式中 k_γ——温度修正系数,$℃^{-1}$。

6.1.2 黏度

燃用油的黏度大小对油的输送和雾化有很大影响。黏度越大,流动性越差,雾化效果也越差。

燃用油的黏度常用恩氏黏度表示。它是指 200mL 温度为 $t(℃)$ 的油从恩氏黏度计小孔流出的时间与同体积 20℃蒸馏水流出的时间之比,称为该油在温度 $t(℃)$ 下的恩氏黏度 E_t。相对应的运动黏度为:

$$\nu_t = 7.31 E_t - \frac{6.31}{E_t} \tag{6-2}$$

燃用油的黏度与温度有关。温度越高,黏度降低。汽油的黏度小于煤油的黏度,煤油的黏度小于柴油的黏度,重油的黏度最高。在压力低于2MPa情况下,压力对黏度的影响忽略不计,但是在压力较高时,黏度随压力升高而增大。

6.1.3 表面张力

各类燃料油的表面张力相差不大,并随温度的提高而降低,其典型数据见表6-1。

表 6-1 表面张力

油温度/℃	50	70	90	110
$\sigma/(N/m)$	3.0×10^{-2}	2.86×10^{-2}	2.72×10^{-2}	2.5×10^{-2}

6.1.4 比热容和热导率

燃料油的比热容一般在 2.0kJ/(kg·℃) 左右,油的比热容与油温有关,燃料油在温度 t(℃) 的比热容为:

$$c_t = 1.737 + 0.0025t \tag{6-3}$$

油的热导率随温度升高而降低。对无水运动黏度为 $(20\sim135)\times10^{-6}\,\mathrm{m^2/s}$ 的油,计算公式为:

$$\lambda_t = \lambda_{20} + k_\lambda (20 - t) \tag{6-4}$$

式中 λ_{20}——20℃时油的热导率,对高黏度的裂化渣油,$\lambda_{20} \approx 0.158\,\mathrm{W/(m\cdot ℃)}$,对低黏度的油,$\lambda_{20} \approx 0.145\,\mathrm{W/(m\cdot ℃)}$;

k_λ——常数,对裂化渣油,$k_\lambda = 0.00018$,对直馏渣油(50℃下恩氏黏度小于100°E),$k_\lambda = 0.00011$。

6.1.5 热值

热值是燃料油最重要的性质。由于油的碳氢含量远较煤多,因此油的热值远比煤高,通常低位发热量 $Q_{\mathrm{net,ar}}$ 为 38.5~44MJ/kg。零号柴油的热值为 42.70~42.9642MJ/kg。汽油的热值要高一些,重油的热值低一些。如果缺乏数据,可以采用一些方法估算。

燃用油的热值用下式估算:

$$Q = 51.92 - 8.79 \times 10^{-6} \rho^2 \tag{6-5}$$

设汽油密度为 $750\mathrm{kg/m^3}$,则热值估算为 46.98MJ/kg。

汽油的热值与含氢量有直接关系,含氢量计算式为:

$$x_\mathrm{H} = 26 - \frac{15\rho}{1000} \tag{6-6}$$

设汽油密度为 $750\mathrm{kg/m^3}$,则含氢量为 14.75%。

6.1.6 凝固点

液体燃料按存在的状态可分为固态、液态和气态,因而有相应的凝固点和沸点,燃油由各种烃类的复杂混合物组成。液态燃料由液态变为固态是逐渐进行的，并不具有一定的凝固点，当温度逐渐降低时，它并不立即凝固，而是变得越来越黏，直到完全丧失流动性为止。按规定，所谓油的凝固点是指油样在倾斜45°的试管中冷却1min后油面能保持不变的温度。通常含蜡量或含胶状沥青物质越多，其凝固点越高。油的凝固点对油在低温下的流动性能有影响。在低温下输送凝固点高的油时，应给予加热或采取必要的防冻措施。

6.1.7 沸点

燃料油也没有一个恒定的沸点，而只有一个温度范围，它的沸腾从某一温度开始，随着温度升高而连续变化。实际上石油蒸馏时，就是收集不同沸点的馏出物。低于190℃为汽油馏分，190~260℃为煤油馏分，260~320℃为柴油馏分，高于360℃为润滑油及重油馏分。

6.1.8 闪点

设容器内装有温度为 t 的液体燃料，在这一温度下，燃料以低的蒸发速率蒸发并与空气混合，当与明火接触时，就发生短暂的闪光（一闪即灭），这时的油温称为闪点。油中的轻质组分越多，其闪点越低；相对密度增加时，闪点提高。一般直馏重油，其闪点大多在135~237℃，沸点在196~320℃。裂解渣油的闪点为185~243℃，沸点为240~335℃。一般推荐在无压容器中加热重油时，其加热温度不得超过闪点，而应比闪点低10℃左右，在压力容器或压力管道内则不受此限制。

6.1.9 燃点

当燃料气体被点火火焰点着，火焰就能连续不断维持下去的温度称为液体燃料的着火点或燃点（通常连续燃烧的时间不小于5s）。例如，某种原油的闪点为39℃，燃点为54℃；某种重油的闪点为222℃，燃点为282℃。着火以后表面蒸发和气相燃烧相互支持而继续，液体表面从火焰表面接收热量，反过来又提供更多的蒸气去燃烧，至稳定状态时，蒸发速率即等于燃烧速率。此时，液体表面温度高于闪点，接近但稍低于沸点。

6.2 液体燃料的雾化

6.2.1 液体燃料燃烧的基本过程

鉴于液体的物理性质，液体的燃烧属于扩散燃烧，即液体需要经过蒸发过程将液相燃料转变为气相燃料，气相燃料再与空气进行燃烧。在实际应用中，普遍采用雾化方式先将一定量的液体分裂成大量的细小液滴，以大幅增加液相的比表面积，这不仅增大燃料的蒸发气化强度，也强化燃料与空气的混合，从而确保液体燃料具有良好的燃烧性能。因此，雾化质量的好坏对液体燃料的燃烧起着决定性作用。

6.2.2 雾化过程及机理

雾化就是将液体分散成微小液滴的物理过程。液体在雾化过程中所呈现的形态是液体所受外力和内力的综合作用效应。在液体雾化过程中，液体所受力有气体力、惯性力、黏性力、表面张力。这些力在雾化过程中所起的相对作用常通过韦伯数、奥内佐格数和雷诺数来描述。

韦伯数表示作用在流体上的惯性力与表面张力之间的相对大小，其定义为：

$$We = \frac{\rho U^2 L}{\sigma} \tag{6-7}$$

式中 U——特征速度，m/s；
σ——流体的表面张力，N/m；
L——特征尺度，m。

奥内佐格数是用来表示黏性力与惯性力和表面张力的相互关系的无量纲数，其定义为：

$$Oh = \frac{\mu_1}{\sqrt{\rho_1 d_1 \sigma}} \tag{6-8}$$

在力的作用下，液体流动的不稳定使得液体的形态相继变为丝状液流、膜状液流、大一点的液滴、微小的液滴群，如图6-1所示。雾化过程在总体上分为4个阶段：瑞利分裂、初级雾化、二次雾化和雾化。该四个阶段可以通过特征数来划分，如图6-2所示。

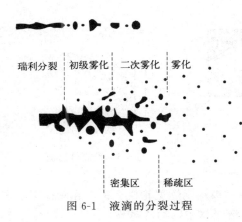

图6-1 液滴的分裂过程

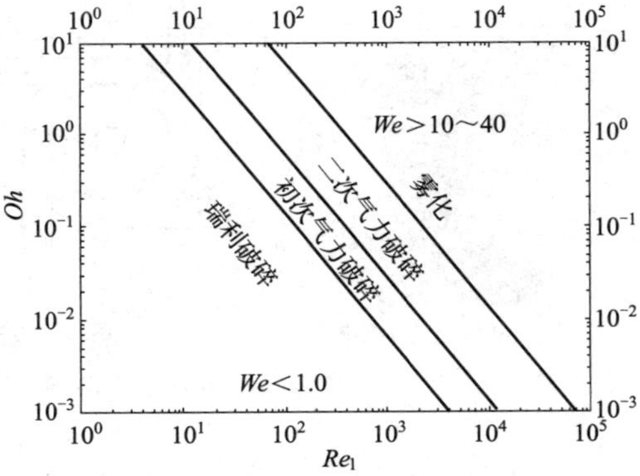

图6-2 液体雾化模式

雾化过程可用流动的波动不稳定性解释，如图6-3所示。流体的惯性力和气动力对流动的波动起着加剧流动不稳定性作用，黏性力和表面张力则起着减弱或者限制流动不稳定性作用。

瑞利分裂是轴对称震动的不稳定增长的结果，由于表面张力对液体的轴对称震动起主导

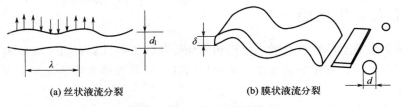

(a) 丝状液流分裂　　　(b) 膜状液流分裂

图6-3 液体雾化路径

作用，因此瑞利分裂所形成的液滴直径一般大于射流的直径。射流速度提高，将使气动力比表面张力重要，此时形成的液滴直径接近射流直径。再提高射流速度，进入二次雾化阶段，气动力起主导作用。在此情况下，表面波的波长短，波幅的不断增强致使液体分裂，液滴直径小于射流直径。继续提高射流速度，液体在喷口附近即被完全雾化，液滴直径远小于射流直径。对于膜状液流的分裂，当波幅达到临界值时，液膜分裂成带状液流，由于表面张力的作用，带状液流将变为丝状液流。丝状液流再度分裂变为液滴。在雾化过程中所分裂出来的液滴只要表面张力和黏性力不足以维持液滴稳定，就会在惯性力和气动力作用下产生变形而进一步分裂为更小的液滴，直到表面张力和黏性力能足以维持不被分裂为止。实验表明，在韦伯数大于10~40情况下，液体能达到完全雾化。

依据上述对雾化过程的分析可知，提高液体燃料的喷射压力，降低液体燃料的黏度和表面张力都可提高雾化效果。

6.2.3 压力雾化结构

工程上常见的雾化方式有压力雾化、气动雾化和离心雾化。此处仅简要介绍压力雾化结构。

如图6-4所示，液体燃料进入旋流器的切向槽，以在旋流室中形成旋转流动，然后由喷口在一定压力驱动下高速喷出。因为有足够的惯性力和气体摩擦力作用，液流在喷口附近即被快速雾化，最终形成具有一定扩张角的细小液滴群射流，如图6-5所示。

(a) 雾化喷头外形

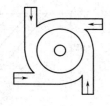
(b) 4槽道旋流器

图6-4 压力雾化结构

图6-5 液滴群射流

因为压力雾化结构简单紧凑、操作方便，所以常被用于燃气轮机、锅炉和其他工业窑炉的燃烧装置。压力雾化对压力要求如表6-2所列。液滴越小，油压越高。

表6-2 压力雾化的工作压力范围

应用范围	工业炉、锅炉	燃气轮机	柴油机	航空发动机
压力范围/MPa	2~3.5	5~8	15~30	100

6.2.4 压力雾化性能

液体燃料雾化质量的好坏对燃烧过程和燃烧设备的工作性能有很大的影响。液体燃料的雾化性能常用雾化角、雾化液滴细度、雾化均匀度、喷雾射程和流量密度分布等表示。

（1）雾化角

液滴群射流在离开喷口一定距离后会有一定程度的收缩，但不宜过分收缩。在工程上常用雾化角表示喷雾射流的扩张大小。雾化角指以喷口为圆心、r 为半径的圆弧和外包络线相交点与喷口的中心连线的夹角,以 $α_x$ 表示,如图 6-5 所示。对大流量喷嘴,取 $r=100\sim150\text{mm}$;对小流量喷嘴,取 $r=40\sim80\text{mm}$。雾化角的大小对燃烧完善程度和经济性有很大的影响,它是雾化器设计的一个重要的参数。若雾化角过大,液滴将会穿出湍流最强的空气区域而喷射到炉墙或燃烧室壁上造成结焦或积灰现象。若雾化角过小,燃料液滴则不能有效地分布到整个燃烧室空间,造成与空气的不良混合,致使局部过量空气系数过大,燃烧温度下降,以致着火困难和燃烧不良。此外,雾化角的大小还影响到火焰外形的长短。如雾化角过大,火焰则短而粗;反之,则细而长。雾化角在 $60°\sim120°$ 范围内,具体数值根据实际需要选定。对于小型燃烧室,雾化角不宜太大,一般在 $60°\sim80°$;雾化角也不宜过小,否则燃料会过于集中地喷射到缺氧的回流区,产生更多的热分解。

实验表明,当喷口直径和喷射压力增加时,喷雾的雾化角增加;对于一定的喷口直径和喷射的高速范围内,雾化角几乎不变。

(2) 雾化液滴细度

雾化形成的液滴大小是不均匀的,最大和最小可相差 $50\sim100$ 倍,因此常用索太尔平均直径(SMD)表征总体液滴的特征大小,也称为细度。

索太尔平均直径的定义是假设每个液滴直径相等时,按所测得所有液滴的总体积 V 与总表面积 A 计算出的液滴直径,即:

$$d_{\text{SMD}}=\frac{\sum N_i d_i^3}{\sum N_i d_i^2} \tag{6-9}$$

式中 N_i——相应直径为 d_i 的液滴的颗粒数。

雾化细度直接影响燃烧性能。雾化粒径过粗,燃尽时间长,不完全燃烧损失大;比表面积小,蒸发和燃烧速率低。雾化粒径过细,油滴微粒易被气流带走;易造成局部区域燃料过富或过贫,不利于燃烧的安全与稳定。直径减小到 0.4 以下时,比表面积变化很大,如图 6-6 所示。在燃烧中,液滴大小一般取几十微米,具体数值依据具体燃烧要求确定。

(3) 雾化均匀度

雾化均匀度常用罗辛-拉姆勒分布表示,其表达式为:

$$R=100\exp\left[-(d_i/d_m)^n\right] \tag{6-10}$$

式中 n——均匀性指数;

d_m——液滴质量中间直径,$R=36.8\%$ 时的直径。

均匀性指数 n 可衡量均匀度。对机械雾化器,$n=1\sim4$。

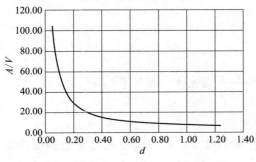

图 6-6 液滴比表面积与直径之间关系

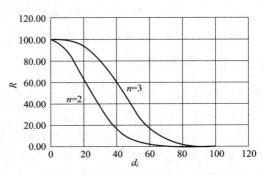

图 6-7 颗粒大小分布特性曲线

如果雾化均匀度较差,则大液滴数目较多,容易造成燃烧不完全,不利于燃烧。如图 6-7 所示,$n=2$ 的粒径均匀度要比 $n=3$ 的好。但是,过于均匀也对燃烧不利,因为液滴直径较为集中会使燃烧稳定性和调节性变差。最佳的雾化分布应根据燃烧设备类型、构造和气流情况等具体条件而定。

(4) 喷雾射程

喷雾射程是指对于水平方向喷射,喷雾液滴在丧失动能时所能到达的平面与喷口之间的距离。雾化角大和雾化粒径很细的喷雾,射程比较短;相对密集的喷雾,由于吸入的空气量较少,射程比较远。一般来讲,射程长的喷雾,其火焰长度相对较长。

(5) 流量密度分布

流量密度分布是指在单位时间内通过燃料喷射方向的单位横断面上燃料液体质量(或体积)沿半径方向的分布。对于压力雾化,其流量密度呈抛物线分布,轴线处的流量密度最大。流量密度分布对燃烧过程影响较大。分布较好的喷雾能将液滴分散到整个燃烧空间,并能在较小的空气扰动下获得充分的混合与燃烧。为了保证各处雾滴都有适量的空气与之混合,要求在沿圆周方向上流量密度分布均匀。流量密度分布通常是用实验方法测得的。若测得的分布图形两侧不对称,则表明雾化器的加工质量存在问题。

6.3 液滴的蒸发

液体燃料被喷雾到燃烧空间,液滴在燃烧空间中的蒸发特性对燃烧有决定性影响。在第 3 章中在已知液滴表面温度的情况下仅从传质角度讨论了液滴的蒸发问题,并未涉及传热问题。在实际燃烧过程中,燃烧空间是高温环境,液滴温度接近沸点,这说明蒸发速率由周围环境对液滴的加热速率决定。此处讨论由传热决定的液滴蒸发问题,蒸发模型如图 6-8 和图 6-9 所示。

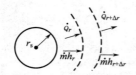
图 6-8 液滴周围的微元热量平衡

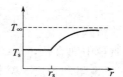
图 6-9 液滴周围的温度分布

6.3.1 基本假设

如图 6-8 和图 6-9 所示,在单个液滴周围建立一个微元体。作如下假设:

(1) 气相环境是静止的,区域无穷大。

(2) 蒸发过程为准稳态,以避免求解偏微分方程。

(3) 液滴内部温度均匀,且假定该温度数值等于沸点,该假设不用考虑液相的能量方程,也不必求解气相中组分的输运方程。

(4) 液相与气相互不相溶。

(5) 刘易斯数 $Le=1$，该假设的作用如同火焰传播速度的分析。
(6) 液体与气体具有恒定物理性质，以获得简单解析解。

6.3.2 气相守恒方程

(1) 质量守恒方程

$$\dot{m}=\dot{m}_F=\rho u_r 4\pi r^2 = 常数 \tag{6-11}$$

(2) 能量守恒方程

$$\frac{d}{dr}\left(4\pi\lambda r^2 \frac{dT}{dr}\right) = \dot{m}c_p \frac{dT}{dr} \tag{6-12}$$

上式的建立是基于刘易斯数为 1 的假设，且反应速率为 0。从形式上看，该方程是典型的常微分方程，结合前述章节内容，该方程容易求解。

(3) 边界条件

$$\begin{aligned} T(r=r_s) &= T_s \\ T(r\to\infty) &= T_\infty \end{aligned} \tag{6-13}$$

(4) 温度分布的求解结果

燃烧空间的蒸发过程一定存在传质过程，为什么没有列出组分传输方程是因为刘易斯数等于 1 的假设，不过能量方程也包含了传质速率，传质速率由质量守恒确定。因而，式(6-11) 和式(6-12) 组成了 2 个方程，包含 2 个未知数，形成方程封闭，可以求解。求解只需要参照一般的二阶常微分方程求解方法即可。为简单起见，下面仅给出结果。

$$T(r) = \frac{(T_\infty - T_s)\exp(-Z\dot{m}/r) - T_\infty \exp(-Z\dot{m}/r_s) + T_s}{1 - \exp(-Z\dot{m}/r_s)} \tag{6-14}$$

式中，$Z = \dfrac{c_p}{4\pi\lambda}$。

(5) 蒸发速率的求解结果

上述微分方程没有给出蒸发速率的解。既然假设液滴内部温度均匀，则内部不存在传热。这表明气相空间的传热量都用于液滴的蒸发。根据液滴的表面能量平衡，即：

$$4\pi\lambda r^2 \frac{dT}{dr}\bigg|_{r=r_s} = \dot{m} h_{fg} \tag{6-15}$$

将式(6-14) 代入式(6-15)，化简得：

$$\dot{m} = \frac{4\pi\lambda r_s}{c_p}\ln(1+B_T) \tag{6-16}$$

$$B_T = \frac{c_p}{h_{fg}}(T_\infty - T_s) \tag{6-17}$$

式中 B_T——Spalding 数。

结合液滴的质量变化，同样可得直径平方定律公式，其中的常数变为：

$$K = \frac{8\lambda}{\rho_l c_p}\ln(1+B_T) \tag{6-18}$$

(6) 物性数据的处理

在上述计算结果中，涉及气相比热容和热导率。在实际中，气流的物性从液滴表面到远离表面的变化很大。为此，以气相平均温度查取物性，平均温度为：

$$\overline{T}=(T_\infty+T_s)/2 \tag{6-19}$$

比热容和热导率分别为：

$$c_p=c_{pF}(\overline{T}) \tag{6-20}$$

$$\lambda_G=0.4\lambda_F(\overline{T})+0.6\lambda_\infty(\overline{T}) \tag{6-21}$$

【例题 6-1】 一粒直径为 $500\mu m$ 的正己烷液滴在静止的氮气中蒸发，压力为 101325Pa，温度为 850K。假设液滴温度等于其沸点 342K。以平均温度 596K 查取的物性为：$c_{pF}(596K)=2872J/(kg\cdot K)$，$\lambda_F(596K)=0.0495W/(m\cdot K)$，$\lambda_\infty(596K)=0.0444W/(m\cdot K)$，气化潜热为 335000J/kg，液滴密度为 $659kg/m^3$。试求液滴的寿命。

解：气相热导率为：

$$\lambda_G=0.4\lambda_F(\overline{T})+0.6\lambda_\infty(\overline{T})=0.4\times0.0495+0.6\times0.0444=0.0464[W/(m\cdot K)]$$

Spalding 数为：

$$B_T=\frac{c_p}{h_{fg}}(T_\infty-T_s)=\frac{2872}{335000}\times(850-342)=4.36$$

蒸发常数为：

$$K=\frac{8\lambda}{\rho_l c_p}\ln(1+B_T)=\frac{8\times0.0464}{659\times2872}\times\ln(1+4.36)=3.29\times10^{-7}(m^2/s)$$

根据直径平方定律，液滴的寿命为：

$$t_d=\frac{d_0^2}{K}=\frac{0.0005^2}{3.29\times10^{-7}}=0.76(s)$$

需要注意的是，例题的计算过程除了温度假定外，物性参数都是查自物性数据，由此可看出液滴蒸发的时间尺度。如果液滴直径为 $50\mu m$，则蒸发时间约为 10ms。在许多燃烧应用中，液滴直径控制在 $50\mu m$ 以下。

6.4 液滴的燃烧

至此，已经分别从传质和传热的角度分析了液滴的蒸发问题，两种情况的分析都获得了液滴蒸发速率和液滴大小变化的直径平方公式。下述对液滴的燃烧问题进行分析。液滴的燃烧是传质与传热相互耦合的复杂问题。

6.4.1 燃烧问题的描述

液滴的燃烧属于扩散燃烧过程。液滴在燃烧空间中被火焰包围。相对于蒸发和扩散，燃烧反应快速，且集中在很薄的火焰锋面区域。这样，液滴周围空间被液滴表面和火焰锋面划分为内区和外区。传质过程和传热过程如图 6-10 所示。液滴受到火焰加热不断蒸发为气相可燃组分，可燃组分向火焰锋面扩散，在火焰锋面处被燃尽生成产物组分，产物组分一部分向液滴表面传输，另一部分由火焰锋面向外传递。远处的氧化剂组分向火焰锋面传递，在火焰锋面处被完全消耗。温度在火焰锋面处达到最大值，在内区火焰向液滴表面传热，液滴在热量驱使下蒸发，由于液体潜热很大，液滴表面温度为饱和沸腾温度。在外区火焰向远处传热，远处的温度设为 T_∞。

6.4.2 燃烧问题的分析思路

本问题的分析与计算目标是燃烧速率和液滴的大小变化。火焰锋面区域的燃烧速率确定了火焰温度，也对液滴的蒸发速率及其与火焰之间的传质给出了需求。液滴的蒸发是由液滴表面与火焰之间的传热控制的，因此内区的传热过程与传质过程是相互耦合的。

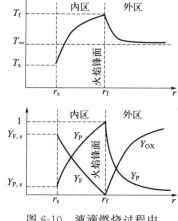

图 6-10 液滴燃烧过程中的温度和组分分布

从导热角度看，火焰与液滴表面之间距离决定了导热热阻的大小，如果再确定了火焰温度和液滴表面温度，那么导热的传热量即可确定，随之即可进一步确定液滴的蒸发速率。因此火焰位置、火焰温度和液滴表面温度是需要确定的中间未知变量。

从传质角度看，确定传质速率就需要确定液滴表面的燃料气相组分浓度。因此，液滴表面燃料气相组分浓度也是中间未知变量。

综上所述，求解单个液滴的燃烧问题需要求解 5 个未知变量：$\dot{m}_F$、T_f、$Y_{F,s}$、r_f、T_s。

6.4.3 基本假设

如图 6-10 所示，对于单个液滴，作如下假设：
(1) 气相环境是静止的，不考虑对流影响，区域无穷大。
(2) 燃烧过程为准稳态，以避免求解偏微分方程。
(3) 液滴内部温度均匀，且假定该温度数值等于沸点，该假设不用考虑液相的能量方程，也不必求解气相中组分的输运方程。
(4) 液相与任何气相互不相溶。
(5) 刘易斯数 $Le=1$，该假设的作用如同火焰传播速度的分析。
(6) 液体与气体具有恒定物理性质，以获得简单解析解。
(7) 压力均匀一致，且为常数。
(8) 忽略辐射换热。
(9) 燃料的液相为纯凝结相，不存在炭黑和水的存在。
(10) 燃烧反应为无限快速，火焰区域为很薄的面。

6.4.4 界面上的能量平衡

内区和外区的守恒方程与前述章节类似，此处不再赘述，在学习过程中可以当作练习建立内区和外区的守恒方程。本节对界面上的能量平衡作简要描述，因为其直接关系到液滴燃烧问题的分析与求解。

(1) 液滴表面的能量平衡

向蒸发液滴表面传导的热量，一部分用来蒸发液体燃料，其余的向液滴内部传递，根据假设（3）可以忽略该部分热量，因此表达式为：

$$4\pi r^2 \lambda \frac{dT}{dr}\bigg|_{r=r_s} = \dot{m} h_{fg} \tag{6-22}$$

（2）火焰锋面的能量平衡

根据假设（1）和（4），液滴表面和火焰之间没有产物的净流动，因此所有的产物都是从火焰向外流动。如果火焰面以火焰温度为参考状态，则火焰锋面的能量平衡为：

$$\dot{m}_F \Delta h_c = 4\pi \lambda_G r_f^2 \frac{dT}{dr}\bigg|_{r=r_f^-} + 4\pi \lambda_G r_f^2 \frac{dT}{dr}\bigg|_{r=r_f^+} \tag{6-23}$$

式（6-23）右侧的温度梯度分别取内区和外区的温度分布进行计算。

（3）液-气平衡

假设液体燃料表面液相与气相处于平衡，应用克劳修斯-克拉珀龙方程，即可确定液滴表面的组分浓度与液体燃料的饱和温度之间关系。克劳修斯-克拉珀龙方程为：

$$P_{F,s} = A \exp(-B/T_s) \tag{6-24}$$

$$x_{F,s} = P_{F,s}/P \tag{6-25}$$

$$Y_{F,s} = x_{F,s} \frac{M_F}{x_{F,s} M_F + (1-x_{F,s}) M_P} \tag{6-26}$$

6.4.5 求解与结果

表 6-3 总结了描述单个液滴燃烧问题的 5 个未知变量的求解结果。表中的 5 个方程组成非线性系统方程组。求解时先假设液滴表面温度，然后求解其他变量。

表 6-3 单个液滴燃烧问题的求解汇总

基本原理	方程	未知变量
内区组分守恒	$Y_{F,s} = 1 - \dfrac{\exp(-Z_F \dot{m}_F/r_s)}{\exp(-Z_F \dot{m}_F/r_f)}$	$\dot{m}_F, Y_{F,s}, r_f$
外区组分守恒	$\exp(Z_F \dot{m}_F/r_f) = (v+1)/v$	$\dot{m}_F, r_f$
液滴表面能量平衡	$\dfrac{c_{pg}(T_f - T_s)}{h_{fg}} \dfrac{\exp(-Z_T \dot{m}_F/r_s)}{\left[\exp\left(-Z_T \dfrac{\dot{m}_F}{r_s}\right) - \exp\left(-Z_T \dfrac{\dot{m}_F}{r_f}\right)\right]} + 1 = 0$	$\dot{m}_F, T_s, r_f, T_f$
火焰锋面能量平衡	$\dfrac{c_{pg}}{\Delta h_c}\left[\dfrac{(T_s - T_f)\exp(-Z_T \dot{m}_F/r_f)}{\exp(-Z_T \dot{m}_F/r_s) - \exp(-Z_T \dot{m}_F/r_f)} - \dfrac{(T_\infty - T_f)\exp(-Z_T \dot{m}_F/r_f)}{[1 - \exp(-Z_T \dot{m}_F/r_f)]}\right] - 1 = 0$	$\dot{m}_F, T_s, r_f, T_f$
气液相平衡	$Y_{F,s} = \dfrac{A\exp(-B/T_s) M_F}{A\exp(-B/T_s) M_F + [P - A\exp(-B/T_s)] M_P}$	$Y_{F,s}, T_s$

通过对以上方程的分析，可得：

燃烧速率

$$\dot{m}_F = \frac{4\pi\lambda_g r_s}{c_{pg}} \ln(1+B_{o,q}) \tag{6-27}$$

火焰温度

$$T_f = \frac{h_{fg}}{c_{pg}(1+\nu)}(\nu B_{o,q}-1) + T_s \tag{6-28}$$

液滴表面组分浓度

$$Y_{F,s} = \frac{B_{o,q}-1/\nu}{B_{o,q}+1} \tag{6-29}$$

火焰锋面位置

$$r_f = r_s \frac{\ln(1+B_{o,q})}{\ln[(\nu+1)/\nu]} \tag{6-30}$$

传递数

$$B_{o,q} = \frac{\Delta h_c/\nu + c_{pg}(T_\infty - T_s)}{h_{fg}} \tag{6-31}$$

燃烧常数

$$K = \frac{8\lambda_g}{\rho_l c_{pg}} \ln(1+B_{o,q}) \tag{6-32}$$

在液滴燃烧计算中,物性参数的取值与液滴蒸发的类似,不同的是平均温度是火焰温度与液体表面温度的平均值。

【例题 6-2】 直径为 $100\mu m$ 的纯正庚烷液滴在 $P=101325Pa$ 和 $T_\infty=300K$ 的静止环境中,液滴的温度等于其沸点,试估算:燃烧的质量消耗速率;火焰温度;火焰半径与液滴半径之比;液滴的寿命,并与纯蒸发比较。

解:物性数据是燃烧计算所必需的,因此首先查取物性数据。火焰温度是待求变量:

$$\overline{T} = 0.5(T_s + T_f) = 0.5 \times (371.5 + 2200) \approx 1286(K)$$

查取物性为:

$$\lambda_{Ox}(\overline{T}) = 0.081 W/(m \cdot K)$$
$$\lambda_F(\overline{T}) = \lambda_F(1000K)(\overline{T}/1000K)^{1/2} = 0.0971 \times (1285/1000)^{1/2} = 0.110[W/(m \cdot K)]$$
$$\lambda_G = 0.4\lambda_F(\overline{T}) + 0.6\lambda_\infty(\overline{T}) = 0.4 \times 0.110 + 0.6 \times 0.081 = 0.0926[W/(m \cdot K)]$$
$$c_{pg} = c_{pF}(\overline{T}) = 4.22 kJ/(kg \cdot K)$$
$$h_{fg}(T_{boil}) = 316 kJ/kg$$
$$\Delta h_c = 44926 kJ/kg$$

化学当量比为:

$$\nu = \left(x + \frac{y}{4}\right) \times 4.76 \frac{M_{Ox}}{M_F} = \left(7 + \frac{16}{4}\right) \times 4.76 \times \frac{28.85}{100.20} = 15.08$$

传递数为:

$$B_{o,q} = \frac{\Delta h_c/\nu + c_{pg}(T_\infty - T_s)}{h_{fg}} = \frac{\frac{44926}{15.08} + 4.22 \times (300-371.5)}{0+316} = 8.473$$

燃料消耗速率为:

$$\dot{m}_F = \frac{4\pi\lambda_g r_s}{c_{pg}} \ln(1+B_{o,q}) = \frac{4\pi \times 0.0926 \times (100 \times 10^{-6}/2)}{4220} \times \ln(1+8.473)$$

$$= 3.10 \times 10^{-8} (\text{kg/s})$$

火焰温度为:

$$T_f = \frac{h_{fg}}{c_{pg}(1+\nu)}(\nu B_{o,q} - 1) + T_s = 961.9(\text{K})$$

火焰半径与液滴半径之比为:

$$\frac{r_f}{r_s} = \frac{\ln(1+B_{o,q})}{\ln[(\nu+1)/\nu]} = \frac{\ln(1+8.473)}{\ln[(15.08+1)/15.08]} = 35$$

燃烧常数为:

$$K = \frac{8\lambda_g}{\rho_l c_{pg}}\ln(1+B_{o,q}) = \frac{8 \times 0.0926}{684 \times 4220}\ln(1+8.473) = 5.77 \times 10^{-7} (\text{m}^2/\text{s})$$

液滴寿命为:

$$t_d = \frac{d_0^2}{K} = \frac{(100 \times 10^{-6})^2}{5.77 \times 10^{-7}} = 0.0173(\text{s})$$

对于纯蒸发有:

$$B_T = \frac{c_p}{h_{fg}}(T_\infty - T_s) = 24.42$$

$$K = \frac{8\lambda}{\rho_l c_p}\ln(1+B_T) = 8.30 \times 10^{-7} (\text{m}^2/\text{s})$$

$$t_d = \frac{d_0^2}{K} = \frac{(100 \times 10^{-6})^2}{8.30 \times 10^{-7}} = 0.012(\text{s})$$

讨论:(1) 火焰温度计算值低很多,不符合实际,为什么?(2) 无量纲火焰半径的计算值比实验值(约 10) 大很多,是什么原因造成的?请大家尝试计算分析物性数值对目标参数的影响。

6.4.6 对流条件的处理

在实际中液滴周围的气相空间不是完全静止的,通常存在自然对流和强制对流现象,即液滴与周围气体具有相对速度。例如,在喷雾干燥和喷雾燃烧过程中,就存在这种具有强制对流特性的蒸发和燃烧问题。如何考虑对流情况呢?

根据薄膜理论,假设气相的传热传质阻力集中在气相薄层内。依据液滴表面的第三类边界条件,表达式为:

$$4\pi r_s^2 \alpha_s (T_\infty - T_s) = 4\pi \frac{1}{1/r_s - 1/r_s^+}\lambda_g(T_\infty - T_s) \tag{6-33}$$

式中 α_s ——液滴表面对流换热系数,$\text{W}/(\text{m}^2 \cdot \text{K})$。

依据努塞尔数的定义,将式(6-33) 变换为:

$$Nu = \frac{\alpha_s d_s}{\lambda_g} = \frac{2}{1 - r_s/r_s^+} \tag{6-34}$$

当气流静止时,上式的极限为:

$$\lim_{r_s^+ \to \infty} Nu = \lim_{r_s^+ \to \infty} \frac{2}{1 - r_s/r_s^+} = 2 \tag{6-35}$$

对于传质过程,采用相同方法可得:

$$\lim_{r_s^+ \to \infty} Sh = \lim_{r_s^+ \to \infty} \frac{2}{1 - r_s/r_s^+} = 2 \tag{6-36}$$

传热薄层厚度与传质薄层厚度分别表示为：

$$\frac{r_s^+ - r_s}{r_s} = \frac{Nu}{Nu - 2} \tag{6-37}$$

$$\frac{r_s^+ - r_s}{r_s} = \frac{Sh}{Sh - 2} \tag{6-38}$$

式中 Sh——对流传质的无量纲特征数，即舍伍德数。

根据基本守恒定律，受对流影响的主要是：外区的组分守恒（氧化剂分布）和外区的能量守恒关系式（外区的温度分布和火焰锋面的能量平衡）。

由薄膜理论，组分守恒边界条件为：

$$Y_{Ox}(r_s^+ - r_s) = 1 \tag{6-39}$$

由薄膜理论，能量守恒边界条件为：

$$T(r_s^+ - r_s) = T_\infty \tag{6-40}$$

将式（6-39）和式（6-40）代入分析，可得考虑对流条件的计算表达式，即：

$$\dot{m}_F = \frac{2\pi \lambda_g r_s Nu}{c_{pg}} \ln(1 + B_{o,q}) \tag{6-41}$$

对于液滴的燃烧，努塞尔数可采用下式计算：

$$Nu = 2 + \frac{0.555 Re^{\frac{1}{2}} Pr^{\frac{1}{3}}}{[1 + 1.232/(RePr^{\frac{4}{3}})]^{\frac{1}{2}}} \tag{6-42}$$

液滴的燃烧过程除了考虑对流因素外，还可以探讨下述方面：（1）液滴内部的对流情况；（2）液滴表面和火焰之间燃料蒸气积聚的不稳定效应；（3）超临界液滴燃烧与蒸发问题；（4）变物性情况。但是，这些问题已经超出教学的范围，对此问题可以参考专业研究文献。

【例题 6-3】 直径为 0.1mm 的液滴分别在相对静止和强制对流条件下燃烧，设液滴在静止条件下燃烧常数为 $2.21 \times 10^{-7} \text{m}^2/\text{s}$，在强制对流条件下的雷诺数为 100，普朗特数为 0.7，试分别计算液滴的寿命。

解： 努塞尔数为：

$$Nu = 2 + \frac{0.555 Re^{\frac{1}{2}} Pr^{\frac{1}{3}}}{[1 + 1.232/(RePr^{\frac{4}{3}})]^{\frac{1}{2}}} = 2 + \frac{0.555 \times 100^{\frac{1}{2}} \times 0.7^{\frac{1}{3}}}{[1 + 1.232/(100 \times 0.7^{\frac{4}{3}})]^{\frac{1}{2}}} = 6.88$$

在强制对流情况下，燃烧常数为：

$$K = \frac{NuK_0}{2} = \frac{6.88 \times 2.21 \times 10^{-7}}{2} = 7.60 \times 10^{-7} (\text{m}^2/\text{s})$$

在静止条件下，液滴寿命为：

$$t_d = \frac{d_0^2}{K} = \frac{(0.1 \times 10^{-3})^2}{2.21 \times 10^{-7}} = 0.045 (\text{s})$$

在强制对流情况下，液滴寿命为：

$$t_d = \frac{d_0^2}{K} = \frac{(0.1 \times 10^{-3})^2}{7.60 \times 10^{-7}} = 0.013 (\text{s})$$

6.5 一维喷雾燃烧

如图 6-11 所示,液体燃料经雾化后变为大量直径不同的微小液滴,形成颗粒二相射流运动,这些液滴在燃烧空间的流动方向上边蒸发、边混合、边燃烧,同时也会产生颗粒间的相互影响,液滴在行进一定路程后燃尽消失。

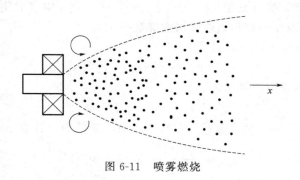

图 6-11　喷雾燃烧

实验研究证明,对于喷雾燃烧过程,液滴燃烧寿命依然遵守单个液滴的直径平方定律,只是燃烧常数有差别。这是喷雾燃烧简化分析的基础。

喷雾燃烧的一维建模如图 6-12 所示。燃烧器为一维等截面,液滴在任一截面上均匀分布,并与氧化剂一起流动、蒸发。设燃料蒸气混入气相时即燃烧,燃烧使得气体温度上升,也加快液滴的蒸发。液滴蒸发、二次风的加入和燃烧共同促进了气体流动速度的提升。这就构成了液相和气相在整个流动方向上的参数变化。

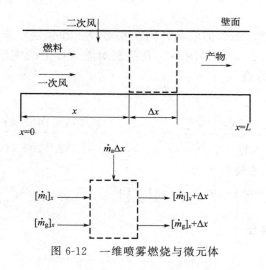

图 6-12　一维喷雾燃烧与微元体

6.5.1 假设

对于喷雾燃烧过程的简化分析,作如下假设:

(1) 系统由气液两相组成：由燃烧产物构成气相；由单组分燃料构成液相。
(2) 气相和液相的流动是一维稳态的，在横断面上均匀一致，忽略轴向扩散。
(3) 压力为常数，即 $dP/dx=0$。
(4) 在每个位置，所有的液滴都有相同的直径和速度。
(5) 所有的液滴服从液滴蒸发理论，液滴温度假设为沸点。
(6) 气相物性可依据热力学平衡确定。
(7) 液滴之间无相互碰撞。

6.5.2 目标参数

在给定的气相和液相的初始条件下，获得下述参数的变化：
(1) 气相参数，包括温度 $T_g(x)$、质量流量 $\dot{m}_g(x)$、当量比 $\Phi_g(x)$、速度 $u_g(x)$。
(2) 液相参数，包括液滴直径 $d(x)$、燃料蒸发速率 $\dot{m}_l(x)$、液滴速率 $u_d(x)$。

6.5.3 平衡方程

根据图 6-12，对于控制体，可列下述方程：
(1) 质量守恒

$$[\dot{m}_l]_x + \dot{m}_g(x) + \dot{m}_a \Delta x = [\dot{m}_l]_{x+\Delta x} + [\dot{m}_g]_{x+\Delta x} \tag{6-43}$$

(2) 控制体的液相平衡

$$[\dot{m}_l]_x - [\dot{m}_l]_{x+\Delta x} = \dot{m}_{lg} \Delta x \tag{6-44}$$

式中 $\dot{m}_{lg}$——单位长度从液相进入气相的质量流量，即蒸发速率。

(3) 液滴流的守恒方程

单位时间内进入燃烧器的液滴流的质量流量为：

$$\dot{m}_l = \dot{N} \rho_l \pi d^3 / 6 \tag{6-45}$$

将上式微分，并整理得：

$$\frac{dd^2}{dx} = -K/u_d \tag{6-46}$$

(4) 气相速度

$$u_g = \frac{\dot{m}_g}{\rho_g A} \tag{6-47}$$

(5) 气相能量方程

$$\frac{d(\dot{m}_g h_g)}{dx} + \frac{d(\dot{m}_l h_l)}{dx} = \dot{m}_a h_a \tag{6-48}$$

(6) 焓的关系式

$$h_g = f(T_g, P_g, \Phi_g) \tag{6-49}$$

(7) 温度分布

$$\frac{dh_g}{dx} = \frac{dh_g}{dT}\frac{dT}{dx} + \frac{dh_g}{d\Phi}\frac{d\Phi}{dx} \tag{6-50}$$

(8) 气相成分

在燃烧器入口，气流可能已经包括氧化剂和燃料，即：

$$\dot{m}_g(0) = \dot{m}_F(0) + \dot{m}_a(0) \tag{6-51}$$

在任意位置，燃料与氧化剂的比率为：

$$(F/O)_x = \dot{m}_F(x)/\dot{m}_a(x) \tag{6-52}$$

当量比的微分为：

$$\frac{d\Phi}{dx} = \frac{1}{(F/O)_{\Phi=1}} \frac{d(F/O)_x}{dx} \tag{6-53}$$

需要注意的是，假设以气相进入燃烧室的燃料与喷入液体的燃料有着相同的碳氢比。否则，$(F/O)_{\Phi=1}$ 将随位置而变化，必须给予考虑。

(9) 液滴动量守恒

高速喷入的燃料液滴在低速气流中因阻力会减速。当燃料蒸发和燃烧时，气流速度增加可能使液滴减速，也可能加速，取决于气体和液滴的相对速度。相对速度会影响蒸发速率。假定空气阻力是作用在微粒上唯一的力，则有：

$$F_d = m_d \frac{du_d}{dt} = m_d u_d \frac{du_d}{dx} \tag{6-54}$$

$$\frac{du_d}{dx} = \frac{3C_d \rho_g (u_g - u_d)|u_g - u_d|}{4\rho_l d u_d} \tag{6-55}$$

$$C_d \approx \frac{24}{Re_d} + \frac{6}{\sqrt{Re_d}} + 0.4 \tag{6-56}$$

雷诺数的范围：$0 \leqslant Re_d \leqslant 2 \times 10^5$。

对于上述一维喷雾燃烧的方程，虽然不能获得分析解，但是可以实施编程计算，其计算结果可以用于对复杂情况的进一步理解。随着数值计算的发展，现在已可以采用相关软件对复杂的燃烧系统进行模拟，用于设计和改造。

6.6 喷雾燃烧的合理配风

喷雾燃烧装置与气体燃烧装置相似，不同的是在燃烧装置中心设置雾化枪代替气体燃料喷入管。此处仅讨论喷雾燃烧的配风问题。

合理配风就是合理组织空气流动，加快雾滴与空气的混合过程，强化雾化燃烧以及提高燃烧完全程度。如果混合速度慢，则火焰拉得很长，并且容易产生不完全燃烧损失。

6.6.1 配风原理

在喷雾燃烧过程中合理配风主要表现在，通过配风强化着火前的液气混合与形成合适高温回流区和促进燃烧过程的液气混合。

强化着火液气混合是因为液体燃料在缺氧、高温情况下，会发生热分解，产生难燃的炭黑。为了减少炭黑的形成，在喷嘴出口到着火之前必须有一部分空气与液雾先进行混合，混合速度要尽可能快。但是，如果空气流的扩散角过大，在喷嘴出口后空气流会移向油雾流的外侧。这时，空气流的扰动虽然很强烈，但若与液雾混合不佳甚至没有混合，则这种扰动对混合是无用的。显然，这样的空气组织是不理想的。

形成合适回流区，是为了保证液滴的着火，因为高温回流区的大小和位置对着火燃烧有影响。如果回流区过大，一直伸展到喷口，则不仅容易烧坏喷嘴，而且对早期混合也不利，使燃烧恶化。反之，如果回流区太小，或位置太后，会使着火推迟，火焰拉长，不完全燃烧损失增加。

促进燃烧过程的液气混合是为解决从喷嘴中喷出的液雾分布的不均匀性。在雾化燃烧中，通过促进液气混合避免发生热分解，产生不完全燃烧产物。为了使不完全燃烧产物在炉内完全燃烧，不仅要求早期混合强烈，而且还要求整个火焰直至火焰尾部混合都强烈。

6.6.2 合理配风的基本方式

空气的组织一般通过调风器来实现。调风器的功能是正确地组织配风、及时地供应燃烧所需空气量以及保证燃料与空气充分混合。燃料通过中间的雾化器雾化成细雾喷入燃烧室（炉膛），空气（或经过预热的热空气）经风道从调风器四周切向进入。因为调风器是由一组可调节的叶片所组成，且每个叶片都倾斜一定角度，故当气流通过调风器后就形成一股旋转气流。此时，由雾化器喷出的雾状液滴在雾化器喷口外形成一股空心锥体射流，扩散到空气的旋流中去并与之混合、燃烧。由于气流的旋转，增大了喷射气流的扩展角和加强了油气的混合。叶片可调的目的是在运行中能借此来调节气流的旋转强度，以改变气流的扩展角，使其与由雾化器喷出的燃油雾化角相配合，保证在各不同工况下都能获得油与空气的良好混合。调风器主要由调风器叶片和稳焰器两部分组成。

调风器叶片有固定式和可变式两种。改变可变式调风器的叶片开度，可使空气的旋转速度和方向发生变化，以控制火焰形状。

装设稳焰器的目的是稳定火焰，防止火焰吹脱。在雾化燃烧中最常见的稳焰器有旋流器型和稳焰板型。旋流器型是利用旋流叶片使空气旋转，在喷口下游产生回流区，以稳定火焰。按旋流器结构可以分为轴流式、径流式及混流式。在稳焰板沿径向开了几道狭缝，使少量空气沿稳焰板内表面流入，不仅起到稳焰目的，而且能冷却稳焰板和防止积炭、结焦。

对于具有多个燃烧器的装置，为了使空气在各调风器之间分配得比较均匀，在风箱设计中需要注意：

(1) 风箱中的空气流速应该稍低些。如果空气流速太高，那么在它正面冲击的地方动压头转化成静压头所得到的滞止压头相当大，而空气从侧面掠过的地方动压头不起作用，这个静压头就比上述的滞止压头小得多，这使得两个地方的流量很不均匀。一般风箱入口截面上的空气流速取值 $10\sim12\text{m/s}$，调风器与调风器之间的空当处空气流速取 $12\sim15\text{m/s}$。

(2) 风箱中的空气流动应该组织比较完善。首先不能产生因边界层脱离所造成的滞止旋涡区。在滞止旋涡区的地方，如果布置调风器，那么这些调风器往往流量偏小。

(3) 风箱里的空气速度应该比较均匀。这样上述的动压头转化成滞止压头也可以比较均匀。

(4) 最好在直管道中进行各调风器的风量分配。

思考题与习题

6-1 试解释液体燃料的燃烧大多需要雾化过程的原因。

6-2 液滴雾化机理及强化雾化的方式有哪些？

6-3 简述喷嘴的主要形式、应用范围和特点。

6-4 周围气体在静止情况下燃料液滴的燃烧常数为 $5.0\times10^{-7}\mathrm{m^2/s}$，液滴直径为 $40\mu\mathrm{m}$，问液滴寿命为多少？如果雷诺数为 400，普朗特数为 0.6，则液滴寿命变为多少？

6-5 一油滴在燃烧室中的轨迹路程为 15m，平均行进速度为 10m/s，设燃烧常数为 $2\times10^{-7}\mathrm{m^2/s}$，试问完全燃烧时油滴直径应控制在多少范围内？

6-6 液体燃料进入一个空间中燃烧完全后排出，液滴行进距离为 20mm，速度为 20m/s，燃烧速率常数为 $5.0\times10^{-7}\mathrm{m^2/s}$，问液滴直径最大不超过多少？

第 7 章 煤的燃烧

前述章节已经涉及燃烧的基本理论、气体燃料的燃烧和液体燃烧的燃烧。液体燃料的燃烧可以归结于气相组分的燃烧,即液体在燃烧前需要经历气化过程。这些内容都是本章讨论煤的燃烧的基础。煤的燃烧是最重要的、电站锅炉普遍选用的一种固体燃烧方式。固体燃烧还有垃圾焚烧、秸秆和木材燃烧以及金属燃烧等。

煤的燃烧是非常复杂的过程,一些细节既取决于燃料的自然属性,又与特定的应用有关。本章介绍对煤的燃烧比较重要的基本概念;然后应用基本概念简化分析煤的燃烧特性,为认识煤的燃烧提供途径;最后简要梳理煤粉燃烧器的设计步骤。

7.1 煤的组成

煤在化学和物理上是一种非均相的矿物,主要含有碳、氢、氧元素,还有少量的硫和氮,其他组成是成灰的无机化合物,它们以矿物质分散颗粒的形式分布在整个煤中。

煤的结构是影响其物理和化学性质的根本因素。但因其组成的复杂性、多样性和不均匀性,煤的结构还没有被完全了解。目前仅对镜质组结构了解多一些,因为它在成煤过程中变化较为均匀及矿物质含量较低,且是煤的主要成分,因此通常作为煤的结构研究对象。

镜质组可看作为由三维空间结构的大分子构成。这种大分子有如下特点:
(1) 大分子由许多结构相似但又不相同的结构单元通过桥键联结而成;
(2) 结构单元的核心为缩合芳香环;
(3) 结构单元的外围为烷基侧链和官能团;
(4) 氧多存在于各种含氧官能团,少量存在于杂环;
(5) 有机硫与氮主要以环的形式存在。

虽然有一些煤的分析方法和结构研究,但是还无法揭示煤的分子结构。文献根据分析数据提出了一个煤的化学有机结构模型,如图7-1所示。但是,煤的结构远比其更为复杂。

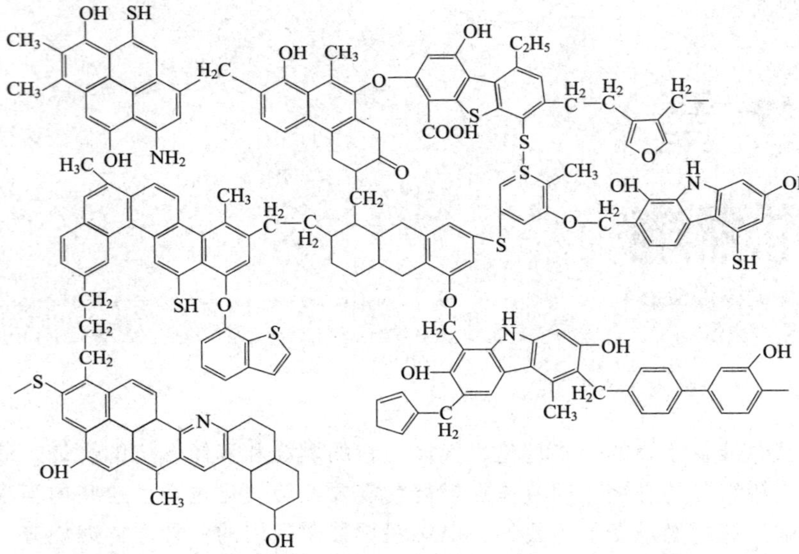

图 7-1 煤的大分子结构模型

7.2 煤的燃烧过程

根据煤在燃烧过程中温度和质量的变化,煤的整个燃烧过程可被分成加热、水分蒸发、挥发分析出及燃烧、焦炭燃烧及燃尽四个阶段,其燃烧路径如图 7-2 所示。

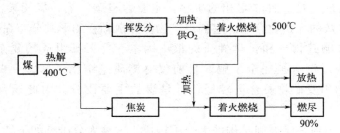

图 7-2 煤的燃烧路径

煤在加热升温过程中发生很复杂的变化,首先在 105℃ 以前析出吸附的气体和水分,但水分要到 300℃ 左右才能完全释放。在 200～300℃ 时析出的水分称为热解水,此时也开始释放气态反应产物,如 CO 和 CO_2 等,同时有微量的焦油析出。随着温度的继续上升,煤颗粒会变软,成为塑性状态,损失了颗粒的棱角,变得更接近于球形,同时不断地释放出挥发分。一般来说,挥发分的逸出量和组分是煤颗粒加热温度的函数,挥发分放出之后剩余的固体称为焦炭,挥发分将在炭颗粒外围空间燃烧,形成空间气相火焰,而剩下的焦炭则与气相氧化剂发生气-固两相燃烧。

7.3 煤的热解

煤的热解就是煤中的大分子在温度较高时，某些弱键发生断裂而形成轻质的气态物质和焦油的过程。根据煤的热解过程所处的环境，可以分为三类：一是在惰性气氛中热解，主要用于煤的气化和炼焦等；二是在氧化气氛中热解，主要是煤的燃烧过程初期的阶段；三是在还原气氛中热解，主要用于加氢气化生产甲烷和加氢干馏。本节主要介绍在煤燃烧过程中的热解问题。

7.3.1 热解的主要化学反应

有机化合物对热的稳定性主要取决于分子中键能的大小。依据煤中典型有机化合物的键能数据，有下述定性认识：

（1）在相同条件下，煤中各种有机物的热稳定次序是：芳香烃＞环烷烃＞炔烃＞烯烃＞开链烷烃。

（2）芳环上侧链越长越不稳定，芳环数越多其侧链越不稳定，不带侧链的分子比带侧链的分子稳定。举例来说，对于芳香族化合物，如果其侧链原子团为甲基时，在 700℃ 条件下才可断裂；如果其侧链原子团是较长的烷基，则在 500℃ 即可断裂。

（3）缩合多环芳烃的稳定性大于联苯基化合物，缩合多环芳烃的环数越多（即缩合程度越大），热稳定性越高。

煤的热解过程遵循一般有机化合物的热裂解规律。按照其反应特点和在热解过程中所处的阶段，热解过程可被划分为裂解反应、二次反应和缩聚反应。

7.3.1.1 裂解反应

在一定温度情况下，煤的结构中一些较弱的化学键首先发生断裂，这类首先发生的热解通常称为一次热解，主要包括以下裂解反应。

（1）桥键断裂生成自由基。煤的结构单元中桥键是大分子中最为薄弱的环节，键能较低，受热很容易裂解生成自由基碎片，且自由基的浓度随温度的升高而增大。比如，桥键结构如下所示：

（2）脂肪侧链断裂。煤中脂肪侧链受热易裂解生成气态烃，如 CH_4、C_2H_6 和 C_2H_4 等。

（3）含氧官能团裂解。煤中含氧官能团的热稳定性顺序为：$-OH > C=O > -COOH$

>—OCH_3。羧基在高于200℃时分解生成二氧化碳。羰基可在400℃上下裂解生成CO。含氧杂环在高于500℃情况下也可能开环裂解，生成CO。羟基在700~800℃以上和大量氢存在情况下可生成水。

（4）低分子化合物的裂解。煤中以脂肪结构为主的低分子化合物受热后会熔化，同时不断裂解，生成较多的挥发性物质。

7.3.1.2 二次反应

一次热解的气相产物在析出过程中，如果受到更高温度的作用，可能发生二次裂解反应，主要反应有：

（1）直接裂解反应

$$C_2H_6 \longrightarrow C_2H_4 + H_2$$
$$C_2H_4 \longrightarrow C + CH_4$$
$$C_6H_5-C_2H_5 \longrightarrow C_6H_6 + C_2H_4$$

（2）芳构化反应

$$C_{10}H_8 + C_4H_6 \longrightarrow C_{14}H_{10} + 2H_2$$
$$C_{14}H_{12} \longrightarrow C_{14}H_{10} + H_2$$
$$C_6H_{12} \longrightarrow C_6H_6 + 3H_2$$

（3）加氢反应

$$C_6H_5OH + H_2 \longrightarrow C_6H_6 + H_2O$$
$$C_6H_5CH_3 + H_2 \longrightarrow C_6H_6 + CH_4$$
$$C_6H_5NH_2 + H_2 \longrightarrow C_6H_6 + NH_3$$

（4）缩合反应

$$C_6H_6 + C_4H_6 \longrightarrow C_{10}H_8 + 2H_2$$

（5）桥键分解反应

$$-CH_2- + H_2O \longrightarrow CO + 2H_2$$
$$-CH_2- + -O- \longrightarrow CO + H_2$$

7.3.1.3 缩聚反应

煤热解的前期以裂解反应为主，后期则以缩聚反应为主。缩聚反应对煤的黏结、成焦和固态产品的质量影响很大。

（1）胶质体固化过程的缩聚反应。主要是热解生成的自由基之间的结合、液相产物分子间的缩聚、液相与固相之间的缩聚，以及固相内部的缩聚等。在550~600℃前，这些反应基本完成而生成半焦。

(2) 从半焦到焦炭的缩聚反应。反应主要在于芳香结构脱氢缩聚，芳香层面增大。反应可能是苯、萘、联苯和乙烯等小分子与稠环芳香结构的缩合，也可能是多环芳烃之间的缩合。从半焦到焦炭的变化过程中，在500～600℃之间，煤的各项物理性质（密度、反射率、电导率、特征 X 射线衍射峰强度和芳香晶核尺寸等）变化都不大，但是在700℃左右，这些物理性质产生了明显跳跃，且随温度升高而增大。这些物理性质的变化也是缩聚反应的结果。

7.3.2 热解产物的组分

从热解的主要化学反应可知，热解产物主要由焦油和气体组成。在煤的燃烧过程中，煤种和温度是影响热解产物的两个最主要因素。

7.3.2.1 煤种对热解产物的影响

煤种对热解产物的组分有直接影响。不同的煤种，其热解产物的组分可能相差很大。比如，褐煤和无烟煤的热解产物中气态成分占热解产物的70%～75%；烟煤的总热解产物仅占较少部分，其焦油为主要产物，特别在热解过程中避免了大范围的二次反应。因此，煤种对初次反应的焦油形成和二次反应敏感性的变化具有重要的影响。

7.3.2.2 温度对热解产物的影响

温度是影响煤的热解产物组分的最重要变量。温度主要表现在对一次热解的影响和对二次反应的影响。在不存在二次反应的情况下，某一个挥发物组分产率会随温度升高而增加。当存在大量的二次反应时，温度的升高将提高某些组分的产率，而抑制其他组分的产生，它反映出二次反应所引起的某些组分的产生或消耗。温度的影响也与时间有所关联。如果反应速率受化学热力学控制，则时间因素相对作用较小。如果考虑到传热或传质因素时，时间因素的重要性将会增大。

实际上，热解产物的组分要受二次反应的影响。甲烷的形成可认为包括几个相互重叠的反应，可能两个或四个反应平行进行。氢气可以认为是在比较广的温度范围内多个重叠的一级反应结合的产物，这些反应的活化能符合统计分布规律。在成煤过程中，被煤所吸附的少量乙烷会在温度80～300℃范围内被脱附而出。在温度达到380～600℃之间，所逸出的第二峰值的乙烷则是一次热解反应的结果。热解水、二氧化碳、一氧化碳及氮气是由一系列反应单独形成的。

煤的热解过程大致经过3个阶段，如图7-3所示。在200℃时发生熔融，产生液态热解产物；在达到约500℃时，发生沸腾和分解，产生一次挥发物，主要有焦油、二氧化碳、一氧化碳、甲烷、乙烷和水蒸气等；再提高温度，则发生二次反应，逸出二次挥发物，主要有一氧化碳、甲烷、乙烷、水蒸气和焦油。

总体上说，在热解的气体成分中，多数情况下甲烷是主要组分，其余有二氧化碳、一氧

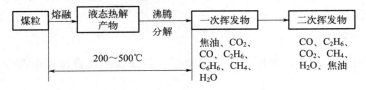

图 7-3 煤热解的 3 个阶段

化碳、氢气以及轻质烃等。

7.3.3 热解的描述方程

煤热解特性受多方因素影响。描述热解过程的精确模型应能预测：(1) 热解速率；(2) 热解产物的组分和产率；(3) 煤形态的演化。

鉴于煤种的多样性和热解过程的复杂性，描述热解过程的模型有很多，各种模型都有其局限性，此处只对单方程模型和双方程模型作简单介绍。

7.3.3.1 单方程模型

单方程模型是描述煤热解过程的最简单动力学方程。其反应方程可写为：

$$\text{Coal} \xrightarrow{k} \text{C} + \text{V} \tag{7-1}$$

假设煤的热解在整个煤粒中均匀发生，其总过程近似为一级分解反应，则热解速率可表示为：

$$dV/dt = k(V_\infty - V) \tag{7-2}$$

式中 V——在时间 t 之前所产生的挥发物的累积量，以原始煤的质量分数表示；

V_∞——煤的有效挥发物的含量。

k——热解反应速率常数，当 $t \to \infty$，$V \to V_\infty$，k 同样采用阿累尼乌斯公式计算。

煤的热解测试常用热天平进行测试，图 7-4 是某种煤的热解测试的失重曲线。

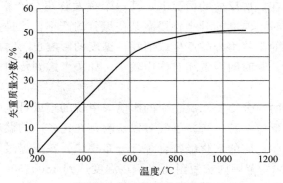

图 7-4 煤的热解失重曲线

许多实验数据表明，应用单方程模型需要注意以下方面：

(1) 有效挥发分产量 V_∞ 往往超过工业分析得到的分析结果。

(2) 活化能和频率因子的差异很大，活化能范围在 16.75～188.4kJ/mol 之间，频率因子相差可达几个数量级。该差异的主要原因是将实验数据代入任意性的动力学模型所致，其次是煤种的差异。

(3) V_∞ 在高温下往往转变为温度的函数，因而单方程模型仅适合于中等温度下的热解，不适用于高温情况。

7.3.3.2 双方程模型

鉴于单方程模型的缺陷，提出了双方程模型。假设煤的热解过程由两个平行的一级反应控制，即为：

$$\frac{dm_C}{dt} = -(k_1+k_2)m_C \qquad (7-3)$$

式中 m_C——挥发分析出时的煤质量；

k_1，k_2——低温和高温条件下的反应速率常数，对应的频率因子关系为 $k_{02} > k_{01}$，对应的活化能关系为 $E_{02} > E_{01}$。

双方程模型在数值模拟中应用广泛，主要原因在于模拟过程中计算比较简单，计算结果具有一定的准确性。但是，双方程模型仍存在较大误差。

煤热解的描述除了上述两个模型之外，还有多方程热解模型、机理性模型、官能团热解模型、竞争反应模型和热解通用模型等。由于煤热解的复杂性，很多文献作了大量的实验研究，测试数据非常丰富。但是，实验条件与实际的煤燃烧有一定的差异，因为煤在燃烧空间中的燃尽时间约为毫秒级，属于快速热解类型，且燃烧气氛与热解实验气氛也有着不少区别，所以，如将一些热解内容及相关数据应用于煤燃烧的认识与理解，应审慎对待。

7.3.4 热解产物的燃烧

煤热解的认识难度直接导致其热解产物燃烧本身的复杂性。不过，热解产物的燃烧在煤的整个燃烧过程中相对于焦炭要容易得多，可用一般的气体燃烧理论来近似描述。但到目前为止，还没有形成对热解产物的燃烧完整的、准确的描述。

对于煤燃烧，焦油在热解产物中占有相当大的比例，其包含了几百种碳氢化合物成分，且大部分是芳香族。如此复杂的热解产物从煤中析出，并在煤的附近与氧进行放热反应，同时提升系统的温度。温度的升高反过来再影响煤的热解过程。Seeker 等采用全息摄影方法观察了热解产物从煤粒中的释放过程，观察到热解产物可在煤粒表面形成射流现象，因为此时较高的温度使得在孔隙中形成较高的气体压力。如果温度达到热解产物的着火温度，热解产物则率先着火，燃烧完全取决于热解产物的射流与周围气体之间的扩散过程。

只要已知热解产物的元素组成，即使不完全知道热解产物的组分情况，也能估算出燃烧的放热和最终燃烧产物的组分。

如前所述，焦油在热解产物中占有相当大的比例。为了定量描述焦油的燃烧，可采用总包反应描述。假设焦油由碳氢化合物组成，该碳氢化合物发生总包反应变为一氧化碳和氢气，其反应归结为：

$$C_xH_y + \frac{1}{2}xO_2 \longrightarrow xCO + \frac{1}{2}yH_2 \qquad (7-4)$$

对于长链和环状碳氢化合物，可采用下述方程：

$$\frac{d[H]}{dt} = -k_0 TP^{0.3}[H]^{0.5}[O]\exp^{-\frac{E}{RT}} \qquad (7-5)$$

对于长链碳氢化合物，$k_0 = 59.8$，$E/R = 12.2 \times 10^3$。对于环状碳氢化合物，$k_0 = 2.07 \times 10^4$，$E/R = 9.65 \times 10^3$。

上式可以依据碳的元素分析，通过简单的物质平衡确定碳-氢比，从而粗略估算总体反应的计量数 x 和 y。如果焦油是热解产物的主要成分时，该估算能给出合理的描述结果。

如果要完整、精确地描述热解产物的燃烧过程，则需要确定热解产物的具体组分，然后依据每一个组分的反应机理，才能求解热解产物燃烧问题的结果。但是，由于缺乏焦油及重碳氢化合物的氧化机理，目前还难以建立完全的反应模型。

7.4 碳的燃烧

在煤的燃烧过程中,煤通过热解而析出挥发分后,剩下的即是焦炭。焦炭在煤的可燃质量中占 55%～97%,其发热量占 60%～95%。焦炭燃尽时间占总体煤燃尽时间的 90%。对于煤粒燃烧,其实验数据参考如下。

煤粒预热时间,$\tau_1 = 2.5 \times 10^{15} T^{-4} d_0$,约 1.2s。

挥发分燃烧时间,$\tau_2 = 0.45 \times 10^6 d_0^2$,约 0.3s。

焦炭预热时间,$\tau_3 = 5.36 \times 10^7 T^{-12} d_0^{1.5}$,约 0.4s。

焦炭燃尽时间,$\tau_4 = 1.11 \times 10^8 T^{-0.8} d_0^2 c_\infty^{-1}$,约 4.6s。

因此,煤的燃烧特性主要由焦炭的燃烧过程决定。

7.4.1 碳的结构

碳的晶格结构有金刚石与石墨两种状态。石墨晶格如图 7-5 所示。碳的燃烧反应发生在石墨晶格结构的表面上。石墨为细鳞片层状固体。层面上碳原子间距为 0.142nm;层面间碳原子间距为 0.335nm。

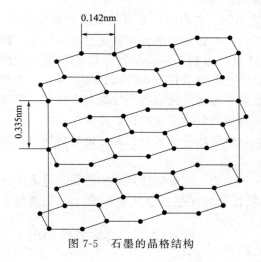

图 7-5 石墨的晶格结构

在石墨晶格结构中,每一个碳原子与 4 个碳原子形成共价键,其中,与同层 3 个碳原子的结合力强,与另一层的碳原子的结合力弱。

在常温下,碳表面会发生物理吸附,一些气体分子聚集在晶体表面上,但是随着压力减小或者温度升高,被吸附的分子会脱离表面。

在较高温度下,气体分子具有较高的运动速度,可侵入层间孔隙,扩大层间空间,气体分子与碳之间的化学吸附起主要作用,碳与气体可形成固溶络合物。固溶络合物在其他分子的碰撞下可形成相应的产物。

晶体表面和边缘处的碳原子的活性一般较强。活性较大的碳原子的活化能约为 84kJ/mol,正因如此高的活化能,只有在很高的温度下化学吸附才会很显著。在很高的温度下,氧在碳晶体周界上发生化学吸附,有可能变成特定的碳氧络合物,然后离解为二氧化碳和一氧化碳,或者被其他分子碰撞而离解为气体。这可能是氧与碳发生反应的另一种途径。

大分子理论证实,煤的粒子是巨大的片状分子。碳的活性与煤种有关。它们对二氧化碳的还原能力按下列次序递减:泥煤焦炭、木炭、褐煤焦炭、烟煤焦炭、无烟煤焦炭。其活性与焦炭内部的疏松程度、表面状况、密度和粒度等有极大的关系。

7.4.2 碳的燃烧反应

在煤的燃烧过程中，碳的燃烧是固体与气体之间进行的异相反应，其可能发生的总包反应有：

（1）碳在表面发生完全氧化反应

$$C + O_2 \xrightarrow{k_1} CO_2 - 40.9 \times 10^4 \text{kJ} \tag{7-6}$$

（2）碳在表面被氧化为一氧化碳

$$2C + O_2 \xrightarrow{k_2} 2CO - 24.5 \times 10^4 \text{kJ} \tag{7-7}$$

（3）碳在表面被还原为一氧化碳

$$C + CO_2 \xrightarrow{k_3} 2CO + 16.2 \times 10^4 \text{kJ} \tag{7-8}$$

（4）碳在表面与水蒸气反应

$$C + H_2O \xrightarrow{k_4} CO + H_2 + 131.5 \times 10^3 \text{kJ} \tag{7-9}$$

$$C + 2H_2O \xrightarrow{k_5} CO_2 + 2H_2 + 90.0 \times 10^3 \text{kJ} \tag{7-10}$$

$$3C + 4H_2O \xrightarrow{k_5} CO_2 + 2CO + 4H_2 \tag{7-11}$$

7.4.2.1 碳与氧的反应机理

对于上述可能发生的反应，总体上有三种反应途径：

（1）氧在碳表面上首先反应生成二氧化碳（作为一次反应），二氧化碳与碳生成一氧化碳（作为二次反应）。

（2）氧在碳表面上首先反应生成一氧化碳（作为一次反应），一氧化碳在碳表面附近与氧反应生成二氧化碳（作为二次反应）。

（3）氧在碳表面上首先反应生成不稳定的碳氧络合物，然后碳氧络合物通过分子的碰撞而分解或热分解，同时生成二氧化碳和一氧化碳，其反应为：

$$C + O_2 \longrightarrow C(O) \rightarrow \begin{cases} n CO + C(\ ) \\ m CO_2 + C(\ ) \end{cases} \tag{7-12}$$

二氧化碳与一氧化碳之间浓度的比值随反应温度的变化而不同。当温度在 730～1170K，该两种反应产物浓度的比值约为：

$$[CO]/[CO_2] = 2500 \exp^{-6240/T} \tag{7-13}$$

上述第三种反应途径是目前被普遍接受的认识。对此，已有实验结果表明：

（1）当温度略低于1300℃时，碳表面首先几乎全部被吸附的氧分子占据，然后其中的 q 份额即将发生络合，已覆盖络合物的份额为 $(1-q)$，络合物被氧分子碰撞从而发生离解，其化学反应如式(7-12)。如果反应产物比例 $[CO]/[CO_2]=1$，则总包反应为：

$$4C + 3O_2 \longrightarrow 2CO + 2CO_2 \tag{7-14}$$

燃烧反应由吸附、络合和离解等环节串联完成。吸附过程的速率常数很大，总体反应主要由络合和离解过程控制。燃烧速率以氧消耗速率表示为：

$$r_{O_2} = k_1 q = k_2 [O_2](1-q) \tag{7-15}$$

上式可变换为：

$$r_{O_2} = 1 / \left(\frac{1}{k_1} + \frac{1}{k_2[O_2]} \right) \tag{7-16}$$

如果 $\frac{1}{k_1} \ll \frac{1}{k_2[O_2]}$，则有：

$$r_{O_2} = k_2[O_2] \tag{7-17}$$

此时，反应为一级反应，总体反应由离解过程控制。在实际燃烧过程中，常采用空气作为氧化剂，其中氧气的质量分数为23.2%，碳表面附近的氧气质量分数比之还要小，如果再考虑扩散不佳的问题，则氧气的浓度不会很大，所以可作为一级反应处理。

当碳表面上的氧浓度很大，如果 $\frac{1}{k_1} \gg \frac{1}{k_2[O_2]}$，则有：

$$r_{O_2} = k_1 \tag{7-18}$$

此时，反应为零级反应，总体反应由络合过程控制。

(2) 当温度高于1600℃时，一方面高能量分子形成有效碰撞的概率增加，另一方面碳氧络合物的稳定性减弱，因此络合物在高温下能自行热分解，发生零级反应。

如果达到 $[CO]/[CO_2] = 2$ 时，其总包反应为：

$$3C + 2O_2 \longrightarrow 2CO + CO_2 \tag{7-19}$$

在整个反应中，络合过程也因温度高而速率很快。此时，化学吸附相对最慢。化学吸附是与碳表面的氧浓度成正比的一级反应，因此反应速率可为：

$$r_{O_2} = k_1[O_2] \tag{7-20}$$

(3) 当温度在1300~1600℃之间时，整个碳与氧的反应同时兼有化学吸附和络合两种反应机理，如果此时碳表面的氧浓度不是很高，总体反应近于一级反应，可用式(7-17)表示。

碳的晶格结构对活化能影响很大。由于矿物杂质会使晶格扭曲变形，这将提高碳的活性，所以不同来源的焦炭具有不同的晶体结构，相应的活化能差别很大。焦炭与氧在高温下的反应活化能一般在 $12.5 \times 10^4 \sim 19.9 \times 10^4$ kJ/kmol。

7.4.2.2 碳与二氧化碳的反应机理

碳与二氧化碳的总包反应如式(7-8)，是吸热反应，其反应途径为：

$$CO_2 + C(\quad) \rightleftharpoons C(O) + CO \tag{7-21}$$

在该反应中，二氧化碳首先被吸附在碳的晶体上，形成络合物，然后络合物分解释放一氧化碳。二氧化碳对碳的化学吸附活化能为 37.7×10^4 kJ/kmol。由于其活化能很高，因此在温度700℃以下基本没有一氧化碳产生。只有在温度达到700℃以后，才开始有少量的络合物发生离解而产生一氧化碳，反应为零级反应。

如果温度继续提高，则络合物受到分子的碰撞而分解的现象越发显著，反应速率与二氧化碳浓度之间的关系越发紧密。当温度超过950℃时，反应变为一级反应。在更高的温度情况下，碳与二氧化碳的反应速率完全取决于吸附和解吸的过程，反应仍然为一级反应，即：

$$r_{CO_2} = k_{CO_2}[CO_2] \tag{7-22}$$

碳的晶格结构对焦炭与二氧化碳反应活化能也有很大影响。焦炭与二氧化碳的反应活化能一般在 $(16.7 \sim 30.9) \times 10^4$ kJ/kmol。

7.4.2.3 碳与水蒸气的反应机理

碳与水蒸气的反应是在水煤气发生炉中的主要反应，其反应途径为：

$$H_2O + C(\quad) \rightleftharpoons C(O) + H_2 \tag{7-23}$$

该反应途径如同碳与二氧化碳之间的反应。碳与水蒸气之间反应一般是一级反应，活化能为 $37.6 \times 10^4 \text{kJ/kmol}$。

随着温度升高，正向反应越发完全，当达到 1000℃ 以上时则可视为不可逆反应，生成一氧化碳的反应速率明显大于生成二氧化碳的反应速率。对比碳与二氧化碳的还原反应，其反应速率要快一些，不过仍在同一数量级。

对于活性高的煤，在 1000～1100℃ 以上，碳与水蒸气之间反应进入扩散区。对于活性低的煤，在 1100℃ 时，碳与水蒸气之间反应仍处于动力区。反应速率主要受温度的影响。

7.4.3 碳球的燃烧速率

由碳的燃烧路径分析可知，在实际燃烧过程中焦炭表面组分的分布如图 7-6 所示。焦炭表面的组分分布可分成 3 个区域：一是焦炭表面层；二是焦炭表面的边界层；三是流体的主流区。根据前述的扩散燃烧，焦炭表面的燃烧显然与其表面的传质过程有密切的关系。

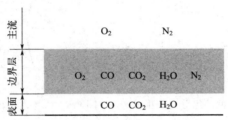

图 7-6 焦炭表面的组分传递

由于焦炭燃烧存在多种化学反应过程，且与其中的多组分传递过程相互耦合，因此真正从机理上定量描述所发生的化学反应过程还难以达到。对此，文献根据表面和气相化学反应的假定，描述了焦炭燃烧的三种简化模型：单膜模型、双膜模型和连续膜模型。

单膜模型假定，反应组分由气相主流穿过边界层到达焦炭的表面，气相没有火焰面，焦炭表面处温度最高。

双膜模型认为，焦炭氧化的产物为一氧化碳，由焦炭表面释放，在边界层内与氧气反应生成二氧化碳，反应集中于火焰面，离焦炭表面有一定距离。

连续膜模型假定，火焰区域分布在整个边界层内，而非集中在一个薄层内。

单膜模型十分简单，且清晰描述非均相化学动力学与气相扩散的共同作用。此处主要讨论单膜模型。

碳的燃烧问题的基本处理方法与已讨论的液滴蒸发问题的方法十分类似，不同在于以表面化学反应代替了蒸发。首先作如下假设：

（1）燃烧过程为准稳态。

（2）球形碳颗粒在无限大的、静态的环境中燃烧。环境中只存在氧气和惰性气体如氮气。与其他颗粒没有相互作用，忽略对流的影响。

（3）在碳颗粒表面，碳与化学当量的氧气发生反应，其产物为二氧化碳。通常而言，选择这个反应并不是很恰当,因为在相应燃烧温度下,一氧化碳更容易形成。尽管如此,这个假定避免了解决一氧化碳在哪里和如何氧化成二氧化碳的问题。

(4) 气相仅由氧气、二氧化碳和惰性气体组成。氧气向内部扩散,并和表面的碳反应生成二氧化碳,二氧化碳继而从表面向外扩散。惰性气体将形成不流动边界层,即形成斯蒂芬问题。

(5) 气相热导率 λ、定压比热容 c_p、密度与质量扩散系数的乘积 ρD 都是常数。进而路易斯数 $Le = 1$。

(6) 碳颗粒对气相组分具有不透过性,即忽略颗粒内部扩散。

(7) 碳颗粒温度均匀,以灰体形式和外界环境辐射换热,而且没有中间介质的参与。

上述假设的基本模型如图 7-7 所示。二氧化碳的质量分数在表面处达到最大值,在远离颗粒表面无穷远处为 0。如果氧气消耗的化学动力学反应速率非常快,那么表面上氧气的浓度趋近于 0。既然假定反应在固体表面完成,即所有热量在固体表面释放,则温度在表面达到最大值,单调下降到远离表面处的温度 T_∞。

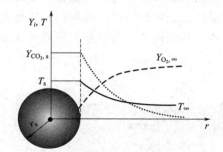
图 7-7 碳球燃烧单膜模型的组分与温度分布

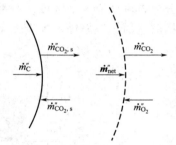
图 7-8 碳表面和任意径向位置组分质量流量

分析的主要目标是确定碳的质量燃烧速率 $\dot{m}_C$ 和表面温度 T_s。这个问题通常依据质量守恒方程和能量平衡方程来解决。

碳表面和任意径向位置组分质量流量如图 7-8 所示。在碳表面上,质量守恒方程为:

$$\dot{m}''_C = \dot{m}''_{CO_2} - \dot{m}''_{O_2} \tag{7-24}$$

在任一径向位置 r 处,净质量通量是二氧化碳和氧气质量通量的差值,即:

$$\dot{m}''_{net} = \dot{m}''_{CO_2} - \dot{m}''_{O_2} \tag{7-25}$$

在稳态、无气相反应条件下,不同时间和不同的径向位置处各种组分的质量通量都是不变的,即有:

$$\dot{m}_C = \dot{m}_{net} = \dot{m}_{CO_2} - \dot{m}_{O_2} \tag{7-26}$$

根据生成二氧化碳的总包反应方程式,每千克碳对应的氧气和二氧化碳为:

$$C + \nu_I O_2 \longrightarrow (\nu_I + 1) CO_2 \tag{7-27}$$

式中 ν_I——质量化学当量系数,$\nu_I = 31.999/12.01$。

气相组分质量流量与碳的燃烧速率的关系为:

$$\dot{m}_{O_2} = \nu_I \dot{m}_C \tag{7-28}$$

$$\dot{m}_{CO_2} = (\nu_I + 1) \dot{m}_C \tag{7-29}$$

氧气组分的守恒方程为:

$$\dot{m}''_{O_2} = Y_{O_2}(\dot{m}''_{CO_2} + \dot{m}''_{O_2}) - \rho D \frac{dY_{O_2}}{dr} \tag{7-30}$$

流动速度的方向定义为，向内的流动为负，向外的流动为正。式(7-30)求解得：

$$\dot{m}''_C = \frac{4\pi r^2 \rho D}{1 + Y_{O_2}/\nu_I} \times \frac{d(Y_{O_2}/\nu_I)}{dr} \tag{7-31}$$

应用边界条件 $Y_{O_2}(r_s) = Y_{O_2,s}$ 和 $Y_{O_2}(r \to \infty) = Y_{O_2,\infty}$，化简得：

$$\dot{m}_C = 4\pi r^2 \rho D \ln\left(\frac{1 + Y_{O_2,\infty}/\nu_I}{1 + Y_{O_2,s}/\nu_I}\right) \tag{7-32}$$

式(7-32)中碳颗粒表面的氧气质量分数 $Y_{O_2,s}$ 由表面化学动力学确定。

假定总包反应 $C + O_2 \longrightarrow CO_2$ 是一级反应，碳的反应速率可以表示为：

$$R_C = \dot{m}''_{C,s} = k_c M_C [O_2]_s \tag{7-33}$$

将浓度转化为质量分数，即：

$$[O_2]_s = \frac{M_{mix}}{M_{O_2}} \times \frac{P}{R_u T_s} Y_{O_2,s} \tag{7-34}$$

从而，碳燃烧速率表示为：

$$\dot{m}_C = 4\pi r_s^2 k_c \frac{M_{mix}}{M_{O_2}} \times \frac{P}{R_u T_s} Y_{O_2,s} = K_{kin} Y_{O_2,s} \tag{7-35}$$

将式(7-32)和式(7-35)联立，可确定碳的燃烧速率。但是，燃烧速率 $\dot{m}_C$ 的联立表达式不易直接求解。为此，采用电阻比拟方法简化求解，且有助于理解其中物理意义。

式(7-35)改写为：

$$\dot{m}_C = \frac{Y_{O_2,s} - 0}{1/K_{kin}} \equiv \frac{\Delta Y}{R_{kin}} \tag{7-36}$$

在式(7-35)中，"阻抗"R_{kin} 是化学动力学因子 K_{kin} 的倒数，"流率变量"即 $\dot{m}_C$。

式(7-32)通过数学变换，整理得：

$$\dot{m}_C = 4\pi r_s \rho D \ln(1 + B_{O,m}) \tag{7-37}$$

$$B_{O,m} = (Y_{O_2,\infty} - Y_{O_2,s})/(\nu_I + Y_{O_2,s}) \tag{7-38}$$

对于空气，$Y_{O_2,\infty}$ 为 0.233，ν_I 为 2.664，因此 $B_{O,m}$ 为比 1 小的量。采用小量近似方法，式(7-37)变为：

$$\dot{m}_C = 4\pi r_s \rho D (Y_{O_2,\infty} - Y_{O_2,s})/(\nu_I + Y_{O_2,s}) = \Delta Y/R_{diff} \tag{7-39}$$

需要注意的是，$Y_{O_2,s}$ 不是常量，这使 $\dot{m}_C$ 和 ΔY 呈非线性关系。

从化学动力学得到的碳燃烧速率等于由质量传递方程得到的燃烧速率，因此两者的电阻呈串联关系。势差是氧气的质量分数，碳是从低势区流向高势区，其大小取决于质量传递的阻力和表面化学动力的阻力共同作用，如图7-9所示。这样，碳的燃烧速率表示为：

$$\dot{m}_C = \frac{Y_{O_2,\infty} - 0}{R_{kin} + R_{diff}} \tag{7-40}$$

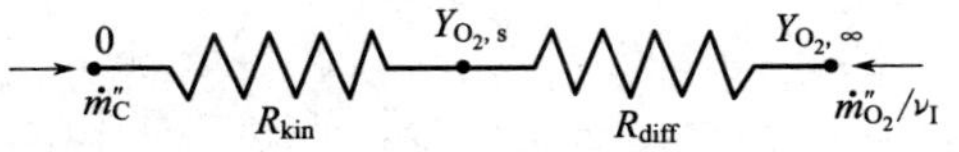

图 7-9 碳燃烧表面燃烧的串联电路比拟

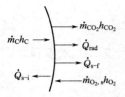

图 7-10　碳表面上能量平衡

虽然式(7-30)给出了碳的燃烧速率,但是其中隐含了未知参数温度,因为温度隐含在表面反应速率常数之中,因此,需要求解另一个目标变量温度 T_s。温度依据能量方程求取。在碳表面的能量如图 7-10 所示。

碳表面上的能量守恒方程为:

$$\dot{m}_C h_C + \dot{m}_{O_2} h_{O_2} - \dot{m}_{CO_2} h_{CO_2} = \dot{Q}_{s-i} + \dot{Q}_{s-i} + \dot{Q}_{rad} \tag{7-41}$$

根据前述假设,燃烧过程为稳态,忽略碳球内热阻,从而 $\dot{Q}_{s-i}=0$。燃烧的反应焓 $=\dot{m}_C \Delta h_C$,其中 Δh_C 是碳-氧燃烧的反应热。$\dot{Q}_{s-i}$ 为碳粒表面通过导热向外传递的热量,$\dot{Q}_{s-i} = -\lambda_g 4\pi r_s^2 \left.\dfrac{dT}{dr}\right|_{r_s}$;$\dot{Q}_{rad}$ 为碳粒表面的辐射热,$\dot{Q}_{rad} = 4\varepsilon_s \pi r_s^2 \sigma (T_s^4 - T_{sur}^4)$。式(7-41)变为:

$$\dot{m}_C \Delta h_C = -4\lambda_g \pi r_s^2 \left.\frac{dT}{dr}\right|_{r_s} + 4\varepsilon_s \pi r_s^2 \sigma (T_s^4 - T_{sur}^4) \tag{7-42}$$

将表面上的能量平衡作为边界条件。温度梯度需由气相的能量平衡方程获得。采用液滴蒸发模型的求解方法,差别仅在于用 T_s 代替 T_{boil},即:

$$\left.\frac{dT}{dr}\right|_{r_s} = \frac{Z \dot{m}_C}{r_s^2} \frac{(T_\infty - T_s)\exp(-Z\dot{m}_C/r_s)}{1-\exp(-Z\dot{m}_C/r_s)} \tag{7-43}$$

式(7-43)中,$Z = c_{pg}/(4\pi\lambda_g)$,将式(7-43)代入式(7-42),并整理,得:

$$\dot{m}_C \Delta h_C = \dot{m}_C c_{pg} \frac{\exp\left(\dfrac{-\dot{m}_C c_{pg}}{4\pi\lambda_g r_s}\right)}{1-\exp\left(\dfrac{-\dot{m}_C c_{pg}}{4\pi\lambda_g r_s}\right)} (T_\infty - T_s) + 4\varepsilon_s \pi r_s^2 \sigma (T_s^4 - T_{sur}^4) \tag{7-44}$$

式(7-44)与式(7-40)联立,即可获得碳燃烧问题的完整解。求解采用迭代方法,因为两个方程皆为非线性。另外要注意的是,如果燃烧在扩散和化学动力学控制的过渡区域,$Y_{O_2,s}$ 则为未知量,那么式(7-35)也要添加到联立方程组中。

从单膜模型的分析可知,碳表面燃烧是表面反应动力学与质量传递之间的相互耦合问题,碳的反应速率表达式也体现了该耦合关系。

7.4.4　碳球的燃烧时间

对于扩散控制燃烧,很容易得到颗粒燃烧时间。碳球燃烧同样遵守直径平方定律,其表达式为:

$$D^2(t) = D_0^2 - K_B t \tag{7-45}$$

其中燃烧常数 K_B 为常量,由下式给出:

$$K_B = \frac{8\rho_g D}{\rho_C} \ln(1+B) \tag{7-46}$$

碳球的燃烧时间为:

$$t_C = \frac{D_0^2}{K_B} \tag{7-47}$$

对于考虑对流的扩散控制，质量燃烧速率随 $Sh/2$ 的增大而增加。在路易斯数等于 1 的情况下，$Nu=Sh$，质量燃烧速率的修正表达式为：

$$(\dot{m}_{C,diff})_{有对流} = \frac{Nu}{2}(\dot{m}_{C,diff})_{无对流} \tag{7-48}$$

文献采用 CFD 对 $60 \sim 135 \mu m$ 粒径的碳粒燃烧进行了模拟，并比较了单膜模型、双膜模型和连续膜模型的计算结果。以连续膜模型的计算结果为参考值，双膜模型的偏差比单膜模型要大，单膜模型的相对偏差始终不超过 16%。虽然单膜模型在假定上不如双膜模型接近实际，但是如果对单膜模型进行改进，也许能更好地描述碳球的燃烧过程。这也是此处没有具体介绍双膜模型的一方面原因。

7.4.5 碳球燃烧的工况

对于考虑碳球表面的对流条件，可以直接应用对流扩散的概念，即：

$$N_A = \alpha_{zl}([O_2]_\infty - [O_2]_s) \tag{7-49}$$

对于化学反应，既可用氧气的变化表示反应速率，也可用碳的变化表示反应速率，两者之间以化学计量系数为比例关系。反应速率以氧气的变化表示为：

$$r_{O_2} = k[O_2] = \alpha_{zl}([O_2]_\infty - [O_2]_s) \tag{7-50}$$

传质过程与表面反应过程的串联关系可表示为：

$$r_{O_2} = \frac{[O_2]_\infty - [O_2]_s}{1/\alpha_{zl} + 1/k} \tag{7-51}$$

上式表明，碳的燃烧速率取决于质量传递能力与表面反应能力之间的相对比值。其相对比值即是达姆科勒无量纲数，其表达式为：

$$Da = \frac{k}{\alpha_{zl}} \tag{7-52}$$

达姆科勒无量纲数的物理意义是极限反应速率与极限传质速率之间的相对大小。它表示碳颗粒外部的传质过程对燃烧的影响程度。达姆科勒数越小，表示极限传质速率越大于极限反应速率，整个过程受表面反应控制；达姆科勒数越大，表明极限反应速率越大于极限传质速率，整个过程受传质控制。对于碳的燃烧工况常采用谢苗诺夫特征数 Sm 进行判断，谢苗诺夫特征数 $Sm = 1/Da$。

当 $Sm > 9.0$ 时，碳的燃烧属于化学动力学控制。
当 $Sm = 0.11 \sim 9.0$ 时，碳的燃烧属于过渡燃烧控制，即同时受化学动力学和扩散控制。
当 $Sm < 0.11$ 时，碳的燃烧属于扩散控制。

对于对流质量扩散系数，采用下式计算：

$$Nu_{zl} = \frac{\alpha_{zl} d}{D} \tag{7-53}$$

对于单个颗粒，努塞尔数根据实验数据可整理出的关系式为：

$$Nu_{zl} = 2 + 0.375 Re^{0.6} Pr^{\frac{1}{3}} \tag{7-54}$$

由式(7-52)和式(7-53)可见，影响谢苗诺夫特征数的因素有燃烧温度、压力、气体流速、焦炭粒径及燃料的反应特性 E 和 k 等。当燃料的粒径和传质条件确定时，随着温度的升高，谢苗诺夫特征数变小，燃烧由动力控制转入扩散控制。如果燃烧温度和传质条件一

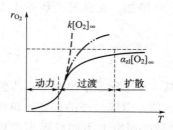

图 7-11 不同工况下燃烧速率变化

定,粒径越小,谢苗诺夫特征数越大。可见,粒径小的燃料颗粒,必须在较高的温度下才有可能由动力控制转入扩散控制,如图 7-11 所示。同样,增加气体和颗粒之间的相对速度,也会使谢苗诺夫特征数变大。

对于煤粉燃烧,只有在更高的炉膛温度下才有可能转入扩散燃烧。如无烟煤,当活化能 $E=130\text{kJ/mol}$ 时,对于粒径 $d=10\text{mm}$ 的煤粒,当温度 $T\geqslant 1200\text{K}$ 时即进入扩散燃烧区;对于粒径 $d=0.1\text{mm}$ 的煤粒,则需要 $T\geqslant 2000\text{K}$ 才能进入扩散燃烧区。对于粒径为 $0.05\sim 0.1\text{mm}$ 的煤粉,燃烧一般处于动力控制或过渡区,特别在燃烧火焰中心以外及炉膛出口附近更是如此,因此,提高煤粉炉的燃烧温度可以大大提高燃烧反应速率。碳颗粒的燃烧工况总结于表 7-1。

表 7-1 不同碳燃烧工况总结

碳燃烧工况	Sm	燃烧速率定律	发生条件
扩散控制	$Sm<0.11$	$\dot{m}_C = Y_{O_2,\infty}/R_{diff}$	r_s 大,T_s 高,p 高
过渡区	$Sm=0.11\sim 9.0$	$\dot{m}_C = Y_{O_2,\infty}/R_{kin}+R_{diff}$	—
化学动力学控制	$Sm>9.0$	$\dot{m}_C = Y_{O_2,\infty}/R_{kin}$	r_s 小,T_s 低,p 低

【**例题 7-1**】 直径为 $250\mu\text{m}$ 的碳粒在静止空气中($Y_{O_2,\infty}=0.233$)燃烧,环境压力为 101325Pa,试估算碳的燃烧速率。已知:碳粒表面温度为 1800K,表面化学反应速率常数是 13.9m/s。假设表面气体平均摩尔质量是 30kg/kmol,判断碳粒燃烧处于哪种工况?哪种燃烧方式占优势?

解:采用电路比拟的方法求解 $\dot{m}_C$。气相密度采用理想气体状态方程来计算,即:

$$\rho = \frac{P}{\dfrac{R_u}{M_{mix}}T_s} = \frac{101325}{\dfrac{8315}{30}\times 1800} = 0.20(\text{kg/m}^3)$$

质量扩散系数可以采用 CO_2 的值,并折算到 1800K:

$$D = \left(\frac{1800}{393}\right)^{1.5}\times 1.6\times 10^{-5} = 1.57\times 10^{-4}(\text{m}^2/\text{s})$$

采用迭代方法求解,先假设 $Y_{O_2,s}\approx 0$,扩散阻力为:

$$R_{diff} \equiv \frac{\nu_I + Y_{O_2,s}}{4\pi r_s \rho D} = \frac{2.664+0}{0.2\times 1.57\times 10^{-4}\times 4\pi\times 125\times 10^{-6}} = 5.41\times 10^7(\text{s/kg})$$

化学动力学阻力为:

$$R_{kin} = 1/K_{kin} = \frac{\nu_I R_u T_s}{4\pi r_s^2 M_{mix} k_c P}$$
$$= \frac{2.664\times 8315\times 1800}{4\pi\times (125\times 10^{-6})^2\times 30\times 13.9\times 101325} = 4.81\times 10^6(\text{s/kg})$$

比较两者的阻力,扩散阻力 R_{diff} 约是 R_{kin} 值的 10 倍,可以认为该燃烧属于扩散控制。采用式(7-40)计算 $\dot{m}_C$,即:

$$\dot{m}_C = \frac{Y_{O_2,\infty}}{R_{kin}+R_{diff}} = \frac{0.233}{4.81\times 10^6 + 5.41\times 10^7} = 3.96\times 10^{-9}(\text{kg/s})$$

再求 $Y_{O_2,s}$，得：
$$Y_{O_2,s} - 0 = \dot{m}_C R_{kin} = 3.96^{-9} \times 4.81 \times 10^6 = 0.019 \text{ 或 } 1.9\%$$

再修正 R_{diff}，即：
$$R_{diff} = \frac{2.664 + 0.019}{2.664}(R_{diff})_{一次迭代} = 1.007 \times 5.41 \times 10^7 = 5.45 \times 10^7 (s/kg)$$

鉴于 R_{diff} 变化小于 1%，因此不需要进一步迭代。

【例题 7-2】 固体燃料燃烧中，辐射通常有重要影响。试计算维持一个直径 $250\mu m$ 碳颗粒燃烧（$T_s = 1800K$）所要求气相的环境温度。(1) 不考虑辐射（$T_{sur} = T_s$）；(2) 假设颗粒表面处理为黑体，向 300K 的环境辐射。其他条件同例题 7-1。

解： 求解两种工况下的 T_∞。气相的性质可以空气来处理，即：
$$c_{pg}(1800K) = 1286 J/(kg \cdot K)$$
$$\lambda_g(1800K) = 0.12 W/(m \cdot K)$$

由于颗粒是黑体，表面辐射率 ε_s 等于 1，碳燃烧的反应热为：
$$\Delta h_C = 3.2765 \times 10^7 J/kg$$

(1) 不考虑辐射时，式(7-44) 可以移项，并整理来求解 T_∞，即：
$$T_\infty = T_s - \frac{\Delta h_C}{c_{pg}} \times \frac{1 - \exp\left(\frac{-\dot{m}_C c_{pg}}{4\pi k_g r_s}\right)}{\exp\left(\frac{-\dot{m}_C c_{pg}}{4\pi k_g r_s}\right)}$$

由例题 7-1 所计算的碳的燃烧速率 $\dot{m}_C = 3.96 \times 10^{-9} kg/s$，则：
$$T_\infty = 1800 - \frac{3.2765 \times 10^7}{1286} \times \frac{1 - \exp\left(\frac{-3.96 \times 10^{-9} \times 1286}{4\pi \times 0.12 \times 125 \times 10^{-6}}\right)}{\exp\left(\frac{-3.96 \times 10^{-9} \times 1286}{4\pi \times 0.12 \times 125 \times 10^{-6}}\right)} = 1800 - 698 = 1102(K)$$

(2) 辐射散热损失为：
$$\dot{Q}_{rad} = 4\varepsilon_s \pi r_s^2 \sigma(T_s^4 - T_{sur}^4) = 1.0 \times 4\pi(125 \times 10^{-6})^2 \times 5.67 \times 10^{-8}(1800^4 - 300^4)$$
$$= 0.1168(W)$$

释放的化学热为：
$$\dot{m}_C \Delta h_C = 3.96 \times 10^{-9} \times 3.2765 \times 10^7 = 0.1297(W)$$

则从颗粒表面传导出来的能量为：
$$\dot{Q}_{cond} = \dot{m}_C \Delta h_C - \dot{Q}_{rad} = \dot{m}_C c_{pg} \frac{\exp\left(\frac{-\dot{m}_C c_{pg}}{4\pi k_g r_s}\right)}{1 - \exp\left(\frac{-\dot{m}_C c_{pg}}{4\pi k_g r_s}\right)}(T_\infty - T_s)$$

采用数值方法求解上述方程并得到 T_∞ 为：
$$T_\infty = 1730K$$

计算结果说明，在有辐射存在的条件下气相温度低于 1800K 的表面温度。

【例题 7-3】 一个直径 $60\mu m$ 的碳颗粒，温度为 1300°C，气固相对速度为 1.6m/s，气体运动黏度为 $0.0000234 m^2/s$，活化能为 150kJ/mol，频率因子为 $14.9 \times 10^3 m/s$，气体扩

散率为 $0.000657 \mathrm{m^2/s}$，试问燃烧过程处于什么控制模式？

解：雷诺数为：

$$Re = \frac{ud}{\nu} = \frac{1.6 \times 60 \times 10^{-6}}{2.34 \times 10^{-5}} = 4.1$$

努塞尔数为：

$$Nu \approx 2$$

对流传质系数为：

$$\alpha_{zl} = \frac{DNu}{d} = \frac{0.000657 \times 2}{60 \times 10^{-6}} = 21.9 (\mathrm{m/s})$$

反应速率常数为：

$$k = -k_0 \exp^{-\frac{E}{RT}} = 0.156 (\mathrm{m/s})$$

谢苗诺夫特征数为：

$$Sm = \frac{\alpha_{zl}}{k} = \frac{21.9}{0.156} = 140$$

燃烧过程处于化学动力控制工况。

7.4.6 考虑二次反应的碳球燃烧

在不同的反应温度、不同的流态及不同的气氛下，一次反应和二次反应共同组成了碳球的燃烧过程。

7.4.6.1 在雷诺数小于 100 条件下碳球燃烧

碳球在空气中燃烧，如果其间相对雷诺数低于 100，可忽略对流的影响，燃烧过程主要受反应温度的影响。

当温度低于 700℃时，氧气可以扩散到碳球表面，与碳发生化学反应，同时生成二氧化碳和一氧化碳，其总包反应为：

$$4C + 3O_2 \longrightarrow 2CO + 2CO_2$$

由于反应温度较低，二氧化碳和碳球之间还不能发生气化反应，一氧化碳也不能与氧气在气相内燃烧。反应生成的二氧化碳与一氧化碳浓度相等，同时向外扩散，其浓度分布如图 7-12 所示。氧气的浓度由远处到碳球表面逐渐降低；二氧化碳和一氧化碳浓度则由碳球表面至远处逐步减小。

当温度在 800~1200℃范围内时，总包反应方程式不变，组分浓度分布如图 7-13 所示。碳表面生成的一氧化碳在向远处扩散途中遇到氧气能发生燃烧，形成火焰锋面。因为氧气过量，一氧化碳在火焰锋面处能被完全消耗。在火焰锋面处剩余的氧气继续向碳球表面扩散，并与碳发生反应。因反应温度不够高，反应生成的二氧化碳仍然不能与碳发生气化反应，浓度呈递减向外扩散，但是由于一氧化碳在气相中被氧化生成二氧化碳，因此在火焰锋面内二氧化碳的浓度下降比较平缓。

当温度高到 1200~1300℃时，碳球表面的化学反应和气相中的氧化反应都得以加快，如图 7-14 所示。一方面表现在一次反应的一氧化碳产率提高，在碳表面的总包反应变为：

$$3C + 2O_2 \longrightarrow 2CO + CO_2$$

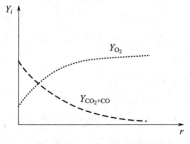
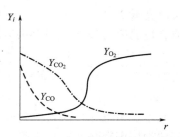

图 7-12　低于 700℃ 的碳表面燃烧　　图 7-13　在 800～1200℃ 之间的碳燃烧情况

另一方面是二氧化碳与碳的气化反应变得显著，进一步提高了一氧化碳的生成量。该两方面因素大幅增加了一氧化碳向外扩散的质量流率，以致在火焰锋面处将从远处向碳球表面扩散来的氧气完全消耗，生成二氧化碳，且二氧化碳的浓度达到峰值。最高浓度的二氧化碳一部分向远处扩散，另一部分则向碳表面扩散以提供气化反应的需要。由于氧气在火焰锋面处被完全消耗，因此在碳表面存在气化反应。气化反应是吸热的，热量由不远处的火焰锋面放热量提供。这样就形成了碳表面的气化反应与火焰锋面的氧化反应之间的相互支持，即火焰锋面向碳表面提供二氧化碳和热量，碳表面向火焰锋面提供一氧化碳，从而保证了碳球燃烧的反应温度在 1200～1300℃ 以上。

根据上述三个温度范围的碳球燃烧分析，碳球的燃烧速率与温度的关系如图 7-15 中实线变化曲线。当温度不高时，反应速率沿曲线 1 变化，由表面反应动力控制。当温度升高到一定数值，燃烧反应即进入扩散区，燃烧速率由氧气的扩散速率控制，沿曲线 2 变化，曲线 2 是氧气扩散速率的曲线。

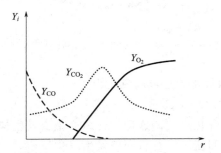
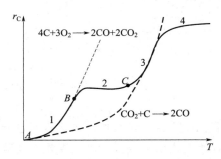

图 7-14　在 1200～1300℃ 之间的碳燃烧情况　　图 7-15　静止空气中碳燃烧速率变化

当温度进一步升高时，反应速率的加快大幅提高了一氧化碳的产量，使得氧气不能扩散到碳球表面，碳球表面只能发生气化反应。碳的燃烧速率取决于气化反应的反应速率，即进入了气化反应的动力控制区。此时，燃烧速率由曲线 2 发生转折，变为沿曲线 3 变化。

若温度再继续升高，反应速率会进入气化反应的扩散控制区，由氧气和二氧化碳扩散协同决定，沿曲线 4 变化。

7.4.6.2　在流动（$Re>100$）介质中碳球燃烧

当雷诺数大于 100 情况下，对流作用不仅增加了碳球表面的传质速率，而且改变了碳球周围的组分分布特性，也改变了其中的燃烧机理。如图 7-16 所示，空气的绕流作用将碳球表面区分为碳球的迎风面和背风面。在迎风面，流体边界层很薄，传质阻力小，组分驻留时间短，没有积存。在背风面，流体边界层厚，存在回流，组分驻留时间长，有积存。

(1) 当温度低于700℃时，由于温度低，不发生二氧化碳的气化反应和气相CO的燃烧反应，整体燃烧的阻力表现为表面化学动力阻力，扩散阻力相对很小，对流几乎不影响碳球燃烧。

(2) 当温度在800~1200℃范围内时，总包反应方程式为：

$$4C+3O_2 \longrightarrow 2CO+2CO_2$$

碳球表面不发生气化反应，但是气相发生一氧化碳的氧化反应。实验发现，在 Re 很小情况下，碳球的周围存在浅蓝色火焰，表明CO在碳球周围燃烧，火焰锋面如图7-16中偏心圆。但是，当 $Re>100$ 时，碳球的燃烧变得极不均匀，如图7-17所示。碳球的迎风面表面反应速率较高，因为反应温度高和扩散阻力很小。但是，由于空气流的冲刷，迎风面上生成的一氧化碳会来不及与氧气进行气相燃烧而被气流带入下游，部分进入背风面的回流区域。一氧化碳在背风面的回流区积累可达到相当的浓度，加之受到回流区的稳焰作用，这样一氧化碳在碳球尾迹处进行稳定燃烧，形成椭圆形的火焰锋面。该火焰锋面阻碍氧气进入回流区，回流区充满着二氧化碳和一氧化碳。但是，背风面不会发生气化反应，因为反应温度不够高。背风面的氧化反应相对要弱，因为氧气组分浓度因扩散受阻而减小。

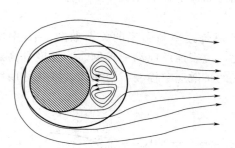

图7-16 空气对碳球的绕流作用

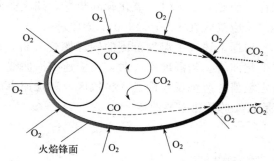

图7-17 在800~1200℃流动介质中碳球燃烧情况

(3) 当温度高到1200~1300℃时，碳球表面氧化的总包反应变为：

$$3C+2O_2 \longrightarrow 2CO+CO_2$$

一氧化碳产量大幅增加；碳球表面也能发生气化反应。这样，迎风面主要发生快速的氧化反应，所生成的大部分一氧化碳积聚在碳球的回流区。背风面仅发生气化反应，生成的一氧化碳也积聚在碳球的回流区。回流区的一氧化碳在尾迹处剧烈燃烧，产生的二氧化碳一部分流向下游，一部分回流至背风面以供气化反应需要，如图7-18所示。在总体上，碳球燃

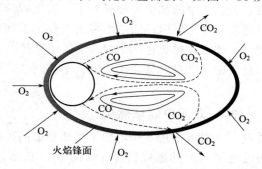

图7-18 在1200~1300℃流动介质中碳球燃烧情况

烧得到了大幅强化。

加强煤颗粒和空气之间的相对运动是强化燃烧的一种重要手段。在煤粉炉中,煤粉燃烧为悬浮燃烧,空气与碳粒之间的相对速度极小,提高炉温可以强化燃烧,但是当炉温达到一定数值时,煤粉燃烧即变为扩散控制,此时再提高炉温不仅强化作用微弱,反而会造成燃烧生成 NO 的浓度增大、引起高温腐蚀、加剧积灰等一系列问题。因此,煤粉燃烧一方面要达到一定的炉温,另一方面要加强煤颗粒和空气之间的相对运动。

在现有的燃烧炉中,流化床燃烧方法综合性较好。煤颗粒在炉内上下翻滚,与空气之间的相对运动很强。床层温度一般控制在 900~1000℃,可明显降低氮氧化物的热力生成量。流化床燃烧属于低温燃烧技术,该技术对减轻大气污染、高温腐蚀和积灰等问题有重要意义。

7.4.7 多孔性碳球的燃烧

实际上,碳球具有丰富的孔隙结构,气固之间的接触面可分为外表面和内表面。碳的氧化反应和气化反应既可以发生在碳球的外表面,也可以发生在其内表面。如果反应能发生在内表面,就需要反应气体能渗透扩散到内表面。这种气体在内表面上的扩散过程直接影响其反应过程。据统计,木炭的内比表面积为 57~114m^2/m^3,电极碳为 70~500m^2/m^3,无烟煤约为 100m^2/m^3。可见,碳球的化学反应内比表面积远大于外比表面积,在一定情况下内表面对化学反应有着不可忽略的影响。

7.4.7.1 有效深度

设厚度为 δ 的多孔碳板,其内部扩散系数为 D_{in},内比表面积为 A_{in},假设内、外表面的反应速率常数相同。多孔碳的微元体的氧气质量守恒方程为:

$$Nu_{zl} = 2 + 0.375 Re^{0.6} Pr^{\frac{1}{3}} \tag{7-55}$$

采用边界条件为:$x=0$,$[O_2]=[O_2]_s$;$x=\infty$,$\dfrac{d[O_2]}{dx}=0$。求解式(7-55),得:

$$[O_2] = [O_2]_s \exp(-x/\varepsilon_0) \tag{7-56}$$

$$\varepsilon_0 = \sqrt{\dfrac{D_{in}}{kA_{in}}} \tag{7-57}$$

ε_0 被称为有效深度,取决于内部扩散速率与空隙表面上的化学反应速率之比。对于给定的数值,有:

(1) 温度越低,反应速率常数则越小,反应越慢,内比表面积越小,则 ε_0 值越大,氧气能渗透越深。

(2) 温度越高,反应速率常数则越大,反应越快,内比表面积越大,ε_0 值就越小,反应集中在外表面上进行。

上述说明,总的有效反应表面积是一个变量。由于计算总的有效反应表面积非常困难,所以,通常把这种燃烧过程当作是一种纯粹的表面燃烧过程,其所产生的总效应,也被认为是纯动力因素引起的。

7.4.7.2 总的表观反应速率常数

从外界进入的总氧气量等于外表面上反应消耗量与内表面上反应消耗量之和,即为:

$$r_{O_2} = k[O_2]_s + D_{in}\frac{d[O_2]}{dx} \tag{7-58}$$

引入有效反应深度 ε，则有：

$$D_{in}\frac{d[O_2]}{dx} = \varepsilon k A_{in}[O_2]_s \tag{7-59}$$

式(7-58)变为：

$$r_{O_2} = k_t[O_2]_s = (1+\varepsilon A_{in})k[O_2]_s \tag{7-60}$$

不难获得总的反应阻力为：

$$R_t = \frac{1}{k_{sup}} = \frac{1}{(1+\varepsilon A_{in})k} + \frac{1}{NuD/d} = \frac{1}{k} + \frac{\varepsilon A_{in}}{NuD/d} + \frac{1}{NuD/d} \tag{7-61}$$

上式表示，总的反应阻力＝化学反应阻力＋多孔碳内部扩散阻力＋外部扩散阻力。

对于不同的反应条件，存在极限工况为：

(1) 外部扩散工况：温度很高，$(1+\varepsilon A_{in})k \gg NuD/d$，$[O_2] \ll [O_2]_\infty$。

(2) 内部扩散工况：温度较低，$(1+\varepsilon A_{in})k \ll NuD/d$，$[O_2]_s \approx [O_2]_\infty$，取决于内部质量扩散速率与内表面化学动力速率之间比值。

(3) 内表面动力工况：温度较低，$(1+\varepsilon A_{in})k \ll NuD/d$，$[O_2]_s \approx [O_2]_\infty \approx [O_2]$，仅取决于内表面的化学反应速率。

(4) 外表面动力工况：温度较低，$(1+\varepsilon A_{in})k \ll NuD/d$，且，$d > \varepsilon$，$[O_2]_s \approx [O_2]_\infty \approx [O_2]$，仅取决于外表面的化学反应速率。

综合上述分析，随着系统温度的改变、碳颗粒大小的改变以及内部孔隙尺寸的改变，整个反应过程的工况都会发生改变。应当指出，碳孔内除了氧气反应外，二氧化碳在足够高的温度下可在表面发生气化反应。

7.5 焦炭燃烧的影响因素

由于挥发分在较低的温度下析出、着火并燃烧，从而为焦炭着火与燃烧创造了极为有利的反应条件。同时，挥发分的析出使得颗粒膨胀，增大了内部孔隙及外表反应面积，也有利于焦炭的燃烧速率。但是，挥发分的燃烧消耗了部分氧气，以致减少了扩散到焦炭表面的氧气量。特别是在燃烧初期，挥发分燃烧速率较大的这一阶段，氧气量减少的影响尤为严重。这可从下述两方面进行分析。

7.5.1 挥发分析出对焦炭燃烧的影响

(1) 在炽热的焦炭表面附近燃烧过程的现象

挥发分与氧气的反应很快，反应速率基本上取决于挥发分与氧气之间的混合速率。挥发分的物理化学过程使得焦炭周围形成复杂的各组分浓度场和温度场。

有实验表明，采用摄影方法记录下了挥发分含量较大的烟煤颗粒在950℃炉温下燃烧的温度变化。由于挥发分的燃烧，出现第一个最大值，约为1800℃，温度下降出现第一个极小值1500℃，该极小值证实了气相燃烧局部缺氧的现象。周围氧气的扩散补充使得温度回升，然后温度随挥发分减少而继续下降，在最后温度突然下降，表示火焰熄灭。这一现象有力地证明了存在缺氧的问题。

在挥发分燃烧过程中会发生爆裂现象。温度较低的煤粒瞬间进入炉内的高温区域，由于煤粒所含水分和挥发分在孔隙内分压突增，致使煤粒爆裂，改变了煤粒的形状，降低了尺寸大小，这自然直接影响了焦炭的燃烧。

（2）挥发分对燃烧速率的影响

文献给出了描述挥发分对煤粒整体燃烧速率影响的关系式，即：

$$r_{\text{total}} = \frac{1}{\dfrac{1}{k(1+\Delta S)} + \dfrac{1}{\beta}\left(1+\dfrac{\varphi V_{\text{daf}}}{1-V_{\text{daf}}}\right)}\left(1+\dfrac{\varphi V_{\text{daf}}}{1-V_{\text{daf}}}\right)C_{\infty} \qquad (7\text{-}62)$$

式中　ΔS——煤粒反应表面积的变化；

　　　φ——与煤种、颗粒尺寸和加热速率有关的修正常数；

　　　β——氧气扩散到煤粒表面的"物质交换系数"；

　　　V_{daf}——煤粒的挥发分。

式（7-62）定性说明，挥发分的燃烧，一方面将燃尽速率提高$\left(1+\dfrac{\varphi V_{\text{daf}}}{1-V_{\text{daf}}}\right)$倍，另一方面扩散阻力也增大了相同的倍数。同时，有效反应面积增大了$(1+\Delta S)$倍，相应的化学反应速率也增大了$(1+\Delta S)$倍。当挥发分为0时，式（7-62）即简化为纯碳的燃烧速率表达式。

7.5.2　灰分对燃烧的影响

在实际中，目前已从典型煤的灰分中识别出了35种元素之多，主要成分包括SiO_2、Al_2O_3、TiO_2等酸性氧化物和Fe_2O_3、CaO、MgO、Na_2O、K_2O等碱性氧化物。它们的含量随煤种不同而变化。煤的含灰量变化很大，含量从百分之几到一半，大量极不相同的矿物质对煤的燃烧和气化过程有明显的影响。

灰的存在对煤燃烧有以下几方面潜在的影响：

（1）热效应。大量的灰改变了煤粒的热特性，灰也要随煤粒一起被加热到高温，消耗了热量，并能发生相变。

（2）辐射特性。灰的辐射特性不同于焦炭或煤的辐射性质；灰的存在给碳燃尽提供了一个辐射传热的固态介质。

（3）颗粒尺寸。焦炭在燃烧过程中往往会破裂成小碎片，这一破碎过程与焦炭中灰的含量与特性有关。

（4）催化效应。焦炭中不同矿物质能使焦炭的反应性增加，尤其是在低温条件下。例如，在923K时，当焦炭中钙的含量从0变为13%时，褐煤焦炭的反应性增加了30倍。

（5）障碍效应。灰为氧的扩散增加了障碍。反应物（如氧气）必须克服这个障碍才能到达焦炭表面，尤其是在接近燃尽时，高含灰量将阻碍燃烧。由于灰的软化和熔化，燃烧工况会恶化。

7.5.2.1 燃烧温度低于灰的软化温度时的影响

在燃烧温度低于灰的软化温度时,焦炭粒的外表面可形成一层灰壳。灰壳随着燃烧过程的发展而不断增厚,增加了氧扩散到内层焦炭的阻力,从而减慢焦炭的燃尽速率。灰壳扩散阻力的大小取决于灰壳的厚度和密度等因素。

实验研究表明,在燃烧初期阶段,灰层很薄,灰层的扩散阻力不是很大,燃烧阻力以外部扩散阻力为主;随着燃烧推进,扩散阻力转为以灰层内部扩散阻力为主。

通过文献分析,得出含灰的燃烧速率与无灰的燃烧速率之比的关系式,即:

$$\frac{r_{ash}}{r_0} = \frac{1}{\frac{1}{\varepsilon_{ash}} + \frac{d_0}{d}\left(1 - \frac{1}{\varepsilon_{ash}}\right)} < 1 \tag{7-63}$$

上式表明,焦炭球中含灰量越多,即灰壳层的孔隙率越小,此时氧气的扩散阻力越大,焦炭球燃烧反应速率变低,燃尽时间变长。

7.5.2.2 燃烧温度高于灰的熔化温度时的影响

当燃烧温度高于灰的熔化温度时,情况就完全不同。有实验用10mm以上的褐煤圆柱试样在1200℃的炉温下进行试验。发现圆柱表面形成一些溶渣的小黑点,然后聚集成为较大的熔渣点,由小点变成大点,渐渐汇集为底座,煤柱便处在该底座上,同时暴露出它的反应表面来,如图7-19所示。在试验过程中,灰分由10%增加到40%时,燃烧速率不但没有降低,反而不断地提高,可升高到无灰时的情况。

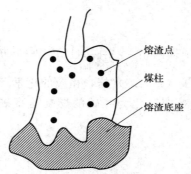

图7-19 高温燃烧下熔渣的汇集情况

在高温燃烧时煤块自动脱渣的情况可观察到,灰对单个煤块的燃烧没什么影响。但在大煤粒堆积成层的层燃情况下,灰的熔渣堵塞了煤层间的通风孔隙,显著增加了气体交换阻力,恶化了燃烧。

7.6 煤粉燃烧器

7.6.1 煤粉燃烧器的布置

对于煤粉的燃烧,燃烧器分为直流式和旋流式两大类,旋流式煤粉燃烧器的火焰根部温度及该处水冷壁的热负荷高于直流式燃烧器。煤粉燃烧器布置在炉膛的不同位置而构成不同的锅炉燃烧方式。现代煤粉锅炉一般有切向燃烧方式(图7-20)、前后墙对冲燃烧方式(图7-21)和W型燃烧方式(图7-22)。直流或弱旋流式煤粉燃烧器被布置在炉膛前后墙炉拱上,使得火焰先向下流动,再返回向上流动,即形成

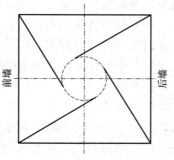

图7-20 切向燃烧方式

W 状火焰的燃烧方式。直流式燃烧器通常采用切向燃烧方式。旋流式燃烧器一般采用前墙或前后墙对冲布置。

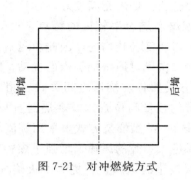

图 7-21　对冲燃烧方式

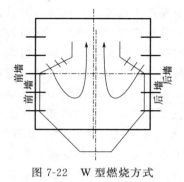

图 7-22　W 型燃烧方式

7.6.1.1　切向燃烧方式

在燃烧器采取切向布置情况下，四面水冷壁的热负荷比较均匀，燃烧中心的火焰最高温度和最大热流密度较低，有利于避免水冷壁管内膜态沸腾的发生，也有利于降低氮氧化物的生成。气流的旋转可改善空气与煤粉的混合。相邻火焰相互点燃，燃烧较为稳定。该燃烧方式对煤种的适应性较好。直流式燃烧器阻力较小，易于操作和调整。燃烧器若采用摆动式，还可以调节火焰位置。燃烧器可摆动±(25°～30°)，摆动作为过热器和再热器的调温手段，调温幅度约为±25℃。依据我国经验，燃烧器上下摆动±15°，炉膛出口烟温变化±(35～60℃)，过热蒸汽温度变化为-14～17℃。采用四角布置时，各个燃烧器出口的风粉不均匀性允许大一些，因为各个燃烧器的火焰在中心切圆处旋转混合，使得风粉不均匀性得到改善。即使各个方向燃烧器的风量和粉量相差达 0.8～1.0 倍，燃烧仍能正常运行。

切向燃烧方式也可能出现一些问题。比如，燃烧室出口处气流旋转尚未完全消失，可致使出口气流偏向一侧，使得燃烧室左右两侧出口的烟温偏差可达 50℃ 以上。为此，在临近燃烧室出口布置屏式过热器来割断旋转上升的烟气流。此外，采用切向燃烧方式，其风粉管道也较复杂，如布置不当，各向风粉管道的阻力系数相差可能很大，致使各向风粉速度和煤粉浓度相差较大。切向燃烧方式还要求燃烧室的截面尺寸接近正方形，这可能与汽包长度、尾部烟道烟气速度的选择发生矛盾。

7.6.1.2　对冲燃烧方式

燃烧器作前后墙对冲布置时，燃烧室内火焰充满情况较好，火焰在中部对冲，有利于增强扰动。单只燃烧器的热功率可以设计为较小数值，使燃烧器与水冷壁、燃烧器与燃烧器之间有足够的距离，避免火焰直接撞击水冷壁和相互干扰；并能相对地加大上层燃烧器至燃烧室出口处的距离，使燃料在燃烧室内有足够的时间燃尽。前后墙对冲布置和切向布置相比，其主要优点是沿燃烧室宽度方向上的烟气温度和速度分布比较均匀，使过热蒸汽温度偏差较小，并可降低整个过热器和再热器的金属最高点温度。燃烧器前后墙对冲布置时，沿炉膛宽度方向的过热蒸汽温度偏差在 22℃ 以内，而在切向布置时，过热蒸汽温度偏差一般在 55℃ 左右。此外，由于燃烧器均匀布置于前墙或前后墙，输入燃烧室的热量分配也均匀，从而减少了因中部温度偏高而造成局部结渣的可能性。对于大容量锅炉，为了便于在后墙布置燃烧器和吹灰器，需要适当拉开后墙和对流竖井之间的距离。

7.6.1.3　W型燃烧方式

燃烧器布置在前后墙的拱上，煤粉着火后向下自由伸展，在距一次风口数米处开始转弯向上流动，不易产生煤粉分离现象，并且火焰行程较长，炉内充满度好，延长了煤粉在炉内的停留时间，有利于煤粉的燃尽，该特性符合无烟煤燃烧速率较慢的特点。火焰流向与W型火焰水冷壁平行，不旋转，炉膛出口烟气温度场与速度场较均匀，因此炉膛不易结焦，而且过热器与再热器的热偏差较小。并且通过前后墙二次风对撞增加炉内的扰动，既加强了炉内的混合，又克服了火焰刷墙等缺点。W型燃烧方式的各燃烧器之间关联度相对较小，而且调节手段较多，如改变煤粉浓度、风温、卫燃带的数量与位置以及燃烧器自身的调节等。因此，采用W型燃烧方式的负荷调节范围较大。国内W型燃烧方式多采用旋流煤粉浓缩燃烧器，提高了一次风中的煤粉浓度，降低了一次风进入炉膛的风速，增强了煤粉气流卷吸高温烟气的能力，有利于煤粉着火。在着火区，选取较小的送风量，提高了火焰根部的温度，有利于低挥发分无烟煤的着火和稳定燃烧。一次风率较低，为15%~20%。由于一次风本身的风量和风率无法获得足够的穿透深度，所以必须在拱部送入大量的二次风，利用二次风的引射，保证一次风具有较好的穿透深度。二次风率为75%~85%。如果配风不当，会造成火焰短路，火焰直接进入辐射炉室，引起飞灰含碳量较高，影响锅炉经济性。

鉴于此，W型燃烧方式主要用于挥发分低的煤种，炉膛结构、燃烧器布置、送风方式、粉风配比等因素都按照符合低挥发分煤的燃烧特点来设计。

7.6.2　燃烧器的基本要求

煤粉和燃烧所需要的空气通过燃烧器进入燃烧室。燃烧室内的空气动力场和燃烧工况主要是通过燃烧器的结构及其布置来组织的。因此，燃烧器设计是决定燃烧设备的经济性和可靠性的主要因素。

对于煤粉燃烧，燃烧性能主要包括着火稳定性、燃尽性、防结渣性能、防水冷壁高温腐蚀、低污染性能以及降低炉膛出口残余旋流等。为了达到良好的燃烧性能，对燃烧器的基本要求是：

（1）组织良好的空气动力场，使煤粉气流能够及时着火，一次风与二次风混合及时适量，保证燃烧的稳定性和经济性，炉膛出口烟气温度场均匀，炉膛出口同一标高烟道两侧对称点间的烟温偏差不宜超过50℃，煤粉燃烧具有较高的燃尽率。

（2）运行可靠。燃烧器不易烧坏、磨损；燃烧室不发生灭火、"放炮"；气流不贴墙以避免结渣；燃烧室内温度场及热负荷均匀，不破坏燃烧室内蒸发受热面管内的正常水动力工况。

（3）有较好的燃料适应性和负荷调节性。燃烧调整具有较低的不投辅助燃料稳燃负荷率。风速和风量能够根据负荷和煤种变化而准确调节。为此，应能正确布置风速测点，挡板调节灵敏。摆动燃烧器传动机构灵活，各向的喷嘴能够按指令同步摆动。切向可动叶片、轴向可动叶轮等机构能够灵活动作。

（4）便于调节和自动控制。大型锅炉的燃烧一般应设置自动点火、灭火保护、火焰检测等设备，并能投入程序自动控制。

（5）能够与制粉系统和炉膛合理配合。

（6）能使氮氧化物、硫氧化物及粉尘污染控制在允许范围以内。

7.6.3 燃烧方式的选择

燃烧方式的选择主要依据煤质特性。

煤的着火稳定性宜采用煤的着火稳定性指数 R_w 来表征。判定着火难易程度的划分界限为：$R_w<4.02$，极难着火煤种；$4.02\leqslant R_w<4.67$，难着火煤种；$4.67\leqslant R_w<5.0$，中等着火煤种；$5.0\leqslant R_w<5.59$，易着火煤种；$R_w\geqslant 5.59$，极易着火煤种。

煤的着火稳定性指数 R_w 由专项测试获得。当无条件取得测试值而又需要 R_w 参数时，可采用下式计算：

$$R_w=3.59+0.054V_{daf} \tag{7-64}$$

式中　V_{daf}——干燥无灰基挥发分，%。

煤的燃尽难易程度由煤的燃尽特性指数 R_f 来表征。判定燃尽程度的划分界限为：$R_f<2.5$，极难燃尽煤种；$2.5\leqslant R_f<3.0$，难燃尽煤种；$3.0\leqslant R_f<4.4$，中等燃尽煤种；$4.4\leqslant R_f<5.29$，易燃尽煤种；$R_f\geqslant 5.29$，极易燃尽煤种。

煤灰的结渣倾向由煤的结渣特性指数 R_z 来表征。判定结渣倾向的划分界限为：$R_z<1.5$，不易结渣煤种；$1.5\leqslant R_z<2.5$，中等结渣煤种；$R_z\geqslant 2.5$，严重结渣煤种。

煤粉燃烧方式的选择为：极易着火煤种、易着火煤种、中等着火煤种及难着火煤种宜采用切向燃烧或对冲燃烧方式；难着火煤种当要求较强的调峰带低负荷能力、较高的燃烧效率或煤灰具有中等以上结渣倾向时，宜采用 W 型火焰燃烧方式，经过技术经济比较，也可采用切向或对冲燃烧方式；极难着火煤种宜采用 W 型火焰燃烧方式。

7.6.4 燃烧器设计参数的选择

燃烧器区壁面热负荷 q_{Hr} 按下式计算：

$$q_{Hr}=\frac{N_r}{1000F_{Hr}} \tag{7-65}$$

式中　N_r——锅炉最大连续出力工况下输入热功率，kW；
　　　F_{Hr}——最上排、最下排一次风喷嘴或三次风喷嘴中心线间距离外加 3m 所包围的炉膛围带面积，m^2。

若是 W 型火焰燃烧方式，则不计算燃烧器区壁面热负荷。

选择切向燃烧方式直流式燃烧器工况参数时应遵从以下原则：

(1) 单只一次风喷嘴最大允许热功率的选取与炉膛截面积及煤灰熔融特性温度有关。炉膛截面积增加，则单只一次风喷嘴最大允许热功率可增加；煤灰熔融特性温度升高，则单只一次风喷嘴最大允许热功率可增加。单只一次风喷嘴热功率增大，则一次风喷嘴数量减少，层数减少。

(2) 机组容量、煤的特性对燃烧器工况参数的影响参照煤粉燃烧器设计规范给出的影响趋势。

(3) 各次风率均以扣除炉膛漏风和火检探头冷却风后的风量为 100% 进行计算。

(4) 对于高水分褐煤抽高温炉烟干燥时，其一次风率应降低；对灰熔融特性温度低而发热量高的褐煤采用低温燃烧时，为防止结渣，一次风速应高些，二次风温应低些。

(5) 煤粉燃烧器设计应与炉膛热力特性参数和制粉系统设计协同配合。

对冲燃烧方式燃烧器工况参数确定原则与切向燃烧方式基本相同。

W型火焰燃烧方式燃烧器的设计原则如下：

（1）燃烧器沿炉宽均匀布置，炉膛输入热量沿炉膛宽度尽量均匀分布。

（2）燃烧器一次、二次风率、风速选取适当，保证煤粉在下炉膛内基本燃尽，且能形成较好的W型火焰。

（3）燃烧器二次风宜采用适合无烟煤的分级配风方式。

（4）火焰燃烧方式燃烧器及其工况参数的选择与制粉系统及燃烧器的形式有关，确保煤粉着火和稳定燃烧，参照煤粉燃烧器设计规范执行。

目前国内电站W型火焰燃烧采用的制粉系统有直吹式和中间仓储式热风送粉两种，燃烧器形式主要有双调风旋流式、双旋风分离式、浓缩型双调风旋流式及直流狭缝式等几种。根据国内生产300MW、600MW级发电机组W型火焰燃烧锅炉的设计经验，煤粉燃烧器设计规范给出了这类燃烧器配风参数（BMCR工况）的推荐范围。

7.6.5 煤粉燃烧器的设计

随着锅炉容量的增大，单只燃烧器的热功率相应增加。天然气比煤粉容易燃烧，又无结渣问题，因此气体燃烧器的单只功率比煤粉燃烧器大，单只气体燃烧器的热功率可达 $11\times10^8\ m^3/h$。

对于切向直流式燃烧器，燃烧器只数是指一次风喷口的数目。600MW机组的单炉膛锅炉，每个角6只燃烧器，共24只，单只热功率为64～76MW。当机组容量达到600MW以上时，一般采用双炉膛结构，燃烧器的层数增加到6～9层，共56～72只，单只热功率为30～38.5MW，数值有所降低。根据锅炉机组热力计算标准方法，对于大容量锅炉，单只直流式燃烧器的热功率为23～52MW。

对于旋流式燃烧器，机组容量增加，如果不相应提高单只燃烧器的热功率，则会导致燃烧器数量大幅增加，使得风粉管道系统复杂，不便运行调整。如果各燃烧器之间的煤粉和空气分配不均匀，致使燃烧过程恶化，效率降低。国外公司曾将单只燃烧器的热功率提高到78～84MW，但是运行效果不好，炉内结渣严重。后来，单只燃烧器热功率限制在28～30MW，结渣减轻，氮氧化物含量降低，燃烧也容易控制。福斯特惠勒公司采用了较大容量的叶片式旋流燃烧器，510～530MW机组的单只燃烧器热功率为49～56MW。

7.6.5.1 影响单只燃烧器热功率的因素

依据以上所述，无论是直流式或旋流式燃烧器，其单只热功率的增长都是有限度的。主要是有两个方面的因素：一是和燃烧本身有关的因素；二是和炉膛截面尺寸有关的因素。与燃烧本身有关的因素主要是：

（1）单只燃烧器热功率过大会使受热面局部热负荷过高。苏联在设计超临界压力1200MW机组时，采用了15%再循环烟气进入炉膛下部，将燃烧区域的最大热流密度降到465～523 kW/m^2。为了减小热流密度，燃烧器热功率被降低到58MW，燃烧器分三排布置，使每一排燃烧器的炉膛截面热负荷不大于 $3.5\times10^3\ kW/m^2$。

（2）为了减少烟气中的氮氧化物的生成量，要求降低燃烧中心温度，燃烧器的热功率也不宜过大。

（3）采用数量较多，热功率较小的燃烧器对防止结渣也有利。

(4) 若单只热功率过大,则一次、二次风气流变厚,影响风粉的混合效果。

(5) 在低负荷或锅炉启停时,需要切换或启停部分燃烧器,如果单只燃烧器热功率过大,不利于防止火焰偏斜。

对于旋流式燃烧器,随着炉膛截面积增大,如果炉膛长度和宽度都相应增加,要使燃烧器出口气流有足够的动量,必须适当加大单只燃烧器的热功率。如果炉膛深度变化不大,只是增大宽度,则只需要增加燃烧器的个数和排数,使得单只燃烧器热功率变化不大。

对于切向直流式燃烧器,情况略有不同。随着容量的增加,炉膛的宽度和深度同时增加,要求燃烧器出口气流有较大的穿透深度。对于大容量锅炉,截面热负荷增加,炉内气流上升速度增大,这将削弱炉内气流的旋流强度,因此更需要提高气流的穿透深度,穿透深度取决于燃烧器出口的气流速度和出口截面积。对于大容量燃烧器,一次、二次风速可以适当提高,但是要受到着火条件的限制。一次风喷口的宽度目前最大可达 800mm,过大会使煤粉沿喷口宽度方向的不均匀性加大,并影响混合效果。因此,提高燃烧器出口气流穿透深度是受限制的。

7.6.5.2 燃烧器的设计计算

为了计算燃烧器的尺寸,首先要确定通过燃烧器各部分的空气量。为了保证燃料完全燃烧和经济性,必须确定燃烧器的过量空气系数 α_r,即通过燃烧器供给的总空气量与通过燃烧器供给的燃料完全燃烧所需的理论空气量之比。

通过燃烧器供给的空气量分为一次风、二次风,它们与理论空气量之比分别称为一次风供给系数 α_1 和二次风供给系数 α_2,显然有:

$$\alpha_r = \alpha_1 + \alpha_2 \tag{7-66}$$

如果采用中间仓储式制粉系统且热风送粉时,干燥剂是通过专门的喷嘴送入炉膛,该气流被称为三次风或乏气。三次风和理论空气量之比称为三次风供给系数 α_3。设细分分离器的效率为 η_f,炉膛出口过量空气系数为 α_1'',炉膛漏风系数为 $\Delta\alpha_1$,则有:

$$\alpha_1'' = \eta_f \alpha_r + \alpha_3 + \Delta\alpha_1 \tag{7-67}$$

另一种燃烧器的空气量表示方法是用一次风率 r_1 和二次风率 r_2,采用下式计算:

$$r_1 = (V_1 / \alpha_1'' V^0 B_j) \times 100\% \tag{7-68}$$

$$r_2 = (V_2 / \alpha_1'' V^0 B_j) \times 100\% \tag{7-69}$$

如果设置三次风 r_3,且设炉膛漏风率为 $r_1 \left(\dfrac{\Delta\alpha_1}{\alpha_1''} \times 100\% \right)$,则有:

$$r_1 + r_2 + r_3 + r_1 = 100\% \tag{7-70}$$

7.6.5.3 风率和风速

一次风率主要根据燃料的挥发分数值、着火条件和制粉系统计算确定。对于直流式燃烧器,考虑到管道阻力特性和输粉条件,实际运行的一次风率往往大于挥发分数值。热风送粉的一次风率允许比干燥剂送粉高。对于挥发分 >30%、燃烧性能较好的劣质烟煤,也可采用乏气送粉,一次风率应控制在 25% 左右,一次风温提高到 90℃ 以上。国内有的燃用较高挥发分的劣质烟煤的电厂,一次风温达到 200~250℃。

直流式燃烧器送入炉膛的二次风大致可分为上、中、下三种。

上二次风能压住火焰不使过分上飘,在分级配风式燃烧器中所占百分比最高,是煤粉燃烧和燃尽的主要风源,下倾角 0°~12°。

中二次风在均等配风式燃烧器中所占百分比较大,是煤粉燃烧阶段所需氧气的主要来源,下倾角5°~15°。

下二次风可防止煤粉离析,托住火焰不致过分下冲,以防止冷灰斗结渣。在固态排渣炉的分级配风式燃烧器中所占百分比较小(占二次风总量的15%~26%)。

对于大容量锅炉,为减少氮氧化物的排放量,在上二次风口之上,可设两个燃尽风喷口,这部分风量约占总风量的15%。

针对不同的煤质,还可以在一次风口的外侧(背火面)、一次风口边缘周界或中心处布置少量二次风,分别称为侧二次风、边缘风、周界风、夹心风、套筒风和中心十字风(风口十字形排列)等。

一次风速主要取决于煤粉的着火性能。乏气送粉时,一次风速可取下限,热风送粉时取上限甚至更高些。直流式燃烧器的风速常比旋流式选用的高。对于海拔高度较高、空气稀薄、气体密度较小的高原地区,一次风速应有所增大。为防止角置的燃烧器个别阻力较大的管道因一次风速过低而积粉,在实际运行时可将一次风速适当提高一些。

二次风速主要取决于气流射程、风粉的有效混合以及完全燃烧的需要。直流式燃烧器的风速如表7-2所示。

表7-2 固态排渣炉直流式燃烧器一次、二次风速的常用范围

煤种	无烟煤、贫煤	烟煤、褐煤
一次风出口速度/(m/s)	20~25	20~35
二次风出口速度/(m/s)	45~55	40~60

一次风和二次风的混合与射流动量有关。对于褐煤直流式燃烧器,二次风出口射流的动量为一次风出口射流动量的2~3倍。对于无烟煤和劣质烟煤,一般大于3倍。射流动量按下式计算:

$$I = \rho F W^2 \tag{7-71}$$

式中 ρ——气流密度,kg/m³;
F——喷口截面积,m²;
W——气流速度,m/s。

二次风与一次风的速度比,直流式燃烧器为1.1~2.3,旋流式燃烧器为1.2~1.5。

二次风与一次风的动压头比,对于燃用低挥发分煤,直流式燃烧器在2.0以上,旋流式燃烧器一般在0.6左右。最佳的二次风与一次风的动压头比应通过燃烧调整获得。

如果单只燃烧器的热功率增大,一次风和二次风的风速也要相应增大。对于直流式燃烧器,单只燃烧器的热功率每增加5.8MW,一次风速约增大1m/s,二次风速增大2~3m/s。

旋流式燃烧器的出口风速按燃烧器的圆柱形通道截面计算,不考虑扩口的影响。对有喉口的旋流式燃烧器,则选择喉口(扩口前的最小截面)作为计算截面。只计算气流的平均轴向速度,不计算切向速度。

我国旋流式燃烧器的风速见表7-3。

在选用双蜗壳式旋流燃烧器时,可先选定燃烧器出口的一次和二次风速,由一次、二次风量算出每个燃烧器的一次和二次风喷口截面积,最后按系列型号选定各部分结构尺寸。

表 7-3 旋流式燃烧器的风速常用范围

煤种	无烟煤	贫煤	烟煤	褐煤
一次风速/(m/s)	12～16	16～20	20～26	20～26
二次风速/(m/s)	15～22	20～25	30～40	25～35

表 7-4 蜗壳的锥角

燃烧器类型	燃烧器扩口 β_2	一次风喷口 β_1	中心管扩锥 $2\beta_0$
双蜗壳式	与轴线成 $0°\sim7°30'$	$0°$	$0°$
单蜗壳式	与轴线成 $30°\sim45°$	$2\beta_1=2\beta_0-(10°\sim20°)$	烟煤$\approx60°$ 贫煤$\approx90°$ 无烟煤$\approx120°$
轴向叶片式	与轴线成 $0°\sim7°30'$ 或 $30°\sim45°$	$0°$ 或 $2\beta_1=2\beta_0-(10°\sim20°)$	

在选用单蜗壳式旋流燃烧器时,计算所得的一次和二次风喷口截面积是指锥形截面的出口处(图 7-23)。锥角的选择可参考表 7-4。应先确定锥形截面出口处的尺寸,再计算出二次风圆柱形通道部分的内径,及此部分通道的截面积,该截面处的二次风速与出口处之比$\geqslant 0.8$。如果超出此范围,则可改变燃烧器扩口锥形部分的长度,使得该比值不要太小,以免引起不必要的阻力损失。

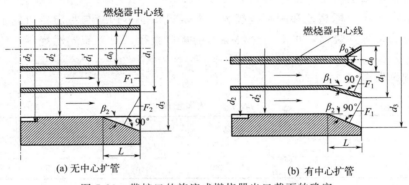

图 7-23 带扩口的旋流式燃烧器出口截面的确定

若选用轴向叶片式旋流燃烧器和燃用挥发分较小的烟煤或贫煤,中心管及一次风管喷口也常设计为锥角形。

在热风送粉的仓储式制粉系统中,三次风量按制粉系统设计而定,占总风量的 $10\%\sim18\%$。对发热值低、水分和灰分较多的劣质煤,三次风量高达 $25\%\sim35\%$,应设法将其降低。直流式燃烧器的三次风口常布置在喷口的最上层。

旋流式燃烧器一次和二次风速见表 7-5。

表 7-5 旋流式燃烧器一次和二次风速

燃烧器形式	热功率/MW	无烟煤、贫煤			烟煤、褐煤		
		W_1/(m/s)	W_2/(m/s)	W_2/W_1	W_1/(m/s)	W_2/(m/s)	W_2/W_1
双蜗壳式	23.3	14～16	18～21	1.3～1.4	20～22	26～28	1.3～1.4
	34.9	14～16	19～22	1.3～1.4	22～24	28～30	1.3～1.4
	52.3	16～18	22～26	1.3～1.4	22～24	28～30	1.3～1.4
	75.6	18～20	26～30	1.4～1.5	24～26	30～34	1.3～1.4

续表

燃烧器形式	热功率/MW	无烟煤、贫煤			烟煤、褐煤		
		W_1/(m/s)	W_2/(m/s)	W_2/W_1	W_1/(m/s)	W_2/(m/s)	W_2/W_1
单蜗壳式	23.3	14~16	17~18	1.2~1.3	16~20	22~25	1.2~1.3
	34.9	14~16	17~19	1.2~1.3	18~20	22~25	1.2~1.3
蜗壳-叶片式	34.9	18~20	25~28	1.3~1.4	22~24	30~34	1.3~1.4
	52.3	18~20	25~28	1.3~1.4	22~24	30~34	1.3~1.4
	75.6	20~22	28~30	1.4~1.5	24~26	34~36	1.4~1.5

三次风速一般取 40~60m/s，较高速度使它在高温炉烟中的穿透能力较强，以利于燃尽。

对于前墙布置的旋流式燃烧器，三次风喷嘴可以布置在后墙，其标高和上排燃烧器相同。当旋流式燃烧器对冲布置时，如果炉膛的宽度与深度之比≤1.3，三次风喷口可按切向布置于炉膛四角；如果此比值>1.3，且燃烧器布置在前墙或作对冲布置，三次风口设置在前墙上，位置比前墙上层主燃器中心线高 2.4~3.0m。三次风下倾角一般为 5°~15°，煤质越差，倾角取得越小，标高差和间距也越大。三次风口的下边缘与主燃器口的上边缘之间的垂直距离，对旋流式燃烧器，可取一个燃烧器的扩口直径，对直流式燃烧器，约取为喷口宽度的两倍。

热风温度可参考表 7-6 选取。

表 7-6 热风温度

煤种	无烟煤	贫煤、低质烟煤	褐煤		烟煤、洗中煤
			热风干燥	烟气干燥	
热风温度/℃	380~430	330~380	350~380	300~350	280~350

当喷嘴停用时，为防止喷嘴过热烧坏，可采用总二次风量的 2.5%~3.0%作为冷却风。对于大容量锅炉，有的取该喷嘴额定风量的约 10%作为冷却风。由于二次风挡板不可能关得很严密，其泄漏量可满足喷口冷却的需要。

7.6.5.4 燃烧器的结构尺寸

燃烧器的总高宽比为 h/b，对于 $D≤410t/h$ 锅炉，$h/b<6~6.5$，燃用无烟煤、贫煤的 h/b 比燃用烟煤的数值大；对于更大容量锅炉，常采用大高宽比的燃烧器，可减小排列密度（是指各次风喷口实际高度的总和与燃烧器总高度之比）或将喷口分段，每段高宽比为 4~5，各段之间的空当不应小于喷口宽度，利用空当来平衡两侧压差、减小气流偏斜。燃用挥发分较少的煤，应将燃烧器喷口之间的距离适当加大，以利于着火。如果射流两侧补气条件较好，则燃烧器的高宽比可不受限制。

切向布置的直流式燃烧器，为了使空气和燃料在炉内分布均匀，充满度好，避免火焰偏斜、贴墙和局部热负荷过高，必须选取合适的假想切圆直径 d。对于固态排渣炉，d 取 0.05~0.13 倍炉膛平均宽度，假想切圆直径常为 600~1600mm。

当炉膛长宽较大时，可采用两个不同的切圆直径，尽可能使出口射流两侧的夹角接近。如果燃烧器分组布置，则上组燃烧器喷口切圆直径应大于下组。

设计假想切圆直径还应满足下述要求：燃烧器出口截面的中心到假想切圆所作之切线和"燃烧器正方形"或"燃烧器矩形"中的对角线之间的夹角一般应为 4°～6°。

喷口下倾角的选取范围：对于固态排渣炉，除摆动式燃烧器外，国内对低挥发煤和劣质煤，大多采用三次风口和上上二次风口、次上二次风口摆动，其他喷口不动的方式。三次风口下倾 5°～15°，上上二次风口角度为 0°～12°，次上二次风口的角度为 5°～15°。

直流式燃烧器的喷口可以是圆形或矩形的。圆形喷口与矩形喷口相比，如果喷口的面积相等时，且气流以相同的初速射出，圆形喷口的气流速度衰减较慢。三次风喷口常常采用圆形，主要是考虑喷口与三次风的圆形管道连接较为方便。

根据国内经验，对固态排渣炉燃用烟煤、贫煤和褐煤，一次风和二次风大多采用矩形喷口；燃用无烟煤，当一次风全部集中采用狭长形立式喷口时，上、下二次风口有时采用圆形喷口。圆形喷口具有较小的周界比，卷吸高温烟气比矩形喷口效果差。此外，采用圆形喷口会增加燃烧器的总高度，降低燃烧区域热负荷，喷口周围暴露的空间较大，易造成结渣；不太容易根据需要的风比、风速正好凑到符合圆管的标准规格，但圆形喷口热应力较均匀，不易变形，圆管本身的刚性较好，减少水冷套焊缝数目，减小焊缝泄漏的可能性；在喷口出口断面处的风速和煤粉浓度分布较均匀。矩形喷口则相反。

7.6.5.5 直流式燃烧器计算实例

一台 200MW 机组锅炉配置了四角直流式煤粉燃烧器，其相关计算见表 7-7。该锅炉采用中间储粉仓的热风送粉系统，配钢球磨煤机。

表 7-7 燃烧器计算

名称	符号	单位	计算或取值依据	结果
计算燃煤量	B_j	kg/h	由热力计算提供	$97×10^3$
炉膛出口过量空气系数	α_1''	—	选定	1.2
热风温度	t_{rk}	℃	选定并与热力计算吻合	340
理论空气量	V^0	m³/kg	由热力计算提供	
总空气流量	V	m³/s	$\alpha_1'' V^0 B_j / 3600$	183.5
炉膛漏风系数	$\Delta\alpha_1$	—	由热力计算提供	0.05
炉膛漏风率	r_{lf}	%	$\Delta\alpha_1/\alpha_1''$	4.17
一次风率	r_1	%	选定	20
二次风率	r_2	%	$100-r_1-r_3-r_{lf}$	57.48
单根一次风管热量	Q_1	MJ	$B_j Q_{dw}/n$	128.6
一次风管根数	n	—	$4×4$	16
炉膛截面积	F_1	m²	$A×B=11.920×10.880$	129.5
一次风速	u_1	m/s	选用	25
二次风速	u_2	m/s	选用	45
风速比	u_2/u_1	—	u_2/u_1	1.8
二次风温	t_2	℃	$t_{rk}-5$	335
二次风量	V_2	m³/s	$Vr_2(273+t_2)/273$	235
二次风出口截面积	F_2	m²	V_2/u_2	5.23

续表

名称	符号	单位	计算或取值依据	结果
煤粉水分	W_{mf}	%	由制粉系统计算	10
煤粉温度	t_{mf}	℃	由制粉系统计算	50
煤粉比热容	c_{mf}		由制粉系统计算	0.921
混合器前热风比热容	c_{rk}	kJ/(kg·℃)	由 t_2 查取	1.03
一次风混合物中空气比热容	c_{k1}	kJ/(kg·℃)	由 t_1 查取	1.028
一次风混合温度	t_1	℃	先假定,后校核	250
单位煤粉加热量	q_1	kJ/kg	$c_{mf}(t_1'-t_{mf})(100-W_{mf})/100$	
煤粉水分加热耗热量	q_2	kJ/kg	$4.187(595+0.45t_1'-t_{mf})W_{mf}/100$	
一次风放热量	q_3	kJ/kg	$1.285\alpha_1''V^0 r_1(c_{rk}t_2-c_{k1}t_1')$	
单位燃料蒸发的水分	ΔW	kg/kg	由制粉系统计算	0.0514
磨煤机台数	Z_m		由制粉系统计算	2
磨煤机出力	B_m	kg/h	由制粉系统计算	57.2×10^3
一次风的总煤粉量	B_{mf}	kg/h	$(1-\Delta W)(B_j-0.15Z_m B_m)$	77.7×10^3
煤粉总耗热量	Σq	kJ/h	$B_{mf}(q_1+q_2)$	
一次风总放热量	$\Sigma q'$	kJ/h	$B_j q_3$	
一次风混合物温度	t_1'	℃	按热平衡计算 $\Sigma q=\Sigma q'$	250
一次风喷口风温	t_1	℃	$t_1=t_1'-5$	245
一次风量	V_1	m³/s	$Vr_1(273+t_1)/273$	69.7
一次风喷口截面积	F_1	m²	V_1/u_1	2.79
燃烧器阻力计算				
一次风阻力系数	ζ_1		按结构特性考虑摩擦及局部阻力	3.2
一次风密度	ρ_1	m³/kg	$1.285\times273/(273+t_1)$	0.675
一次风阻力	ΔP_1	Pa	$\zeta_1\rho_1 u_1^2/2$	676
二次风阻力系数	ζ_2		按结构特性	2.3
二次风密度	ρ_2	m³/kg	$1.285\times273/(273+t_2)$	0.573
二次风阻力	ΔP_2	Pa	$\zeta_2\rho_2 u_2^2/2$	1348
三次风计算				
单位燃料干燥剂量	g_1	kg/kg	由制粉系统计算	1.85
干燥剂热风率	r_{rk}		由制粉系统计算	0.486
制粉系统漏风率	K_{lj}		由制粉系统计算	0.25
三次风量	g_3	kg/kg	$g_1(r_{rk}+K_{lj})$	1.35
三次风率	r_3	%	$g_3 Z_m B_m/(1.25\alpha_1''V^0 B_j)$	18.35
磨煤机出口温度	t_m''	℃	由制粉系统计算	100
三次风温度	t_3	℃	$t_m''-10$	90
三次风体积	V_3	m³/kg	$(g_3/1.285+\Delta W/0.804)(273+t_3)/273$	
三次风流量	Q_3	m³/s	$V_3 Z_m B_m/3600$	47.2
三次风速	u_3	m/s	选用	50

续表

名称	符号	单位	计算或取值依据	结果
三次风口截面积	F_3		Q_3/u_3	0.945
三次风密度	ρ_3		$1.285\times273/(273+t_3)$	0.968
三次风阻力系数	ζ_3		按结构特性,考虑煤粉浓度	1.8
三次风阻力	ΔP_3	Pa	$\zeta_3\rho_3 u_3^2/2$	2174

燃烧器计算汇总见表 7-8。

表 7-8 燃烧器计算汇总

名称	风率/%	风温/℃	风速/(m/s)	出口面积/m²	阻力系数	阻力/Pa
一次风	20	245	25	2.79	3.2	676
二次风	57.45	335	45	5.23	2.3	1346
三次风	18.35	90	50	0.945	1.8	2174

思考题与习题

7-1 分析煤热解反应的过程及每个反应过程的作用。

7-2 试分析灰分对焦炭燃烧的影响。

7-3 将少量的水蒸气通入处于燃烧的焦炭空间,焦炭燃烧如何变化?

7-4 试简述碳球燃烧的过程,并画出在 1000℃ 左右碳球周围的浓度和温度变化趋势曲线。

7-5 一碳球在燃烧时的对流质量扩散系数分别为 2m/s、8m/s 和 16m/s,反应速率常数为 0.2m/s,试判断该燃烧状态分别属于什么样的控制模式?

7-6 细度约为 50μm 的碳颗粒在跨度为 25m 的空间中燃烧,运动速度为 16m/s,碳颗粒燃烧常数为 $2.0\times10^{-7}\mathrm{m}^2/\mathrm{s}$,试问碳颗粒能否在该空间中燃尽?

7-7 一个锅盔烤炉,其内放置着燃烧的火红木炭,在贴入烤饼之后即盖上炉盖。过了一会儿时间,当炉盖从烤炉上移开的一瞬间,发出"砰"的一声爆炸,试解释此现象。

第 8 章
颗粒污染物的控制

根据物质的形态，烟气中污染物分为颗粒物污染物和气态污染物，其净化机理、方法及所选用的装置有显著差别。本章讨论烟气去除颗粒物的原理和设备。

8.1 颗粒的粒径及粒径分布

颗粒特性对颗粒物脱除方法的选择、处理性能有重要影响。颗粒大小是颗粒物的基本特性之一，不同大小的颗粒在物理过程和化学过程中会展现出不同的行为与特性。

8.1.1 颗粒的粒径

颗粒的粒径主要分为单一粒径和平均粒径。常用的单一粒径有投影径、等体积径、分割粒径、斯托克斯径、空气动力学径。在除尘技术中，主要采用斯托克斯径和空气动力学径，因为两者与颗粒在流体力学中的动力学行为有密切关系。

8.1.1.1 空气动力学径

某一种类的粉尘粒子，不论其形状、大小和密度如何，如果它在空气中的沉降速度与一种相对密度为 1 的球形粒子的沉降速度一样时，则这样球形粒子的直径被称为该种粉尘粒子的空气动力学径。空气动力学径主要特征是：

（1）同一空气动力学径的尘粒趋向于沉降在人体呼吸道内的相同区域。
（2）同一空气动力学径的尘粒在大气中具有相同的沉降速度和悬浮时间。
（3）同一空气动力学径的尘粒通过旋风器和其他除尘装置时具有相同的概率。
（4）同一空气动力学径的尘粒进入粉尘采样系统时具有相同的概率。

8.1.1.2 斯托克斯径

某一种类的粉尘粒子在静止空气中作低雷诺数（$Re<2.0$）运动时，达到与相对密度为 1 的球形粒子相同的最终沉降速度时的直径。其定义式为：

$$d_{st}=\left[\frac{18\mu V_t}{(\rho_p-\rho)g}\right]^{\frac{1}{2}} \tag{8-1}$$

式中 V_t——颗粒在流体中的终端沉降速度，m/s。

粒径的测定方法不同，其定义方法也不同，得到的粒径数值也有很大差别，因而实际中可根据应用目的选择粒径的测定方法或定义方法。

8.1.1.3 颗粒的圆球度

粒径的测定结果与颗粒的形状有密切关系。通常采用圆球度表示颗粒形状与圆球形颗粒不一致的尺度。圆球度是与颗粒体积相等的圆球的外表面积与颗粒的外表面积之比。例如，正方体的圆球度为 0.806。若圆柱体的直径为 d，长度为 l，则圆柱体的圆球度为：

$$\Phi_s = 2.62 \left(\frac{l}{d}\right)^{\frac{2}{3}} \Big/ \left(1 + \frac{2l}{d}\right) \tag{8-2}$$

在实际中，常见颗粒的圆球度见表 8-1。

表 8-1 一些颗粒的圆球度

颗粒种类	沙粒	铁催化剂	烟煤	破碎的固体	二氧化硅	粉煤
圆球度	0.534~0.628	0.578	0.625	0.63	0.554~0.628	0.696

8.1.2 粒径分布

粒径分布是指某一粒子群中不同粒径的粒子所占的比例（个数或质量或表面积）。在除尘技术中，大多采用粒径的质量分布。

8.1.2.1 个数分布

位于粒径区间 $[d_p, d_p + \Delta d_p]$ 的粒子个数占粒子总数的比例，称为个数频率。其表达式为：

$$f_i = \frac{n_i}{\sum n_i} \tag{8-3}$$

小于一定粒径的所有颗粒个数与颗粒总个数之比，称为个数筛下累积频率。其表达式为：

$$F_i = \sum_0^i f_i \tag{8-4}$$

根据概率统计，个数频率与个数筛下累积频率有下述关系：

$$f_{a-b} = F_b - F_a = \int_{d_{pa}}^{d_{pb}} \frac{\mathrm{d}F}{\mathrm{d}p} \mathrm{d}d_p = \int_{d_{pa}}^{d_{pb}} p \, \mathrm{d}d_p \tag{8-5}$$

显然，函数 $p(d_p) = \mathrm{d}F/\mathrm{d}d_p$ 为一种概率密度，称为个数频率密度。根据定义，个数筛下累积频率 F 和个数频率密度 d_p 皆是粒径的连续函数。F 曲线是一条有拐点的 S 形曲线，拐点对应个数频率密度最大值，该点粒径称为众径，其关系式为：

$$\frac{\mathrm{d}p}{\mathrm{d}d_p} = \frac{\mathrm{d}^2 F}{\mathrm{d}d_p^2} = 0 \tag{8-6}$$

将 $F=0.5$ 时所对应的粒径称为中位粒径，记作 d_{50}。

8.1.2.2 质量分布

位于粒径区间 $[d_p, d_p + \Delta d_p]$ 的粒子质量占粒子总质量的比例，称为质量频率。其表达式为：

$$g_i = \frac{m_i}{\sum m_i} \tag{8-7}$$

小于一定粒径的所有颗粒质量与颗粒总质量之比，称为质量筛下累积频率。其表达式为：

$$G_i = \sum_0^i g_i \tag{8-8}$$

根据概率统计，个数频率与个数筛下累积频率有下述关系：

$$g_{a-b} = G_b - G_a = \int_{d_{pa}}^{d_{pb}} \frac{dG}{d_p} dd_p = \int_{d_{pa}}^{d_{pb}} q\, dd_p \tag{8-9}$$

显然，函数 $q(d_p) = dG/dd_p$ 为一种概率密度，称为质量频率密度。

假设所有颗粒都具有相同的密度，颗粒的质量与其粒径的立方成正比，则可以将颗粒个数分布数据转换为颗粒质量分布数据，也可以进行相反的换算。

8.1.3 粒径分布函数

为了描述一定种类的粉尘粒径分布，已经找到一些半经验函数形式，常用的函数有正态分布函数、对数正态分布函数和 Rosin-Rammler 分布函数。最理想的函数形式只包含两个常数：一个常数表示粉尘颗粒总体尺寸的大小，即所定义的平均粒径；另一个常数表示粒径的分散情况。

8.1.3.1 正态分布函数

$$p(d_p) = \frac{100}{\sigma\sqrt{2\pi}} \exp\left[-\frac{(d_p - \overline{d}_p)^2}{2\sigma^2}\right] \tag{8-10}$$

$$\sigma^2 = \frac{\sum n_i (d_p - \overline{d}_p)^2}{N-1} \tag{8-11}$$

式中 $\overline{d}_p$——算术平均粒径，m；

d_p——粒径，m；

σ——标准差，m；

N——颗粒的总个数。

正态分布函数的特征数为 $\overline{d}_p$ 和 σ。

$$\sigma = \frac{1}{2}(d_{15.9} - d_{84.1}) \tag{8-12}$$

8.1.3.2 对数正态分布函数

如果以粒径的对数作为变量，那么所作出的频率密度 p（或 q）曲线为对称性钟形曲线，如同正态分布曲线，可以认为该颗粒分布符合对数正态分布。

对数正态分布函数为：

$$f(\ln d_p) = \frac{100}{\sqrt{2\pi} d_p \ln \sigma_g} \exp\left[-\left(\frac{\ln \dfrac{d_p}{\overline{d}_g}}{\sqrt{2}\ln \sigma_g}\right)^2\right] \tag{8-13}$$

$$F(\ln d_p) = \frac{1}{\sqrt{2\pi}\ln\sigma_g} \int_{-\infty}^{\ln d_p} \exp\left[-\left(\frac{\ln d_p}{\sqrt{2}\ln\sigma_g}\right)^2\right] d(\ln d_p) \qquad (8\text{-}14)$$

$$\ln\sigma_g^2 = \frac{\sum n_i \left(\frac{\ln d_p}{\overline{d}_p}\right)^2}{N-1} \qquad (8\text{-}15)$$

在颗粒粒径分布数据分析中，常用对数概率坐标和对数粒径坐标，符合正态分布的累积频率曲线为一直线，直线的斜率取决于几何标准差 σ_g。其可表示为：

$$\sigma_g = \frac{d_{84.1}}{d_{50}} = \frac{d_{50}}{d_{15.9}} = \left(\frac{d_{84.1}}{d_{15.9}}\right)^{\frac{1}{2}} \qquad (8\text{-}16)$$

显然，几何标准差为两种粒径之比，量纲为 1，且 $\sigma_g \geqslant 1$。如果 $\sigma_g = 1$，则颗粒分布为单分散的粒径分布（粒径相同）。

如果颗粒物的粒径分布符合对数正态分布，那么其质量分布、表面积分布将如何呢？它们皆是具有相同的几何标准差，频率密度分布曲线形状相同，累积频率分布曲线在对数概率坐标图中为相互平行的直线，只是沿粒径坐标移动了一个常量距离。若将质量中位粒径记作 d_{mm}，个数中位粒径记作 d_{nm}，表面积中位粒径记作 d_{sm}，则三者之间的关系为：

$$\ln d_{mm} = \ln d_{nm} + 3\ln^2 \sigma_g \qquad (8\text{-}17)$$

$$\ln d_{sm} = \ln d_{nm} + 2\ln^2 \sigma_g \qquad (8\text{-}18)$$

$$\sigma_g = \frac{d_{84.1}}{d_{50}} = \frac{d_{50}}{d_{15.9}} = \left(\frac{d_{84.1}}{d_{15.9}}\right)^{\frac{1}{2}} \qquad (8\text{-}19)$$

数学证明，符合正态分布的颗粒物，如果已知几何标准差和中位粒径的数值，即可计算各种平均粒径，表达式为：

$$\ln \overline{d}_L = \ln d_{nm} + \frac{1}{2}\ln^2 \sigma_g \qquad (8\text{-}20)$$

$$\ln \overline{d}_S = \ln d_{nm} + \ln^2 \sigma_g \qquad (8\text{-}21)$$

$$\ln \overline{d}_V = \ln d_{nm} + \frac{3}{2}\ln^2 \sigma_g \qquad (8\text{-}22)$$

$$\ln \overline{d}_{SV} = \ln d_{nm} + \frac{5}{2}\ln^2 \sigma_g \qquad (8\text{-}23)$$

大气中气溶胶、工业粉尘多服从此分布。

8.1.3.3 Rosin-Rammler 分布函数

Rosin-Rammler 分布简称为 R-R 分布，质量筛下累积频率为：

$$G = 1 - \exp(-\beta d_p^n) \qquad (8\text{-}24)$$

式中　n——分布指数；

　　　β——分布系数。

R-R 分布具有什么样的特性呢？如何确定 β 和 n 两个参数？假设 $\beta = (1/\overline{d}_p)^n$，则 R-R 分布改写为：

$$G = 1 - \exp\left[-\left(\frac{d_p}{\overline{d}_p}\right)^n\right] \qquad (8\text{-}25)$$

式中 $\bar{d}_p$——任意取的粒径数值，常用质量中位粒径 $d_{mm}(d_{50})$ 或 $d_{63.2}$。于是，上式变为：

$$G = 1 - \exp\left[-0.693\left(\frac{d_p}{d_{50}}\right)^n\right] \tag{8-26}$$

$$G = 1 - \exp\left[-\left(\frac{d_p}{d_{63.2}}\right)^n\right] \tag{8-27}$$

Sperling 和 Bennett 提出 RRS 分布函数。通过比较以上两式，可得：

$$d_{50} = 0.693^{\frac{1}{n}} d_{63.2} \tag{8-28}$$

通过对式（8-27）求二阶微分，且令其为 0，众径为：

$$d_d = \left(\frac{n-1}{n}\right)^{\frac{1}{n}} d_{63.2} \tag{8-29}$$

判别粒径分布数据是否符合 R-R 分布，采用线性化作图法即可获得。

$$\lg\left[\ln\left(\frac{1}{1-G}\right)\right] = \lg\beta + n\lg d_p \tag{8-30}$$

如果得到的是一条直线，则说明粒径分布符合 R-R 分布，由直线的截距求出常数 β，由直线的斜率求出指数 n。

R-R 分布函数适用范围较广，对于破碎、研磨、筛分过程产生的较细颗粒物更为适用。由分析可知，当分布指数大于 1 时，近似于对数正态分布；当分布指数大于 3 时，中位粒径、众径和算术平均粒径大致相等，更适合于对数正态分布。

8.2 粉尘的物理性质

本节介绍粉尘的物理性质，主要有粉尘的密度、含水率、润湿性、荷电性、导电性、黏附性、安息角与滑动角、比表面积、自燃性和爆炸性。

8.2.1 粉尘的密度

由于粉尘是许多细小颗粒的集合体，因此粉尘的体积由粉尘自身所占的真实体积和粉尘颗粒之间的空隙体积组成，从而粉尘的密度被分为真密度和堆积密度。粉尘的真密度是指每单位体积（不包括空隙体积）粉尘颗粒材料所具有的质量，即密实状态下单位体积粉尘的质量。粉尘的堆积密度是指每单位粉尘松体积所具有粉尘的质量，即自然堆积状态下单位体积粉尘的质量。

将粉尘颗粒间和内部空隙的体积与堆积的总体积之比称为空隙率，记作 ε，则颗粒的真实密度与堆积密度之间关系为：

$$\rho_b = (1-\varepsilon)\rho_p \tag{8-31}$$

对于一定种类的粉尘，其真实密度为一定值，堆积密度则随空隙率而变化。空隙率与粉尘的种类、粒径大小及填充方式等因素有关。粉尘越细，吸附的空气越多，空隙率越大；填充过程在加压或振动情况下，空隙率将有所减小。

粉尘的真密度一般用于研究粉尘在气体中的运动、分离和去除等方面，堆积密度用于储仓或灰斗的容积确定等方面。

粉尘密度是除尘设备选型的依据之一。一般情况下，对于密度大的粉尘，可以选用重力除尘器、惯性除尘器和旋风除尘器。而对于密度小的粉尘，采用上述除尘方式往往没有好的除尘效果。这是因为粉尘在重力场或者离心力场中沉降时，其沉降速度与尘粒的密度成正比。

8.2.2 粉尘的含水率

粉尘一般均含有一定的水分，水分包括自由水分和紧密结合在颗粒内部的结合水分。化学结合的水分，如结晶水等是作为颗粒的组成部分，不能用干燥的方法除掉，否则将破坏物质本身的分子结构，因而不属于水分的范围。干燥作业时可以去除自由水分和一部分结合水分，其余部分作为平衡水分残留，其数量随干燥条件而变化。粉尘的水分含量，一般用含水率表示，是指粉尘所含水分质量与粉尘总质量（包括干粉尘与水分）之比。

粉尘含水率的大小会影响粉尘的其他物理性质，如导电性、黏附性、流动性等，这些物性在设计除尘装置时必须加以考虑。

粉尘的含水率与粉尘从周围空气中吸收水分的能力有关。若尘粒能溶于水，则处于潮湿气体的尘粒表面上会形成溶有该物质的饱和水溶液。如果溶液上方的水蒸气分压小于周围气体中的水蒸气分压，该物质将由气体中吸收水蒸气，即发生吸湿现象。对于不溶于水的尘粒，吸湿过程开始是尘粒表面对水分子的吸附，然后是在毛细力和扩散作用下逐渐增加对水分的吸收，当尘粒上方的水蒸气分压与周围气体的水汽分压相等时达到吸收平衡，对应的含水率被称为粉尘的平衡含水率。可以认为，粉尘的平衡含水率对应于一定的气体相对湿度。

8.2.3 粉尘的润湿性

粉尘颗粒与液体接触能否相互附着或附着难易程度的性质称为粉尘的润湿性。粉尘的润湿性与粉尘的种类、粒径、形状、生成条件、组分、温度、含水率、表面粗糙度及荷电性等性质有关。例如，水对飞灰的润湿性要比对滑石粉好得多；球形颗粒的润湿性要比形状不规则、表面粗糙的颗粒差。粉尘越细，润湿性越差，如石英的润湿性虽好，但粉碎成粉末后润湿性将大为下降。粉尘的润湿性随压力的增大而增大，随温度的升高而下降。粉尘的润湿性还与液体的表面张力、粉尘与液体之间的黏附力和接触方式有关。

例如，酒精、煤油的表面张力小，对粉尘的润湿性就比水好；某些细粉尘，特别是粒径小于 $1\mu m$ 的尘粒，就难以被水润湿，其原因是比表面积大的细粉对气体有很强的吸附作用，使得尘粒表面存在着一层气膜，只有当在尘粒与水滴之间以较高的相对速度运动而冲破气膜时，两者才能相互附着。在各种湿式除尘技术中，粉尘的浸润性是选择除尘设备的主要依据之一。对于润湿性好的亲水性粉尘（中等亲水、强亲水），可以选用湿式除尘器净化气体。对于润湿性差的疏水性粉尘，则不宜采用湿式除尘技术。

8.2.4 粉尘的荷电性

粉尘的荷电性是指粉尘荷电能力的性质。天然粉尘和工业粉尘几乎都带有一定的正电荷或负电荷，也有中性的。致使粉尘荷电的因素很多，例如，电离辐射、高压放电，或者高温产生的离子或者电子被颗粒所捕获使得粉尘荷电，固体颗粒相互碰撞或者它们与壁面发生摩擦所产生的静电等也会使粉尘获得电荷。此外，粉尘在产生过程中可能已经荷电，如粉体的分散和液体的喷雾都可能产生荷电的气溶胶。粉尘的荷电性用荷电量表示，即单位面积上所带电量或电子的多少。在干空气情况下，粉尘表面的最大荷电量约为 $2.73×10^{-9}C/cm^2$，而天然粉尘和人工粉尘的荷电量一般仅为最大荷电量的 1/10 量级。

粉尘荷电后，某些物理特性将会发生改变，如凝聚性、黏附性及其在气体中的稳定性等，也会增强对人体的危害。粉尘的荷电量随温度增高、表面积增大及含水率减小而增加，还与其化学组成等有关。

分析粉尘的荷电性就是为研究尘粒运动的规律特性、开发新型高效除尘设备和控制粉尘危害提供重要基础数据。

8.2.5 粉尘的导电性

粉尘的导电性通常用电阻率表示：

$$\rho_d = \frac{V}{J\delta} \tag{8-32}$$

式中　V——通过粉尘的电压，V；

　　　J——通过粉尘的电流密度，A/cm^2；

　　　δ——粉尘层的厚度，cm。

粉尘的导电取决于粉尘、气体的温度和组成成分。在高温（＞200℃）范围内，粉尘层的导电主要取决于粉尘本体内部的电子或离子。这种本体导电占优势的粉尘电阻率称为体积电阻率。在低温（＜100℃）范围内，粉尘的导电主要靠尘粒表面吸附的水分或其他化学物质中的离子进行。这种表面导电占优势的粉尘电阻率称为表面电阻率。在中间温度范围内，两种导电机制皆起作用，粉尘电阻率是表面和体积电阻率的合成。

在高温范围内，粉尘电阻率随温度升高而降低，其大小取决于粉尘的化学组成。例如，具有相似组成的燃煤锅炉飞灰，电阻率随飞灰中钠或锂的含量增加而降低。在低温范围内，粉尘电阻率随温度的升高而增大，随气体中水分或其他化学物质（如 SO_3）含量的增加而降低。在中间温度范围内，两种导电机制都较弱，因而粉尘电阻率达到最大值。

粉尘的电阻率对电除尘器的运行具有显著的影响，最适宜电除尘器工作的电阻率范围为 $10^4 \sim 10^{10} \Omega \cdot cm$，粉尘的电阻率过大或过小都会降低电除尘器的除尘效率。

8.2.6 粉尘的黏附性

粉尘粒子附着在固体表面上或它们之间相互凝聚的可能性称为粉尘的黏附性。附着的强度，即克服附着现象所需要的力（垂直作用于颗粒重心上）称为黏附力。

粉尘之间的各种黏附力，从微观上看可分为三种（不包括化学黏合力）：分子力（范德华力）、毛细力和静电力（库仑力）。三种力的综合作用形成粉尘的黏附力。通常采用粉尘层的断裂强度作为表征粉尘黏附性的基本指标。根据断裂强度的大小，将粉尘分成四类：不黏性（＜60Pa）、微黏性（60～300Pa）、中等黏性（300～600Pa）和强黏性（＞600Pa）。

粉尘的黏附力与粉尘的粒径、形状、表面粗糙度、润湿性、荷电大小等有关。例如，实验研究表明，黏附力与颗粒的粒径成反比，当 60%～70% 的粉尘粒径小于 $10\mu m$ 时，其黏性力增强很大。

黏附力大具有双重效应。黏附力大利于除尘,但易于附着会造成管道和设备的堵塞。

8.2.7 粉尘的安息角和滑动角

粉尘通过漏斗连续自然堆放在水平面上,堆积成的锥体母线与水平面的夹角称为粉尘的安息角或堆积角,一般为35°~55°。

将粉尘置于光滑的平板上,使平板倾斜直到粉尘开始滑动时,平板与水平面的夹角称为粉尘的滑动角,一般为40°~55°。

粉尘的安息角和滑动角是评价粉尘流动性的重要指标。粉尘的安息角越小,相应的流动性越好。一般认为安息角小于30°的粉尘,流动性好;安息角大于40°的粉尘,流动性差。粉尘安息角和滑动角是设计储灰斗(或粉料仓)的锥度和输灰管路倾斜度的主要依据。

影响粉尘安息角和滑动角的因素主要有粉尘粒径、含水率、颗粒形状、颗粒表面光滑程度及粉尘黏性等。对于同一种粉尘,粒径越小,颗粒间的接触面积增大,相互吸附力增大,安息角越大。粉尘的含水率增加,安息角增大。圆球度越接近于1和表面越光滑的粉尘,安息角越小。

8.2.8 粉尘的比表面积

比表面积是指单位质量(或体积)粉尘所具有的表面积,单位是 m^2/g(m^2/m^3)。粉尘的比表面积的变化范围很广。大部分烟尘的比表面积在 $1000cm^2/g$(粗烟尘)到 $10000cm^2/g$(细烟尘)之间。

粉尘的许多物理和化学性质与其比表面积大小有关。粉尘越细,比表面积越大。通过粉尘层的流体阻力随颗粒比表面积增大而增大;有些粉尘的爆炸危险性和毒性随粒径减小而增大;粉尘的润湿性和黏附性也与其比表面积相关。

8.2.9 粉尘的自燃性和爆炸性

粉尘的自燃性是指粉尘在常温下存放的过程中自燃发热,此热量经过长时间的积累,达到该粉尘的燃点而引起燃烧的现象。引起粉尘自燃的原因在于自燃发热,且产热速率超过体系的散热速率,使体系热量不断积累所致。

引起粉尘自燃发热的主要原因有:

(1) 氧化热,即粉尘与空气中的氧接触而发热,包括金属粉末类(锌、铝、钴、锡、铁、镁、锰等及其合金的粉末)、碳素粉末类和其他粉末(胶木、黄铁矿、煤、橡胶、原棉、骨粉、鱼粉等)。

(2) 分解热,因粉尘中一些化学物质自燃分解而发热,例如漂白粉、亚硫酸钠、硝化棉、赛璐珞等。

(3) 聚合热,因粉尘中所含的聚合物单体发生聚合而发热,如聚丙腈、聚乙烯和异丁烯酸盐等。

(4) 发酵热,因微生物和酶的作用使粉尘中所含的有机物降解而发热的物质,如干草、饲料等。

各种粉尘的自燃温度相差很大。有些粉尘自燃温度较低,如黄磷、还原铁粉、还原镍粉、烷基铝等，它们同空气的反应活化能极小，在常温下暴露于空气中就可能直接着火。

粉尘的自燃除取决于粉尘本身的结构和物化性质外，还取决于粉尘的存在状态和环境。处于悬浮状态粉尘的自燃温度比堆积状态粉尘的高得多。悬浮粉尘的粒径越小、比表面积越大、浓度越高，越易自燃。堆积粉体松散，环境温度低，通风良好，则不易自燃。

粉尘爆炸，指可燃性粉尘在爆炸极限范围内，遇到热源（明火或高温），产生剧烈的氧化反应，化学反应速率极快，火焰瞬间传播于整个混合粉尘空间，同时释放大量的热，形成很高的温度和压力，系统的能量转化为机械能以及光和热的辐射，具有很强的破坏力。

粉尘爆炸必须具备的条件是：一是有充足的空气或氧化剂，与粉尘混合达到一定的浓度范围；二是具有足够的火源或者强烈振动与摩擦。

有些粉尘与水接触后会引起自燃或爆炸，如镁粉、碳化钙粉等；有些粉尘相互接触或混合后也会引起爆炸，如溴与磷、锌粉与镁粉等。

8.3 净化装置的性能

净化装置的性能指标主要是技术性能指标和经济指标。技术性能指标主要有处理气体流量、净化效率和压力损失等；经济指标主要有设备费用、运行费用和占地面积等。在工程设计中，还要考虑安装、操作和检修等因素。本节讨论净化技术性能。

8.3.1 处理气体流量

处理气体流量是表示处理气体能力大小的指标，一般以体积流量表示。如图 8-1 所示，在实际运行中，由于泄漏的原因，致使净化装置的进口与出口的气体流量不同，因此采用进口与出口流量的平均值作为处理气体流量，其为：

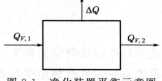

图 8-1　净化装置平衡示意图

$$Q_V = \frac{1}{2}(Q_{V,1} + Q_{V,2}) \tag{8-33}$$

$$\delta = \frac{Q_{V,1} - Q_{V,2}}{Q_{V,1}} \times 100\% \tag{8-34}$$

8.3.2 净化效率

净化效率是表示净化污染物效果的重要技术指标。对于除尘装置，则指除尘效率。

除尘装置的总效率指在同一时间内净化装置去除粉尘的量与进入装置的粉尘量之比。根据质量守恒定律，除尘装置的粉尘进出口的质量相等，即：

$$Q_{m,1} = Q_{m,2} + Q_{m,3} \tag{8-35}$$

则除尘效率为：

$$\eta = \frac{Q_{m,3}}{Q_{m,1}} = 1 - \frac{Q_{m,2}}{Q_{m,1}} \tag{8-36}$$

已知气体含尘浓度，并假设净化装置没有气体泄漏，则除尘效率为：

$$\eta = 1 - \frac{\rho_{m,2}}{\rho_{m,1}} \tag{8-37}$$

为了说明粉尘排放率，有时采用通过率 P 表示，其为：

$$P = 1 - \eta \tag{8-38}$$

除尘装置的总效率与粉尘粒径有很大关系。为了表示除尘效率与粒径的关系，提出分级除尘效率。

分级除尘效率指除尘装置对某一粒径 d_{pi} 或粒径间隔 Δd_p 内粉尘的除尘效率，以 $\eta_i = f(d_{pi})$ 函数表示。

依据某一粒径的质量平衡，即可获得分级效率为：

$$\eta_i = \frac{Q_{m,3i}}{Q_{m,1i}} = 1 - \frac{Q_{m,2i}}{Q_{m,1i}} \tag{8-39}$$

如果分级效率为 50%，则与此值对应的粒径为除尘器的分割粒径，记作 d_c。在讨论除尘器性能时常用到分割粒径。

如何根据总效率求分级效率？根据质量频率定义和分级效率定义：

$$g_i = \frac{m_i}{\sum m_i} \tag{8-40}$$

$$\eta_i = \frac{m_{3i}}{m_{1i}} = 1 - \frac{m_{2i}}{m_{1i}} \tag{8-41}$$

$$m_{1i} = m_1 g_{1i}, m_{2i} = m_2 g_{2i}, m_{3i} = m_3 g_{3i} \tag{8-42}$$

$$\eta_i = \frac{m_{3i}}{m_{1i}} = \frac{m_3 g_{3i}}{m_1 g_{1i}} = \eta \frac{g_{3i}}{g_{1i}} \tag{8-43}$$

在设计计算中，也可以由分级效率求总效率。对计算式 $g_{1i}\eta_i = \eta g_{3i}$ 两端粒径间隔求和，即可得：

$$\eta = \sum_i g_{1i} \eta_i \tag{8-44}$$

如果给出分级效率的函数 $\eta_i(d_p)$ 和进口粉尘质量累积频率分布函数 $G_1(d_p)$，则总效率为：

$$\eta = \int_0^1 \eta_i dG_1 \tag{8-45}$$

在实际工程中，有时将两种或多种不同类型的除尘器串联使用，以达到除尘的要求。根据质量守恒，容易获得多级串联运行时的总净化效率为：

$$\eta_t = 1 - (1-\eta_1)(1-\eta_2)\cdots(1-\eta_n) \tag{8-46}$$

8.3.3 压力损失

压力损失是代表除尘装置能耗大小的技术经济指标，系指除尘装置的进口气流与出口气流全压之差。净化装置压力损失的大小不仅取决于除尘装置的种类和结构形式，还与处理的气量大小有关。其压力损失为：

$$\Delta P = \zeta \frac{\rho v^2}{2} \tag{8-47}$$

式中 ζ——装置的阻力系数；
ρ——气流的密度，kg/m^3；
v——气流的平均速度，m/s。

净化装置的压力损失是气流通过装置时所消耗的机械能，它与通风机所耗功率成正比，因此压力损失需要尽可能减小。多数除尘装置的压力损失在 1~2kPa，一般通风机具有 2kPa 左右的压力。

8.4 颗粒捕集的理论基础

除尘过程的机理就是将含尘气流引入除尘装置，颗粒在一种力或者几种力的合力作用下偏离气流方向并被分离出来。流体中颗粒所受的力有附加受力、流体阻力和颗粒间的相互作用力。附加受力有重力、离心力、惯性力、静电力、磁力、热力和泳力等。颗粒在流体中的运动属于二相流问题。

8.4.1 颗粒的流体阻力

颗粒在气流中的流体阻力有形状阻力和摩擦阻力。流体阻力的方向总是与速度方向相反；流体阻力的大小与颗粒的形状、粒径、表面特性、运动速度及流体的种类和性质有关，其大小由下式表示：

$$F_D = \frac{1}{2} C_D A_p \rho u^2 \tag{8-48}$$

式中 C_D——颗粒的无量纲阻力系数；
A_p——颗粒在垂直于流动方向上的投影面积，m^2；
ρ——流体的密度，kg/m^3；
u——流体速度，m/s。

根据相似理论，阻力系数是颗粒雷诺数的函数。颗粒雷诺数定义为：

$$Re_p = \frac{d_p u \rho}{\mu} \tag{8-49}$$

式中 d_p——颗粒粒径，m；
u——气流速度，m/s；
μ——气流的动力黏度，Pa·s。

颗粒阻力系数的经验公式按雷诺数范围选取。当 $Re_p \leqslant 1$ 时，$C_D = 24/Re_p$。如果颗粒为球形，则其流动阻力可写为 $F_D = 3\pi\mu d_p u$，即是斯托克斯阻力定律，因此雷诺数在 $Re_p \leqslant 1$ 的范围被称为斯托克斯区域。当 $1 < Re_p \leqslant 500$ 时，颗粒运动处于湍流过渡区，$C_D = 18.5/Re_p^{0.6}$。当 $500 < Re_p \leqslant 2 \times 10^5$ 时，颗粒运动处于湍流状态，$C_D \approx 0.44$，$F_D = 0.055\pi\rho d_p^2 u^2$。

如果颗粒粒径小到气体分子平均自由程大小,则颗粒与气体分子会发生"滑动"现象,滑动使得颗粒所受的流体阻力减小。为了修正滑动的影响,斯托克斯阻力定律修正为:

$$F_D = \frac{3\pi\mu d_p u}{C} \tag{8-50}$$

$$C = 1 + Kn\left[1.257 + 0.4\exp\left(-\frac{1.1}{Kn}\right)\right] \tag{8-51}$$

$$Kn = \frac{2\lambda}{d_p} \tag{8-52}$$

$$\lambda = \frac{\mu}{0.499\rho\bar{u}} \tag{8-53}$$

$$\bar{u} = \sqrt{\frac{8RT}{\pi M}} \tag{8-54}$$

式中 C——坎宁汉修正系数;

Kn——克努森数;

λ——气体分子平均自由程,m;

$\bar{u}$——气体分子的算术平均速度,m/s;

R——标准气体常数,$R = 8.314 \text{J/(mol·K)}$;

M——气体的摩尔质量,kg/mol。

坎宁汉修正系数与气体的温度、压力和颗粒大小有关,温度越高、压力越低、粒径越小,坎宁汉修正系数越大。在 293K 和 101.325kPa 条件下,坎宁汉修正系数可采用估计表达式,$C = 1 + 0.165/d_p$,d_p 的单位为 μm。

【例题 8-1】 一个球形颗粒在静止的空气区域运动,粒径为 $100\mu m$,速度为 1.0m/s。空气的黏度为 $1.81 \times 10^{-5} \text{Pa·s}$,空气密度为 1.205kg/m^3。试计算颗粒的流体阻力。

解:首先计算颗粒的雷诺数:

$$Re_p = \frac{d_p u \rho}{\mu} = 100 \times 10^{-6} \times 1.205 \times \frac{1.0}{1.81 \times 10^{-5}} = 6.66 > 1.0$$

颗粒的运动处于湍流过渡区,采用 $C_D = 18.5/Re_p^{0.6}$ 计算,得颗粒的阻力系数为:

$$C_D = \frac{18.5}{Re_p^{0.6}} = \frac{18.5}{6.66^{0.6}} = 5.93$$

计算颗粒的流体阻力为:

$$F_D = \frac{1}{2}C_D A_p \rho u^2 = 1/2 \times 5.93 \times 1/4 \times 3.14 \times (100 \times 10^{-6})^2 \times 1.205 \times 1.0^2$$
$$= 2.81 \times 10^{-8} (\text{N})$$

8.4.2 阻力导致的减速运动

一个球形颗粒以一定的初速度进入静止的气体空间运动,在仅受气体阻力作用情况下,颗粒作减速运动。根据牛顿定律,有:

$$m_p \frac{du}{dt} = -F_D \tag{8-55}$$

假设颗粒运动处于斯托克斯区域,则阻力系数为 $C_D = 24/Re_p$。将之代入上式,可得:

$$\frac{\mathrm{d}u}{\mathrm{d}t}=-\frac{18\mu}{d_\mathrm{p}^2\rho_\mathrm{p}}u=-\frac{u}{\tau} \tag{8-56}$$

式中　τ——颗粒的弛豫时间，s。其物理意义是表示因流体阻力使得颗粒的运动速度减小到初速度的 $1/\mathrm{e}$ 时所需的时间。

从而，任意时刻的颗粒速度可表示为：

$$u=u_0\mathrm{e}^{-\frac{t}{\tau}} \tag{8-57}$$

式中　u_0——颗粒初始速度，m/s；
　　　t——颗粒运动时间，s。

$$x=\tau u_0(1-\mathrm{e}^{-\frac{t}{\tau}}) \tag{8-58}$$

对于处于滑流区的颗粒，则采用修正系数 C 对上述参数进行修正，表达式为：

$$u=u_0\mathrm{e}^{-\frac{t}{C\tau}} \tag{8-59}$$

$$x=C\tau u_0(1-\mathrm{e}^{-\frac{t}{C\tau}}) \tag{8-60}$$

颗粒达到静止时所迁移的距离称为颗粒的停止距离，即是 x 在时间趋于无限长情况下的极限值。

8.4.3　重力沉降

在静止流体中，颗粒在重力驱动下沉降时，所受的力有重力、流体浮力和流体阻力，三种力的平衡有：

$$F_D=F_G-F_B \tag{8-61}$$

对于斯托克斯区域（$Re_\mathrm{p}\leqslant 1$）的颗粒，其末端速度为：

$$u_\mathrm{s}=\frac{d_\mathrm{p}^2(\rho_\mathrm{p}-\rho)g}{18\mu} \tag{8-62}$$

当介质为空气时，$\rho_\mathrm{p}\gg\rho$，则有：

$$u_\mathrm{s}=\frac{d_\mathrm{p}^2\rho_\mathrm{p}g}{18\mu}=\tau g \tag{8-63}$$

对于湍流过渡区的颗粒（$1<Re_\mathrm{p}\leqslant 500$），其末端速度为：

$$u_\mathrm{s}=\frac{0.153d_\mathrm{p}^{1.143}[(\rho_\mathrm{p}-\rho)g]^{0.714}}{\mu^{0.429}\rho^{0.286}} \tag{8-64}$$

对于湍流区的颗粒（$500<Re_\mathrm{p}\leqslant 2\times 10^5$），其末端速度为：

$$u_\mathrm{s}=1.74[d_\mathrm{p}(\rho_\mathrm{p}-\rho)g/\rho]^{0.714} \tag{8-65}$$

根据上述颗粒的末端速度公式，对于坎宁汉修正的小颗粒，可以得到斯托克斯直径为：

$$d_\mathrm{s}=\sqrt{\frac{18\mu u_\mathrm{s}}{\rho_\mathrm{p}gC}} \tag{8-66}$$

式(8-63)对粒径在 $1.5\sim 75\mu\mathrm{m}$ 范围的颗粒，其计算精度在 10% 以内。式(8-66)就是对式(8-63)进行坎宁汉修正，修正后的计算式对粒径至 $0.001\mu\mathrm{m}$ 的颗粒也比较精确。

由空气动力学当量直径的定义，球形颗粒的空气动力学当量直径为：

$$d_\mathrm{a}=\sqrt{\frac{18\mu u_\mathrm{s}}{1000gC_\mathrm{a}}} \tag{8-67}$$

式中 C_a——与空气动力学径相应的坎宁汉修正系数。

斯托克斯径与空气动力学径之间具有下式换算关系：

$$d_a = d_s \left(\frac{\rho_p C}{C_a}\right)^{\frac{1}{2}} \tag{8-68}$$

【例题 8-2】 一个球形颗粒的密度为 2.67g/cm^3，空气的黏度为 $1.81\times10^{-5}\text{Pa·s}$，空气密度为 1.205kg/m^3。试计算粒径分别为 $1\mu\text{m}$ 和 $400\mu\text{m}$ 的球形颗粒在 293K 的空气中的重力沉降速度。

解：（1）粒径为 $1\mu\text{m}$ 的颗粒

采用式(8-66)计算，坎宁汉修正系数采用估计表达式：

$$C = 1 + \frac{0.165}{d_p} = 1.165$$

颗粒的重力沉降速度为：

$$u_s = \frac{C d_p^2 \rho_p g}{18\mu} = 9.37\times10^{-6}\,(\text{m/s})$$

（2）粒径为 $400\mu\text{m}$ 的颗粒

重力沉降速度计算公式的选择依据于颗粒的雷诺数，两者是相互耦合关系。对此，采用迭代计算方法。一般先假设流型区域，根据假定流型选择对应计算公式，得到重力沉降速度，依此速度计算雷诺数。如果所选雷诺数与假定流型一致，则说明假定正确；否则以计算的雷诺数选择重力沉降速度计算公式，继续进行计算，直到流型与雷诺数相一致为止。

假设为层流，则斯托克斯沉降速度为：

$$u_s = \frac{d_p^2 \rho_p g}{18\mu} = 12.86\,(\text{m/s})$$

验证雷诺数，将计算获得的速度代入雷诺数表达式，得 $Re = 342 > 1$，说明采用斯托克斯公式不合理。

选用 $Re=[1,500]$ 范围内计算公式，即式(8-64)。计算获得 $u_s = 2.93\text{m/s}$；验证雷诺数，$Re = 78.0 > 1$。

8.4.4 离心沉降

含尘气流的旋转运动产生离心力，离心力是惯性碰撞和拦截作用的主要除尘机制之一，其可用牛顿定律表示为：

$$F_c = m_p \frac{u_t^2}{R} \tag{8-69}$$

式中 R——旋转气流流线的半径，m；
u_t——R 所相应的气流切向速度，m/s。

颗粒在离心力作用下的径向流体阻力与重力沉降类似，根据离心力与向心力的平衡，如果颗粒运动处于斯托克斯区域，则离心沉降的末端速度为：

$$u_c = \frac{d_p^2 \rho_p}{18\mu} \times \frac{u_t^2}{R} = \tau a_c \tag{8-70}$$

式中 a_c——离心加速度，m/s^2。

若颗粒运动处于滑流区，则采用坎宁汉修正系数进行修正。

8.4.5 静电沉降

如果忽略重力、惯性力等作用，荷电颗粒在强电场中所受的静电力为：
$$F_E = qE \tag{8-71}$$
式中 q——颗粒的电荷，C；
E——颗粒所处位置的电场强度，V/m。

假设颗粒运动位于斯托克斯区域，流体阻力采用 $F_D = 3\pi\mu d_p u$，则颗粒在静电作用下的末端速度为：
$$\omega = \frac{qE}{3\pi\mu d_p} \tag{8-72}$$
式中 ω——颗粒的驱进速度，m/s。

同样，如果颗粒运动处于滑流区，则采用坎宁汉修正系数 C 进行修正。

8.4.6 惯性沉降

颗粒随流体一起运动时，如果遇到前进方向上的障碍物，将产生绕流现象，但是颗粒在惯性力作用下会偏离流线。惯性沉降就是利用惯性力引起的颗粒与流线的偏离使得颗粒在障碍物上沉降。

惯性沉降与颗粒的质量、颗粒和障碍物之间的相对速度和位置有关。小颗粒容易随流体绕过障碍物；靠近滞止线的大颗粒因具有较大的惯性而保持自身原来的运动方向，容易与障碍物发生碰撞；远离停滞流线的大颗粒也能绕开障碍物。

8.4.6.1 惯性碰撞

惯性碰撞主要取决于下述三个因素。

(1) 气流在障碍物周围的速度分布。

(2) 颗粒的运动轨迹：它取决于颗粒的质量、障碍物的形状和几何尺寸、气流阻力、气流速度。描述颗粒运动的特征参数采用斯托克斯数，其定义为：
$$St = \frac{x_s C}{D_c} = \frac{u_0 \tau C}{D_c} \tag{8-73}$$
式中 x_s——颗粒运动的停止距离，m；
D_c——障碍物的定性尺寸，m；
St——斯托克斯数。

(3) 颗粒对障碍物的附着：颗粒对障碍物的附着力越强，颗粒越易被捕集，越不易被气流携带。

8.4.6.2 拦截

如果颗粒在直径等于拦截体直径的流管内，颗粒可直接被拦截，其特性可用拦截比表示：
$$R = \frac{d_p}{D_c} \tag{8-74}$$

当 St 很大时，颗粒的拦截效率为：圆柱形物体，拦截效率约等于 R；球形物体，拦截效率约等于 $2R$。

当 St 很小时，在绕流为势流情况下，对于圆柱形物体，颗粒的拦截效率约等于 $2R$；对于球形物体，拦截效率约等于 $3R$。如果绕流为黏性流，则颗粒的拦截效率相对复杂，也与障碍物的几何形状有关，具体可参考相关文献。

8.4.7 扩散沉降

8.4.7.1 颗粒扩散系数和均方根位移

如果颗粒小到一定的大小，则其受到气体分子的无规则撞击而显示为无规则运动，从而表现出由高浓度向低浓度的扩散现象。颗粒的扩散过程也可描述为：

$$\frac{\partial n}{\partial t} = D\left(\frac{\partial^2 n}{\partial x^2} + \frac{\partial^2 n}{\partial y^2} + \frac{\partial^2 n}{\partial z^2}\right) \tag{8-75}$$

式中　n——颗粒的个数（质量）浓度，g/m^3；
　　　D——扩散系数，m^2/s。

颗粒的扩散系数与气体的种类和温度、颗粒的粒径有关，其数值比气体扩散系数小几个数量级。

在颗粒的粒径约等于或大于气体分子平均自由程（$Kn \leqslant 0.5$）情况下，颗粒的扩散系数采用爱因斯坦公式计算：

$$D = \frac{CkT}{3\pi\mu d_p} \tag{8-76}$$

式中　k——玻耳兹曼常数，1.38×10^{-23} J/K；
　　　T——气体温度，K。

在颗粒的粒径大于气体分子直径且小于气体分子平均自由程（$Kn > 0.5$）情况下，颗粒的扩散系数采用朗缪尔公式计算：

$$D = \frac{4kT}{3\pi d_p^2 p d_p}\sqrt{\frac{8RT}{\pi M}} \tag{8-77}$$

颗粒扩散系数的计算数值列于表 8-2。

表 8-2　颗粒的扩散系数（293K，101325Pa）

粒径/μm	Kn	扩散系数/(m^2/s)	
		爱因斯坦公式	朗缪尔公式
10	0.0131	2.41×10^{-12}	
1	0.131	2.76×10^{-11}	
0.1	1.31	6.78×10^{-10}	7.84×10^{-10}
0.01	13.1	5.25×10^{-8}	7.84×10^{-8}
0.001	131		7.84×10^{-6}

根据爱因斯坦研究的结果，颗粒的布朗扩散的均方根位移为：

$$\overline{x} = \sqrt{2Dt} \tag{8-78}$$

表 8-3 列出了颗粒的布朗扩散位移与重力沉降距离。由表可见，颗粒在微小的情况下，其扩散平均位移比重力沉降距离大很多；在粒径大于 $1.0\mu m$ 情况下，可忽略扩散位移。

表 8-3　在标准状况下颗粒的布朗扩散位移与重力沉降距离的比较

粒径/μm	布朗扩散位移/m	重力沉降距离/m	布朗扩散位移/重力沉降距离
0.00037	6×10^{-3}	2.4×10^{-9}	2.5×10^{6}
0.01	2.6×10^{-4}	6.6×10^{-8}	3900
0.1	3.0×10^{-5}	8.6×10^{-7}	35
1.0	5.9×10^{-6}	3.5×10^{-5}	0.17
10.0	1.7×10^{-6}	3.0×10^{-3}	5.7×10^{-4}

8.4.7.2　扩散沉降效率

扩散沉降效率与佩克莱数和雷诺数有关，其表达式为：

$$Pe=\frac{uD_c}{D} \tag{8-79}$$

佩克莱数的物理意义是由惯性力引起的颗粒迁移与布朗扩散的迁移相对之比，是描述扩散沉降的重要特征参数。佩克莱数越小，颗粒的扩散沉降越重要。

扩散沉降效率依据流型选择计算公式。对于黏性流，朗缪尔给出单个圆柱体的扩散沉降效率为：

$$\eta_B=\frac{1.71Pe^{-\frac{2}{3}}}{(2-\ln Re_D)^{\frac{1}{3}}} \tag{8-80}$$

纳坦森和弗里德兰德等也分别导出了上述形式的方程，他们给出的系数分别以 2.92 和 2.22 替换了式(8-80) 的 1.71。

对于势流，速度场与雷诺数无关，纳坦森提出了下式：

$$\eta_B=3.19Pe^{-\frac{1}{2}} \tag{8-81}$$

从以上表达式看，扩散沉降效率可能大于1，因为布朗扩散可能导致来自 D_c 距离之外的颗粒与圆柱体碰撞。

对于单个球形体，约翰斯通和罗伯特提出扩散沉降效率为：

$$\eta_B=\frac{8}{Pe}+2.23Re_D^{\frac{1}{8}}Pe^{-\frac{5}{8}} \tag{8-82}$$

【例题 8-3】　捕集体为直径 100μm 的纤维，在温度为 293K、压力为 101325Pa、气流速度为 0.1m/s 的情况下，试比较惯性碰撞、直接拦截和布朗扩散捕集方式对粒径为 0.001μm、1μm 和 20μm 的捕集的相对重要性。

解：计算雷诺数 $Re=0.66$。

计算结果见下述所列数值：

粒径/μm	St	H/%	R	H/%	Pe	H/%
0.001	—	—	—	—	1.28	108
1	3.45×10^{-3}	0	0.01	0.004	3.62×10^{5}	0.025
20	1.23	37	0.2	1.58	—	—

由此例可见，对于大颗粒的捕集，布朗扩散作用很小，惯性碰撞起主导作用；反之，对于小颗粒的捕集，惯性碰撞作用很小，扩散捕集起关键作用。对于 0.2~1μm 之间的颗粒捕

集，惯性碰撞和扩散捕集作用都不大，总体捕集效率最低。

8.5 电除尘器

电除尘器是利用静电力将尘粒从含尘气流中分离出来。由于静电力相对较大，且仅作用于尘粒上，因此电除尘器效率高，耗能小，已经成为火力发电厂的主流除尘器之一。其技术性能参数一般为：处理烟气量，$10^5 \sim 10^6 \mathrm{m}^3/\mathrm{h}$；除尘效率，99%；压力损失，$200 \sim 500 \mathrm{Pa}$；能耗，$0.2 \sim 0.4 \mathrm{kW \cdot h}/(10^3 \mathrm{m}^3)$。

8.5.1 电除尘器的基本理论

静电力的大小与尘粒所带电荷量和电场强度成正比。尘粒在进入电除尘器之前虽然带有一定的电荷，但是电荷量较小，以此电荷量所产生的静电力达不到高效的除尘要求，因此，尘粒要带有足够的电荷必须借助体系外的能量。在电除尘过程中常采用负极性电晕方式使尘粒荷电。

8.5.1.1 阴极电晕放电机理

电除尘器的电场结构主要为管式电场和板式电场。管式电场的横截面如图8-2所示，管壁为阳极，管中心的细导体为阴极，电场线为径向直线。含尘气流主要由氮气、二氧化碳、水蒸气、氧气、二氧化硫、一氧化氮和尘粒组成，轴向进入电场。电晕放电主要发生在细阴极附近区域（虚线圆范围）。从阴极表面发出的或者附近气体分子中的自由电子，在强电场作用下获得很高的能量而成为高能电子。高能自由电子在向正极运动过程中，与气体分子发生非弹性碰撞，气体原子或分子发生电离，电子数目发生倍增，以此方式在阴极附近产生大量的电子，这些电子易被烟气中电负性气体（氧气、水蒸气、二氧化硫和二氧化碳等）俘获，产生负离子，这些负离子和剩余电子都向正极运动。这些负离子和电子在运动过程中与尘粒碰撞，从而使尘粒荷电。在阴极附近，气体分子因碰撞电离而失去电子成为正离子，正离子在电场作用下移向阴极，与阴极表面碰撞

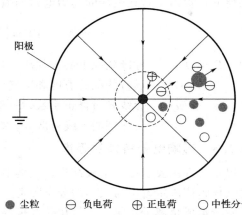

图8-2 管式电场电晕示意图

产生新电子，使得电晕过程持续进行。在阴极的稍远区域，场强相对较弱，该区域主要为负离子区域。

在烟气除尘中，主要采用阴极电晕，因为其具有稳定性强、操作电压和电流高的特性。

8.5.1.2 起始电晕电压

电晕放电的发生可用伏安曲线描述，如图8-3所示。在AB阶段，气体中所存在的少量电子在电压驱动下形成电流。在BC阶段，电流不变，当电压达到C'，全部电子都获得足

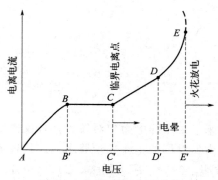

图 8-3 电晕电流-电压曲线

够的动能。高能的电子与气体分子碰撞而发生电离,该点的电压称为临界电离电压。在 CD 阶段,负离子比正离子迁移率大,仅负离子参与碰撞电离,放电强度不大。当电压增加到 D' 时,正离子也因获得足够的能量而参与碰撞电离,在电场中生成大量的新离子,放电强度较大,D' 点的电压为临界电晕电压。DE 阶段即为电晕放电阶段。如果电压提高到一定数值,电晕区域将扩展到整个电场,电极之间产生剧烈的火花,甚至是电弧,电场发生击穿,电压急剧下降,瞬间产生巨大的电流,电除尘器停止工作。

电晕起始电压是指开始发生电晕放电时的电压,也称临界电压,与之相应的场强称为电晕起始场强或临界场强。在电除尘器内,起始电晕电压的大小受多种因素影响。

管式电场内任意点的电场强度的表达式为:

$$E(r) = \frac{U}{r \ln(r_2/r_1)} \tag{8-83}$$

式中 U——电极之间的电压,V;
r——距电晕线中心的距离,m;
r_1——电晕线半径,m;
r_2——管式电场的半径,m。

起始电晕电压与烟气性质、电极结构、几何尺寸等因素有关。皮克(Peek)通过大量实验研究,提出了管式电场的起始电晕场强(V/m)的经验公式:

$$E_c = \pm 3 \times 10^6 m \left(\frac{T_0 P}{T P_0} + 0.03 \sqrt{\frac{T_0 P}{T P_0 r_1}} \right) \tag{8-84}$$

式中 P_0,T_0——标准状况下的大气压(101325Pa)和温度(298K);
T,P——运行状况的温度和空气压力;
m——导线光滑修正系数,一般 $0.5 < m \leqslant 1$,清洁的光滑导线 $m=1$,实际中所遇到的导线可取 $m=0.6 \sim 0.7$。

8.5.1.3 影响电晕特性的因素

电晕特性主要取决于电极结构、气体组成、气体参数、颗粒特性等。

气体组成决定着电荷载体的分子种类。氢、氮和惰性气体等对电子没有亲和力,不能使电子附着形成负离子;氧、二氧化硫等极易快速俘获电子,形成稳定的负离子;二氧化碳、水蒸气对电子无亲和力,但是与高速电子碰撞电离出氧原子,继而由氧原子俘获电子形成负离子。不同负离子在电场中具有不同的迁移率,因此气体的不同组成导致了其电晕特性的差异。

气体的温度和压力一方面改变气体密度,进而改变电子平均自由程,从而改变了电子的碰撞和电离所需的电压;另一方面,温度和压力影响电荷载体的迁移率。可见,气体的温度和压力会影响气体的电晕特性。

电压波形对电晕也有很大影响。在工业上,广泛采用全波形或半波电压。直流电只用于特殊情况或者实验室研究。如果电除尘器的异极距为 $10 \sim 15 cm$,则电晕电压峰值一般为

40~60kV，相应的电晕电流密度为 0.1~1.0mA/m²，具体数值取决于粉尘和气体条件。

8.5.1.4 尘粒荷电

在电除尘器的电场中，尘粒的荷电有电场荷电和扩散荷电两种方式。带电粒子在静电力作用下作定向运动，与尘粒碰撞而使尘粒荷电，称为电场荷电或者碰撞荷电。带电粒子依据扩散致使尘粒荷电的过程，称为扩散荷电。尘粒的荷电过程取决于粒径，当粒径大于 $0.5\mu m$ 时，荷电过程以电场荷电为主；当粒径小于 $0.15\mu m$ 时，尘粒荷电以扩散荷电为主；当粒径位于 $0.15 \sim 0.5 \mu m$，尘粒荷电既有电场荷电，又有扩散荷电。

(1) 电场荷电

当一个不带电荷的尘粒进入电晕电场时，气体离子在电场作用下与尘粒发生碰撞而使得尘粒荷电，尘粒累积电荷随着碰撞次数的增多而增加，但是荷电尘粒所产生的电场会阻碍气体离子趋向尘粒表面，起着减弱尘粒荷电的作用。当尘粒累积电荷增加到一定数值时，尘粒荷电达到饱和，电荷达到最大数值。

根据静电学理论，单个尘粒获得的饱和电荷量为：

$$Q_s = 3\pi \frac{\varepsilon_p}{\varepsilon_p + 2} \varepsilon_0 d_p^2 E_0 \tag{8-85}$$

式中 ε_0——真空介电常数，8.85×10^{-12} F/m；
ε_p——粉尘的相对介电常数，无量纲；
d_p——尘粒直径，m；
E_0——两电极间的平均场强，V/m。

假设在尘粒附近空间单位容积中的离子数为 N，被尘粒俘获的离子所占的面积为 $A_{Cp}(t)$，则被尘粒俘获的离子运动所形成的电流为：

$$I = NekE_0 A_{Cp}(t) \tag{8-86}$$

式中 k——离子迁移速率，$m^2/(V \cdot s)$；
e——电子的电量，1.60×10^{-19} C。

因为：

$$A_{Cp}(t) = \frac{Q_s}{4\varepsilon_0 E_0} \left(1 - \frac{Q}{Q_s}\right)^2 \tag{8-87}$$

则：

$$I = \frac{dQ}{dt} = Nek \frac{Q_s}{4\varepsilon_0} \left(1 - \frac{Q}{Q_s}\right)^2 \tag{8-88}$$

当零时刻时，尘粒荷电为 0。设 $t_0 = \frac{4\varepsilon_0}{Nek}$，其代表尘粒荷电过程的时间常数，取决于气体离子浓度和离子迁移速率。式(8-88)变换为：

$$\frac{t}{t_0} = \frac{Q/Q_s}{1 - Q/Q_s} \tag{8-89}$$

影响电场荷电的主要因素是粒径、相对介电常数、电场强度。尘粒的电场荷电特性可用图 8-4 表示。尘粒电场荷电最初很快，但在趋近饱和荷电时很慢。气体离子浓度和离子迁移速率越大，t_0 越小，尘粒荷电越快。当 $t = t_0$ 时，尘粒获得的电荷达到饱和电荷量的一半；当 $t = 10t_0$ 时，尘粒获得的电荷达到了饱和电荷量的 91%。一般电场荷电所需要的时间约为

$10t_0$,这个时间比含尘气体在电除尘器内停留时间少得多,这说明尘粒进入电除尘器后立刻达到饱和荷电的数值,因此在设计时不必考虑尘粒荷电所需时间。

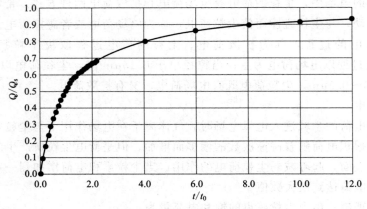

图 8-4 球形尘粒荷电速率

(2) 扩散荷电

尘粒也存在扩散荷电方式。气体中的离子除了在电场驱动下运动之外,本身也有热运动,热运动引起它们通过气体扩散,并与气体中的尘粒碰撞,并使尘粒荷电。扩散荷电主要取决于离子的动能、尘粒大小和荷电时间。

扩散荷电的方程为:

$$Q_n = 2\pi\varepsilon_0 kTd_p e^{-2} \ln\left(1 + \frac{e^2 \overline{u} d_p N_0 t}{8\varepsilon_0 kT}\right) \tag{8-90}$$

(3) 电场荷电与扩散荷电的综合效果

电场荷电和扩散荷电在尘粒荷电中的作用大小主要根据尘粒大小进行区分。$>0.5\mu m$ 的尘粒以电场荷电为主;$<0.15\mu m$ 的微小尘粒以扩散荷电为主;$0.15\sim0.5\mu m$ 的尘粒同时依靠电场荷电和扩散荷电,将电场荷电的饱和电量与扩散电量的电量相加,可近似地表示两种过程综合作用时的荷电量。

尘粒荷电特性可参考 1957 年休伊特(Hewitt)的试验结果,如图 8-5 所示。由图可见,休伊特的试验数据与两种荷电的综合效果的理论值较为吻合。

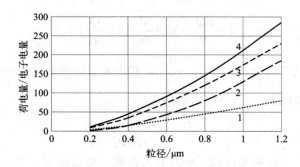

图 8-5 在典型条件下尘粒的荷电量
1—扩散荷电;2—电场荷电;3—休伊特试验;4—理论综合值

如果将电场荷电和扩散荷电进行简单叠加以描述该两种荷电方式的综合效果,其数值与试验值基本一致。

需要注意的是,在一些情况下,会出现异常荷电问题。主要存在三个方面:一是当电阻率高于 $2\times10^{10}\Omega\cdot cm$ 时,在集尘板出现火花放电或者反电晕现象;二是当气流中微小尘粒的浓度较高时,电晕电流受到抑制,尘粒荷电不足;三是当含尘量达到一定数值后,发生电晕闭塞。

8.5.1.5 荷电尘粒的运动和捕集

荷电尘粒在气流中运动是非常复杂的。为简单起见,假设含尘气体的流动为层流。荷电尘粒在电场中的运动依据力学和电学定律进行分析。荷电尘粒受到电场力和斯托克斯力作用,运动方程为:

$$m\frac{d\omega}{dt}=QE_p-3\pi\mu d_p\omega \tag{8-91}$$

上式求解,得:

$$\omega=\frac{qE_p}{3\pi\mu d_p}(1-e^{-\frac{3\pi\mu d_p}{m}t}) \tag{8-92}$$

式中 ω——尘粒的驱进速度,m/s。

由于括号内数值迅速趋近于1,因此驱进速度为:

$$\omega=\frac{qE_p}{3\pi\mu d_p} \tag{8-93}$$

假设电除尘器中气流为层流;在垂直于集尘表面的任一横截面上尘粒浓度和气流分布是均匀的;忽略其他影响。尘粒捕集过程模型如图8-6所示。

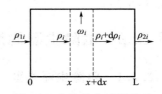

图8-6 尘粒捕集过程模型

设气体流向为 x,气体和尘粒的流速皆为 u(m/s),气体流量为 Q_V(m³/s),尘粒浓度为 ρ_i (g/m³),流动方向上每单位长度的集尘极板面积为 a(m²/m),总集尘极板面积为 A(m²),极板长度为 L(m),流动方向上的横截面积为 F(m²),尘粒驱进速度为 ω_i(m/s),则微元段所去除的尘粒量为:

$$dm=adx\omega_i\rho_i dt=Fdxd\rho_i$$

替换时间变量,得:

$$\frac{a\omega_i}{Fu}dx=-\frac{d\rho_i}{\rho_i}$$

沿流动方向进行积分,即德意希分级效率方程为:

$$\eta_i=1-\frac{\rho_{2i}}{\rho_{1i}}=1-\exp\left(-\frac{A}{Q_V}\omega_i\right) \tag{8-94}$$

德意希分级效率方程在除尘器性能分析和设计中被广泛采用。

类似推导可得,管式电除尘器的分级效率公式为:

$$\eta_i=1-\exp\left(-\frac{2L}{ru}\omega_i\right) \tag{8-95}$$

式中 r——圆管半径,m。

通过变换,式(8-95)与式(8-94)相同。依据式(8-94)的计算,不同指数值所对应的除尘效率见表8-4。

表 8-4 不同指数值的除尘效率

$(A/Q_V)\omega_i$	0	1.0	2.0	2.3	3.0	3.91	4.61	6.91
η_i	0	63.2	86.5	90.0	95.0	98.0	99.0	99.9

式(8-94)表明，除尘效率随停留时间 t 或电场长度 L 增加呈指数关系提高，或者除尘效率随 $(A/Q_V)\omega_i$ 增大呈指数关系增大。$(A/Q_V)\omega_i$ 与电除尘器的大小有关，即在处理一定烟气量时，电除尘器容量越大，荷电电压或者电晕电流越大，除尘效率越高。但是，需要注意变化幅度。当除尘效率为 90% 时，$(A/Q_V)\omega_i$ 为 2.3；当除尘效率为 99% 时，$(A/Q_V)\omega_i$ 为 4.9。该数值说明，在驱进速度不变的情况下，除尘效率提高了 9%，电除尘器的集尘板面积则增大一倍多。因此，在设计电除尘器时，应根据需要确定除尘效率，不必过度增加设备投资费用。式(8-94)指明了提高电除尘器效率的途径，因而被广泛应用于电除尘器的性能分析与设计。

一般建议气流速度为 0.5~2.5m/s；板式电除尘器的气流速度为 1.0~1.5m/s。

8.5.1.6 集尘板上尘粒的清除

清除集尘板上被捕集的粉尘是电除尘的一个基本过程，清灰也是保持阴极线和集尘板的良好性能的有效措施，清灰的好坏直接影响电除尘器的整体性能，需要给予足够的重视。集尘板的清灰方法有湿式、干式和声波三种。湿式清灰的优点是无二次扬尘，缺点是腐蚀较重；声波清灰对阴极线和集尘板都较好，但能耗较大。鉴于清灰过程相对简单，本章仅介绍清灰的结构。

8.5.2 电除尘器的结构

8.5.2.1 电除尘器类型

针对不同的工程应用，电除尘器可选用不同的形式。按照处理烟气的温度，电除尘器分为低低温电除尘器、常规电除尘器和高温电除尘器。根据烟气特性，电除尘器分为干式和湿式。从结构形式方面看，电除尘器分为卧式和立式。以电极形式考虑，电除尘器分为管式和板式。

电除尘器主要由机械本体和电气两大部分组成。如图 8-7 所示，普通型和低低温型电除尘器的机械本体部分包括阳极、阴极、槽板、壳体、储灰斗、进出气烟箱、钢支柱等。移动

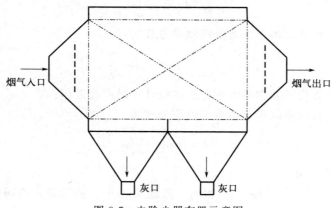

图 8-7 电除尘器布置示意图

电极型电除尘器的机械本体部分包括阳极、阴极、槽板、壳体、储灰斗、进出气烟箱、钢支柱、移动阳极、清灰装置等。湿式电除尘器包括阳极、阴极、壳体、喷淋（分布板冲洗装置、电场冲洗装置、灰斗冲洗装置、水膜装置）、储灰斗、热风吹扫装置、进出气烟箱、钢支柱等。

电气部分包括高压整流电源设备及其控制系统、低压控制系统等。

8.5.2.2 阴极线

电除尘器的电晕电极也称阴极线。阴极线的类型对电除尘器的运行性能有较大的影响，其必须满足的要求是：一是具有较好的放电性能，在设计电压下能产生足够的电晕电流，起晕电压低，并与集尘极相匹配，使得集尘极上电流密度相对均匀；二是机械强度高，在正常条件下不会因为机械振打和电弧放电而断裂；三是能维持准确的极距；四是能耐一定的温度和含尘气体的腐蚀；五是易于清灰，保持电晕电极的清洁。

（1）无固定电晕辉点的阴极线

根据电晕辉点状态，电晕电极分为无固定电晕辉点和有固定电晕辉点两种形式。无固定电晕辉点的阴极线沿长度方向没有突出的尖端，主要有圆形线、星形线、麻花线和螺旋线等。圆形线的放电强度随直径变小而增大，起晕电压降低。电晕线的直径一般为 1.5～3.8mm，材料为镍铬不锈钢或合金。圆形线电晕极的组装一般采用重锤悬吊式刚性框架结构，为满足机械强度的要求，极线不能过细，防止断开造成短路。星形线带有尖角，因此起晕电压低，放电强度高，起晕电流较大，放电均匀。星形线的横截面一般为 4mm×4mm，材料一般为 Q195-A 普通钢。如果用于电除雾器，则电晕极表面需要包铅层。星形线电晕极的组装一般采用框架式结构，适用于含尘浓度低的场合。螺旋线的特点是安装方便，振打粉尘效果较好，其放电性能与圆形线相似，螺旋线的直径为 2.5mm，材料为弹簧钢。

（2）有固定电晕辉点的阴极线

有固定辉点的阴极线沿长度方向分布一定数量的刺尖，电晕极的放电主要是刺尖处的点状放电，其起晕电压比其他形式的极线低，放电强度高，电晕电流约是星形线的 2 倍。此外，尖端放电增强了极线附近的电风，强烈的电风增大粉尘的驱进速度，对于分散度较广的微细粉尘，有显著的捕集效果，同时刺尖不易积尘。固定辉点的电晕电极能适应含尘浓度高的场合，比如大型电除尘器的第一、第二电场。有固定辉点的电晕电极主要有柱状芒刺线、扁钢芒刺线、管状芒刺线（RS 线）、锯齿线、角钢芒刺线和鱼骨状芒刺线等。

管状芒刺线（RS 线）是目前采用较多的一种芒刺型阴极线，如图 8-8 所示。它是以直径为 20mm 的圆管作支撑，采用压制方式在圆管上制成交叉的芒刺，解决了电晕电流不均匀的问题。管状芒刺线具有机械强度高和放电强的特性。试验表明，在同样的工作电压下，管状芒刺线有利于捕集高浓度的微小尘粒和减少电晕闭塞。管状芒刺线一般与 480C 型集尘板或 385Z 型集尘板配合使用。

鱼骨状芒刺线是三电极电除尘器配套的专用阴极线，其结构有对称型和非对称型，如图 8-9 和图 8-10 所示。阴极线的管径为 25～40mm，针径为 3mm，针长为 100mm，针距为 50mm。操作温度可达 600℃，粉尘电阻率范围为 $10^2 \sim 10^{14} \Omega \cdot cm$，捕集最小粒径为 $0.001\mu m$，处理含尘浓度可达 $1000 \sim 1200 g/m^3$。气流速度为 $0.68 \sim 1.17 m/s$，驱进速度为 $6 \sim 16 cm/s$，出口含尘浓度为 $15 \sim 35 mg/m^3$。

在设计电除尘器时，极线间距通常取 0.50～0.65 倍的通道宽度，常规电除尘器的极线间距可取 160～200mm。芒刺阴极线的极线间距一般为 50～100mm。

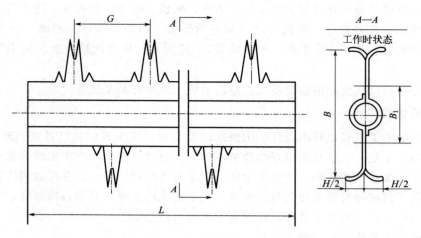

图 8-8 四刺管状芒刺线

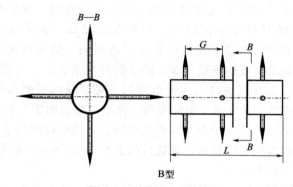

图 8-9 对称型鱼骨针线

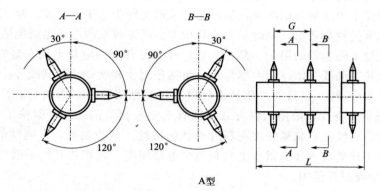

图 8-10 非对称型鱼骨针线

(3) 阴极线的伏安特性

不同类型阴极线的伏安特性如图 8-11 所示。由图可见，芒刺线具有较好的放电性能，在设计电压下能达到足够的电晕电流，明显高于星形阴极线和圆形线，因而其在实际工程中获得普遍应用。

芒刺线的电晕特性主要与刺间距、刺高和电压有密切关系。电晕电流随刺间距增大而减小，随刺高增大而增大，如图 8-12 和图 8-13 所示。

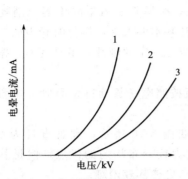

图 8-11 典型阴极线的伏安特性
1—芒刺线；2—星形线；3—圆形线

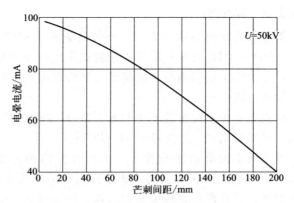

图 8-12 电晕电流与刺间距之间关系

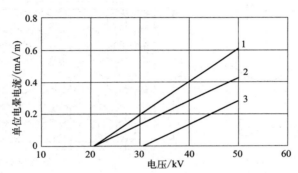

图 8-13 单位电晕电流与刺高和电压之间关系
1—芒刺高 20mm；2—芒刺高 12mm；3—芒刺高 5mm

集尘板和阴极线的制作、安装质量对电除尘器的性能有很大影响，安装前集尘板和阴极线必须调直，安装时要严格控制极距，偏差不得大于 5mm。如果个别地点极距偏小，会首先发生击穿。

(4) 阴极线的固定方式

① 重锤悬吊式 由上框架、下框架和拉杆组成，在上、下框架上按不同线距悬挂电晕极线，下部悬挂 4～6kg 的重锤，下框架设有定位环，以保证阴极线间距符合规定要求。

重锤悬吊式固定可耐 450℃以下烟气温度，更换电极方便，但是烟气流速不宜设计过高，以避免框架晃动。

② 管框绷线式 采用钢管制成具有足够刚度的框架，电晕线被固定在框架上，固定方式有上下端螺母固定、上端挂钩下端螺母固定和上下端挂钩固定，如图 8-14 所示。

管框绷线式的极线不会产生晃动，气流速度可

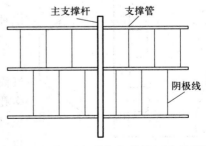

图 8-14 阴极线的管框绷线式固定示意图

取较大值。

8.5.2.3 集尘板

集尘板主要由厚度 1.2～2.0mm 的钢板或钢管制成，金属耗量占电除尘器总消耗量的 40%～50%，因此分为板式集尘和管式集尘两种类型。其基本要求是：振打时粉尘的二次扬起少；单位集尘面积消耗金属量低；极板高度较大时，应有一定的刚性，不易变形；振打时易于清灰，造价低。

板式集尘板主要由若干块 C 形、W 形或者 Z 形单板按照电场长度拼装而成，如图 8-15 所示。材料为 Q235-A 或者 1Cr18Ni9Ti。

管式集尘板由钢管或者正六角形蜂窝结构组成，如图 8-16 所示，圆管直径为 250～300mm，长度为 3～4m。管式集尘板具有沿极线方向电力线分布均匀的优点，但是其清灰较为困难。蜂窝形集尘板可节省材料，但是安装、检修和更换都较困难。

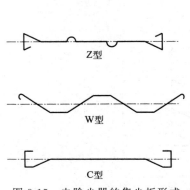

图 8-15 电除尘器的集尘板形式

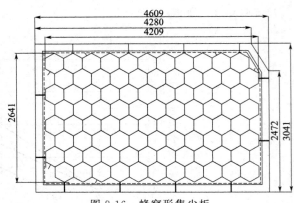

图 8-16 蜂窝形集尘板

8.5.2.4 气流分布装置

锅炉尾部烟道的烟气速度一般为 10～18m/s，电除尘器内烟气流速仅为 0.5～2m/s，气流的巨大变化一般会引起气流分离现象，也致使电除尘器内烟气通道流速不均匀。

烟气分布的均匀性对除尘效率影响很大。当气流分布不均匀时，在流速低处所增加的除尘效率远不足以弥补流速高处效率的降低，因而除尘的总效率降低。气流分布导致除尘效率降低的方式有两种：①在高流速区内的非均匀气流使除尘效率降低的程度很大，以致不能由低流速区内所提高的除尘效率来补偿；②在高流速区内，集尘板表面上的积尘可能脱落，从而引起烟尘的返流损失。这两种方式都很重要，如果气流分布明显变坏，则第二种方式的影响程度较大，甚至认为是除尘效率下降到 60% 或 70% 的主要原因。

为了保证气流分布均匀，在电除尘器进口烟箱内设置气流分布装置。气流分布装置的结构主要有百叶窗式板、多孔板、槽形钢式和栏杆型分布板。如图 8-17 所示，槽形板可减少烟尘因流速较大而重返烟气流的现象。鉴于槽形板较为复杂，气流分布装置一般采用多孔板。多孔板的孔

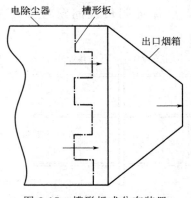

图 8-17 槽形板式分布装置

径为40~60mm，开孔率为50%~65%。多孔板的指标要求有：任何一点的流速不得超过该断面平均流速的±40%；在任何一个测定断面上，85%以上测点的流速与平均流速不得相差±25%；各封头的流量与理想分配流量的相对误差为±5%。

8.5.2.5 电除尘器壳体

(1) 壳体的要求

① 除尘器的壳体结构应有足够的强度、刚度和稳定性，以满足壳体承受各种载荷的要求。

② 壳体设计必须保证严密，以减少漏风。

③ 壳体应设有检修门、人孔门、通道等；电除尘器的每一个电场前后均应设置人孔门和通道，电除尘器顶部应设有检修门，圆形人孔门直径至少为600mm，矩形人孔门尺寸应至少为450mm×600mm。

④ 针对电除尘器的使用温度，壳体设计必须考虑高温热胀和适当的保温。

⑤ 外壳体内应尽量避免死角或灰尘积聚。

⑥ 壳体必须考虑烟气的腐蚀要求，在满足工艺生产要求的条件下应尽量节约钢材。

(2) 壳体结构材料和主要尺寸

电除尘器壳体的材料应根据处理的烟气温度和性质来选择，壳体材料以Q235钢材为主，其厚度应不小于4mm。

电除尘器的壳体结构如图8-18所示。电除尘器两内壁之间宽度采用下式计算：

$$B = 2[(n_1-1)b + b_1] \tag{8-96}$$

式中 B——两内壁之间宽度，m；

n_1——集尘板的排数；

b——集尘板与阴极线的中心距，m；

b_1——最外侧集尘板中心线与内壁面之间距离，b_1 取 0.05~0.1m。

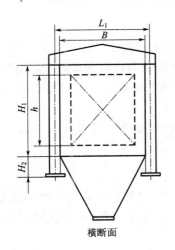
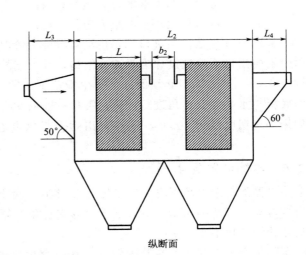

图8-18 电除尘器的几何尺寸

电除尘器外侧柱间距按下式确定：

$$L_1 = B + 2\delta_1 + e_1 \tag{8-97}$$

式中 L_1——外侧柱间距，m；
δ_1——壳体钢板的厚度，一般取5mm；
e_1——立柱的宽度，由强度计算确定。

顶梁底面至灰斗上端面的距离为：

$$H_1 = h + h_1 + h_2 + h_3 \tag{8-98}$$

式中 h——集尘板有效高度，m；
h_1——集尘板上端边至梁底面的距离，按结构形式确定，一般取0.1～0.12m；
h_2——集尘板下端边至撞击杆中心的距离，一般取0.04～0.045m；
h_3——撞击杆中心至灰斗上端的距离，一般取0.16～0.17m。
h_1、h_2、h_3可根据阴极线、集尘板和其他构件的具体情况确定。

灰斗上端至立柱基础面的距离为H_2。

按电除尘器规格，根据实际情况确定，一般取800～1200mm。

电除尘器内壁的长度为：

$$L_2 = n_0 L + (n_0 - 1)b_2 + 2(b_3 + n_0 b_4) \tag{8-99}$$

式中 n_0——串联的电场数；
L——电场的有效长度，m；
b_2——相邻电场的阴极线吊杆之间距离，一般取大于0.6m；
b_3——阴极线吊杆至内壁的距离，一般取大于0.68m；
b_4——集尘板边缘至阴极线吊杆的距离，整体框架一般取大于0.34m，分片装的一般取大于0.48m。

电除尘器的进口烟道气体速度一般为13～15m/s。该气流速度远超电除尘的要求，因此电除尘器进口烟箱被设计为扩散管结构，其小面积的断面通常被设计为正方形。进口烟箱的长度可按下式计算：

$$L_3 = (0.55 \sim 0.56)(a_1 - a_2) + 250 \tag{8-100}$$

式中 a_1——进口烟箱大端的最大边长，m；
a_2——进口烟箱小端的最大边长，m；
0.55～0.56——系数，当进口烟箱内设置导流装置时，系数可取0.35。

除尘器的出口烟箱被设计为收缩管结构，其大端的断面面积与进口烟箱的大端面积之比一般取1/1.5～1/1.2，但必须保证从集尘板落下的粉尘不被气流带走。出口烟箱的长度按纵截面底板与水平面的夹角进行计算，夹角一般取60°。

如果烟气温度高于200℃，则在进出烟箱与烟道连接处需要分别设置伸缩节以补偿热膨胀。

8.5.2.6 电除尘器灰斗

电除尘器的每个电场下方一般设置一个灰斗。设计灰斗最主要是保证灰尘能顺利排出，密闭安全可靠。灰斗的倾斜角应大于灰尘的安息角，倾斜角不小于60°。对于流动性差的灰尘，灰斗的倾斜角不小于70°。

在实际生产中，灰斗不能储满粉尘，有效容积仅占总容积的30%～60%。计算时，假定灰斗储满粉尘，取粉尘计算体积质量为粉尘实际体积质量的30%～60%。

灰斗需要保温，以避免灰斗堵塞而影响灰尘的排出，因为烟气中水分冷凝会导致灰尘在灰斗中发生结块或搭桥现象。在必要的情况下，灰斗外壳可设置专门的加热装置。

灰斗内应设置阻流板以防止窜气。灰斗的侧面根据需要设置检修人孔，在卸灰阀的上方宜设置手掏孔以便清理检修。

8.5.2.7 清灰装置

电除尘器不仅需要清除集尘板上积存的灰尘，而且需要清除阴极线上积尘，以维持除尘工艺的最佳电气条件。电除尘器的清灰装置是重要的装置，对总的除尘效率有重要的影响。清灰方法主要有振打清灰、湿式清灰、声波清灰等。

(1) 湿式清灰

湿式电除尘器一般采用水喷淋湿式清灰。在集尘板上设置若干喷嘴，喷嘴由集尘板上部喷水，在集尘板表面形成向下流动的水膜，水膜携带粉尘向下流出，以达到清灰的目的。

湿式清灰的关键在于选择性能良好的喷嘴和合理地布置喷嘴。湿式清灰一般选用喷雾好的小型不锈钢喷嘴或铜喷嘴。

冲洗喷水在每个电场的集尘板的上部装设有冲洗喷嘴进行冲洗喷水，冲洗水量较水膜喷水少些。

根据操作程序规定，应在停电和停止送风后对电除尘器电场进行水膜喷水。停止后，立即进行前区冲洗约 3min，接着后区冲洗约 3min。

每个喷嘴喷水量大约为 15L/min，总喷水量比水膜喷水略少。电除尘器清灰用水的基本要求是：耗水指标为 $0.3\sim0.6L/m^3$；供水压力为 0.5MPa；温度低于 50℃；供水水质为悬浮物低于 50mg/L，全硬度低于 200ng/L。

清灰用水一般是循环使用，当悬浮物或其他有害物超过一定浓度时要进行净化处理，符合要求后方可循环使用。

湿式清灰的主要优点是：二次扬尘少；粉尘电阻率问题不存在；水滴凝聚在小尘粒上更利于捕集；空间电荷增强，不会产生反电晕。此外，湿式电除尘器可同时净化有害气体，如二氧化硫、氟化氢等。湿式电除尘器的主要问题是腐蚀、结垢及污泥处理等。

(2) 声波清灰技术

电除尘器的声波清灰选择气动式声源，较其他声源转换率高，且容易大功率辐射。声波清灰是对整个除尘器内部的清灰，比机械清灰具有"全面"性。

声波发生器布置至关重要。在设计时，一个发生器一般负担 $20\sim100m^3$ 电场空间。声波发生器一般布置在除尘器顶部或侧部的壁板上，而不能布置在设备的内部或下部，因为布置在内部容易影响电场放电，布置在下部容易积灰。如果采用顶部设置，宜布置在支持绝缘套管的空间内，安装方向应垂直或斜角向下；如果采用侧部设置，则应布置在两个电场之间，高度应在箱体中部，安装方向平放。声波发生器喇叭口的周围空间应有 20mm 距离。声波发生器的数量根据除尘器的大小、电场数量、粉尘性质以及发生器性能确定。

声波发生器每次发声维持 $3\sim20s$，每天的发声时间总和将长达 $20\sim60min$。为了噪声控制，在每个声波发生器的外壳周围要设计一个 $4\sim5mm$ 厚钢制的隔声罩，内附 $100\sim200mm$ 厚的矿质棉。隔声罩应安装在壁板上，不可安装在声波发生器法兰上。

(3) 振打清灰

振打清灰主要采用机械振打和电容振打方式。振打清灰的效果主要取决于振打强度和振打频率。振打强度的大小取决于锤头的重量和挠臂的长度。振打强度一般用集尘板面法向产生的重力加速度的倍数表示。一般要求集尘板上各点的振打强度不小于 $100\sim200g$，但是，振打强度不宜过大，只要使得集尘板上残留薄薄一层粉尘即可，否则会导致二次扬尘增多和结构损坏加重。

振打强度主要取决于电除尘器的容量、粉尘性质、湿度、使用年限、振打制度等因素。合适的振打强度和振打频率在设计阶段仅需大致确定，在运行中依据实际情况通过现场调试确定。

振打的基本要求是：保证清除掉黏附在分布板、集尘板和阴极线上的烟尘；机械振打在清灰时传动力矩要小；减少漏风；便于操作和维修；阴极线的振打系统需要绝缘良好，并设接地线。

8.5.3 电除尘器的供电

8.5.3.1 捕集尘粒的能量

根据尘粒的受力平衡，从气流中分离单个尘粒所需的能量为：

$$W_p = F_D s = 3\pi\mu d_p \omega s \tag{8-101}$$

式中 W_p——尘粒所需要的功率，J；
F_D——尘粒克服的阻力，N；
s——尘粒运动的位移，m。

单位体积的气流中所含尘粒需要的能量为：

$$W_0 = W_p N_0 = 3\pi\mu d_p \omega s \frac{C}{1/6\pi d_p^3 \rho_p} = 18\mu d_p^{-2} \omega s \frac{C}{\rho_p} \tag{8-102}$$

式中 W_0——单位体积的气流中所含尘粒需要的能量，J/m³；
ρ_p——尘粒的密度，kg/m³；
C——气流含尘浓度，kg/m³。

如果气流的含尘浓度取 2.28g/m³，粒径取 1μm，尘粒密度取 1000kg/m³，尘粒的驱进速度为 0.3m/s，尘粒位移取 0.05m，气体的动力黏度取 18×10^{-6} Pa·s，则 1m³ 的含尘气流捕集尘粒所需能量约为 11.1J。该数值相对很小。在实际中，电除尘器的耗能是旋风除尘器或湿式除尘器的 10% 以下。

8.5.3.2 电除尘器对供电的要求

电除尘器要求的电源是：直流；高压（40～70kV）；小电流（50～1000mA）。电源向电除尘器的阴极线施加高压电，以提供尘粒荷电和收集尘粒所需的电能。供电系统的选择直接影响电除尘器的主要性能。电压和电流的大小主要取决于电极尺寸及其配置、尘粒特性、气体成分、温度、湿度、压力及气体密度等条件。电压和电流对除尘效率的影响可以下述函数表示：

$$\eta = f(\omega) = \frac{C_1}{A} \times \frac{U_{max} + U_{min}}{2} i_0 \tag{8-103}$$

$$I = C_2 U(U - U_0) \tag{8-104}$$

式中 C_1——气体条件、尘粒性质和电除尘器结构；
U_{max}——峰值电压，kV；
U_{min}——谷值电压，kV；

i_0——平均电流，mA；
C_2——取决于电极形状及大小的常数；
U——外加电压，kV；
U_0——临界电压，kV。

在设计时，电晕电流和功率密度必须依据实验和应用数据确定。根据指标推算，功率密度约为 $0.036kV \cdot A/m^2$，比电流为 $0.15 \sim 0.2mA/m$。

8.5.3.3 电除尘器的供电设备

电除尘器的高压供电设备主要包括升压变压器、高压整流器、控制系统，如图 8-19 所示。升压变压器是将外加（网路）低压交流电（380V）变为高压交流电（60～150kV）。高压整流器是将高压交流电整流成高压直流电。

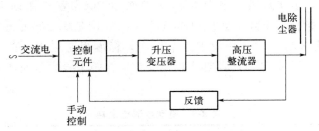

图 8-19 高压供电设备系统方框图

电除尘器的供电电源宜采用节能、高效的电源技术。电源应根据不同工况和工程投入进行选择，主要包括以下两个方面：

(1) 节能分析

高压电源的节能主要关注电源的电能利用率和电场实际耗电量。高压电源电能利用率由高到低的次序是高频电源、中频电源、三相 SCR 电源、单相 SCR 电源，电源的设备功率因数与设备总效率应分别大于 0.9 和 90%。电场实际耗电量与电除尘工况、电源供电方式、控制模式等有关，选择具有良好性能的产品。

(2) 除尘效率分析

从电除尘效率角度，高压电源的选择主要取决于工况。如果电场的实际运行火花电压低，电场的电流小，应尽量选用二次电压纹波系数小的电源，即可选择三相 SCR 电源、中频电源、高频电源等。与单相 SCR 电源相比，该三种电源能大大提高电场的输入电能，提高运行参数，有利于提高电除尘的效率。如果单相 SCR 电源运行时，电场的运行电流大，电压高，接近额定值，并且火花少，则可选择较大功率的三相电源进一步提高电源的注入功率，以提高除尘效率。

电除尘器的每个电场（室）一般配用一套高压整流电源供电。当单个供电区收尘面积较大时，可采取分区供电的方式（前后分区或左右分区）。

高压整流电源控制系统达到以下控制功能：

(1) 设备应能在额定直流输出电流和 90%～100% 的额定直流输出电压的情况下稳定运行；直流输出电流调节范围为 0～100% 额定值；直流输出电压调节范围为 0～100% 最大输出电压值或起晕电压～100% 最大输出电压值。

(2) 在不低于额定电压 60% 的前提下，设备允许在每分钟 150 次闪络状态下运行，考核时间为15min；如果除尘器负载发生电弧时应能迅速灭弧，而设备不应发生任何故障。

（3）火花跟踪控制。

（4）间歇供电控制。

（5）反电晕检测控制等。

8.5.4 电除尘器的性能

在烟气除尘工程中，应尽可能选用高效能电除尘器。高效能电除尘器主要依据四个一级指标衡量。首先是环保指标，在电除尘器入口烟气含尘浓度≤30g/m³情况下，出口烟气含尘浓度＜20mg/m³。其次是技术指标，电除尘器本体压降小于200Pa；电除尘器在配套300MW机组以上时，本体漏风率小于1.5%；在配套300MW机组以下时，本体漏风率小于2%。再次是能耗指标，电除尘器出口烟气含尘浓度限值为20mg/m³，电除尘器对煤种的除尘难易性，分为较易、一般和较难三个层次，标准规定见表8-5。最后是环境卫生指标，电除尘器的振打、电机和变压器都会产生噪声，在距电除尘器壳体1.5m外运转噪声不得＞85dB。

表8-5 电除尘器比电耗

除尘难易性	比电耗/(10^{-3}kW·h/m³)		
	300MW	600MW	1000MW
较易	0.31	0.29	0.28
一般	0.34	0.32	0.31
较难	0.37	0.35	0.34

电除尘器阻力电耗W为单位时间处理的烟气量与压力降的乘积，其表达式为：

$$W = \frac{Q \times \Delta P}{\frac{1000J}{kJ} \times \frac{3600s}{h} \times 0.85} \tag{8-105}$$

式中　Q——电除尘器单位时间处理的工况烟气量，m³/h；

　　　ΔP——电除尘器的压力降，Pa；

　　　0.85——综合效率。

电除尘器比电耗定义为单位烟气量情况下所消耗的电功率，其表示为：

$$C = \frac{W}{Q} \tag{8-106}$$

式中　C——电除尘器比电耗，kW·h/m³；

　　　W——电除尘器单位时间电耗，kW·h/h。

8.5.5 电除尘器性能的影响因素

影响电除尘器性能有诸多因素，大致归纳为三个方面：烟尘性质、设备状况和操作条件，如图8-20所示。这些因素的影响直接关系到电晕电流、粉尘电阻率、粉尘收集三个部分，最终体现为除尘效率的高低。

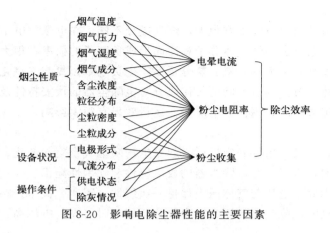

图 8-20　影响电除尘器性能的主要因素

8.5.5.1　烟尘性质的影响

（1）粉尘电阻率

适用于电除尘器的电阻率值为 $10^4 \sim 10^{11} \Omega \cdot cm$。电阻率值小于 $10^4 \Omega \cdot cm$ 的粉尘，其导电性能好，在除尘器电场内被收集时，到达收尘极板表面后会快速释放其电荷，变为与收尘极同性，然后又相互排斥，重新返回气流，可能在往返跳跃中被气流带出，所以除尘效果差。相反，电阻率大于 $10^{11} \Omega \cdot cm$ 的粉尘，在到达收尘极以后不易释放其电荷，使粉尘层与极板之间可能形成电场，产生反电晕放电，导致电能消耗增加，除尘性能恶化，甚至无法工作。

对于高电阻率粉尘可以通过特殊方法进行电除尘器除尘，以达到气体净化。这些方法是：气体调质；采用脉冲供电；改变除尘器本体结构——拉宽电极间距并结合变更电气条件。

（2）烟气湿度

烟气湿度能改变粉尘的电阻率，在同样温度条件下，烟气中所含水分越大，其电阻率越小。粉尘颗粒吸附了水分子，粉尘层的导电性增大。由于湿度增大，击穿电压上升，这就允许在更高的电场电压下运行。随着空气中含湿量的上升，电场击穿电压相应提高，火花放电较难出现。对于这种电除尘器来说是有实用价值的，它可使除尘器能够在提高电压的条件下稳定地运行。电场强度的增高会使除尘效果显著改善。

（3）烟气温度

气体温度也能改变粉尘的电阻率，而改变的方向却有几种可能。表面电阻率随温度上升而增加（这只在低温区段）；达到一定温度之后，体积电阻率相反，随着温度上升而下降。在这温度交界处有一段过渡区：表面和体积电阻率的共同作用区。电除尘工作温度可由粉尘电阻率与气体温度关系曲线来选定。烟气温度影响还表现在对气体黏滞性的影响。气体黏滞性随着温度上升而增大，这将影响驱进速度的下降。

气体温度越高，其密度越低，电离效应加强，击穿电压下降，火花放电电压也下降。

在总体上，气体温度对电除尘器的影响是负面的。如果有可能，还是在较低温度条件下运行较好。所以，通常在烟气进入电除尘器之前先要进行气体冷却，降温既能提高净化效率，又可利用烟气余热。然而，对于含湿量较高和有 SO_3 之类成分的烟气，其温度一定要保持在露点温度 20～30℃ 以上作为安全余量，以避免冷凝结露，发生糊板、腐蚀和破坏绝缘。

(4) 烟气成分

烟气成分对负电晕放电特性影响很大，烟气成分不同，在电晕放电中电荷载体的有效迁移也不同。在电场中电子和中性气体分子相撞而形成负离子的概率在很大程度上取决于烟气成分。据统计，其差别是很大的：氮、氢分子不产生负电晕；氯与二氧化硫分子能产生较强的负电晕；其他气体互有区别。不同的气体成分对电除尘器的伏安特性及火花放电电压影响甚大。尤其在含有硫酸酐时，气体对电除尘器运行效果有很大影响。

(5) 烟气压力

经验公式表明，当其他条件确定以后，起晕电压随烟气密度而变化，温度和压力是影响烟气密度的主要因素。烟气密度对除尘器的放电特性和除尘性能都有一定影响。如果只考虑烟气压力的影响，则放电电压与气体压力保持一次线性（正比）关系。在其他条件相同的情况下，净化高压煤气时电除尘器的压力比净化常压煤气时要高。电压高，其除尘效率也高。

(6) 粉尘浓度

电除尘器对所净化气体的含尘浓度有一定的适应范围，如果超过一定范围，除尘效果会降低，甚至中止除尘过程。因为在电除尘器正常运行时，电晕电流是由气体离子和荷电尘粒（离子）两部分组成的，但前者的驱进速度约为后者的数百倍（气体离子平均速度为60～100m/s，粉尘速度大体在60cm/s以下），一般粉尘离子形成的电晕电流仅占总电晕电流的1%～2%。粉尘质量比气体分子大得多，而离子流作用在荷电尘粒上所产生的运动速度远不如气体离子上运动速度高。烟气中所含粉尘浓度越大，尘粒离子也越多，然而单位体积中的总空间电荷不变，所以尘粒离子越多，气体离子所形成的空间电荷必然相应减少，于是电场内驱进速度降低，电晕电流下降。当含尘浓度达到某一极限值时，通过电场的电流趋近于零，发生电晕闭塞，除尘效率显著下降。所以电除尘器净化烟气时，其气体含尘浓度应有一定的允许界限。

电除尘器效率与允许的最大的粉尘粒径质量组成有关，如中位径为 $24.7\mu m$ 的粉尘，入口质量浓度大于 $30g/m^3$ 时，电晕电流下降不明显；而对中位径为 $3.2\mu m$ 的粉尘，入口质量浓度大于 $8g/m^3$ 的吹氧平炉粉尘，电晕电流比通入烟尘之前下降80%以上。有资料认为，粒径为 $1\mu m$ 左右的粉尘对电除尘效率的影响尤为严重。

克服因烟气含尘量过大引起电除尘器效率下降的较好办法是设置预除尘器。先降低烟气的含尘浓度，使之符合要求后再送入电除尘器，也有人认为，预除尘会使粉尘凝聚，因而降低电除尘器效率。

(7) 粉尘粒径分布

试验证明，带电粉尘向收尘极移动的速度与粉尘颗粒半径成正比。粒径越大，除尘效率越高，尺寸增至 $20\sim25\mu m$ 之前基本如此，尺寸至 $20\sim40\mu m$ 阶段，可能出现效率最大值；再增大粒径，其除尘效率下降。原因是大尘粒的非均匀性，具有较大导电性，容易发生二次扬尘和外携。也有资料指出，粒径在 $0.2\sim0.5\mu m$ 之间，由于捕集机理不同，会出现效率最低值（带电粒子移动速度最低值）。

(8) 粉尘密度

烟气在电场内的最佳流速与二次扬尘有密切关系。尤其是堆积密度小的粉尘，由于其内部孔隙率高，更容易形成二次扬尘，从而降低除尘效率。

(9) 粉尘黏附力

粉尘黏附力是由粉尘与粉尘之间，或粉尘颗粒与极板表面之间接触时的机械作用力、电气作用力等综合作用的结果。附着力大的不易振打清除，附着力小的又容易产生二次扬尘。机械附着力小、电阻低、电气附着力也小的粉尘容易发生反复跳跃，影响电除尘器效率。粉尘黏附力与颗粒的物质成分有一定关系。矿渣粉、氧化铝粉、黏土熟料等粉尘的黏附力就小，水泥粉尘、无烟煤粉尘等通常有很大的黏附力。黏附力与其他条件，如粒径大小、含湿量高低等也有密切关系。

8.5.5.2　设备状况对除尘效率的影响

（1）电极结构

电极的几何结构影响因素包括极板间距、电晕线间距、电晕线的半径、电晕线的粗糙度和每台供电装置所担负的极板面积等，这些因素各自对电气性能产生不同的影响。

① 极板间距。当作用电压、电晕线的间距和半径相同，加大极板间距会影响电晕线临近区所产生离子电流的分布，以及增大表面上的电位差，将导致电晕线外区电流密度、电场强度和空间电荷密度的降低。

② 电晕线间距。当作用电压、电晕线半径和极板间距相同，增大电晕线的间距所产生的影响是增大电晕电流密度和电场强度分布的不均匀性。但是，电晕线的间距有一个最大电晕电流的最佳值。若电晕线间距小于这一最佳值，会导致由于电晕线附近电场的相互屏蔽作用而使电晕电流减小。

③ 电晕线半径。增大电晕线的半径会导致在开始产生电晕时，电晕始发电压升高，而使电晕线表面的电场强度降低。若给定的电压超过电晕始发电压，则电晕电流会随电晕线半径的加大而减小。电晕线表面粗糙度对电气性能的影响是由于电晕线表面的始发电场强度以及电晕线附近空间电荷密度的影响。

④ 极板面积。每台供电装置所负担的极板面积是确定电除尘器电气特性的又一重要因素，因为它影响火花放电电压。n 根电晕线的火花率与 1 根电晕线火花率是相同的，因为 n 根电晕线中的任何一根产生火花都将引起所有电晕线上的电压瞬时下降。为了使电除尘器获得最佳的性能，一台单独供电装置所担负的极板面积应足够小。

（2）气流分布

电除尘器内气流分布的均匀程度对除尘效率有明显的影响，主要有以下方面的原因。

① 在气流速度不同的区域内所捕集的粉尘是不一样的。即气流速度低的地方可能除尘效率高，捕集粉尘量多；气流速度高，除尘效率低，可能捕集的粉尘量少。但因风速低而增加的粉尘捕集量并不能弥补由于风速过高而减少的粉尘捕集量。

② 局部气流速度高的地方会出现冲刷现象，将已沉积在收尘极板上和灰斗内的粉尘二次大量扬起。

③ 除尘器进口的含尘不均匀，导致除尘器内某些部位堆积过多的粉尘，若在管道、弯头、导向板和分布板等处存积大量粉尘，会进一步破坏气流的均匀性。

电除尘器内气流不均匀与导向板的形状和安装位置、气流分布板的形式和安装位置、管道设计以及除尘器与风机的连接形式等因素有关。因此，对气流分布要予以重视。

（3）漏风

除尘器一般多用于负压操作，如果壳体的连接处和法兰处等密封不严，就会从外部漏入冷空气，使通过电除尘器的风速增大，烟气温度降低，这二者都会使烟气露点发生变化，其结果是粉尘电阻率增高，使除尘性能下降。尤其在除尘器入口管道的漏风，使除尘效果更为恶化。电除尘器捕集的粉尘一般都比较细，如果从灰斗或排灰装置漏入空气，将会造成收下的粉尘飞扬，除尘效率降低，还会使灰斗受潮、黏附灰斗，造成卸灰不流畅，甚至产生堵灰。若从检查门、烟道、伸缩节、烟道阀门、绝缘套管等处漏入气体，不仅会增加除尘器的烟气处理量，而且会由于温度下降出现冷凝水，引起电晕线肥大、绝缘套管爬电和腐蚀等后果。

(4) 气流旁路

气流旁路是指在电除尘器中，气流不通过收尘区，而是从收尘极板的顶部、底部和极板左右最外边与壳体壁形成的通道中通过。产生气流旁路现象的主要原因是由于气流通过除尘器时产生气体压力降，气流分布不均匀在某些情况下则是由于抽吸作用所致。防止气流旁路的措施是用阻流板迫使旁路气流通过除尘区，将除尘区分成几个串联的电场，以及使进入除尘器和从除尘器出来的气流保持设计的状态等。否则，只要有5%的气体旁路，除尘效率就不能大于95%。对于要求高效率的除尘器来说，气流旁路是一个特别严重的问题，只要有1%～2%的气体旁路，就达不到所要的除尘效率。装有阻流板，就能使旁路气流与部分主气流重新混合。因此，气流旁路对除尘效率的影响取决于设阻流板的区数和每个阻流的旁路气流量以及旁路气流重新混合的程度。气流旁路在灰斗内部和顶部产生涡流，会使灰斗的大量集灰和振打时的粉尘重返气流。因此，阻流板应予合理设计和布置。

(5) 设备的安装质量

如果电极线的粗细不均匀，则在细线上发生电晕时，粗线上还不能发生电晕；为了使粗线发生电晕而提高电压，又可能导致细线发生击穿。如果极板（或线）的安装没有对好中心，则在极板间距较小处的击穿可能比其他地方开始稳定的电晕还会提前发生。电晕线与沉淀极板之间即使只有一个地方过近，都必然会降低电除尘器的电压，因为这里有击穿危险。同样，任何偶然的尖刺、不平和卷边等都会产生影响。

8.5.5.3 操作条件对除尘效率的影响

(1) 气流速度

气流速度的大小与所需电除尘器的尺寸成反比。为了节省投资，除尘器就应设计得紧凑、尺寸小。这样，气流速度必然较大，粉尘颗粒在除尘器电场内的逗留时间就短。气流速度增大的结果是气体紊流程度增大，二次扬尘和粉尘外携的概率增大。气流速度对尘粒的驱进速度有一定影响，其有一个相应的最佳流速。在最佳流速下，驱进速度最大。在大多数情况下，在电场有效作用区间逗留8～12s，电除尘器就能得到很好的除尘效果。这种情况的相应气流速度为1.0～1.5m/s。

(2) 振打清灰

电晕线积尘太多会影响其正常功能。收尘极板应该有一定的容尘量，而极板上积尘过多或过少都不好。积尘太少或振打方向不对，会发生较大的二次扬尘，而积尘到一定程度，振打合适，所打落的粉尘容易形成团块状而脱落，二次扬尘较少。这表明存在着某个最佳容尘量。当电阻率在$10\Omega \cdot cm$以下时，最佳容尘量高于$1.0kg/m^2$，在最佳容尘量时振打效果最好。由此，还可以计算出振打的最佳周期。

清灰振打的方向、力度，振打力的分布是否均匀，以及电场风速与电场长度等，都与清灰效果有一定关系。总之，清灰良好、保持极板的高效运行是静电除尘器平稳运行的重要条件。

(3) 供电条件

电除尘器的除尘效率在很大程度上取决于电气条件，其中就有在电极上保持最大可能电压的要求。因为尘粒的迁移率与所施加电压的平方成正比。

一般工业电除尘器的电晕电极是在负极性下运行,原因是这种设置比电晕电极为正极性时的击穿电压值高,电晕放电有更为稳定的特性。

电压波形对除尘效率有实质性影响。电除尘器工作的基本条件之一,是对在除尘器中经常发生的击穿现象要迅速阻止。为此,最佳电压应当是脉动电压。因为在第一个半周期中电位下跌,就容易切断电压。最流行的是采用全波整流。半波整流推荐在下列情况中采用:① 粉尘电阻率在 $10^{11}\Omega \cdot cm$ 以上;② 在第一电场中,气体含尘浓度较高。

在续后的电场中,粉尘浓度较低,电晕电流较大,工作相对较为稳定,可以供给全波整流而得的直流电。为保证供电具体条件,电除尘器一般区分为若干电场,各配备自己的供电机组,巨型电除尘器可分为若干个独立的工作室以便于供电,容易停用某部分局部设备,而且简化了大断面的除尘器结构,改善断面的气流均匀性。在施加的电压和收尘效率方面,交流供电和脉冲供电的除尘器有可喜的应用前景。在专门的脉冲电源应用时,每秒钟能产生 25~400 个脉冲,把这种高压脉冲叠加在直流电压上就形成脉冲供电。使用脉冲电源可以得到更高的工作电压而不发生电弧击穿。

(4) 伏-安特性

在火花放电或反电晕之前所获得的伏-安特性能反映出电除尘器从气体中分离粉尘粒子的效果。在理想的情况下,伏-安特性曲线在电晕始发和最大有效电晕电流之间,其工作电压应有较大的范围,以便选择稳定的工作点,使电压和电晕电流达到较高的有效值。低的工作电压或电晕电流会导致电除尘性能降低。伏-安特性曲线如图 8-21 所示。

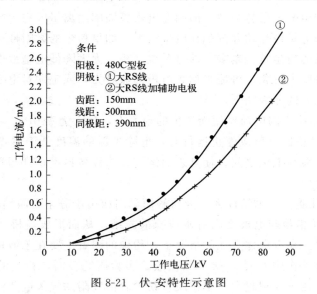

图 8-21 伏-安特性示意图

(5) 粉尘二次飞扬

沉积在除尘极板上的粉尘如果黏附力不够,容易被通过电除尘器的气流带走,这就是所谓的二次飞扬。粉尘二次飞扬所产生的损失有时高达已沉积粉尘的 40%~50%,粉尘二次飞扬的原因如下。

① 粉尘沉积在收尘极板上时,粉尘的荷电是负电荷,就会由于感应作用而获得与收尘极板极性相同的正电荷,粉尘便受到离开收尘极的斥力作用,所以粉尘所受到的净电力是吸

力和斥力之差。如果离子流或粉尘电阻率较大，净电力可能是吸力；如果离子流或粉尘电阻率较小，净电力就可能是斥力，这种斥力就会使粉尘产生二次飞扬。当粉尘电阻率很高时，粉尘和收尘极之间的电压降使沉积粉尘层局部被击穿，从而产生反电晕现象，也会使粉尘产生二次飞扬。

② 当气流沿收尘极板表面向前流动的过程中，由于气流存在速度梯度，沉积在收尘板表面上的粉尘层将受到离开极板的升力。速度梯度越大，升力越大，为减小升力，必须减小速度梯度；要减小速度梯度，降低主气流速度是主要措施之一。电除尘器中的气流速度分布以及气流的紊流和涡流都能导致粉尘二次飞扬。电除尘器中，如果局部气流速度很高，就有引起紊流和涡流的可能性，而且烟道中的气体流速一般为 10~15m/s，而进入电除尘器后突然降低到 1m/s 左右，这种气流突变也很容易产生紊流和涡流。

③ 沉积在电极上的粉尘层由于本身重量和运动所产生的惯性力而脱离电极。若振打强度过大或频率过高，粉尘脱离电极后不能成为较大的片状或块状，而是成为分散的、小的片状或单个粒子，容易被气流重新带出电除尘器，形成粉尘的二次飞扬。

④ 除尘器存在漏风或气流不经电场而是通过灰斗出现旁路的现象，也是产生二次飞扬的原因。为防止粉尘二次飞扬造成损失，可采取以下措施：使电除尘器内保持气流的良好状态和使气流均匀分布；使设计出的收尘电极具有良好的空气动力学屏蔽性能；采用足够数量的高压分组电场，并将几个分组电场串联，对高压分组电场进行轮流均衡振打，严格防止灰斗中气流出现环流现象和漏风情况。

（6）电晕线肥大

电晕线越细，产生的电晕越强烈，但因在电晕极周围的离子区有少量的粉尘粒子获得正电荷，便向负极性的电晕极运动并沉积在电晕线上，如果粉尘的黏附性很强，则不容易被振打下来。于是电晕线的粉尘越积越多，即电晕线变粗，大大降低电晕放电效果，形成电晕线肥大。要消除电晕线肥大现象，可适当增大电极的振打力，或定期对电极进行清扫，使电极保持清洁。电晕线肥大的原因如下。

① 电荷的作用，粉尘因电荷作用而产生的附着力，最大为 280Pa。

② 当工艺生产设备低负荷或停止运行时，电除尘器的温度低于露点，导致水或硫酸凝结在尘粒之间以及尘粒与电极之间，使其表面溶解，当设备再次正常运行时溶解的物质凝固成块，产生大的附着力。

③ 由于粉尘的性质，如黏结性大、因水解而黏附或由于分子力而黏附。

④ 粉尘之间以及尘粒与电极之间有水或硫酸凝结，从而形成液桥，产生了液桥力，大大增强了粉尘的附着。在有液体存在的情况下，粉尘的附着主要在于液桥力，因为微细颗粒之间的液桥力要比分子作用力大 1~2 个数量级。实验研究表明，粉尘的附着力与粒径成反比，因为颗粒越细，比表面积越大，单位质量粉尘表面吸附的气体或蒸汽的量越多，也越易凝结。当粒径在 3~4μm 时粉尘的附着力可达 1Pa；粒径从 3~4μm 向更小变化，附着力变化幅度剧增，在粒径为 0.5μm 时附着力约为 10Pa。

8.5.6 电除尘器的设计

由于电除尘器性能的影响因素众多，理论除尘效率比实际值高很多，因此电除尘器的设计计算主要采用经验公式和类比方法。

8.5.6.1 有效驱进速度

在实际中,将一定的电除尘器结构形式和运行条件下测得的总效率值代入分级效率方程,求取驱进速度值,称为有效驱进速度ω_e。有效驱进速度是电除尘器设计的基础。

8.5.6.2 比集尘面积

在给定电除尘器的烟气量和尘粒驱进速度情况下,集尘板总面积是确保达到一定除尘效率的结构参数。集尘板面积越大,除尘效率越高,但材料消耗量也增加,因此集尘板面积要适宜。比集尘面积的计算式为:

$$\frac{A}{Q} = \frac{1}{\omega_e} \ln \frac{1}{1-\eta} \tag{8-107}$$

大量的工程数据表明,电除尘器出口烟气含尘浓度限值为20mg/m^3,电除尘器处理不同煤种的难易性分为较易、一般和较难,高效能电除尘器的比集尘面积应分别不大于$130\text{m}^2/(\text{m}^3/\text{s})$、$150\text{m}^2/(\text{m}^3/\text{s})$、$170\text{m}^2/(\text{m}^3/\text{s})$。比集尘面积是电除尘器的重要评价技术指标。

8.5.6.3 集尘板总面积

$$A = (1.5 \sim 2.0)\frac{A}{Q}Q \tag{8-108}$$

电除尘器入口烟气量取锅炉最大连续蒸发量BMCR工况的烟气量。因受处理烟气量、温度和压力的波动、供电系统的可靠性等因素影响,参照实际工程数据,集尘板总面积需要乘以富裕系数(1.5~2.0)。

8.5.6.4 电场内烟气流速

电场内烟气流速取决于烟气量和电除尘器过流断面积,是电除尘器的重要参数。如果烟气速度高于一定的数值时,气流带出粉尘量迅速增加,降低除尘效率。若烟气速度过小,则增大设备容量,提高造价。在满足除尘效率的前提下,选取偏大的烟气速度。烟气流速取决于烟气在电场内的停留时间,其为:

$$t = \frac{l}{u} \tag{8-109}$$

式中 l——有效电场长度,m。

一般情况下,粉尘从荷电到附着在集尘板上仅需0.5~2s。电除尘器停留时间大多在6~12s之间。

燃煤锅炉的电除尘器可取烟气速度为0.8~1.5m/s。烟气流速的选择也与电除尘器结构有关,如表8-6所列。烟气流速影响所选择的除尘器的断面长度。在烟气停留时间相同时,流速低则需较长的除尘器。在确定流速时还应考虑电除尘器位置条件和电除尘器本身的长宽比例。

表8-6 电除尘器的烟气流速

收尘极形式	电晕电极形式	烟气流速/(m/s)
棒帏状、网状、板式	挂锤电极	0.4~0.8
槽型(C型、Z型、CZ型)	框架式电极	0.8~1.5
袋式、鱼鳞状	框架式电极	1~2
湿式电除尘器	挂锤式电极	0.6~1

8.5.6.5 烟气流通截面积

电除尘器的烟气流通截面积由烟气量和选定的烟气流速确定,表达式为:

$$F=\frac{Q}{u} \tag{8-110}$$

式中　F——烟气流通截面积,m^2;

　　　Q——除尘器入口的烟气量(应考虑设备漏风),m^3/s;

　　　u——烟气流速,m/s。

电除尘器的烟气流通截面积的几何表达式为:

$$F=H\Delta Bn \tag{8-111}$$

式中　H——集尘极的高度,m;

　　　ΔB——集尘板的间距,m;

　　　n——烟气通道数。

电除尘器流通截面的高宽比一般为 1:(1~1.3),高宽比太大,气流分布不均匀,设备稳定性较差。高宽比太小,设备占地面积大,灰斗高,材料消耗多。为了弥补这一缺陷,可采用双进和双排灰斗。

8.5.6.6 烟气通道数

电除尘器的烟气通道数有下述关系:

$$n=\frac{F}{\Delta BH}=\frac{A}{2lH}=\frac{Q}{\Delta BHu} \tag{8-112}$$

集尘板的排数为 $n+1$。

8.5.6.7 阴极与集尘板的间距

集尘板与阴极的间距对电除尘器的电气性能和除尘效率均有重要影响。如果间距过小,振打引起的位移、安装的偏差、积尘等对工作电压影响较大;如果间距过大,则工作电压高,受到变压器、整流设备、绝缘材料的允许电压的限制。集尘板与阴极的间距多采用 200mm。

集尘板与阴极的距离对放电强度也有很大影响,间距过大,减弱放电强度;但电晕线太密,屏蔽作用使放电强度降低。集尘板间距加大,施加电压高,驱进速度增加显著,电除尘器的效率提高。对于高电阻率粉尘,可选用集尘板间距为 450~500mm,配用 27kV 电源即能满足供电要求。

8.5.6.8 电晕线的间距

电晕线的间距对电场放电的均匀性和消除电流死区有重要影响。电晕线的间距一般根据集尘板与阴极的间距来确定。根据试验,集尘板与阴极的间距是电晕线的间距的 0.8~1.2 倍。电晕线的间距过小,相邻的电晕线可产生干扰屏蔽,抑制电晕电流的产生;间距过大,电晕线总长度增大,总电晕功率减小,影响除尘效率。

电晕线的间距还需根据集尘板宽度进行调整。比如,集尘板选用 190mm C 型板,1 块板配置 1 根线,电晕线的间距为 200mm;C 型板宽为 480mm,1 块板配置 2 根线,电晕线的间距为 250mm。

8.5.6.9 电场长度

在计算集尘板面积时,靠近除尘器壳体的集尘板,其集尘板面积按单面计算;其余集尘板则按双面计算。电场长度的计算公式为：

$$l=\frac{A}{2(n-1)H} \tag{8-113}$$

各电场长度之和为电场总长度。一般每个电场长度为 2.5～6.2m，2.5～4.5m 为短电场，4.5～6.2m 为长电场。对于短电场，振打力分布较为均匀，清灰效果好。长电场可采取分区振打，极板高的除尘器可采用多点振打。燃煤电厂的烟气量较大，环保要求高，电除尘器一般采用长电场。

8.5.6.10 电场数

卧式电除尘器常采用多电场串联。在电场总长度相同情况下，电场数增加，每一电场电晕线数量相应减少，因而电晕线安装误差影响的概率也降低，从而可提高供电电压、电晕电流和除尘效率。电场数多还可以做到当某一电场停止运行时，对除尘器性能影响不大，由于火花和振打清灰引起的二次飞扬不严重。

电除尘器供电一般采用分电场单独供电，电场数增加也同时增加供电机组，使设备投资升高，因此，电场数力求选择适当。串联电场数一般为 2～5 个，常用的电除尘器设置 3～4 个电场；对于除尘较难的情况，可设置 4～5 个电场。

8.5.6.11 每个电场阴极线有效长度

$$l=\frac{\ln H}{0.2N} \tag{8-114}$$

式中　N——电场数。

8.5.6.12 电除尘器的壳体

在确定电除尘器的参数后，必须进行电除尘器的结构设计。电除尘器划分为壳体、灰斗、进口烟箱、出口烟箱和电场五大部分。

壳体必须考虑电场长度、高度和宽度要求，包括电场的有效放电距离及必要的壳体强度等。

电除尘器的进出口烟箱要求进口烟速越小越好，这样有利于电场气流分布，一般控制在 10～15m/s。烟箱的大小口尺寸基本按 10∶1 的比例进行设计，烟箱的底板斜度不小于 55°。为使得气流分布均匀，在进口烟箱内设置 2～3 道气流分布孔板，在出口烟箱内设置一道槽形板。

8.5.6.13 气流分布板

气流分布板采用多孔板最为广泛。分布板层数的计算表达式为：

$$n_p=0.16\frac{F_k}{F_0}\sqrt{C_0} \tag{8-115}$$

式中　F_k——烟箱的扩口截面积，m²；

F_0——烟箱的缩口截面积，m²；

C_0——系数，带有导向板弯头情况下 C_0 取 1.2，缓和弯管且无直段情况下 C_0 取 1.8～2.0。

当 $\frac{F_k}{F_0}\leqslant 6$ 时，取 1 层；当 $6<\frac{F_k}{F_0}\leqslant 20$ 时，取 2 层；当 $20<\frac{F_k}{F_0}<50$ 时，取 3 层。

多孔板的阻力系数为：

$$\zeta = n_0 \left(\frac{F_k}{F_0}\right)^{\frac{2}{n_p}} - 1 \tag{8-116}$$

阻力系数与开孔率之间关系为：

$$\zeta = (0.07\sqrt{1-\varepsilon_0} + 1 - \varepsilon_0)^2 \left(\frac{1}{\varepsilon_0}\right)^2 \tag{8-117}$$

分布板的开孔率与气流速度有关。如果气流速度为1m/s，开孔率取50%较为合理。假如多孔板层数大于1，其开孔率沿气流方向减小，即后面的分布板阻力系数比前面的大，这样能使得气流分布较为均匀。

8.5.6.14 每个电场电晕电流容量

阴极线的电流为：

$$I_1 = i_1 l \tag{8-118}$$

集尘板的电流为：

$$I_2 = i_2 \frac{A}{N} \tag{8-119}$$

式中　i_1——阴极线电流密度，mA/m；
　　　i_2——集尘板电流密度，mA/m²。

8.5.6.15 整流设备台数

整流设备台数一般按阴极线单位有效长度电晕电流、集尘板单位有效面积电晕电流和集尘板单位有效面积的电功率进行计算。在设计电除尘器时，多按单位有效长度阴极线电晕电流计算，其计算公式为：

$$n_z = \frac{IL}{I_H} \tag{8-120}$$

式中　n_z——理论计算台数；
　　　I——单位阴极线电流密度，mA/m；
　　　I_H——变压整流器输出额定电流，mA；
　　　L——阴极线总有效长度，m。

阴极线的电流密度与多种因素有关，在设计时，必须通过实验或工程数据确定。

电除尘器设计的主要技术参数可参照表8-7取值。在取得充分的原始数据和综合考虑电除尘器性能的影响因素基础上，可采用如图8-22所示的计算程序进行设计。

表 8-7　电除尘器设计用主要技术参数

主要参数	单位	一般范围
总除尘效率 η	%	95～99.9
有效驱进速度 ω_e	cm/s	3～30
电场风速 u	m/s	0.1～4.6
比集尘面积 A/Q	m²/(m³/s)	7.2～180
通道宽度 $2b$	m	0.35～0.40
单位气量电晕功率 P/Q	W/(100m³·h)	30～300
单位集尘面积电晕功率 P/A	W/m²	3.2～32

主要参数	单位	一般范围
电晕电流密度 i	mA/m	0.07～0.35
停留时间 t	s	2～10
电场数 N	个	1～5
电场流通截面积 F	m^2	3～200
电压 U	kV	50～70

8.5.7 电除尘器的选用

选用电除尘器,首先必须要了解和掌握生产中的一些数据。通常包括被处理烟气的烟气量、烟气温度、烟气含湿量、含尘浓度、粉尘的级配、气体和粉尘的成分、理化性质、电阻率值、要求达到的除尘效率、电除尘器的最大负压以及安装的具体条件等。根据这些条件,首先就可以考虑电除尘器选用形式(立式或卧式)、极板形式(板式或管式)及运行方式(湿法或干法)。其次就应当考虑电除尘器选用的规格,在选用中应注意,目前设计的电除尘器一般仅适用于烟气温度低于 250℃、负压值小于 2kPa 的情况。一般结构的电除尘器仅适用于一级收尘,这样可以节省投资、减少占地面积。反之,若超过这个限度,则必须考虑采用二级收尘。目前设计的电除尘器一般仅能处理电阻率在 $10^4 \sim 10^{10} \Omega \cdot cm$ 之间的粉尘。因此,对于高电阻率的粉尘,采用电除尘的烟气应进行必要的调质预处理。

电除尘器选用注意事项如下。

(1) 电除尘器是一种高效除尘设备,设备造价随除尘器效率的提高而增加。

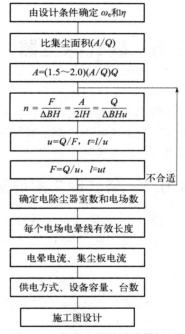

图 8-22 电除尘器设计计算框图

(2) 电除尘器压力损失小,耗电量少,运行费用低。

(3) 电除尘器适用于大风量、高温烟气及气体含尘浓度较高的除尘系统。当含尘浓度超过 $60g/m^3$ 时,一般应在除尘器前设预净化装置,否则会产生电晕闭塞现象,降低除尘效率。

(4) 电除尘器能捕集细粒径的粉尘(小于 $0.14\mu m$),但对粒径过小和密度小的粉尘,选择电除尘器时应适当降低电场风速,否则易产生二次扬尘,降低除尘效率。

(5) 电除尘器适用于捕集电阻率在 $10^4 \sim 5 \times 10^{10} \Omega \cdot cm$ 范围内的粉尘,当电阻率低于 $10^4 \Omega \cdot cm$ 时,或积于极板的粉尘已重返气流,电阻率高于 $5 \times 10^{10} \Omega \cdot cm$ 时,容易产生反电晕,因此,不宜选用干式电除尘器,可采用湿式电除尘器。高电阻率粉尘也可选用干式宽极距电除尘器,如选用 300mm 极距的干式电除尘器。可在电除尘器进口前对烟气采取增湿措施,或有效驱进速度选取低值。

(6) 电除尘器的气流分布要求均匀。为使气流分布均匀,一般在电除尘器入口处设气流分布板 1～3 层,并进行气流分布模拟试验。气流分布板必须按模拟试验合格后的层数和开孔率进行制造。

（7）净化湿度大或露点温度高的烟气，电除尘器要采取保温或加热措施，以防结露，对于湿度较大或达到露点温度的烟气，一般可采用湿式电除尘器。

（8）电除尘器的漏风率尽可能小于2%，减少二次扬尘，以确保较高的除尘效率。

（9）黏结性粉尘，可选用干式电除尘器，但应提高振打强度；对含有一定沥青的混合性黏结粉尘，宜采用湿式电除尘器。

（10）捕集腐蚀性很强的物质时，宜选择特殊结构和防腐性好的电除尘器。

（11）电场风速是电除尘器的重要参数，一般在0.4～1.5m/s范围内。电场风速不宜过大，否则气流冲击集尘板从而造成二次扬尘，降低除尘效率。对电阻率、粒径和密度偏小的粉尘，电场风速应选择较小值。

8.6 袋式除尘器

袋式除尘器是利用纤维滤料制作的袋状过滤元件来捕集含尘气体中固体颗粒物的设备。袋式除尘器的除尘效率一般可达99%以上。由于其效率高，性能稳定，操作简单，是电力燃煤锅炉的主流除尘器之一。

8.6.1 袋式除尘器的基本原理

图8-23为袋式除尘器的一个滤料微元体。滤料为多孔材料，常由棉、毛、人造纤维等加工而成，孔径为10～20μm。颗粒因截留、惯性碰撞、静电和扩散等作用，逐渐在滤料的来流一侧表面上形成灰尘层，称为灰尘初层。灰尘初层是袋式除尘器的主要过滤层。滤料仅起着灰尘初层的形成和骨架的支撑作用。灰尘不断在滤料上积聚，滤料两侧的压差增大，这导致附着在滤料上的细小颗粒被挤压到另一侧，这将导致除尘效率下降。若两侧压差过大，除尘系统的气体流量则显著下降，降低系统的排烟效果。因此，当滤料两侧的压差达到一定数值时，需要及时清理滤料上的积灰，以确保一定的气体处理能力。

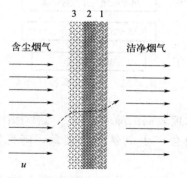

图8-23 滤料的灰尘过滤过程示意图
1—滤料；2—灰尘初层；3—灰尘清灰层

清灰不应破坏灰尘初层，否则将显著降低除尘效率。如图8-24所示，清洁滤料的除尘效率明显低于具有粉尘初层的除尘效率。对于0.1～0.5μm的尘粒，清灰后滤料的除尘效率在90%以下；对于1μm以上的尘粒，除尘效率在98%以上。当形成一定的灰尘厚度时，所有尘粒的效率都在95%以上；1μm以上的分级效率高于99.6%。

灰尘层和滤料都是多孔介质，含尘气流通过灰尘层和滤料的流动可采用达西方程描述。达西方程一般表示为：

$$\frac{\Delta p}{\Delta x} = \frac{u\mu_g}{K} \tag{8-121}$$

式中　Δx——多孔介质的厚度，m；

u——过滤风速，m/s；

μ_g——气体的动力黏度，Pa·s；

K——多孔介质的渗透率。

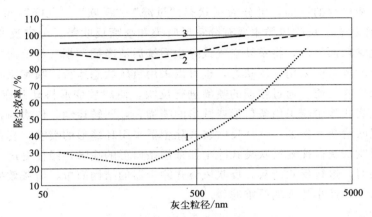

图 8-24　袋式除尘器的分级效率变化曲线
1—清洁滤料；2—清灰 10 次以后；3—积尘工况

根据达西方程，通过灰尘层和滤料的总压差为：

$$\Delta p = \Delta p_f + \Delta p_p = \frac{\Delta x_f \mu_g u}{K_f} + \frac{\Delta x_p \mu_g u}{K_p} \tag{8-122}$$

式中　Δp_f，Δp_p——滤料和灰尘层的压差，Pa。

灰尘层的厚度是时间的函数。在时间 t 内，沉积在滤料表面上的灰尘质量可表示为：

$$m = \rho u A t = A \Delta x_p \rho_p \tag{8-123}$$

式中　ρ_p——灰尘层的密度，kg/m³；

A——滤料的通流面积；m²。

气流通过灰尘层的压力损失为：

$$\Delta p_p = \frac{\rho \mu_g u^2}{K_p \rho_c} t \tag{8-124}$$

对于给定的含尘气流，气体的动力黏度、灰尘密度和渗透率可设为定值，则气流通过灰尘层的阻力与风速的平方和时间成正比。由此看出，袋式除尘器应选取合理的气流速度和定期清除滤料表面的灰尘，以保持合理的压力损失和处理气量。

8.6.2　袋式除尘器的分类

根据清灰方法的不同，袋式除尘器共分为四类：机械振打类、反吹风类、脉冲喷吹类和复合式清灰类。

（1）机械振打类

是用机械装置（电动、电磁或气动装置）使滤袋产生振动而清灰的袋式除尘器，有适合间歇工作的停风振打和适合连续工作的非停风振打两种构造形式。停风振打袋式除尘器是使用各种振动频率在停止过滤状态下进行振打清灰。非停风振打袋式除尘器则使用各种振动频率在连续过滤状态下进行振打清灰。机械振打袋式除尘器工作性能稳定，清灰效果较好。但是，滤袋受机械力的作用，损坏较快，滤袋检修与更换的工作量大。

（2）反吹风类

是利用阀门切换气流，在反吹气流作用下使滤袋缩瘪与鼓胀发生抖动来实现清灰的袋式除尘器。根据清灰过程的不同，可分为三状态"过滤""反吹""沉降"与二状态"过滤""反吹"两种工作状态。反吹风类主要有分室反吹类和喷嘴反吹类。分室反吹类采取分室结构，利用阀门逐室切换气流，将室外空气或除尘系统后洁净循环烟气等反向气流引入不同袋室进行清灰。反吹风可以采用正压状态，也可以采用负压状态运行。喷嘴反吹类则以高压风机或压气机提供反吹气流，通过移动的喷嘴进行反吹，使滤袋变形抖动并穿透滤料以清灰。机械回转反吹风袋式除尘器采用条口形或圆形的喷嘴，经回转运动，依次与各个滤袋净气出口相对，进行反吹清灰。例如，气环反吹袋式除尘器采用环缝形的喷嘴，套在滤袋外面，经上下移动进行反吹清灰。往复反吹袋式除尘器采用条口形的喷嘴，经往复运动，依次与各个滤袋净气出口相对，进行反吹清灰。反吹风袋式除尘器的结构简单，清灰效果好，滤袋磨损少，特别适合粉尘黏性小的玻璃纤维滤袋。

（3）脉冲喷吹类

袋式除尘器以压缩气体为清灰动力，利用脉冲喷吹机构在瞬间放出压缩空气，高速射入滤袋，使滤袋急剧鼓胀，依靠冲击振动和反向气流而清灰的袋式除尘器，如图 8-25 所示。根据喷吹气源压强的不同可分为低压喷吹（低于 0.25MPa）、中压喷吹（（0.25～0.5MPa）、高压喷吹（高于 0.5MPa）。清灰可以采用在线和离线两种方式。如果采用在线方式，袋式除尘器不切断过滤气流，过滤与清灰同时进行。气源压力可以选用低压、中压或高压。与在线方式不同的是，离线方式仅在滤袋清灰时切断过滤气流，过滤与清灰不同时进行。脉冲袋式除尘器清灰系统包括提升阀（气缸、电磁阀）、脉冲阀、储气罐、气源处理装置等。提升阀的作用是在清灰时，切断过滤单元的气流，停止该单元的过滤。提升阀由阀板、气缸、电磁阀组成，如图 8-26 所示。

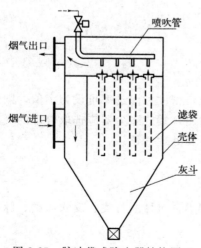

图 8-25　脉冲袋式除尘器结构原理

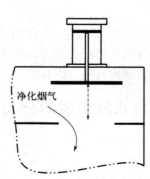

图 8-26　提升阀结构原理

脉冲喷吹耗用压缩空气量为：

$$q_V = \alpha \frac{nV_0}{T} \tag{8-125}$$

式中　n——滤袋总数；
　　　T——脉冲周期，min，通常为 1min；
　　　α——安全系数，取 1.5；
　　　V_0——每条滤袋喷吹一次所耗用的压缩空气量，m^3/条，在喷吹压力≥607950Pa 时，数值为 0.002～0.0025m^3/条。

脉冲方式可以实现全自动清灰，净化效率达 99%，过滤负荷较高，滤袋磨损减轻，运行安全可靠，应用越来越广泛。

（4）复合式清灰类

是采用两种以上清灰方式联合清灰的袋式除尘器。例如，袋式除尘器同时使用机械振打和反吹风两种方式使滤料振动，以致滤料上的粉尘层松脱下落。袋式除尘器同时使用声波动能和反吹风两种方式使滤料振动，以致滤料上的粉尘层松脱下落。

袋式除尘器的进风口位置有四种方式。上进风式是指含尘气流入口位于上箱体，气流与粉尘沉降方向一致。下进风式的含尘气流入口位于灰斗上部，气流与粉尘沉降方向相反。径向进风式的含尘气流入口位于袋室正面，气流沿水平方向接触滤袋。侧向进风式的含尘气流从袋室的侧面进入，气流沿水平方向接触滤袋。侧向进风一般作为其他进风方式的辅助方式。

8.6.3　袋式除尘器的滤料

8.6.3.1　滤料的分类

袋式除尘器的滤料种类很多。按加工方法，滤料可分为三类：织造滤料、非织造滤料、覆膜滤料。织造滤料就是用织机将经纱和纬纱按一定的组织规律织成滤料。非织造滤料是采用非织造技术直接将纤维制成滤料。覆膜滤料就是将织造滤料或非织造滤料的表面再覆以一层透气的薄膜而制成滤料。按所用材质，滤料被分为四类：合成纤维滤料、玻璃纤维滤料、复合纤维滤料和其他材质滤料。

8.6.3.2　滤料的要求

滤料是袋式除尘器的核心部分，其性能对袋式除尘器操作有很大影响。性能良好的滤料应具有容尘量大、吸湿性小、除尘效率高、阻力低、使用寿命长的特性，同时具备耐温、耐磨、耐腐蚀、机械强度高的特性。滤料的阻力特性与其透气性有直接关系，其阻力特性要求如表 8-8 所列。滤料的滤尘性能要求见表 8-9 所列。

表 8-8　滤料的阻力特性

项目	滤料类型	
	非织造滤料	织造滤料
洁净滤料阻力系数	≤20	≤30
残余阻力/Pa	≤300	≤400

表 8-9 滤料的滤尘性能

项目	滤料类型	
	非织造滤料	织造滤料
静态除尘效率/%	≥99.5	≥99.3
动态除尘效率/%	≥99.9	≥99.9

8.6.3.3 滤料的选择

滤料的选择必须考虑含尘气体的性质、粉尘的性质及清灰方式进行选择，见表 8-10。滤料的选择遵循下述原则。

（1）滤料性能应满足生产条件和除尘工艺的一般情况和特殊要求，如主体和粉尘的温度、酸碱度和有无爆炸危险等。

（2）在上述前提下，应尽可能选择使用寿命长的滤料，使用寿命长不仅节省运行费用，而且满足气体长期达标排放的要求。

（3）选择滤料应对各种滤料排序比较，不应用一种性能好的滤料去适应各种工况场合。

（4）在气体性质、粉尘性质和清灰方式中，应依据主要影响因素选择滤料，如高温气体、易燃粉尘等。

（5）选择滤料应对各种因素进行经济对比。

表 8-10 滤料选用推荐表

序号	煤含硫量 S	常时烟气温度 T/℃	滤料		克重/(g/m²)
			纤维	基布	
1	$S<1.0\%$	$T_s \leqslant T \leqslant 140$	PPS	PPS	550
2	$S<1.0\%$	$T_s \leqslant T \leqslant 160$	PPS	PTFE	550
3	$1.0\% \leqslant S \leqslant 1.5\%$	$T_s \leqslant T \leqslant 160$	70%PPS+30%PTFE	PTFE	600
4	$1.5\% \leqslant S \leqslant 2.0\%$	$T_s \leqslant T \leqslant 160$	50%PPS+50%PTFE	PTFE	640
5	$S \geqslant 2.0\%$	$T_s \leqslant T \leqslant 160$	30%PPS+70%PTFE	PTFE	680
6	$S \geqslant 2.0\%$	$T_s \leqslant T \leqslant 240$	PTFE 覆膜或涂层	PTFE	750
7	$S \leqslant 1.0\%$	$T_s \leqslant T \leqslant 240$	P84	P84	550
8	$1.0\% \leqslant S \leqslant 2.0\%$	$T_s \leqslant T \leqslant 240$	50%P84+50%PTFE	PTFE	640

注：1. PPS 为聚苯硫醚；PTFE 为聚四氟乙烯；P84 为聚酰亚胺。
2. T_s 为烟气酸露点温度加 10℃。

8.6.4 袋式除尘器的性能及其影响因素

袋式除尘器的性能主要以设备阻力、漏风率、出口烟气含尘浓度、比电耗和滤袋寿命表示，见表 8-11。

表 8-11 燃煤锅炉高效能袋式除尘器评价指标

序号	一级指标	二级指标	高效能袋式除尘器评价要求	
1	技术性能指标	设备阻力/Pa	[0.9m/min,1.0m/min)	≤900
			[1.0m/min,1.1m/min)	≤1000
			[1.1m/min,1.2m/min)	≤1100
		漏风率/%	≤1.5	

续表

序号	一级指标	二级指标	高效能袋式除尘器评价要求		
2	环保指标	出口烟气含尘浓度/(mg/m³)	≤15（标态、干基、基准氧含量为6%）		
3	能耗指标	比电耗/(10^{-3} kW·h/m³)	[10mg/m³,20mg/m³]	300MW级及以下	C≤0.32
				600MW级	C≤0.31
			≤10mg/m³	300MW级及以下	C≤0.35
				600MW级	C≤0.34
4	安全可靠性指标	滤袋寿命	袋式除尘器在符合设计要求的正常运行条件下，4年内滤袋年破损率应不高于1%，整体使用寿命应不低于5年		

注：袋式除尘器的过滤风速单位为 m/min。

8.6.4.1 袋式除尘器的压力损失

袋式除尘器的压力损失（设备阻力）是气流通过袋式除尘器的流动阻力，即袋式除尘器进口与出口处气流的平均全压之差。在测试袋式除尘器进出口断面各点全压、大气密度和通过袋式除尘器的气体密度时，采用下式计算：

$$\Delta P = (P_{in} - P_{out}) + (\rho_a - \rho)gH \tag{8-126}$$

式中 H——高温气体出入口测试位置的高低差，m；

P_{in}——除尘器入口压力，Pa；

P_{out}——除尘器出口压力，Pa。

袋式除尘器的压力损失比除尘效率的技术指标具有更重要的经济意义，不但决定设备的能量消耗，而且决定除尘效率及清灰周期等。袋式除尘器的压力损失与除尘器的结构、滤袋的种类、粉尘的性质及粉尘层特性、清灰方式、气体温度、湿度、黏度等因素有关。其压力损失可以分为三个部分：结构阻力，200~500Pa；滤料阻力，50~100Pa；粉尘层阻力，500~1500Pa。对于一定过滤风速的含尘气流，袋式除尘器的结构阻力主要与结构有关；滤料阻力主要与材料特性有关；粉尘层阻力则随粉尘负荷和清灰周期而变化。控制袋式除尘器的压力损失主要是过滤风速和粉尘负荷两个参数。压力损失随过滤风速的增大而增加，一般取值在1.0m/min左右。如果过滤风速偏高，阻力损失增加幅度较大，除尘能耗较高。压力损失与粉尘负荷成正比，因此在压力损失达到一定数值后必须进行清灰。清灰后的压力损失一般降到除尘前的20%~80%。一般情况下，新投入的袋式除尘器的压力损失在运行1个月左右即达到稳定的数值。

8.6.4.2 除尘效率

除尘效率是衡量除尘器性能的最基本的参数，表示捕获气流粉尘的能力，与滤料运行状态、粉尘性质、滤料种类、阻力、粉尘层厚度、过滤风速及清灰方式等有关。

清洁滤布的除尘效率最低，积尘后的除尘效率最高，清灰后的除尘效率又有所降低。由此可见，滤料表面的粉尘层起着主要的除尘作用，滤料仅起着粉尘层的形成和支撑作用，因此，清灰时应尽可能保持初始的粉尘层，以避免除尘效率的下降。

袋式除尘器对0.2~1μm尘粒的除尘效率较低，因为该粒径范围的尘粒位于拦截作用的下限和扩散作用的上限。如果对滤料进行后处理和覆膜，则微细尘粒的除尘效率可有极大提高。

除尘效率随粉尘负荷增大而提高,但是能耗也随之增大,因此必须合理选择清灰周期,以确保在一定的除尘效率情况下降低能耗。

8.6.4.3 比电耗

袋式除尘器的电耗主要包括阻力电耗和清灰电耗。阻力电耗采用处理风量和压力损失计算。清灰电耗采用下式计算:

$$W_{dc} = 60Lk \frac{n(T_w + T_i)}{mT} \tag{8-127}$$

式中 L——袋式除尘器的清灰耗气量,m^3/min;

k——单位压缩空气耗电量,$0.115kW \cdot h/m^3$;

n——脉冲阀数量;

m——同时喷吹的脉冲阀数量;

T_w——电脉冲宽度,s;

T_i——脉冲间隔,s;

T——袋式除尘器的清灰周期,s。

8.6.5 袋式除尘器的设计与选型

袋式除尘系统配置及功能设计应根据炉型、容量、炉况、煤种、气象条件、操作维护管理等具体情况确定。系统通常包括袋式除尘器、预涂灰装置、清灰气源及供应系统、排除灰系统、自动控制及监测系统、引风机、烟道及附件等部分,根据具体情况可增设旁路系统和紧急喷雾降温系统。

8.6.5.1 袋式除尘系统的设计要求

袋式除尘系统的风量、阻力等参数应按锅炉最大工况烟气量确定。脱硫除尘一体化采用袋式除尘时,袋式除尘器应在脱硫或不脱硫状态下均能支撑使用,并应同时考虑最高工作温度和最低工作温度。出口烟气温度应高于酸露点温度10℃以上。不脱硫时袋式除尘器宜采用在线清灰。袋式除尘器应采用独立的过滤仓室并联运行,过滤仓室数确定如下:400~670t/h,过滤仓室不少于3个;锅炉蒸发量大于670t/h,过滤仓室不少于4个。袋式除尘器的正常运行阻力宜控制在1000~1300Pa;高浓度袋式除尘器正常运行阻力宜控制在1400~1800Pa。

8.6.5.2 袋式除尘系统的设计与选型

燃煤电厂的各类袋式除尘器设计应符合国家和行业标准。烟尘排放浓度、设备阻力、工作压力和滤袋寿命等应不低于除尘器能效等级的3级,如表8-12所示。

表8-12 燃煤锅炉袋式除尘器能效等级

能效等级	出口烟气含尘浓度值 $c_{out}/(mg/m^3)$	比电耗/$(kW \cdot h/m^3)$	
		300MW级及以下	600MW级
1	$20 < c_{out} \leq 30$	0.26×10^{-3}	0.25×10^{-3}
	$10 < c_{out} \leq 20$	0.27×10^{-3}	0.26×10^{-3}
	$c_{out} \leq 10$	0.29×10^{-3}	0.28×10^{-3}

续表

能效等级	出口烟气含尘浓度值 $c_{out}/(\text{mg/m}^3)$	比电耗/$(\text{kW} \cdot \text{h/m}^3)$	
		300MW 级及以下	600MW 级
2	$20 < c_{out} \leqslant 30$	0.30×10^{-3}	0.29×10^{-3}
	$10 < c_{out} \leqslant 20$	0.32×10^{-3}	0.31×10^{-3}
	$c_{out} \leqslant 10$	0.35×10^{-3}	0.34×10^{-3}
3	$20 < c_{out} \leqslant 30$	0.41×10^{-3}	0.40×10^{-3}
	$10 < c_{out} \leqslant 20$	0.43×10^{-3}	0.42×10^{-3}
	$c_{out} \leqslant 10$	0.46×10^{-3}	0.45×10^{-3}

注：当机组容量扩容后，仍按照未扩容前的机组容量进行考核。

袋式除尘器的过滤面积按下式计算：

$$A = \frac{Q}{60u_F} \tag{8-128}$$

式中 A——过滤面积，m^2；

Q——最大烟气量，m^3/h；

u_F——过滤风速，m/min。

袋式除尘器的滤袋数量按下式计算：

$$n = \frac{A}{\pi DL} \tag{8-129}$$

式中 n——滤袋数目；

D——滤袋的外径，m；

L——滤袋长度，m。

袋式除尘器的进、出风方式应根据工艺要求、现场情况综合确定。应合理组织气流，减少设备阻力，防止烟气直接冲刷滤袋。耐压强度根据工艺要求确定。一般情况下，负压按引风机铭牌全压的1.2倍来计取，不足-7800Pa时，按-7800Pa取；按+6000Pa进行耐压强度校核。袋式除尘器结构按300℃考虑。袋式除尘器结构应设有气流分布装置，以避免含尘气流直接冲刷滤袋，进入除尘器箱体内的烟气流速不宜大于4m/s。袋式除尘器的滤袋由滤料和袋笼制成，如图8-27所示。袋笼对滤袋起支撑作用，其由竖筋、环筋、笼帽、笼底组成。袋笼的竖筋和环筋一般采用直径ϕ3.2～4.0mm的冷拔钢丝；笼帽和底盖采用1mm厚的钢板冲压而成。环筋间距一般为200mm，竖筋数量：ϕ130mm袋笼10～12根，ϕ160mm袋笼16～22根。袋式除尘器的滤袋应能长期稳定使用，使用寿命不低于2万小时。寿命周期内滤袋破损率应≤5%。

(a) 滤料

(b) 袋笼

图 8-27 滤袋结构

袋式除尘器的选型步骤依下述次序进行：确定处理含尘气体量和初始含尘量；确定运行温度和烟尘理化性质；选择清灰方式；选择滤料；确定过滤风速；计算过滤面积；确定清灰制度；确定袋式除尘器规格。

8.7 电袋复合除尘器

电袋复合除尘器是将电除尘器和袋式除尘器的优良特性有机结合起来的一种高效除尘器，强化了微细尘粒的控制能力，提高了收尘效率，一般可达99.9％以上。

8.7.1 电袋复合除尘器的基本原理

根据烟气的流向，含尘烟气在电袋复合除尘器内的通过路径是：烟道→进口烟箱→电除尘区→布袋除尘区→净气室→出口烟道。烟气首先在电除尘区域被脱除80％～90％的粉尘，剩余10％～20％的细粉尘则在布袋除尘区被脱除。烟气在电除尘区和布袋除尘区的除尘机理与相应的单一除尘机理相似，但是前置电场的预除尘作用和荷电作用改善电袋复合除尘器的整体性能。电场的预除尘作用效果具有以下方面：一是预除尘降低滤袋的粉尘负荷量即降低了阻力上升率；二是预除尘延长滤袋的清灰周期、节省清灰能耗、延长滤袋使用寿命；三是避免烟气粉尘中粗颗粒对滤袋磨损。由于进入布袋所除尘的是微细粉尘颗粒，因此滤袋的磨损显著降低。特别注意的是，电场的荷电作用改变了滤袋的除尘机理。

（1）扩散作用，由于粉尘经过荷电而带有同种电荷，因而仅含有微细颗粒的气流呈现为气溶胶状态，使得滤室空间的浓度分布均匀，流速分布均匀。

（2）吸附和排斥作用，荷电的微细尘粒在滤袋表面上沉积较快，并且相同电荷的排斥作用使得沉积到滤袋表面的粉尘颗粒排列有序，这样形成的滤层透气性好，空隙率高，剥落容易。因此，电袋复合除尘器的气流阻力较低，清灰效率高，整体性能得到显著改善。

8.7.2 电袋复合除尘器的结构

根据电除尘和袋式除尘的组合形式，电袋复合除尘器主要有串联式电袋复合除尘器和混合式电袋复合除尘器。

8.7.2.1 串联式电袋复合除尘器

根据电除尘和袋式除尘的连接方式，串联式电袋复合除尘器又可分为分体式和一体式两种结构形式。分体式电袋复合除尘器的结构比较简单，相当于将电除尘器和袋式除尘器实行串联使用，仅使粉尘排放浓度满足相关法规的要求，如图8-28所示。电场的荷电作用对袋式除尘性能没有太大的影响。

一体式电袋复合除尘器如图8-29所示。含尘烟气先经过进口喇叭内气流分布板的均流作用，然后进入电场区域，大部分粉尘在电场中荷电，并在电场力作用下流向集尘极被收集；余下的荷电微细粉尘进入袋式除尘区，通过滤袋的过滤作用而被收集。特别注意的是，气流分布的均匀性对整体除尘性能有重要影响。为了保证除尘空间的气流均匀性，一是在进口烟箱中，设置由不同开孔率的孔板组成进口气流调节装置，以保证进入电除尘区的气流均

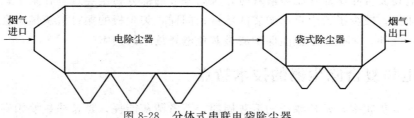

图 8-28　分体式串联电袋除尘器

匀分布；二是在电除尘区和布袋除尘区之间设置气流分布孔板，且在高度方向上采用不同的开孔率，调节电除尘区出口气流均布性；三是合理设置布袋除尘区，引导气流在袋式除尘区合理分布，以避免气流局部流速过高，冲刷滤袋，降低滤袋的使用寿命。

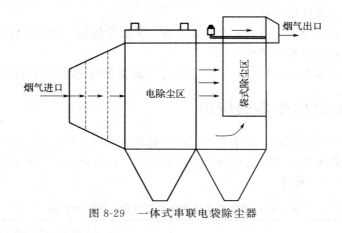

图 8-29　一体式串联电袋除尘器

8.7.2.2　混合式电袋复合除尘器

为了使结构更紧凑，电晕极、集尘极和滤袋被布置在同一个单元内，每一个单元仍然保持电除尘和袋式除尘的先后次序，所不同的是集尘极被改为多孔形的几何结构，如图 8-30 所示。含尘气流先由电除尘去除 90% 左右的粉尘，后通过集尘板小孔流向滤袋，经过滤作用去除剩余 10% 的粉尘。

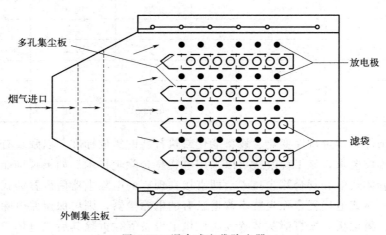

图 8-30　混合式电袋除尘器

混合式电袋复合除尘器在滤袋清灰时,脱离滤袋的部分粉尘经过多孔集尘板的小孔而被集尘板再次捕集,减少了粉尘重返滤袋的数量;同样,集尘板的振打清灰扬尘会通过小孔而被滤袋捕集;此外,多孔集尘板能保护滤袋避免电晕放电的损害。

8.7.3 电袋复合除尘器的技术特点

(1) 降低清灰频率,延长滤袋的清灰周期,节省清灰能耗,延长滤袋使用寿命。

(2) 除尘效率不受煤种、烟气特性、飞灰电阻率影响,长期保持高效、稳定、可靠地运行,保证排放浓度低于 $30mg/m^3$。

(3) 运行阻力低,滤袋清灰周期长,具有显著的节能效果。电袋复合除尘器的运行阻力比常规袋式除尘器低 500Pa 以上,清灰周期是常规袋式除尘器的 4~10 倍,大幅降低设备的运行能耗,也延长滤袋使用寿命。

(4) 运行、维护费用低。电袋复合除尘器减少了滤袋数量、延长了滤袋的使用寿命,显著降低了除尘器的运行和维护费用。

(5) 易于实现对细微颗粒粉尘 $PM_{2.5}$ 以及重金属汞等重金属污染物的协同控制。

8.7.4 电袋复合除尘器的应用

电袋复合除尘器具有高效、紧凑、运行费用低和适应性强的优点,已经在燃煤电厂、水泥厂等工业领域获得重要应用,比如新建电厂的除尘、已有除尘设备的改造。电袋复合除尘器的能效等级见表 8-13 所列。

表 8-13 燃煤电厂锅炉电袋复合除尘器能效等级

能效等级	出口烟气含尘浓度(标态,干基) $c_{out}/(mg/m^3)$	比电耗/($10^{-3}kW \cdot h/m^3$)		
		入口烟气含尘浓度 $c_{in}/(g/m^3)$		
		$c_{in} \leqslant 30$	$30 < c_{in} \leqslant 60$	$c_{in} > 60$
1 级	$20 < c_{out} \leqslant 30$	0.20	0.22	0.23
	$10 < c_{out} \leqslant 20$	0.22	0.24	0.25
	$c_{out} \leqslant 10$	0.23	0.25	0.26
2 级	$20 < c_{out} \leqslant 30$	0.24	0.26	0.27
	$10 < c_{out} \leqslant 20$	0.26	0.28	0.29
	$c_{out} \leqslant 10$	0.27	0.29	0.30
3 级	$20 < c_{out} \leqslant 30$	0.43	0.45	0.46
	$10 < c_{out} \leqslant 20$	0.45	0.47	0.48
	$c_{out} \leqslant 10$	0.46	0.48	0.49

由于烟气条件、烟尘特性变化、设备老化或执行新的排放标准,以致现有的电除尘器达不到颗粒物的排放要求,该工程改造可以采用电袋复合除尘技术。如果现场能提供额外的场地,则可采用分体式电袋复合除尘技术,即直接在现有的电除尘器后设置袋式除尘器。

如果采用一体式电袋复合除尘技术改造已有的电除尘器,则可保留原电除尘器外壳、一电场的电晕线、集尘板、振打清灰装置及高压供电设备等,拆除其后二电场、三电场或四电场,在拆除后的空间重新设置气流调节装置、滤袋和振打清灰装置等,无须占用额外场地。

如果采用混合式电袋复合除尘技术改造已有的电除尘器,所采用的主要措施与一体式电袋复合除尘技术改造大致相同,仅仅结构设计较为复杂。

8.8 除尘器的选择与发展

8.8.1 除尘器的选择

除尘器的选型需要考虑多种因素和条件,主要考虑以下要点。

(1) 按处理气体量选型

处理气体量是决定除尘器类型的决定性因素。处理气体量大一定要选处理大气量的除尘器。多个处理气体量小的除尘器并联使用往往是不经济的。

由于操作和环境条件对除尘器运行性能的影响不易预计,因此,确定设备的容量需要有一定的余量,或预留可能增加设备的空间。

(2) 按粉尘的分散度和密度选型

粉尘分散度对除尘器的性能影响很大,即使粉尘的分散度相同,操作条件不同,除尘器的性能也有一定的差异。因此,在选择除尘器时,首先要掌握粉尘的分散度,如果粒径主要在数微米以下,则应选用电除尘器、袋式除尘器,具体选择可以根据分散度和其他要求,参考常用除尘器类型与性能表作初步选择,再依照其他条件以及除尘器的种类和性能来确定。

粉尘密度对除尘器的除尘性能影响也很大,最为明显的是重力、惯性力和离心力除尘器。所有除尘器的一个共同点是堆积密度越小,尘粒的分离捕集越困难,粉尘的二次飞扬越严重,因此在操作上与设备结构上应采取特别措施。

(3) 按气体含尘浓度选型

不能笼统地认为除尘效率高粉尘处理效果就好,因为进口含尘浓度越大,相应增加出口含尘浓度,可能达不到排放浓度的要求。当进口含尘浓度低时,袋式除尘器的除尘性能相对较好,但是当进口含尘浓度较高时,袋式除尘器的压力损失和排放浓度也能满足环保要求。在进口含尘浓度低于 $30g/m^3$ 情况下,电除尘器如果不加预除尘器也可以使用。

(4) 粉尘黏附性对选型的影响

粉尘和壁面的黏附机理与粉尘的比表面积和含湿量有很大关系。粉尘粒径越小,比表面积越大,含水量越多,其黏附性也越大。黏附性的粉尘容易堵塞滤袋的孔道,也容易使得电除尘器的电晕极和集尘极积尘,影响除尘性能。

(5) 粉尘电阻率对选型的影响

电除尘器的粉尘电阻率应该在 $10^4 \sim 10^{14} \Omega \cdot cm$ 范围之内。粉尘的电阻率随含尘气体的温度、湿度不同有很大变化。在 $100 \sim 200$℃ 范围内,同种粉尘电阻率值达到最大。如果含尘气体加硫调质,则电阻率降低。因此,在选用电除尘器时,需要掌握粉尘的电阻率,同时考虑含尘气体温度的选择和含尘气体性质的调质。

(6) 含尘气体温度对选型的影响

原则上干式除尘设备的设计温度必须高于含尘气体的露点的温度。由于水的蒸发和排放到大气后的冷凝等原因,所以湿式除尘器应可能在低温下运行。袋式除尘器的工作温度应低于滤袋的耐热温度,具体数值与滤袋的材料有关。电除尘器的工作温度可达400℃,但在选型时需要考虑含尘气体的温度对粉尘的电阻率和除尘器的结构热膨胀的影响。

(7) 可行性

在选择除尘器时,必须考虑设备的位置、可利用的空间、环境条件和经济等因素,也必须考虑设备公司和制造厂家可以提供的有关方面情况。典型除尘器的综合性能如表8-14所列。

表8-14 典型除尘器的综合性能

类型	粒径范围/μm	进口浓度/(g/m³)	效率/%	阻力/Pa	投资	运行费用
旋风除尘器	5～30	<100	60～70	800～1500	低	高
电除尘器	0.5～100	<30	90～98	300～500	高	低
袋式除尘器	0.5～100	<10	95～99	800～2000	中	高

(8) 除尘器的选择方法

除尘器的选择方法与程序可用图8-31表示。

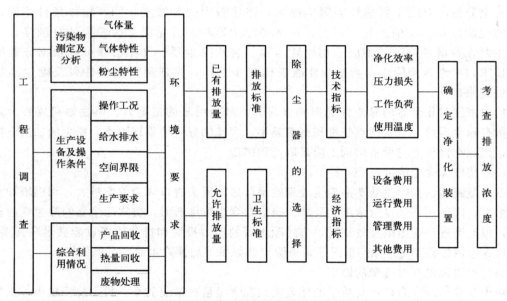

图8-31 除尘器的选择方法与程序

8.8.2 除尘器的发展

国内外除尘设备的发展主要在以下方面。

(1) 除尘设备趋向高效率

由于烟尘的排放要求越发严格,因此趋向发展高效率的除尘器。在工业大气污染控制中,电除尘器与袋式除尘器占据压倒性优势。在日本除尘设备中,电除尘器和袋式除尘器所占比例分别为45.5%和44%。2010年以来,我国提出了烟尘的超低排放要求,烟气排尘浓度低于 30mg/m³，电除尘器一统火电机组，设计除尘效率已经提高到 99.2%～99.7%。目前，只有电除尘器和袋式除尘器能够达到这么高的除尘效率。

(2) 发展处理大烟气量的除尘设备

当前，各种工艺设备向大型化发展，相应烟气处理量也大幅增大。例如，500t 平炉的烟气量达到 $5.0 \times 10^5 \mathrm{m}^3/\mathrm{h}$；600MW 发电机组的锅炉烟气量达到 $2.3 \times 10^6 \mathrm{m}^3/\mathrm{h}$。国外的电除尘器已经发展到拥有 500～600m² 的除尘面积，大型袋式除尘器的处理烟气量达到一百多万立方米，滤袋的数量达到上万条。为减少滤袋占用空间，扁袋得到迅速发展。

(3) 发展新型除尘设备

低低温电除尘技术、湿式电除尘技术、高频电源技术、脉冲电源技术、新型清灰技术、电袋复合除尘技术以及电凝聚技术等都是近年发展的新型除尘技术。燃煤电厂的煤粉细度越发提高，煤的含硫量越来越低，排放标准越来越严格，开发高效低耗的新型除尘技术已势在必行。前沿技术有金属滤料技术和电袋协同脱汞技术等。

(4) 重视除尘机理方面的研究

工业发达国家大多建立了一些能对多种运行参数进行调整的试验台，研究现有各种除尘设备的基本规律、计算方法，提供了除尘设备的设计和改进依据，同时探索一些新的除尘机理，以创新或者改进除尘技术。

思考题与习题

8-1 简述沉降分离的原理、类型和各类型的主要特征。

8-2 分析颗粒的几何特征如何影响颗粒在流体中受到的阻力。

8-3 试计算直径为 30μm 的球形石英颗粒（其密度为 2650kg/m³），在 20℃水中和 20℃常压空气中的自由沉降速度。

8-4 除尘器选型主要考虑哪些因素？

8-5 在理论上，电除尘器的有效驱进速度为 0.3m/s，除尘效率为 96%，则电除尘器的比集尘面积为多少 m²/(m³/s)？

8-6 除尘器系统的处理烟气量为 10000m³/h，初始含尘浓度为 6g/m³，拟采用逆气流反吹清灰袋式除尘器，选用涤纶绒布滤料，要求进入除尘器的气体温度不超过 393K，除尘器压力损失不超过 1200Pa，烟气性质近似于空气。试确定：(1) 过滤速度；(2) 粉尘负荷；(3) 除尘器压力损失；(4) 最大清灰周期；(5) 滤袋面积；(6) 滤袋的尺寸（直径和长度）和滤袋条数。

8-7 一个两级除尘系统，已知系统的流量为 2.22m³/s，工艺设备产生粉尘量为 22.2g/s，各级除尘效率分别为 80% 和 95%。试计算该除尘系统的总除尘效率、粉尘排放浓度和排放量。

8-8 电除尘器的集尘效率为 95%，如果电除尘器的有效驱进速度能提高 1 倍，则电除尘器的集尘效率为多少？

第 9 章
石灰石湿法烟气脱硫技术

硫氧化物是燃煤烟气的主要气态污染物之一。从烟气中去除硫氧化物可以采用气体吸收、气体吸附、气体催化转化等单元操作工艺。

综观国内外的脱硫技术与工程发展状况,烟气脱硫的主流工艺是湿法烟气脱硫技术,其中 85% 为石灰石-石膏法。石灰石湿法烟气脱硫技术主要采用容易获得、廉价的石灰石浆液作为吸收剂,用于吸收烟气中二氧化硫和三氧化硫气体。根据后续处理结果,该工艺分为淤渣抛弃法和石膏回收法。淤渣抛弃法的淤渣主要为硫酸钙和亚硫酸钙、飞灰和其他惰性杂质以及未反应的脱硫剂等,基本上都是无害的废物,可以弃置堆存,留待二次开发利用。石膏回收法则是采用强制氧化工艺,生产二水石膏,含量多在 80%~97%。二水石膏可替代天然石膏,广泛用于建筑材料方面,如用作水泥缓凝剂、石膏纸板、石膏多孔条板等。本章主要讨论石灰石湿法烟气脱硫技术。

9.1 气体吸收理论

气体吸收是气体混合物中一种(或多种)组分从气相转移到液相的过程,是去除气态污染物中一种常用的单元操作。在吸收单元操作中,溶入液相的组分被称为溶质;液相则被称为溶剂,或被称为吸收剂。吸收过程可分为物理吸收和化学吸收。如果气体溶质与溶剂之间不发生显著的化学反应,吸收过程被称为物理吸收,例如用水吸收二氧化碳、用水吸收乙醇。如果气体溶质与溶剂之间发生显著的化学反应,则吸收过程被称为化学吸收,例如用氢氧化钠或碳酸钠溶液吸收二氧化碳、二氧化硫。气体吸收方法常被用于净化燃煤烟气。

9.1.1 相际传质理论

气液吸收包括气相传质和液相传质两个过程,其传质机理非常复杂。科学家们先后提出了多种不同的理论(双膜理论、溶质渗透理论、表面更新理论和界面动力状态理论等)。但是,这些理论在解释相际传质机理时均存在一定的局限性。目前应用较多的理论是双膜理论,其理论模型采用图 9-1 表示。双膜理论假设:

(1) 当气液两相接触时,界面的两侧分别为层流流动的气膜和液膜。溶质必须以分子扩散方式从气相主体连续通过气膜,然后通过液膜进入液相主体。

(2) 在相界面上,气液两相的浓度总是相互平衡,溶质通过界面时不存在传质阻力。

(3) 在气相主体和液相主体内,由于流体的充分湍动,溶质的浓度基本上是均匀的,不存在浓度梯度,传质阻力全部集中在气膜和液膜内。

根据双膜理论的假设,吸收过程的总阻力等于通过气膜和液膜的分子扩散阻力之和。

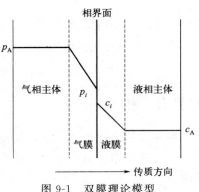

图 9-1 双膜理论模型

9.1.2 吸收速率方程

吸收速率是指单位时间内通过单位相际传质面积所吸收的溶质量。类比传热速率的表达式,吸收速率为:

$$吸收速率 = 传质推动力 / 传质阻力 = 吸收系数 \times 传质推动力$$

根据双膜理论,气体吸收速率方程可表示为不同的形式。

9.1.2.1 以气膜传质分系数表示的吸收速率方程

$$N_A = k_G(p_A - p_{A,i}) \tag{9-1}$$

式中 N_A——吸收速率,$kmol/(m^2 \cdot s)$;

k_G——气相传质系数,$kmol/(m^2 \cdot s \cdot Pa)$;

p_A——气相主体溶质 A 的分压力,Pa;

$p_{A,i}$——溶质 A 在界面处的分压力,Pa。

9.1.2.2 以液膜传质分系数表示的吸收速率方程

$$N_A = k_L(c_{A,i} - c_A) \tag{9-2}$$

式中 N_A——吸收速率,$kmol/(m^2 \cdot s)$;

k_L——液相传质系数,$kmol/[m^2 \cdot s \cdot (kmol/m^3)]$;

c_A——液相主体溶质 A 的浓度,$kmol/m^3$;

$c_{A,i}$——溶质 A 在界面处的浓度,$kmol/m^3$。

9.1.2.3 总吸收速率方程

根据吸收速率的定义,总吸收速率为:

$$吸收速率 = \frac{总推动力}{总阻力} = 传质系数 \times 总推动力$$

$$总阻力 = 气膜阻力 + 液膜阻力$$

总吸收速率方程可表示为:

$$N_A = K_G(p_A - p^*) \tag{9-3}$$

式中 K_G——气相总传质系数,$kmol/(m^2 \cdot s \cdot Pa)$;

p_A——气相主体溶质 A 的分压力,Pa;

p^*——液相主体的溶质 A 的平衡分压力,Pa。

$$N_A = K_L(c^* - c_A) \tag{9-4}$$

式中 K_L——液相总传质系数，$kmol/[m^2 \cdot s \cdot (kmol/m^3)]$；

c_A——液相主体溶质 A 的浓度，$kmol/m^3$；

c^*——溶质 A 以气相主体分压力所对应的液相平衡浓度，$kmol/m^3$。

9.1.3 相平衡

在一定的温度和压力下，气液两相之间的吸收速率与解吸速率达到动态平衡，简称相平衡。当气液两相达到平衡时，溶质组分的分压为平衡分压，液相所吸收的溶质浓度为平衡浓度。

如果吸收仅为物理变化，在总压力不高和一定的温度情况下，稀溶液中溶质的溶解度与气相中溶质的平衡分压成正比，即：

$$c = Hp^* \tag{9-5}$$

式中 H——亨利系数，$kmol/(m^3 \cdot Pa)$。

式（9-5）即为亨利定律。亨利定律也可以表示摩尔分数形式，即：

$$y^* = mx \tag{9-6}$$

$$x = \frac{p^*}{E} \tag{9-7}$$

式中 m——亨利系数，也称为相平衡常数；

E——亨利系数；

x——溶质在液相中所溶解的摩尔分数。

二氧化硫是易溶解气体，其溶解度如图 9-2 所示。表 9-1 为部分气体水溶液的亨利系数。

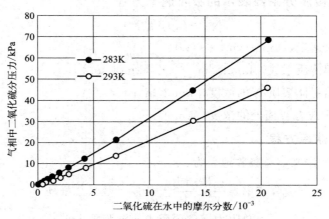

图 9-2 二氧化硫在水中的平衡溶解度

表 9-1 部分气体水溶液的亨利系数

气体	温度/℃						
	0	10	20	30	40	50	60
	$E \times 10^{-6}/kPa$						
N_2	5.35	6.77	8.15	9.36	10.5	11.4	12.2

续表

气体	温度/℃						
	0	10	20	30	40	50	60
NO	1.71	2.21	2.67	3.14	3.57	3.95	4.24
	$E \times 10^{-5}$/kPa						
CO_2	0.738	1.05	1.44	1.88	2.36	2.87	3.46
	$E \times 10^{-4}$/kPa						
SO_2	0.167	0.245	0.355	0.485	0.661	0.871	1.11

9.1.4 传质系数

实际上,气液界面的浓度是难以确定的,通常只能测定两相主体的浓度与压力,因此,用总吸收速率方程描述吸收过程更为方便。

根据亨利定律,若气相和液相都采用吸收质的摩尔分数表示,则有:

气相
$$y_A - y_{A,i} = N_A / k_y \tag{9-8}$$

液相
$$N_A = k_x (x_{A,i} - x_A) = k_x / m (y^*_{A,i} - y^*_A) \tag{9-9}$$

即
$$y^*_{A,i} - y^*_A = m N_A / k_x \tag{9-10}$$

将以上两式整理,可得:

$$N_A = \frac{y_A - y^*_A}{1/k_y + m/k_x} \tag{9-11}$$

从而,有:

$$1/K_y = 1/k_y + m/k_x \tag{9-12}$$

$$K_x = m K_y \tag{9-13}$$

同理,可得:

$$1/K_G = 1/k_G + 1/H k_L \tag{9-14}$$

$$K_G = H K_L \tag{9-15}$$

传质系数的表达式与吸收速率方程的形式有关,其相互关系列于表 9-2。

表 9-2 传质系数和吸收速率方程

亨利定律表达式	$y = mx$	$p = c/H$
气相分传质速率方程 液相分传质速率方程	$N_A = k_y (y_A - y_{A,i})$ $N_A = k_x (x_{A,i} - x_A)$	$N_A = k_G (p_A - p_{A,i})$ $N_A = k_L (c_{A,i} - c_A)$
气相总传质速率方程 液相总传质速率方程	$N_A = K_y (y_A - y^*)$ $N_A = K_x (x^* - x_A)$	$N_A = K_G (p - p^*)$ $N_A = k_L (c^* - c)$
总传质系数和分传质系数的关系	$1/K_y = 1/k_y + m/k_x$ $1/K_x = 1/m k_y + 1/k_x$ $K_x = m K_y$	$1/K_G = 1/k_G + 1/H k_L$ $K_G = H K_L$

在总阻力中,每一相的阻力所占的分数,不仅取决于各相的传质系数,而且取决于相平衡常数 m。根据气相和液相的阻力大小对比,吸收过程可分为气膜传质控制、液膜传质控

制及两者共同控制。易溶气体的溶解度很大，m 值很小，液相传质阻力可以忽略，例如水吸收氨气；难溶气体的溶解度很小，m 值很大，则气相传质阻力很小，可以忽略，例如水吸收氧气。如果溶质为中等溶解度的气体，两相中的传质阻力都不可忽略，例如水吸收二氧化硫。

传质系数与物质的种类、流动状况、设备结构等有关。传质系数一般通过实验测定和适当的经验公式计算确定。传质系数一般表示为体积平均形式，水吸收二氧化硫的体积传质系数为：

$$k_G a = 9.81 \times 10^{-4} G^{0.7} W^{0.25} \tag{9-16}$$

$$k_L a = \alpha_T W^{0.82} \tag{9-17}$$

式中 $k_G a$——气相体积传质系数，$kmol/(m^3 \cdot h \cdot kPa)$；

$k_L a$——液相体积传质系数，$kmol/[m^3 \cdot h \cdot (kmol/m^3)]$；

G——气相速度，$kg/(m^2 \cdot h)$；

W——液相速度，$kg/(m^2 \cdot h)$；

α_T——温度的修正系数，见表 9-3。

式(9-10) 和式(9-11) 的适用条件为：气体的空塔速度为 $320 \sim 4150 kg/(m^2 \cdot h)$，液体的空塔速度为 $4400 \sim 58500 kg/(m^2 \cdot h)$；直径为 25mm 的环形填料。

表 9-3 温度修正系数

温度/℃	10	15	20	25	30
α_T	0.0093	0.0102	0.0116	0.0128	0.0143

9.1.5 界面浓度

吸收速率的确定，除了已知传质系数之外，还必须已知界面浓度。气液界面的浓度难以用实验测定，常用作图法和解析法确定。

假设吸收过程是稳定的，则气液界面上没有物质积累或者消耗，组分 A 通过气膜的吸收速率必定等于通过液膜的吸收速率，则有：

$$\frac{y - y_i}{x - x_i} = -\frac{k_x}{k_y} \tag{9-18}$$

式中 x——液相主体的溶质浓度；

y——气相主体的溶质浓度。

如果已知 k_x 和 k_y，则式(9-12) 的直线与气液相平衡线的交点即为界面浓度 x_i 和 y_i，如图 9-3 所示。

由亨利定律和式(9-12)，界面浓度的表达式为：

$$x_i = \frac{k_y y + k_x x}{k_x + m k_y} \tag{9-19}$$

$$y_i = \frac{k_y y + k_x x}{k_x/m + k_y} \tag{9-20}$$

9.1.6 吸收单元操作

吸收操作一般采用逆流方式，如图 9-4 所示。混合气体由底部向上流动，溶质组分不断被液体吸收，气相的溶质浓度在上部达到最低值；液体由上部向下流动，液体不断吸收溶质，液相的溶质浓度在底部达到最大值。

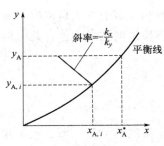

图 9-3　界面浓度的确定

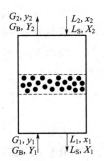

图 9-4　逆流吸收操作

9.1.6.1　吸收操作线

假设吸收剂为非挥发性介质，气相和液相的物料总平衡方程为：

$$G_1 - G_2 = L_1 - L_2 \tag{9-21}$$

根据质量守恒，溶质的吸收量为：

$$W_A = \frac{G_1(y_1 - y_2)}{1 - y_2} = \frac{G_2(y_1 - y_2)}{1 - y_1} = \frac{L_1(x_1 - x_2)}{1 - x_2} = \frac{L_2(x_1 - x_2)}{1 - x_1} \tag{9-22}$$

在实际的传质过程中，流量是连续变化的，计算非常不方便。但是，在稳定的连续操作条件下，没有参与吸收的气体组分和溶剂的量都是恒定的，因此采用吸收质的摩尔分数表示物料平衡方程较为方便。在稳定连续操作条件下，惰性气体 G_B 和吸收剂 L_S 是恒定的，在任一截面之间，吸收质的物料衡算为：

$$G_B(Y_1 - Y) = L_S(X_1 - X) \tag{9-23}$$

吸收操作线方程为：

$$Y = \frac{L_S}{G_B} X + \left(Y_1 - \frac{L_S}{G_B} X_1\right) \tag{9-24}$$

吸收操作线如图 9-5 所示。AB 为操作线，OE 为平衡线。由于吸收过程中气相的溶质浓度始终大于与液相平衡相对应的气相溶质浓度，因此操作线位于平衡线上方。操作线的斜率 L_S/G_B 为溶剂与惰性气体流量之比，称为液气比。操作线上的任一点到平衡线的水平距离和垂直距离分别代表该位置上吸收推动力 $(Y - Y^*)$ 和 $(X^* - X)$。

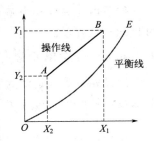

图 9-5　吸收操作线

若气体的溶质浓度较低（摩尔分数小于 10%）时，吸收溶液的溶质浓度随之也低，那么吸收过程的惰性气体量和溶剂量分别近似等于混合气体量和溶液量，从而可得低浓度气体吸收操作线方程为：

$$y = \frac{L}{G} x + \left(y_1 - \frac{L}{G} x_1\right) \tag{9-25}$$

9.1.6.2 最小液气比

在吸收塔的设计中，需要处理的气体流量、气体的进口溶质浓度、气体的出口溶质浓度均为已知，设计需要确定吸收剂类型、吸收剂的用量、吸收剂的进口溶质浓度、吸收剂的出口溶质浓度。操作线的斜率随吸收剂流量降低而减小，溶液的出口浓度则随之增大，当操作线与平衡线相交时，吸收剂流量为最小值，出口溶质浓度达最大值，此时的液气比为最小液气比，其表达式为：

$$\left(\frac{L_S}{G_B}\right)_{\min} = \frac{Y_1 - Y_2}{X_1^* - X_2} = \frac{y_1 - y_2}{y_1/m - x_2} \tag{9-26}$$

最小液气比与气液平衡线的形状有关，如果平衡线为上凸，那么操作线与平衡线相切时的液气比即为最小液气比。在实际操作中，如果加大液气比，则吸收剂的消耗量、吸收剂的输送和提纯费用随之增加；反之，若减小液气比，吸收剂用量减少，但是传质的推动力减弱，将增加设备投资。因此，在设计吸收塔时，应作全面权衡，选择最佳的液气比以使得总费用最低。为了保证一定的生产能力，可取最小吸收剂用量的1.1~2.0倍。

9.1.6.3 吸收塔高度

在吸收塔中，任一截面的微元物料衡算方程为：

$$G\mathrm{d}Y = K_y a (Y - Y^*) \mathrm{d}z \tag{9-27}$$

上式积分，得：

$$z_T = \int_{Y_2}^{Y_1} \frac{G}{K_y a} \times \frac{\mathrm{d}Y}{Y - Y^*} = H_y N_y \tag{9-28}$$

上式也可以表示为：

$$z_T = \int_{X_2}^{X_1} \frac{L}{K_x a} \times \frac{\mathrm{d}X}{X^* - X} = H_x N_x \tag{9-29}$$

式中 H_y——气相总传质单元高度；
N_y——气相总传质单元数；
H_x——液相总传质单元高度；
N_x——液相总传质单元数。

传质单元高度与设备结构和操作条件有关，反映塔器效能的优劣。传质单元数反映吸收过程的难易程度。

9.1.6.4 传质单元数

假设相平衡线近似为直线，则式(9-27)中的Y^*可以由亨利定律和物料衡算表达为y的函数，从而可以推导出气相传质单元数为：

$$N_y = \frac{1}{1 - mG/L} \ln\left[\left(1 - \frac{mG}{L}\right)\frac{y_1 - mx_2}{y_2 - mx_2} + \frac{mG}{L}\right] \tag{9-30}$$

液相传质单元数也可表示为：

$$N_x = \frac{1}{1 - mG/L} \ln\left[\left(1 - \frac{L}{mG}\right)\frac{x_1 - \frac{y_2}{m}}{x_2 - \frac{y_2}{m}} + \frac{L}{mG}\right] \tag{9-31}$$

根据操作线和相平衡线,传质单元数还可以采用图解法进行计算,如图 9-6 所示。图 9-6 曲线下方区间的面积就是气相总传质单元数。

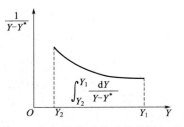

图 9-6 气相总传质单元数的图解法

【例题 9-1】 一座填料塔采用水吸收空气中的二氧化硫,其体积分数由 20% 降低到 0.5%。吸收剂用量是最小用量的 1.4 倍。空气的质量流速(不计二氧化硫)为 $0.3 kg/(m^2 \cdot s)$。在操作温度下,二氧化硫-水的平衡数据为:

y	0.02	0.04	0.06	0.08	0.10
x	0.00127	0.00237	0.00338	0.00439	0.00538

试确定传质单元数。

解:根据平衡数据,绘制平衡线,如图 9-7 所示。相平衡常数 $m=19.5$。在平衡线上 $y=0.2$,$x=0.01036$,该点代表最小吸收剂用量时的塔底状况。

$$\left(\frac{L_S}{G_B}\right)_{min} = \frac{Y_1-Y_2}{X_1^*-X_2} = \frac{0.2/0.8-0.005/0.995}{0.01047-0} = 23.397$$

水流量为:

$$L = 1.4 \times (L_S)_{min} = 1.4 \times (0.3/29) \times 23.397 = 0.339 [kg/(m^2 \cdot s)]$$

根据物料衡算式,可得:

$$X_1 = 0.0103 \times \frac{0.2/0.8-0.005/0.995}{0.339} + 0 = 0.0074$$

$$x_1 = 0.0074$$

根据式(9-23),操作线方程为:

$$(0.3/29) \times \left(\frac{y}{1-y} - \frac{0.005}{0.995}\right) = 0.339 \times \left(\frac{x}{1-x} - 0\right)$$

操作线上一些点的数值:

y	0.2	0.15	0.10	0.05	0.02	0.005
x	0.0074	0.00522	0.00324	0.00145	0.00047	0

绘制操作线,如图 9-7 所示。

$$y_1/y_2 = 0.2/0.005 = 40$$

根据平衡线,x_1 的平衡气相摩尔分数 $y_1^* = 0.14$。

塔的进口混合气量 $=(0.3/29)/0.8=0.0129 [kmol/(m^2 \cdot s)]$
塔的进口二氧化硫量 $=0.0129 \times 0.2=0.00258 [kmol/(m^2 \cdot s)]$
塔的出口二氧化硫量 $=0.0129 \times 0.005=6.45 \times 10^{-5} [kmol/(m^2 \cdot s)]$
吸收的二氧化硫量 $=0.00258-6.45 \times 10^{-5}=0.00252 [kmol/(m^2 \cdot s)]$
塔的出口液体量 $=0.339+0.00252=0.34152 [kmol/(m^2 \cdot s)]$
塔顶液气比 $=(0.339+0)/(0.0103+6.45 \times 10^{-5})=32.7$
塔底液气比 $=(0.339+0.00251)/(0.0103+0.00258)=26.5$

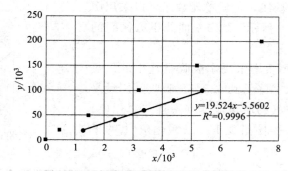

图 9-7 二氧化硫/水相平衡线与操作线

根据式(9-30)，有：

$$\frac{mG}{L} = \frac{19.5 \times 0.0129}{0.3415} = 0.7366$$

传质单元数为：

$$N_y = \frac{1}{1-mG/L} \ln\left[\left(1-\frac{mG}{L}\right)\frac{y_1-mx_2}{y_2-mx_2}+\frac{mG}{L}\right]$$

$$= \frac{1}{1-0.7366} \times \ln\left[(1-0.7366)\frac{0.2-19.5\times 0}{0.005-19.5\times 0}+0.7366\right] = 9.197$$

本例的计算说明，一个浓度变化较大的吸收过程宜采用分段计算，各段采用适合浓度变化状况的计算方法。

9.1.7 化学吸收过程

化学吸收是指被吸收的气体与液相中的反应物存在化学反应的吸收过程。例如，SO_2、CO_2 与碱性溶液的吸收过程。化学吸收速率一般大于物理吸收速率。

9.1.7.1 化学反应对吸收速率的影响

化学反应提高吸收速率的原因主要有以下方面。

(1) 吸收推动力增大。溶质气体通过扩散进入液相后，因反应而被消耗，溶质的平衡分压降低。若反应是不可逆的完全反应，则液相中溶质的浓度及平衡压力可降低，甚至接近于零。推动力的提高一方面能提升传质速率，另一方面能增强吸收剂的吸收能力。

(2) 传质系数提高。化学反应可使得所溶解的气体在液膜中部分地或者全部地被消耗，这说明溶质在液相中扩散阻力减小，液相传质系数增大，从而总传质系数增大。传质系数增大的程度与反应机理有密切关系。

(3) 填料层内有效接触面积增大。液体在填料表面上形成的液膜，有的区域比较薄也流动快速，有些区域则相反，甚至停滞。在物理吸收中，流动慢速或停滞的液体容易达到饱和而不具吸收能力；但是，在化学吸收中，这些液体还可以吸收更多的溶质。这意味着化学反应增大了有效的填料湿表面积。

9.1.7.2 增强因数

在化学吸收过程中，气相中的溶质先扩散到气液界面，在界面处通过溶解进入液相，接着一边扩散一边反应，最终从液膜进入液相主体。如果反应速率较快，被溶解的溶质可能在液膜内被全部消耗。如果反应速率较慢，溶质则在扩散到液相主体后被反应消耗。所以，传质系数大小取决于扩散与反应的综合作用，也与系统的物性和流动情况有一定关系。

在物理吸收速率方程的基础上，定义化学吸收的增强因数为：

$$\beta = N_{A,R}/k_L c_{A,i} \tag{9-32}$$

上式表示化学吸收速率与液相主体溶质 A 的浓度为零时的物理吸收速率之比。

为了表示液相内反应与扩散作用的相对大小，令：

$$M = \frac{\text{已溶解的气体在液膜内所反应的量}}{\text{未反应通过扩散进入液相主体的气体量}}$$

假设液相内发生的反应为 2 阶，反应方程式为：

$$A + \nu B \xrightarrow{k_2} P \tag{9-33}$$

则液相内反应与扩散作用的相对大小 M 为：

$$M = \frac{k_2 c_{A,i} c_{B,L} z_L}{\dfrac{D_A (c_{A,i} - 0)}{z_L}} = \frac{k_2 c_{B,L} z_L^2}{D_A} = \frac{D_A k_2 c_{B,L}}{k_L^2} \tag{9-34}$$

式中　　k_2——二阶反应速率常数，$m^3/(kmol \cdot s)$；

　　　　z_L——液膜厚度，m。

浓度-扩散参数为：

$$Z_D = \frac{D_B}{\nu D_A} \times \frac{c_{B,L}}{c_{A,i}} \tag{9-35}$$

式中　　ν——化学计量数。

伴有二阶不可逆反应的吸收过程，一些增强因数和吸收速率公式列于表 9-4，供查阅。

【例题 9-2】 采用 NaOH 溶液吸收二氧化碳，NaOH 的浓度 $c_{B,L} = 0.5 \text{kmol/m}^3$，界面二氧化碳浓度 $c_{A,i} = 0.04 \text{kmol/m}^3$，$k_L = 1 \times 10^{-4} \text{m/s}$，$k_2 = 1 \times 10^4 \text{m}^3/(\text{kmol} \cdot \text{s})$，$D_A = 1.8 \times 10^{-9} \text{m}^2/\text{s}$，$D_B/D_A = 1.7$。求吸收速率，并试问 $c_{A,i}$ 的值为多少时可视为假一阶快反应和瞬时反应？

解： $\sqrt{M} = \sqrt{\dfrac{D_A k_2 c_{B,L}}{k_L^2}} = \sqrt{\dfrac{1.8 \times 10^{-9} \times 1 \times 10^4 \times 0.5}{(1 \times 10^{-4})^2}} = 30 > 3$，液相反应属于二阶反应。

$$\beta_i = \frac{D_B}{\nu D_A} \times \frac{c_{B,L}}{c_{A,i}} = \frac{1.7 \times 0.5}{2 \times 0.04} = 10.625$$

查表 9-4，计算得 $\beta = 9.3$。

所以，$N_A = \beta k_L (c_{A,i} - 0) = 9.3 \times 1 \times 10^{-4} \times 0.04 = 3.72 \times 10^{-5} [\text{kmol}/(\text{m}^2 \cdot \text{s})]$。

如果液相反应为假一阶快反应，则：

$$\sqrt{M} < \left(1 + \frac{D_B}{\nu D_A} \times \frac{c_{B,L}}{c_{A,i}}\right)/2$$

从而有，$c_{A,i} < 0.0072 \text{kmol/m}^3$。

假设液相反应为瞬时反应，则有：

$$\sqrt{M} > 10\left(1 + \frac{D_B}{\nu D_A} \times \frac{c_{B,L}}{c_{A,i}}\right)$$

从而有，$c_{A,i} > 0.0212 \text{kmol/m}^3$。

当 $c_{A,i}$ 介于 $0.0072 \sim 0.0212 \text{kmol/m}^3$ 之间时，应作为二阶反应处理。

表 9-4 二阶不可逆反应的增强因数

范围	增强因数	吸收速率
极慢反应，$\sqrt{M} < 0.002$	$\beta < 1$	$N_A = \beta k_L c_{A,i}$
慢反应，$0.02 < \sqrt{M} < 0.3$	$\beta < 1$，接近于 1	$N_A = \beta k_L c_{A,i}$
中等快反应，$0.3 < \sqrt{M} < 3$	$\beta = \sqrt{M}/\tanh\sqrt{M}$，$1.03 < \beta < 3.02$	$N_A = \beta k_L c_{A,i}$
快反应，$3 < \sqrt{M}$	$\beta = \dfrac{\sqrt{M}\left[\dfrac{(\beta_i - \beta)}{(\beta_i - 1)}\right]^{0.5}}{\tanh\left\{\sqrt{M}\left[\dfrac{(\beta_i - \beta)}{(\beta_i - 1)}\right]^{0.5}\right\}}$ $\beta_i = 1 + z_D$	$N_A = \beta k_L c_{A,i}$
假一阶快反应，$3 < \sqrt{M} < \beta_i/2$ $\beta_i = 1 + \dfrac{D_B}{\nu D_A} \times \dfrac{c_{B,L}}{c_{A,i}}$	$\beta = \sqrt{M}$	$N_A = \beta k_L c_{A,i}$ $= (D_A k_2 c_{B,L})^{1/2} c_{A,i}$
瞬时反应，$10\beta_i < \sqrt{M}$，$c_{B,L} < \dfrac{\nu D_A k_G}{D_B k_L}(p_A)$	$\beta = \beta_i$	$N_A = \beta k_L c_{A,i}$ $= (1 + \beta_i) k_L c_{A,i}$

9.2 石灰石浆液脱除 SO_2 的化学原理

综观上述吸收理论，设计一个吸收单元操作重在确定传质单元数和传质单元高度。这两者与传质系数和吸收剂量有密切关系。石灰石湿法烟气脱硫纯属化学吸收过程，那么理解该烟气净化的化学反应对于吸收过程的设计和吸收性能的改善有着非常重要的作用。

9.2.1 石灰石浆液吸收 SO_2 的主要化学反应

石灰石浆液吸收烟气中 SO_2 是一个复杂的化学吸收过程，存在气-液反应和液-固反应。下述化学反应可以用于描述该化学吸收过程的主要步骤。

9.2.1.1 SO_2 被液相吸收的反应

在常温下，1 体积的水可溶解 40 体积的 SO_2，相当于质量浓度 10% 的溶液，呈弱酸性。在 50℃ 条件下，二氧化硫的亨利常数为 0.54。SO_2 溶于水后，发生下述反应：

$$SO_2(g) + H_2O \rightleftharpoons SO_2(l) + H_2O \rightleftharpoons H_2SO_3 \tag{9-36}$$

$$H_2SO_3 \xrightleftharpoons{0.78 \times 10^{-2}} H^+ + HSO_3^- \xrightleftharpoons{0.42 \times 10^{-7}} 2H^+ + SO_3^{2-} \quad (9-37)$$

根据离解反应的平衡常数，溶液主要存在 HSO_3^-，SO_3^{2-} 较少。二氧化硫的连续吸收使得溶液酸度提高，pH 值下降，如果二氧化硫溶解达到饱和，则二氧化硫的吸收达到最大。因此，保持二氧化硫连续被吸收必须设法中和 H^+。

9.2.1.2 石灰石的溶解与离解反应

为了中和二氧化硫吸收所产生的 H^+，可以选择添加含 OH^- 的碱性溶液，也可以选择添加石灰石。石灰石溶解后中和 H^+ 产生 Ca^{2+} 和 HCO_3^-，Ca^{2+} 与亚硫酸根、亚硫酸氢根和硫酸根形成的盐也是难溶的化合物，可以被连续分离；HCO_3^- 与 H^+ 实现中和反应，放出二氧化碳。由此可见，石灰石的溶解速度、反应活性以及 pH 值对 H^+ 的中和反应和 Ca^{2+} 的形成有重要影响。

$$CaCO_3(s) \xrightleftharpoons{0.18 \times 10^{-8}} CaCO_3(l) \quad (9-38)$$

$$CaCO_3(l) + H^+ \xrightleftharpoons{0.67 \times 10^{-10}} Ca^{2+} + HCO_3^- \quad (9-39)$$

9.2.1.3 氧化反应

亚硫酸、亚硫酸盐和亚硫酸氢盐皆易于被氧化成硫酸或者硫酸盐，并且亚硫酸氢盐的还原性更强。由于烟气含氧量较低，因此实际工程一般采用强制氧化工艺，设置氧化反应器，向反应器提供氧化空气。氧化反应方程式为：

$$SO_3^{2-} + 0.5O_2 \longrightarrow SO_4^{2-} \quad (9-40)$$

$$HSO_3^- + 0.5O_2 \longrightarrow SO_4^{2-} + H^+ \quad (9-41)$$

9.2.1.4 中和反应

对于石灰石烟气脱硫工艺，以 $CaCO_3$ 为脱硫剂，系统所含有的 HCO_3^- 需要不断被中和，并以气态形式排出。中和 H^+ 的反应是二氧化硫吸收的一个关键，其反应方程式为：

$$H^+ + HCO_3^- \xrightleftharpoons{0.52 \times 10^{-6}} H_2CO_3 \xrightleftharpoons{0.36 \times 10^{-1}} CO_2(g) + H_2O \quad (9-42)$$

9.2.1.5 结晶反应

亚硫酸钙的溶解度为 1.67g/100g，属于微溶。硫酸钙的溶解度为 0.241g/100g，为难溶。对于强制氧化工艺，所吸收的二氧化硫几乎全部被氧化，在吸收液中形成二水硫酸钙晶体析出，仅有少量的半水亚硫酸钙晶体析出。结晶反应不仅固定和分离了二氧化硫，也维持了浆液的 Ca^{2+} 平衡。其反应方程式为：

$$Ca^{2+} + SO_4^{2-} + 2H_2O \xrightleftharpoons{0.22 \times 10^{-4}} CaSO_4 \cdot 2H_2O(s) \quad (9-43)$$

$$Ca^{2+} + SO_3^{2-} + 0.5H_2O \xrightleftharpoons{0.84 \times 10^{-7}} CaSO_3 \cdot 0.5H_2O(s) \quad (9-44)$$

根据以上化学反应，无论产生何种脱硫产物，脱除 1kmol 二氧化硫都需要消耗 1kmol 石灰石，钙硫化学计量比（Ca/S）为 1:1。总反应式为：

$$CaCO_3 + 2H_2O + SO_2 + 0.5O_2 \longrightarrow CaSO_4 \cdot 2H_2O(s) + CO_2(g) \quad (9-45)$$

$$CaCO_3 + SO_2 + 0.5H_2O \longrightarrow CaSO_3 \cdot 0.5H_2O(s) + CO_2(g) \quad (9-46)$$

石膏的结晶速率与石膏溶液的相对过饱和度有关。石膏溶液在相对过饱和度为 0 情况下，分子的聚集和分散处于平衡状态，晶种的生成速率和晶体的增长速率均为 0。当石膏溶液的相对过饱和度大于0时,石膏溶液才出现晶束(小分子团),进而形成晶种,再逐渐发育为晶体,此时溶液处于动态平衡阶段。在相对过饱和度由0增大的开始阶段,晶种的生成速率和晶体的增长速率呈平稳增大。当相对过饱和度达到一定数值时,晶种的生成速率和晶体的增长速率呈指数上升,在此阶段晶体可不断增长为稍大的石膏颗粒。当相对过饱和度达到较大数值时,晶种的生成速率陡然加快而产生许多新颗粒(均匀晶种),致使晶体趋向生成针状或层状,这不利于石膏脱水。

实践表明,相对过饱和度应控制在0.2~0.4,不仅保证所生成的石膏易于脱水,而且防止系统结垢,确保脱硫装置的可靠运行。

综上所述,石灰石浆液吸收二氧化硫产生石膏的本质是,二氧化硫被水溶液吸收,产生一系列的离解反应,建立了 SO_2—HSO_3^-—SO_3^{2-}—H^+ 之间平衡,石灰石浆液的加入,不仅中和了 H^+,还提供了 Ca^{2+}。在适宜的工况下,HSO_3^- 不断被氧化为 SO_4^{2-},石膏不断析出,维持了 Ca^{2+} 平衡,石灰石不断被溶解,二氧化硫连续被吸收,从而烟气得到净化。

9.2.2　pH值对石灰石浆液脱硫化学反应的影响

根据水溶液的离子平衡,溶液的成分与pH值有密切关系,因此pH值对石灰石浆液脱硫的化学反应有重要影响。

对于 SO_2 的水溶液吸收,pH值越低,H^+ 浓度越高,SO_2 的解离反应向左偏移,从而降低 SO_2 的吸收速率。当pH值大于7.2时,溶液含有 SO_3^{2-};在pH值为3~6时,溶液主要存在 HSO_3^-;当pH值小于2时,被吸收的 SO_2 主要呈 H_2SO_3 的形式,此时建立起 SO_2 的物理溶解平衡。

对于 $CaCO_3$ 的溶解,其过程需要消耗 H^+,因而 H^+ 浓度越高,pH值越低,越能加快 $CaCO_3$ 的溶解速率。此外,$CaCO_3$ 的溶解会受溶液中 $CaSO_3$ 的含量影响。$CaSO_3$ 属微溶性,其溶解度约为1.67g/100g。pH值越低,SO_3^{2-} 浓度越高,如果 $CaSO_3$ 溶解度降低,则 $CaSO_3$ 将析出并沉积在 $CaCO_3$ 粒子表面,这将阻碍 $CaCO_3$ 的溶解,降低 $CaCO_3$ 溶解速率,最终抑制 SO_2 的吸收反应。

对于 HCO_3^- 的中和反应,其过程也需要消耗 H^+,因而 H^+ 浓度越高,pH值越低,越利于 HCO_3^- 的中和反应。中和反应对 SO_2 的水溶液吸收有促进作用,两者具有协同性。

对于 SO_2 水溶液的氧化反应,其氧化动力学研究表明,当pH值为4.5时,HSO_3^- 的氧化速率达到最大值。由于实际运行浆液的pH值为5.4~5.8时,HSO_3^- 不易被氧化,因此采用强制氧化方式,向溶液鼓入空气使得大量的 HSO_3^- 转化为 SO_4^{2-},同时氧化反应能促进溶液对 SO_2 的吸收。

对于结晶反应,pH值越高,$CaSO_3$ 的溶解度越小,$CaSO_4$ 的溶解度变化不大,因此pH值对脱硫副产物 $CaSO_4$ 的结晶反应没有太大的影响。但是,由于浆液pH值可改变 HSO_3^- 的氧化速率,其大小直接影响 SO_4^{2-} 的生成速率,从而改变 $CaSO_4$ 的相对过饱和度,因此可以采取调整pH值的方式来控制石膏的结晶反应。

综上所述,石灰石-石膏的烟气脱硫工艺典型运行的pH值在5~6之间,循环浆液主要存在 HSO_3^-,这有利于提高石灰石的溶解度和 HSO_3^- 的氧化。

9.3 逆流喷淋吸收塔

湿法烟气脱硫吸收塔有喷淋塔、填料塔、板式塔和文丘里洗涤塔等类型。在所有湿法脱硫塔中，由于喷淋塔综合指标最佳，因此在工程实际中被更广泛应用。

9.3.1 逆流喷淋吸收塔结构

按照烟气与循环浆液在吸收塔内的相对流向，喷淋吸收塔可以分为逆流喷淋吸收塔和顺流喷淋吸收塔两大类。在实际应用中，多数采用逆流形式，其典型结构如图9-8所示。理论上，逆流操作的吸收效率稍高。逆流操作的益处是气液两相的吸收平均推动力最大，并且稳定。喷淋液滴与烟气的相对速度较高，加大了液滴表面的湍流强度，同时延长了液滴在吸收区的停留时间，提高了吸收区的持液量和吸收塔单位体积的浆液表面积。所以，在相同情况下，逆流喷淋吸收塔的吸收效率相对高些。

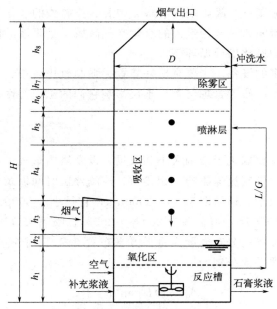

图9-8 逆流喷淋吸收塔结构原理

逆流喷淋吸收塔主要是针对解决内部构件的结垢问题而设计的。逆流喷淋吸收塔因其塔内结构简单、内置构件少，基本无结垢、堵塞问题，而且具有维修容易、费用低廉等特点，从而领先于其他类型的脱硫塔。

在总体上，吸收塔内部可分为三个区段：顶部的除雾区；中部的吸收区；底部的氧化区。吸收塔主要由筒体、入口烟道、反应槽、喷淋装置、除雾器组成。

9.3.1.1 筒体

筒体为圆柱形，壁厚从下向上呈阶梯形减小，其下部与反应槽被设计为一体。筒体的直径大小由烟气的流量和选取的流速确定。筒体的高度与塔内构件的布置、烟气进口烟道和吸收区的高度有关，主要保证烟气与浆液的液滴有充分的接触，以达到较高的吸收效率和较低的压力损失。

9.3.1.2 入口烟道

入口烟道的下缘位于反应槽液位以上。这个区域是高温烟气与下降浆液首次接触的区域。在这个区域存在很大的温度梯度和气流速度梯度，烟气温度通常从120℃左右降低到50℃左右，烟气流速从15m/s左右减小到3m/s左右。因为局部形状的变化，在入口附近容易形成气体回流，或者烟气分布不均匀，下落的浆液会被带进入口烟道，浆液因高温蒸发而在入口烟道壁面形成结垢，致使入口烟道过流断面面积减小，增大系统的流动阻力，严重时将被迫停机清垢。因此，入口烟道应满足下述要求：防止烟道内沉积结垢；降低压力损失；确保塔内烟气分布均匀；结构材料应考虑耐高温和耐腐蚀。实践证明，入口烟道的中心线与水平面成15°～20°角比较适宜和有效。

9.3.1.3 反应槽

反应槽位于吸收塔的底部。由于浆液的一次吸收循环周期大约为数分钟，浆液在吸收区的停留时间仅4s左右，因此大部分化学反应发生在反应罐内。反应罐的功能有：汇集从吸收区下落的循环浆液的液滴；为吸收剂的溶解、中和、亚硫酸的氧化以及脱硫副产物的结晶和成长提供反应空间和时间；该区为鼓入的氧化空气区域，是浆液的反应成分与氧化空气进行反应的区域，有时称为氧化槽或循环槽。

反应槽内布置了较多的设备，主要有搅拌装置、强制氧化装置、人孔门、排空阀、循环泵、出浆泵等。这些设备的布置合理与否，不仅影响它们的工作特性，而且可能影响整个吸收塔的操作运行性能。

9.3.1.4 喷淋装置

喷淋塔的脱硫效率主要取决于液滴大小和数量，以及塔内烟气流速。液滴大小和数量决定了气液接触面积，塔内烟气流速影响气相传质、液滴停留时间以及气流夹带液滴。液滴大小采用索特尔平均直径表示，通常取$1500\sim3000\mu m$，直径小于$500\mu m$的液滴数量不应超过总量的5%。喷淋层取3～6层，覆盖率为200%～300%，喷嘴入口压力为50～200kPa，喷嘴出口流速为10m/s。喷嘴的分布密度为每平方米布置0.7～1个喷嘴。单个喷嘴的覆盖面积和喷淋层在脱硫塔内覆盖率分别为：

$$A_0 = \pi H^2 \tan^2\left(\frac{\vartheta}{2}\right) \tag{9-47}$$

$$\alpha = \frac{A_{EH}}{A} \times 100\% \tag{9-48}$$

式中 H——喷嘴覆盖高度，m；

ϑ——喷雾角；

A_{EH}——单层喷嘴的有效覆盖面积，m^2；

A——吸收塔的横截面面积，m^2。

喷淋装置是喷淋塔的核心构件，由母管、管网、喷嘴、循环泵、阀门和仪表等组成。其基本要求是：浆液的液滴要完全、均匀地覆盖吸收塔的横断截面；尽量减少浆液淌壁；液滴大小适宜，确保气液接触面积、反应时间和脱硫效率；便于维修及操作，节能平稳。

喷淋装置的设计主要涉及喷淋母管层数、垂直层高、选用喷嘴。前者直接影响塔的总高度和投资成本，后者决定喷嘴特性，直接影响吸收效率。

9.3.1.5 除雾器

由于烟气速度达到3m/s左右，可造成一定的液滴被气流夹带，被带出的液滴在下游设备的表面形成结垢，加速设备腐蚀，同时会形成一定的烟囱雨，污染周围的环境。因此，在脱硫吸收塔的顶部设置除雾器。除雾器的类型主要有折流板和旋流板形式。两者皆是利用离心力的作用分离气液两相。除雾器的材质一般采用聚丙烯，其具有硬结垢少、防腐性强、清洗容易的特点。除雾器一般设置为2级，每级均设置有除雾器的冲洗喷嘴，冲洗水量与布置依据标准确定。在脱硫系统中，除雾器的要求有：除雾效率高；出口烟气的液滴含量应低于75mg/m³；压力降低；烟气流速一般在3.5~5.5m/s。

冲洗水压需适当，除雾器的正面冲洗水压控制在2.5×10^5Pa以内，背面的冲洗水压不大于10^5Pa。冲洗水量一方面考虑自身的冲洗要求，另一方面考虑系统水平衡的要求；具体水量数值根据具体的工程情况确定。冲洗系统的设计最重要的是，冲洗要覆盖除雾器的整个表面。相邻喷嘴形成的水雾必须适当重叠，确保冲洗水对除雾器有一定的覆盖率。冲洗覆盖率采用的计算式为：

$$\alpha = \frac{n\pi h^2 \tan^2(\vartheta)}{A} \times 100\% \tag{9-49}$$

式中 h——喷嘴距冲洗面的距离，m；
ϑ——喷射角；
n——冲洗面的喷嘴数；
A——冲洗面的有效通流面积，m²。

若喷嘴为矩阵式布置，完全覆盖应使冲洗覆盖率约为150%。一些冲洗系统的冲洗覆盖率接近180%~200%。冲洗周期主要根据烟气特征和吸收剂确定，一般不超过2h。

9.3.2 逆流喷淋吸收塔的主要参数

吸收塔的脱硫效率受多种因素影响。由于液相反应包含数十种离子反应和固液平衡的方程式，至今难以获得理论计算公式，因此石灰石湿法烟气脱硫吸收塔的设计都是依据工程实践选取一些关键的工艺参数进行相关计算。

9.3.2.1 脱硫效率

在国内工程设计及日常统计中，烟气二氧化硫的浓度一般采用标准工况、干基、6%氧气条件下的体积浓度（mg/m³）。

二氧化硫脱硫效率为：

$$\eta_{SO_2} = \frac{y_{in} - y_{out}}{y_{in}} \times 100\% \tag{9-50}$$

式中 y_{in}，y_{out}——烟气脱硫进口和出口的二氧化硫折算浓度，kg/m³。

根据双膜理论，吸收塔的性能可用下式表示：

$$NTU = \ln\left(\frac{y_{in}}{y_{out}}\right) = \frac{K_y ah}{G} \tag{9-51}$$

$$NTU = -\ln(1 - \eta_{SO_2}) \tag{9-52}$$

式中　NTU——吸收塔的传质单元数，无量纲数；
　　　G——近似烟气流量，$kmol/(m^2 \cdot s)$；
　　　$K_y a$——体积传质系数，$kmol/(m^3 \cdot s)$；
　　　h——气体吸收区高度，m。

式(9-52)和式(9-53)表明，NTU是影响脱硫效率的所有参数的函数。在一定烟气流量情况下，增大气液接触面积即可提高脱硫效率。提高喷淋流量、喷淋密度、吸收区的有效高度，以及减小雾化平均直径，都可以增加气液接触面积。接触面积 a 是吸收塔结构设计的关键参数。依据式(9-53)，NTU与脱硫效率的相应数值见表9-5。

表9-5　不同脱硫效率所需传质单元数

η_{SO_2}	39.0	63.0	86.5	90.0	95.0	98.2	99.3	99.75
NTU	0.5	1	2	2.3	3	4	5	6

$K_y a$ 值是液滴大小、气液相对速度、pH值等参数的函数，由于碳酸钙难溶于水，为提高其溶解速率，液相为弱酸性，因此液相化学反应的增强因数很小，吸收过程为液相控制。

在工程实践中，烟气出口的二氧化硫浓度必须小于标准数值，它和烟气进口的二氧化硫浓度值都是确定的数值，可以说，脱硫效率是已知的。在满足排放标准要求情况下，η_{SO_2} 数值仅随烟气脱硫系统的进口烟气 SO_2 浓度变化而变化。对于燃用低硫煤的锅炉，脱硫系统进口烟气 SO_2 浓度较低，需要不高的 η_{SO_2} 就能达到排放要求；反之，燃煤含硫量高，就要求较高的 η_{SO_2} 数值。所以说，以脱硫效率 η_{SO_2} 作为衡量一个烟气脱硫系统的指标并不合适，因为环境保护控制的是排放浓度，而不是效率。

9.3.2.2　烟气流量

烟气流量反映吸收塔的处理能力。进入吸收塔的烟气量由锅炉排放的烟气量确定。运行工况下的塔内烟气体积流量变化与下述情况有关：塔内操作温度低于进口烟气温度，烟气容积减小；浆液蒸发水分，以及塔下部送入空气中的剩余氮气，使得烟气体积流量增大。在计算塔内烟气流速时，采用烟气进口与出口之间的平均工况进行校核计算。塔中运行的烟气量为下述烟气量之和。

(1) 吸收塔进口烟气量

根据燃用煤种、过量空气系数，以及湿空气携带水分，可算出喷淋塔进口烟气量。这部分计算可由锅炉的热力计算结果给出。设塔内操作温度为50℃，则喷淋塔进口烟气量需要换算为塔内操作温度状态下的烟气体积流量。

(2) 浆液蒸发水分

烟气在喷淋塔内被浆液淋洗，温度降低，吸收液蒸发，烟气迅速达到水分饱和状态，蒸发的水分可以根据焓湿图或者计算公式予以确定。

(3) 未参与氧化的空气组分

在塔下部浆池中鼓入空气，使 $CaSO_3$ 尽可能完全氧化成 $CaSO_4$；若不考虑烟气中过量空气剩余的氧量以及自然氧化因素，鼓入的空气量只考虑单位时间内全部脱除 SO_2，设为完全氧化，则1kg SO_2 需0.5kg的氧气。所鼓入的空气氧化之后所剩氮气加入烟气。

9.3.2.3　平均容积吸收率

根据吸收过程的传质计算方程，有：

$$G_{\text{flu}}(y_{\text{in}} - y_{\text{out}}) = K_y a h (y - y^*)_m \tag{9-53}$$

式中 G_{flu}——烟气处理量，m^3/h；

$(y - y^*)_m$——烟气进口和出口的传质驱动力的对数平均值，kg/m^3；

$K_y a$——气侧体积传质系数，$kg/(m^3 \cdot h)$；

h——吸收高度，m。

传质系数 $K_y a$ 与浆液性质、雾化粒度、液气比、烟速、操作温度等因素有关。当其他操作条件一定时，$K_y a$ 可表示为烟气速度和液气比的函数，即：

$$K_y a = f\left(u, \frac{L}{G}\right) \tag{9-54}$$

已有的烟气脱硫喷淋吸收塔的经验表明，石灰石-石膏法吸收 SO_2 的传质系数大致范围是 $85 \sim 110 \text{kmol}/(m^3 \cdot h)$，即 $5440 \sim 7040 \text{kg}/(m^3 \cdot h)$。但是，喷淋塔的体积传质系数没有理论计算公式或者经验公式，因此，在计算中难以采用上述介绍的吸收理论进行相关计算。

平均容积吸收率 ζ 定义1：吸收塔单位横截面积上的总吸收量除以吸收区高度，所表示的是单位时间单位体积内的污染气体平均吸收量。即：

$$\zeta = \frac{G_{\text{flu}}(y_{\text{in}} - y_{\text{out}})}{h} \tag{9-55}$$

吸收效率为：

$$\eta = 1 - \frac{y_{\text{out}}}{y_{\text{in}}} \tag{9-56}$$

按照排放浓度的标准，有：

$$y_{\text{in}} \eta \geqslant y_{\text{in}} - y_{\text{std}} \tag{9-57}$$

平均容积吸收率 ζ 定义2：根据现有运行的喷淋吸收塔的性能，如果给定 SO_2 的进口浓度和吸收效率，则所需要的吸收区空间是大致确定的。因此，设计采用平均容积吸收率 ζ 表示喷淋塔吸收区 SO_2 的吸收量，即：

$$\zeta = \frac{G_{SO_2}}{V} = K_0 \frac{\eta y_{\text{in}}}{h} \tag{9-58}$$

$$K_0 = 3600 u \frac{273}{273 + t} \tag{9-59}$$

式中 G_{SO_2}——单位时间内烟气除去硫氧化物的量，kg/h；

u——烟气速度，m/s；

t——烟气平均温度，℃。

已有的喷淋塔设计、运行经验表明，ζ 大致为 $5.5 \sim 6.5 \text{kg}/(m^3 \cdot h)$，$\zeta$ 值的大小取决于雾化状况、液气比、浆液特性、气液流动等因素。这些因素存在一个综合的最佳条件，可使 ζ 达到最大值。

对于不同条件，ζ 的设计取值有如下变化：①对于含二氧化硫较低浓度的烟气，ζ 应取低值，以保证一定的吸收区高度；②若选取较低的烟气速度、较低的 h，则 ζ 取低值，因为烟速低，使液滴停留时间短；③若要求脱硫效率高，则 ζ 取低值，使 h 升高，反应时间延长。

如果仅从脱硫技术角度考虑，设计时 ζ 应取低值以求保险；但是，ζ 低则增加塔的容积，这将增加投资、运行维护费用。综合考虑技术、经济因素，ζ 值必然被限制在一个合理的范围内。

9.3.2.4 烟气流速

假定其他条件不变,流速增加一倍,根据双膜理论,传质单元数仅下降18.8%,因此提高烟气流速对喷淋塔性能的影响不是很大,且受气流夹带液滴问题的限制。根据现有的工程实践,喷淋塔内烟气流速一般在2~3m/s。

进口流速分布对脱硫效率有显著影响。烟气从烟道进入塔体,气流速度从15m/s左右下降到3m/s,跨度很大,对塔内气体分布的均匀性具有很大影响,因此必须将入口处的过渡段烟道设计好。

9.3.2.5 喷淋流量

为了调节方便,喷淋装置一般设有2~4层喷淋层。改变循环泵的投运台数很容易调节喷淋流量。在多数情况下,每层喷淋母管由一台浆泵供液。采用此种方式,可以保证吸收塔内液滴总表面积与喷淋总量成正比,因为这样的流量变化不影响喷淋压力,有效保证雾化效果。

9.3.2.6 吸收区高度或吸收塔高度

具有4层喷淋层的逆流喷淋塔试验表明,仅投运下部2个喷淋层时,脱硫效率为73%(NTU为1.31);仅投运上部2个喷淋层时,脱硫效率为76%(NTU为1.43)。因此,不要过分依靠提高喷淋层高度以增加脱硫效率。喷淋区的典型高度为7~18m。

喷淋塔的总高度为:

$$H = h_1 + h_2 + h_3 + h_4 + h_5 + h_6 + h_7 + h_8$$

h系列的取值一般参考相关标准规定和工程数据取值,300MW机组脱硫塔的取值见表9-6。

表9-6 300MW机组脱硫塔的经验取值

h_1/m	h_2/m	h_3/m	h_4/m	h_5/m	h_6/m	h_7/m	h_8/m
持液计算	1.6	开口计算	1.65	1.5	2.5	1.2	5.75

9.3.2.7 反应槽体积

为了防止循环浆液在吸收塔内部构件上结垢,必须保持液相有足够的晶种和充裕的反应时间,以便浆液达到饱和,结晶不断生长。同时,吸收剂的溶解也需要一定的时间。因此,浆液中的含固量必须给予控制,保证固体物有一定的停留时间。

浆液固体物在反应槽中的平均停留时间定义为:

$$T = \frac{\text{反应槽中固体物总量}}{\text{脱硫副产物平均产出率}} = \frac{\text{反应槽中浆液总体积}}{\text{排出浆液流量} - \text{进入浆液流量}} = 12 \sim 24\text{h}$$

反应槽的最小体积通常要求达到较高的石灰石利用率水平,即浆液固体物的停留时间不低于15h。停留时间太短,石灰石利用率偏低。

反应槽浆液的石膏过饱和可能导致塔内结垢,因此,反应槽体积既要避免结垢,又要达到较高的石灰石利用率。

在石灰石-石膏烟气脱硫工艺中,石灰石利用率η_{Ca}与浆液固体物的停留时间T有密切关系，可用下式表示：

$$\eta_{Ca} = \frac{K_{Ca}T}{1+K_{Ca}} \tag{9-60}$$

式中　K_{Ca}——石灰石反应速率参数，与石灰石组成、粒径和浆液 pH 值有关。

浆液在反应槽中平均停留时间（min）定义为：

$$T_e = \frac{反应槽浆液总体积}{浆液循环量} \times 60$$

在反应槽体积一定时，T_e 随循环浆液总流量的增大而减小，其与液气比 L/G 有关。提高 T_e 数值，既有利于各反应步骤和石灰石的溶解，也有利于提高石灰石的利用率，$T_e = 3.5 \sim 7 \text{min}$。

9.3.2.8　循环浆液的含固量

循环浆液的固体物主要包括未溶解的吸收剂、硫酸钙、亚硫酸钙和少量杂质沉渣以及残存的飞灰等。处于不同部位的浆液、固体物的含量和组成不同。大多采用 10%～15% 的含固量，但不得低于 5%。

9.3.2.9　液气比

液气比是决定脱硫效率的一个主要参数。在烟气脱硫装置设计中，液气比的计算是取吸收塔出口标准状态下的饱和湿烟气流量。液气比决定气液界面的接触面积大小，在其他参数不变的情况下，提高气液比，则增大了液体的喷淋密度，气液接触面积增大，也提高了液体的更新程度，增强了传质的驱动力，因此脱硫效率提高。但是，达到一定程度后脱硫效率趋近一个渐进值，提高缓慢，这样会增加动力消耗和增加初投资。石灰石吸收塔的液气比一般取 8～25 之间的数值。

9.3.2.10　钙硫比

钙硫比的理论值为 1，但是在实际运行中，钙硫比的数值为 1.01～1.10。在国内标准设计中，当石灰石的有效含量大于 90% 时，要求钙硫比≤1.03。

9.3.2.11　浆液 pH 值

浆液的 pH 值对脱硫效率的影响主要体现在：①SO_2 吸收，pH 值在 4 以下几乎不吸收；②亚硫酸钙的溶解，pH 值低，溶解度大，但是容易在碳酸钙粒子表面形成包固现象，使石灰石粒子表面钝化，抑制化学反应的进行；③碳酸钙的溶解，pH 值低，有利于石灰石的溶解，当 pH=4～6 时，溶解速率最高，然而这对提高脱硫率不利；④硫酸钙的溶解，pH 值高时，硫酸钙的溶解度变化不大。因此，石灰石浆液的 pH 值宜控制在 5～6。

9.3.2.12　吸收塔的压降

喷淋空塔内的流动较为复杂，吸收塔压降尚无成熟的计算方法。然而，吸收塔压降在整个脱硫系统能耗中占有较大的比例，直接影响脱硫装置运行的经济性，是脱硫系统设计中的一个重要经济、技术指标。

烟气流速较低时，压降随着流速增加而递增的幅度相对比较平缓。当烟气流速从 3.0m/s 提高至 4.5m/s 时，烟气流速增加了 50%，吸收区阻力损失由 260Pa 增至 660Pa，增加了 154%，阻力增加幅度约为流速增加幅度的 3 倍；当烟气流速＞4.5m/s 时，压降与流速的关系曲线变陡，吸收区压降随流速的增加而急剧增大，流速由 4.5m/s 提高至

5.0m/s时,流速仅增加11%,吸收区阻力损失增至880Pa,增加了33%,约为流速增加幅度的3倍。产生此现象的主要原因是由于在相同液气比条件下,流速的增加,不仅提高了吸收液的喷淋高度,而且也减小了液滴在塔内的下降速度,尤其在高流速条件下,液滴下降速度较慢,塔内持液量急剧增加,压降也随之迅速增大。

压降与液气比的关系近似为线性,压降随液气比(喷淋密度)的增大而增加。高烟气流速时,压降与液气比的关系偏离线性,其原因可能是高流速时喷淋液量增大,而喷嘴数不变,导致吸收液滴的初始速度增大,使压降与液气比呈现不完全线性关系。

离喷嘴距离较近时,单位吸收区高度的压降最大,随后逐渐减小。这主要是由于液滴离开喷嘴后,受到表面曳力的作用,作减速运动。离喷嘴较近时,液滴运动速度较快,气相作用于液滴的表面曳力较大,气相受到液滴的反作用也较强,故单位吸收区高度的阻力较大。此后,随液滴与烟气间相对速度的减小,单位吸收区高度的压降也逐渐减小,最终液滴与烟气的相对速度将趋于恒定,液滴作匀速运动,单位吸收区高度的压降也趋向恒定。

总体认为:①脱硫塔吸收区阻力主要取决于烟气流速、喷淋密度和液滴直径;②喷淋塔的液泛速度主要取决于液滴直径,液滴直径在0.0026m时的液泛速度为7.00m/s,适宜的烟气流速为3.5~5.6m/s;③在喷淋塔内,随烟气流速提高,阻力和传质面积皆增大,当高流速时,传质面积的增加幅度大于阻力的增加幅度;④液滴在吸收塔内的运动先为减速运动,而后作匀速运动。

9.4 石灰石湿法烟气脱硫的平衡方程

石灰石湿法烟气脱硫的平衡方程主要是物料衡算和热量平衡方程。物料衡算主要是决定吸收剂的用量、补充水量和废水排放;热量平衡主要用于确定再热器(GGH)、吸收塔操作温度和补充水量。

9.4.1 石灰石湿法烟气脱硫系统

石灰石-石膏工艺主要由二氧化硫吸收、石灰石溶解、中和反应、氧化反应、石膏结晶、石膏分离等化工单元操作组成,其原则系统如图9-9所示。该工艺主要由吸收塔、除雾器、制浆设备、循环泵、浆液泵、排浆泵、氧化风机、水力旋流器、真空皮带滤水机和废水处理设备等组成。

除尘后的烟气进入吸收塔有两种方式:一是通过GGH降温再进入吸收塔;二是直接进入吸收塔。两种方式在实际工程中皆有应用。

石灰石粉被送至制浆单元,制备为浓度在30%左右的浆液,由浆液泵送至吸收塔,吸收塔内的浆液由循环泵送至吸收塔上部的喷淋层,雾化为液滴流,向下与烟气充分接触以吸收烟气中的硫氧化物,然后落入吸收塔下部的氧化区,浆液在氧化区与空气进行氧化反应,浆液中的亚硫酸钙被氧化为硫酸钙,硫酸钙通过结晶形成的浆液由排浆泵送至脱水单元,经水力旋流器和真空带式脱水机生产为二水硫酸钙(石膏副产物),滤水回至制浆单元循环使用。为了保持离子平衡,一部分滤水被输送到废水处理单元,经处理后排放。

假设脱硫系统处于稳定工况,则系统遵守物料平衡和热量平衡。物料平衡包括烟气平

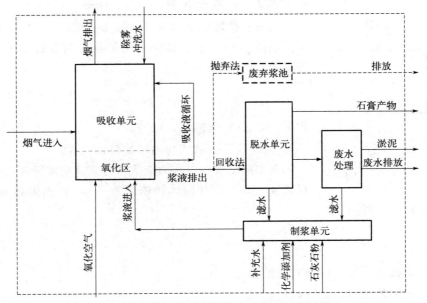

图 9-9 石灰石湿法烟气脱硫工艺的原则系统

衡、固体物平衡、水平衡和氯平衡。由于浆液的吸收过程伴随蒸发过程,水被蒸发转移至烟气,因此物料平衡和热量平衡相互耦合。热量平衡除了蒸发潜热外,还需要计入反应热。

在逆向喷淋塔中,烟气从吸收塔下部进入,与从上部喷淋的液滴直接接触,进行充分热质交换,出口的烟气为饱和净烟气;落入反应槽的浆液与鼓入的空气进行氧化反应,浆液中的亚硫酸氢钙或者亚硫酸钙被氧化为硫酸钙,并放出一定的反应热。总体化学反应为:

$$CaCO_3 + 2H_2O + SO_2 + 0.5O_2 \longrightarrow CaSO_4 \cdot 2H_2O + CO_2 - 339 kJ/kmol \tag{9-61}$$

9.4.2 烟气平衡

假设吸收塔没有气体泄漏,则烟气平衡为:

烟气进入量+氧化空气量+蒸发水蒸气=
烟气排出量+二氧化硫脱除量+氧化消耗的氧气量+中和产生的二氧化碳

9.4.3 固体物平衡

9.4.3.1 石灰石耗量

石灰石粉的纯度对脱硫有直接影响,一般要求石灰石粉的碳酸钙含量 φ_{Ca} 大于 95%,其余称为杂质。石灰石的粒度一般为 28~63μm。在实际应用中,钙硫比(Ca/S)常被用于表示碳酸钙对硫氧化物反应的过量程度,数值在 1.0~1.2 之间。石灰石用量为:

$$\dot{m}_{Ca} = \frac{100}{64} \times \dot{m}_{SO_2} \times \frac{(Ca/S)}{\varphi_{Ca}} \tag{9-62}$$

式中 $\dot{m}_{Ca}$——石灰石用量,kg/s;
(Ca/S)——钙硫比;
φ_{Ca}——石灰石粉的碳酸钙含量,%。

9.4.3.2 石灰石浆液

石灰石浆液的固体物浓度常取为30%。制浆单元的物料平衡如图9-10所示。如果采用工业水制备石灰石浆液,则浆液量为:

$$\dot{m}_{sl} = \frac{\dot{m}_{li}}{30\%} \quad (9-63)$$

式中 $\dot{m}_{sl}$——浆液量,kg/s;
$\dot{m}_{li}$——浆液所含固体物量,kg/s。

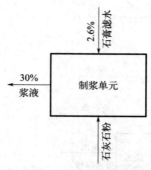

图9-10 制浆单元物料平衡

在实际工程中,水力旋流器的浆液滤水循环用于制备石灰石浆液,滤水的含固体物浓度为 $c_{s,f}$,含固体物为 $\dot{m}_s$,浆液浓度 $c_{s,s}$ 为30%,则:

$$\frac{\dot{m}_s}{c_{s,f}}(1-c_{s,f}) = \frac{\dot{m}_s + \dot{m}_{li}}{0.30}(1-0.30) \quad (9-64)$$

式中 $c_{s,f}$——滤水所含固体物的质量浓度,%;
$\dot{m}_s$——固体物量,kg/s;
$\dot{m}_{li}$——浆液所含固体物量,kg/s。

$$\dot{m}_s = \frac{0.7 c_{s,f}}{0.3 - c_{s,f}} \dot{m}_{li} \quad (9-65)$$

如果石灰石浆液的含固体物浓度设为30%,则浆液量为:

$$\dot{m}_{sl} = \frac{\dot{m}_{li} + \dot{m}_s}{0.3} \quad (9-66)$$

9.4.3.3 石膏副产物

脱硫石膏副产物的资源利用对二水硫酸钙的纯度有一定要求,根据《烟气脱硫石膏》(GB/T 37785—2019)标准,二级标准要求 $CaSO_4 \cdot 2H_2O$ 的纯度 ϕ_{pl} 大于90%(干基),$CaSO_3 \cdot 0.5H_2O$ 的含量 ϕ_{CaSO_3} 小于0.5%(干基)。石膏副产物中还有 $CaCO_3$ 和少量的其他物质。在稳定的吸收过程中,吸收塔内没有固体物的积累,全部被排空。

纯 $CaSO_4 \cdot 2H_2O$ 的产量为:

$$\dot{m}_{pl} = \frac{172}{64} \dot{m}_{SO_2} \quad (9-67)$$

式中 $\dot{m}_{pl}$——石膏量,kg/s;
$\dot{m}_{SO_2}$——硫氧化物量,kg/s。

设石膏的纯度为 ϕ_{pl},则石膏产品的产量为:

$$\dot{m}_{pr} = \frac{\dot{m}_{pl}}{\phi_{pl}} \quad (9-68)$$

式中 $\dot{m}_{pr}$——石膏产品产量,kg/s;
ϕ_{pl}——石膏纯度,%。

石膏结晶水量为:

$$\dot{m}_{w,pl} = \frac{36}{172} \dot{m}_{pl} \quad (9-69)$$

式中 $\dot{m}_{w,pl}$——石膏含水量，kg/s。

$CaSO_3 \cdot 0.5H_2O$ 结晶水量为：

$$\dot{m}_{w,CaSO_3} = \frac{0.5 \times 18}{129} \dot{m}_{pr} \phi_{CaSO_3} \tag{9-70}$$

式中 $\dot{m}_{w,CaSO_3}$——亚硫酸钙含水量，kg/s；

ϕ_{CaSO_3}——石膏产品中亚硫酸钙的百分含量，%。

9.4.3.4 脱硫塔底部固体物

根据《烟气脱硫石膏》标准，设 $CaSO_4 \cdot 2H_2O$ 的纯度 ϕ_{pl} 大于90%（干基），$CaSO_3 \cdot 0.5H_2O$ 的含量 ϕ_{CaSO_3} 小于0.5%（干基）。则 $CaSO_4 \cdot 2H_2O$ 的生成量为：

$$\dot{m}_{pl} = \frac{129}{64} \times \frac{\phi_{pl}}{\phi_{CaSO_3}} \left(\frac{129}{172} \times \frac{\phi_{pl}}{\phi_{CaSO_3}} + 1 \right) \dot{m}_{SO_2} \tag{9-71}$$

$CaSO_3 \cdot 0.5H_2O$ 的生成量为：

$$\dot{m}_{CaSO_3} = 129 \left(\frac{129}{172} \times \frac{\phi_{pl}}{\phi_{CaSO_3}} + 1 \right) \dot{m}_{SO_2} \tag{9-72}$$

产物中未参加反应的 $CaCO_3$ 量为：

$$\dot{m}_{CaSO_3} = 129 \left(\frac{129}{172} \times \frac{\phi_{pl}}{\phi_{CaSO_3}} + 1 \right) \dot{m}_{SO_2} \tag{9-73}$$

$$\dot{m}_{Ca} = \dot{m}_{li} - \frac{\dot{m}_{SO_2}}{64} \times 100 \tag{9-74}$$

杂质量为：

$$\dot{m}_{zz} = (1 - \phi_{CaCO_3}) \dot{m}_{li} \tag{9-75}$$

式中 $\dot{m}_{zz}$——石灰石杂质量，kg/s。

一般来讲，吸收塔底部的固体物量为 $CaSO_4 \cdot 2H_2O + CaSO_3 \cdot 0.5H_2O + CaCO_3 +$ 杂质 + 飞灰。

9.4.3.5 水力旋流器的固体物

石膏副产物的生产工艺是利用排浆泵将吸收塔底部的浓度 c_{in} 的浆液输送至一级旋流器分离，其下部出口是浓度 c_{down} 的石膏浆液，顶部出口是浓度 c_{top} 的滤水。水力旋流器的平衡如图9-11所示。设进口浆液流量为 $\dot{m}_{in}$，则石膏浆液流量 $\dot{m}_{down}$ 和出口滤水流量 $\dot{m}_{top}$ 分别为：

$$\dot{m}_{down} = \frac{c_{in} - c_{top}}{c_{down} - c_{top}} \dot{m}_{in} \tag{9-76}$$

$$\dot{m}_{top} = \frac{c_{down} - c_{in}}{c_{down} - c_{top}} \dot{m}_{in} \tag{9-77}$$

一级旋流器的溢流滤水一般还需要经过二级滤水器进行分离，下部出口滤水的浓度一般为20%，直接回收利用，上部出口滤水的浓度约为1.3%，根据氯离子浓度要求排入废水处理系统，处理后排出系统。

水力旋流器是一种离心沉降分离设备，其在石灰石-石膏湿法烟气脱硫工艺中被用作对石膏浆液的浓缩。如图9-11所示，水力旋流器由一个中空的圆柱体和圆锥体组成工作筒体。石膏浆液由进料管切向流入圆筒部分，形成旋流，在惯性离心力的作用下大部分大颗粒从底

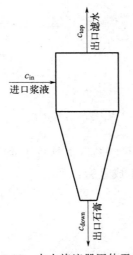

图 9-11 水力旋流器固体平衡

流口流出，大部分小颗粒从溢流管排出。

水力旋流器的外壳可采用金属或非金属材料，卷制或铸造成形。为提高水力旋流器使用寿命，常采用耐磨材料的内衬设计。耐磨材料主要采用耐磨橡胶、聚氨酯和金属陶瓷。

水力旋流器的结构非常简单，但是其流动空间存在复杂的运动形式。外旋流和内旋流是水力旋流器内流体运动的主要形式。靠近外壳的外旋流携带大颗粒浆液由底流口排出；靠近中心区域的内旋流携带细颗粒的浆液从溢流口排出。由于壁面的摩擦阻力作用，浆液沿顶盖和溢流管外壁随内旋流直接由溢流管排出形成短路流，这部分浆液没有分离作用，直接降低分离效果。由于浆液的高速旋转，在中心区域存在较高的负压区，负压可导致浆液中的空气析出以及从底流口吸入外部空气，从而形成空气柱。此外，还有零速包络面、最大切线速度轨迹面以及可能存在的循环流。水力旋流器的详细流动理论可参考专门文献。

水力旋流器的性能不仅与结构参数有关，而且与操作参数有关，其影响因素主要有进料流量、进口压力、进口浓度、固相液相密度、进料管直径、溢流管直径、溢流管插入深度、锥度、底流口直径、底流排料方式等。

在水力旋流器试验时，如果测取了进料口的压力，则其处理能力可用下式计算：

$$Q = 0.93\left(0.8 + \frac{1.2}{1+0.1D}\right)d_i d_o \sqrt{10p} \tag{9-78}$$

式中 Q——处理能力，m^3/h；
D——水力旋流器内直径，cm；
d_i——给料口当量直径，cm；
d_o——溢流口直径，cm；
p——给料口压力，MPa。

水力旋流器的分离效率和处理能力与对其结构尺寸的要求是相互矛盾的。在同样的操作压力下，尺寸较小的水力旋流器具有较高的分离效率和分离粒径，但是相应的处理能力较小。因此，在满足分离要求的情况下，数台水力旋流器并联组合为水力旋流站以保证浆液处理能力。

9.4.3.6 真空皮带滤水机的固体物

一级旋流器下部出口的石膏浆液进入真空皮带滤水机，将石膏浆液制成含水不超过 10% 的石膏饼，真空皮带滤水机有固体损失，大约 0.9%。真空皮带滤水机的滤水通过真空罐和滤水盘进行收集。真空皮带滤水机的平衡如图 9-12 所示。石膏饼量为：

$$\dot{m}_{sgb} = \frac{50\% \dot{m}_{down}(1-0.9\%)}{90\%} \tag{9-79}$$

式中 $\dot{m}_{sgb}$——石膏饼量，kg/s；
$\dot{m}_{down}$——旋流器出口的石膏浆液量，kg/s。

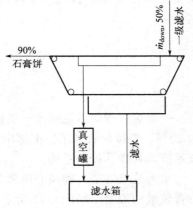

图 9-12 真空皮带滤水机

滤水量为：
$$\dot{m}_{\text{sgls}} = 50\% \dot{m}_{\text{down}} - \dot{m}_{\text{sgb}} \tag{9-80}$$

式中 $\dot{m}_{\text{sgls}}$——真空皮带滤水机的滤水量，kg/s。

9.4.4 水平衡

在石灰石湿法烟气脱硫系统中，水主要作为输运介质在设备和管道内进行循环。水循环率对系统的稳定运行、石膏的品质、设备材料的选择有重要的影响。如果提高水循环率，则降低了废水排放量，从而增大了浆液的氯离子和硫酸根的含量，这将提高设备管道的材质要求，降低石膏的纯度。但是，如果提高废水的排放量，则会增加废水处理系统的容量，进而增加投资和运行成本，同时增加了耗水量。因此，水平衡是湿法脱硫系统设计的重要依据。

烟气在吸收塔内与浆液进行热质交换，很快达到饱和状态，烟气的放热和反应热使得水被蒸发而进入烟气，形成系统的蒸发水耗。水的蒸发量主要与烟气的压力、烟气温度和烟气含水量有关。烟气除了携带蒸发水分外，也因为气流夹带而含有部分雾滴，即明水，一般小于 75mg/m^3。其他水耗有石膏的结晶水和附着水，以及排放的脱硫废水（控制氯离子浓度）。

进入湿法脱硫系统的水量主要包括烟气进入带入的水汽、氧化空气带入的水汽、除雾器的冲洗水、石灰石浆液制备用水、系统补充水等。这些水共同维持湿法脱硫系统的水量平衡。

假设：系统无水损失；系统处于稳定工况；进口烟气的水蒸气在吸收塔内不参与作用。系统的水平衡为：

进入系统的水＝排出系统的水

具体表示为：

进口烟气含水蒸气量＋系统工艺补充水＋氧化空气含水蒸气量＝出口烟气含水蒸气量＋烟气夹带液滴水＋石膏结晶水＋石膏附着水＋排放的脱硫废水

根据水平衡，系统工艺补充水为：
$$\dot{m}_{\text{w,add}} = \dot{m}_{\text{va}} + \dot{m}_{\text{droplet}} + \dot{m}_{\text{w,pl}} + \dot{m}_{\text{w,ad}} + \dot{m}_{\text{w,wa}} \tag{9-81}$$

式中 $\dot{m}_{\text{w,add}}$——系统补充水量，kg/s；
 $\dot{m}_{\text{va}}$——蒸发水量，kg/s；
 $\dot{m}_{\text{droplet}}$——烟气夹带液滴水量，kg/s；
 $\dot{m}_{\text{w,pl}}$——石膏结晶水量，kg/s；
 $\dot{m}_{\text{w,ad}}$——石膏附着水量，kg/s；
 $\dot{m}_{\text{w,wa}}$——排放的废水量，kg/s。

废水量 $\dot{m}_{\text{w,wa}}$ 由系统氯离子平衡确定，其表达式为：

补充水的氯离子量＋煤含氯离子量＝废水量氯离子量＋石膏附着水含氯离子量 (9-82)

烟气流动夹带微小液滴，液滴在除雾器表面易造成结垢或堵塞，因此在除雾器位置设置水冲洗装置，水量太小达不到冲洗效果，水量太大造成烟气夹带水雾增多。冲洗水量、冲洗持续时间和冲洗频率不仅要满足冲洗除雾器要求，而且要考虑系统的水平衡。

根据工程经验，垂直流除雾器第一级迎风面的冲洗水量应为 $1.0\text{L/(s} \cdot \text{m}^2)$，冲洗频率约 30min 一次，持续时间 45～60s；第一级背风面的冲洗水量应为 $0.34\text{L/(s} \cdot \text{m}^2)$，冲洗频率 30～60min 一次，持续时间 45～60s；第二级迎风面的冲洗水量应为 0.34L/(s·m²)，冲洗频率约 60min 一次，持续时间 45～60s。对于水平流除雾器，第一级迎风面的冲洗水量应为 1.0L/(s·m²)，第一级背风面和第二级迎风面的冲洗水量应为 0.7L/(s·m²)；冲洗频率和持续时间与垂直流除雾器一致。

9.4.5 系统热平衡

根据湿法脱硫工艺的原则系统，进入系统的物质量主要有需要处理的烟气量、氧化空气量、石灰石粉脱硫剂、工艺用水（除雾器冲洗水、石膏分离系统冲洗水）；排出系统的物质量主要有净化的烟气量、纯度为 90% 的石膏饼、废水排放量。系统稳定运行，遵守质量守恒，即：进系统的物质量＝出系统的物质量。

9.4.5.1 吸收塔物料平衡

石灰石湿法烟气脱硫系统的脱硫过程主要是在吸收塔内完成，有必要列出吸收塔的总物料平衡，如图 9-13 所示。其平衡表达式为：

$$\dot{m}_{fl,in} + \dot{m}_{a,ox} + \dot{m}_{sl,in} + \dot{m}_{w,was} = \dot{m}_{fl,out} + \dot{m}_{sl,out} \tag{9-83}$$

式中　$\dot{m}_{fl,in}$——进口烟气量，kg/s；

$\dot{m}_{a,ox}$——氧化空气量，kg/s；

$\dot{m}_{w,was}$——冲洗水量，kg/s；

$\dot{m}_{fl,out}$——出口烟气量，kg/s；

$\dot{m}_{sl,in}$——进口浆液量，kg/s；

$\dot{m}_{sl,out}$——出口浆液量，kg/s。

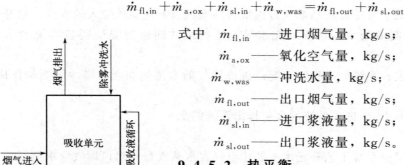

图 9-13　吸收塔物料平衡

9.4.5.2 热平衡

烟气在吸收塔内放热和二氧化硫与浆液的反应热决定着吸收塔内的蒸发水量，从而影响着湿法脱硫系统的水平衡。系统的热平衡为：

进口烟气焓＋系统加入石灰石焓＋氧化空气焓＋系统补充水焓＋反应热＝出口烟气焓＋系统散热＋石膏焓＋废水焓

假设：吸收塔为绝热；忽略流体动能；吸收塔内传热迅速完全；氧化空气的进口压力小于 0.1MPa；忽略吸收剂焓。热平衡公式为：

$$\dot{m}_{fl,in}h_{fl,in} + \dot{m}_{Ca}h_{Ca} + \dot{m}_{a,ox}h_{a,ox} + \dot{m}_{w,add}h_{w,add} + \dot{m}_r\Delta H_r$$
$$= \dot{m}_{fl,out}h_{fl,out} + \dot{m}_{pl}h_{pl} + \dot{m}_{w,wa}h_{w,wa} + Q_{dis} \tag{9-84}$$

式中　$h_{fl,in}$——进口烟气焓，kJ/kg；

h_{Ca}——系统加入石灰石焓，kJ/kg；

$h_{fl,out}$——出口烟气焓，kJ/kg；

$h_{a,ox}$——氧化空气焓，kJ/kg；

$h_{w,add}$——系统补充水焓，kJ/kg；

h_{pl}——石膏焓，kJ/kg；

$h_{w,wa}$——废水焓，kJ/kg；

$\dot{m}_r$——系统反应量，mol/s；

ΔH_r——反应热，kJ/mol，取 430.82kJ/mol；

Q_{dis}——系统散热，kW。

如果以吸收塔为研究对象，则其热平衡为：

$$\dot{m}_{fl,in}h_{fl,in} + \dot{m}_{a,ox}h_{a,ox} + \dot{m}_{sl,in}h_{sl,in} + \dot{m}_{w,was}h_{w,was} = \dot{m}_{fl,out}h_{fl,out} + \dot{m}_{sl,out}h_{sl,out} \tag{9-85}$$

在吸收过程中，温度确定流体介质的焓，热量的平衡决定了水蒸气的蒸发量，水蒸气的蒸发量影响吸收过程的水平衡，因此热平衡与水平衡是相互耦合的关系。烟气的出口温度是确定烟气出口状态的关键参数，也是确定吸收过程的水汽蒸发量的关键。为了实现水平衡和热平衡的计算，采用迭代计算方法。先假定出口烟气的温度，且烟气为饱和烟气，然后计算水平衡和热平衡，将出口烟气的水蒸气分压力与对应温度下饱和蒸汽压力相比较，如果相差很小，则假定的温度就是待求的解，否则重新假定温度，再次进行水平衡和热平衡计算，直到求出合理的温度值。

9.5 石灰石-石膏湿法烟气脱硫工艺设计

石灰石-石膏湿法烟气脱硫技术对煤种、负荷变化具有较强的适应性。对于二氧化硫入口浓度<12000mg/m³ 的燃煤烟气，均可实现二氧化硫达标排放。

石灰石-石膏湿法烟气脱硫效率为 95.0%～99.7%，还可部分去除烟气中的三氧化硫、颗粒物和重金属。能耗主要为浆液循环泵、氧化风机、引风机或增压风机等消耗的电能，可占对应机组发电量的 1%～1.5%。

石灰石-石膏湿法烟气脱硫工艺存在的问题是，吸收剂石灰石的开采会对周边生态环境造成一定程度的影响。烟气脱硫所产生的石膏如无法实现资源循环利用，也会对环境产生不利影响。脱硫后的净烟气会夹带少量脱硫过程所产生的次生颗粒物。此外，还会产生脱硫废水、风机噪声、浆液循环泵噪声等环境问题。

在石灰石-石膏湿法烟气脱硫工艺中，设备结构和流程日益优化，衍生出不少新的技术，应根据实际作具体分析，恰当地选择适宜的系统与设备。

9.5.1 选择工艺的原则

9.5.1.1 技术原则

（1）技术先进。要求是当代水平，应与本企业装备水平相匹配，与本地区社会经济文化和科学技术水平相适应。

（2）运行可靠。要求全系统与主生产线同步运转，运转率在 80%以上或更高，年运行时间不低于 6000h。

（3）操作简便。要求尽可能自动化，采用计算机管理。

（4）维护检修容易。要求脱硫工艺与主生产线统一检修，在定修或年修期间可以完成必需的检修工作量。

(5) 脱硫率高。二氧化硫排放浓度和排放量必须满足国家和地方环保要求。

(6) 适应能力好。对煤种和工况在一定范围内的波动和变化，具有适应能力。

9.5.1.2 经济原则

(1) 投资和运行费用相对较低。尽可能节省建设投资和降低运行费用。烟气脱硫的单位投资控制在 500~700 元/kW 内，即占总投资额 10%~15% 以下。运行费用压缩在 1000 元/t 以内，使发电成本提高的幅度不超过 5%~8%。

(2) 吸收剂。要求质优价廉，有稳定的供给渠道，脱硫过程中化学计量比低和利用率高。

(3) 能耗低。要求能耗尽量降低，控制在 1%~1.5% 以内。在保证吸收条件下，尽可能降低液气比和提高水的重复利用率。

(4) 占地面积。要求占地小，布置合理，湿法工艺的占地面积控制在 $0.02 \sim 0.03 m^2/kW$ 以下。

9.5.1.3 清洁生产原则

要求不产生新的废水、废气和废渣，如果难以避免，必须采取无害化处理或资源化措施。要求为脱硫产物规划好出路，在设计时加以周密考虑，最好采用自消化、循环利用的方式，尽可能寻求有价或低价销售，最低限度要做到安全存放，留待二次资源开发利用。

9.5.2 石灰石-石膏湿法烟气脱硫工艺的规定

(1) 石灰石-石膏湿法烟气脱硫工艺技术方案的设计，应根据燃煤含硫量、吸收剂供应条件、副产物综合利用条件、脱硫效率及二氧化硫排放指标的要求，结合脱硫工艺特点及现场条件等因素，综合比较后确定。

(2) 石灰石-石膏湿法烟气脱硫系统设计应符合下列规定：

① 二氧化硫吸收系统的设计工况应选用锅炉燃用设计煤种或校核煤种，在 BMCR 工况下针对脱硫装置烟气处理能力处于最不利的烟气条件，对应的煤种即为脱硫最不利煤种。此时，吸收塔设计效率应满足二氧化硫排放指标的要求，该工况为脱硫装置设计工况。

② 脱硫装置入口的烟气设计参数应采用与主机烟道接口处的数据。吸收塔上游设置烟气余热回收装置时，还应对烟气余热回收装置停运工况时的设计参数进行校核。

③ 对于改造项目，脱硫装置设计工况和校核工况宜根据运行实测烟气参数确定，并考虑煤源变化趋势。

(3) 石灰石-石膏湿法烟气脱硫系统应采取强制氧化工艺技术。

(4) 石灰石的分析资料及品质要求应符合标准规定。

(5) 进入吸收塔的石灰石粒径应根据石灰石成分、脱硫效率、吸收塔技术特点等因素确定，石灰石粒径宜在 28~63μm 的范围内。

(6) 石灰石浆液供应系统的设计出力应满足吸收塔设计工况下石灰石浆液供应的要求，并能在锅炉各种运行工况下调节石灰石浆液供应量。

(7) 石灰石浆液泵形式、台数和容量的选择应符合下列规定：

① 石灰石浆液泵应选用离心泵。

② 每座吸收塔宜设置 2 台石灰石浆液供应泵，其中 1 台备用。

③ 泵流量应同时满足吸收塔设计工况下石灰石浆液的最大耗量和系统管路最低流速的

要求，裕量不应小于10%。

④ 泵扬程应按石灰石浆液箱最低运行液位至石灰石供应点的全程压降设计，裕量不应小于15%。

(8) 吸收塔的形式应根据吸收塔技术特点、脱硫效率要求、运行能耗、场地布置条件和长期稳定运行性能等因素确定。

(9) 吸收塔的数量应根据锅炉容量、吸收塔的处理能力和可靠性等确定，宜1炉配1塔。当设置脱硫旁通烟道时，200MW级及以下机组可2炉或多炉配1塔。

(10) 喷淋空塔入口烟道宜采用斜向下进入布置方式。最低位置比吸收塔浆池正常运行液位高1.5~2m。

(11) 喷淋空塔相邻喷淋层的间距不宜小于1.8m。

(12) 喷淋空塔顶层喷淋层距除雾器最底层净距不宜小于2m。

(13) 石膏排出泵形式、台数和容量的选择应符合下列规定：

① 石膏排出泵应选用离心泵，可采用定速泵或变速泵。

② 每座吸收塔应设置2台石膏浆液排出泵，其中1台备用。

③ 泵流量应同时满足吸收塔设计工况下石膏排放量、泵出口回流管路最低流速和吸收塔浆池排空时间的要求，裕量不宜低于5%。

④ 泵扬程应满足吸收塔浆池最低液位下将石膏浆液排至石膏浆液旋流器或石膏脱水系统或事故浆液箱的全程压降，取其中最大值，裕量不宜低于10%。

(14) 喷淋塔喷淋系统应采用单元制，喷淋层不应少于3层。

(15) 吸收塔浆液循环泵形式、台数和容量的选择应符合下列规定：

① 浆液循环泵应选用离心泵。

② 浆液循环泵的台数宜与喷淋层数相同，每台浆液循环泵应对应一层喷嘴。

③ 浆液循环泵可不设备用。

④ 浆液循环泵的数量应能适应锅炉部分负荷运行工况，在吸收塔低负荷运行条件下应有良好的经济性。

⑤ 泵流量应根据吸收塔设计工况下循环浆液流量确定，不宜另加裕量。

⑥ 泵扬程应按吸收塔浆池正常运行液位范围至喷淋层喷嘴出口的全程压降确定，另加5%~10%裕量。

(16) 每座吸收塔设置1套氧化空气工艺系统时，宜设置2台100%容量或3台50%容量的氧化风机，其中1台备用；2座吸收塔设置1台公用的氧化空气供应系统时，宜设置3台100%容量的氧化风机，其中2台运行，1台备用。

(17) 氧化风机宜选用罗茨式，具体形式通过技术经济比较确定；流量应根据吸收塔物料平衡计算结果确定，不宜另加裕量；点压头应根据吸收塔浆池最高运行液位、浆池最大运行浆液密度确定，另加5%~10%裕量。

(18) 围绕吸收塔水平布置的氧化空气母管应高出吸收塔浆池最高运行液位1.5m以上。

(19) 喷淋吸收塔可采用机械搅拌系统或脉冲悬浮扰动系统；每座吸收塔宜设置1套浆池脉冲悬浮扰动系统。

(20) 扰动泵可选用离心式，每座吸收塔设置2台，其中1台备用；泵流量应根据吸收塔浆池直径及浆液最大密度、喷嘴形式及数量等确定，不另加裕量；泵扬程应满足吸收塔浆池最低运行液位至扰动喷嘴出口的全程压降要求，另加5%~10%裕量。

9.5.3 喷淋吸收塔设计计算

喷淋吸收塔的设计计算主要是热力计算和结构参数计算。喷淋吸收塔的设计必须在深入分析吸收塔性能影响因素的基础上进行参数选取或计算。脱硫效率主要受浆液 pH 值、液气比、钙硫比、停留时间、吸收剂品质、塔内气流分布等多种因素影响。吸收塔的计算主要依据物料平衡、热量平衡和水量平衡进行,且热量平衡与质量交换是相互耦合过程,因此需要采用迭代方法确定吸收塔出口的饱和烟气温度,计算程序如图 9-14 所示。

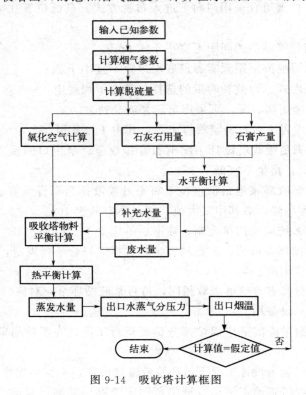

图 9-14 吸收塔计算框图

9.5.4 湿法烟气脱硫工艺技术性能

石灰石-石膏湿法烟气脱硫系统的设计质量和运行效果主要从环保性能、资源能源消耗和技术经济性能进行考察。

9.5.4.1 环保性能

石灰石-石膏湿法烟气脱硫系统的环保性能主要包括二氧化硫的排放浓度、脱硫效率、雾滴浓度、脱硫废水、噪声。一些环保性能指标参考表 9-7。

表 9-7 部分环保性能指标分级

项目	二氧化硫排放浓度/(mg/m³)	脱硫效率/%	液滴浓度/(mg/m³)
A	≤35	≥98	≤50
B	35~50	95~98	50~75

9.5.4.2 资源能源消耗

石灰石-石膏湿法烟气脱硫系统的资源能源消耗主要包括单位脱硫吸收剂消耗、单位脱硫水耗和单位脱硫综合能耗，具体分级指标见表9-8。

表 9-8 资源能源消耗指标分级

项目	单位脱硫吸收剂消耗/(t/t)	单位脱硫水耗/(t/t)	单位脱硫综合能耗/(kgce/t)
A	≤0.645	≤10	≤86
B	0.645~0.793	10~20	86~140

9.5.4.3 技术经济性能

石灰石-石膏湿法烟气脱硫系统的技术经济性能主要有系统阻力、副产品综合利用、单位脱硫成本、单位投资，具体分级指标见表9-9。

表 9-9 技术性能指标分级

项目	系统阻力/Pa	副产品综合利用/%	单位脱硫成本/(元/t)	单位投资/(万元/MW)
A	≤1800	≥90	1500	≤20
B	1800~3000	70~90	1500~3000	20~100

思考题与习题

9-1 试阐述在燃烧过程中采用石灰石脱硫机理与大致的温度范围。

9-2 试阐述湿法钙基脱硫的液气比与脱硫率之间关系。

9-3 试分析石灰石湿法工艺的液气比数值较大的原因。

9-4 为什么湿法石灰石脱硫浆液的pH值控制在6~7？分析具体原因。

9-5 某电厂采用石灰石湿法进行烟气脱硫，脱硫效率为90%。电厂燃煤含硫为3.6%。试计算：

(1) 如果按化学计量比反应，脱除每千克SO_2需要多少千克的$CaCO_3$；

(2) 如果实际应用时$CaCO_3$过量30%，每燃烧1t煤需要消耗多少$CaCO_3$。

9-6 进入水力旋流器的浆液流量为15kg/s，含固体物浓度为16%；出水力旋流器的滤水和浓缩浆液的含固体物浓度分别为2%和30%。试计算滤水流量和浓缩浆液流量。

第 10 章
选择性催化还原烟气脱硝技术

火力发电排放烟气含有氮氧化物的浓度为 $200\sim1000\mathrm{mg/m^3}$,其排放量相对较大,是大气污染的主要气态污染物之一。综合考虑,采用选择性催化还原(SCR)反应方法控制氮氧化物排放的技术具有明显的优势。到目前为止,SCR 烟气脱硝技术是火力发电厂烟气脱硝的主流技术。本章主要介绍 SCR 烟气脱硝技术。

10.1 选择性催化还原反应

采用催化剂可以降低反应活化能,从而使得反应在较低温度下进行,且有选择性控制反应的产物。该方法已普遍应用于烟气脱硫、脱硝、汽车尾气净化和有机废气治理等许多方面。本部分以氨气作为还原剂阐述烟气脱硝 SCR 原理。

10.1.1 催化作用

在化学反应中所加入的某种催化剂,仅使反应速率发生明显变化,而不改变反应总标准吉布斯自由能,催化剂的量和化学性质均不变,这种作用称为催化作用。催化作用使得许多反应成为可能,通过改变反应路径获得目标产品,对反应的收率、转化率和选择性均有显著的影响。

催化作用有两个重要特征:第一,催化剂只能改变化学反应速率,在可逆反应中,它对正、逆反应速率的影响是相同的,因而只能改变到达化学平衡的时间,既不能使平衡移动,也不能使在热力学上不可能发生的反应发生;第二,催化作用有特殊的选择性,一种催化剂在不同的化学反应中表现出不同的活性,而对相同的反应物,选择不同的催化剂可得到不同的产物。

根据反应实质的不同,催化可分成催化氧化和催化还原两种。催化氧化就是在催化剂作用下发生氧化反应,例如将不易溶于水的 NO 用活性炭催化氧化成 NO_2,SO_2 在 V_2O_5 的作用下,被氧化成 SO_3,催化燃烧就是一种催化氧化反应。催化还原是在催化作用下发生还原反应,例如废气中的 NO_2 在 V_2O_5、Pt 或稀土等催化剂作用下,可被氨、烃基和氢等还原为 N_2。

根据多位理论，催化作用源自催化剂表面的活性中心，只有当活性中心形成多位的活化配合物，才产生催化作用。活性中心能使反应分子的某些键变得松弛，有利于形成新键。活性中心对反应分子的吸附力要适中。吸附过弱，则分子得不到活化；吸附过强，不利于进一步转化。催化作用是通过降低反应活化能实现，活化能的大小直接影响反应速率，它们之间的关系用阿累尼乌斯公式表示：

$$k = A_0 \exp\left(-\frac{E}{RT}\right) \tag{10-1}$$

式中　k——反应速率常数，单位随反应级数而不同；
　　　A_0——频率因子，单位与 k 相同；
　　　E——活化能，kJ/mol；
　　　R——气体常数，kJ/(kmol·K)；
　　　T——热力学温度，K。

催化作用为何能降低活化能呢？根据活性中心及活化配合理论，催化作用起源于催化剂表面上的活性中心对反应物分子的化学吸附，反应分子被活性中心吸附后形成了一种具有活性的配合物，使原分子的化学键松弛，从而降低了活化能。

催化剂除了改变化学反应速率外，还具有如下的特性：

① 催化剂仅能缩短反应达到平衡的时间，而不能使平衡移动，更不可能使热力学上不可发生的反应进行。

② 催化剂性能具有选择性，特定的催化剂仅对特定的反应具有催化作用。

③ 每一种催化剂都有它的活性温度范围，低于活性温度下限的，反应速率很慢，或不起催化作用，因为催化剂化学吸附气体分子需要相当的能量。高于活性温度范围上限，催化剂会很快老化或丧失活性，甚至被烧毁。

④ 每一种催化剂都有中毒、衰退的特性，通常由于某种少量杂质以强有力吸附优先吸附在活性表面上，而且这种过程常常是不可逆的，这就是中毒。衰退老化主要是由于低熔点活性组分的流失、表面烧结及机械性破坏等所致。

10.1.2　SCR 化学反应

在一定温度和催化剂的作用下，烟气中的氮氧化物被选择性还原反应生成氮气，主要反应为：

$$4NO + 4NH_3 + O_2 \xrightarrow{300\sim400℃} 4N_2 + 6H_2O \tag{10-2}$$

$$2NO_2 + 4NH_3 + O_2 \xrightarrow{300\sim400℃} 3N_2 + 6H_2O \tag{10-3}$$

在电力锅炉烟气中，氮氧化物含有 95% 的 NO，其他氮氧化物相对很少，因此工程设计主要考虑 NO 的催化还原反应。上述反应的氨氮物质的量比约为 1。由于烟气中还有一些氧气、二氧化硫等气体，因此伴有一些副反应：

$$4NH_3 + 5O_2 \xrightarrow{>350℃} 4NO + 6H_2O \tag{10-4}$$

$$2NH_3 \xrightarrow{>450℃} N_2 + 3H_2 \tag{10-5}$$

$$4NH_3 + 3O_2 \xrightarrow{<300℃} 2N_2 + 6H_2O \tag{10-6}$$

$$2SO_2 + O_2 \xrightarrow{<300℃} 2SO_3 \tag{10-7}$$

$$3NH_3 + 2SO_3 + 2H_2O \xrightarrow{<300℃} NH_4HSO_4 + (NH_4)_2SO_4 \tag{10-8}$$

从以上反应条件可知，为了确保 SCR 主反应为主，尽量减少副反应，应将反应控制在 300~400℃。需要注意的是，硫酸铵和酸式硫酸铵对催化剂有黏附性和腐蚀性，可造成催化性能下降和下游设备的堵塞。

10.1.3 催化反应本征动力学

10.1.3.1 化学反应速率方程

对于稳定的均相反应体系，化学反应速率方程用单位体积混合物中反应物 A 的变化量表示为：

$$r_A = -\frac{dN_A}{dV} \tag{10-9}$$

由于气固催化反应发生在催化剂表面，且催化剂的量对于反应的速率起着关键的作用，因此，反应速率改用催化剂的量（体积、质量、表面积）来表示，即：

$$r_A = -\frac{dN_A}{dV_R} \tag{10-10}$$

$$r_A = -\frac{dN_A}{dm_R} \tag{10-11}$$

$$r_A = -\frac{dN_A}{dS_R} \tag{10-12}$$

在工程上，反应速率也可以用转化率表示，即：

$$x = \frac{N_{A0} - N_A}{N_{A0}} \tag{10-13}$$

$$r_A = c_{A0} \frac{dx}{dt} \tag{10-14}$$

式中 c_{A0}——反应物的初始浓度，$kmol/m^3$；
t——反应气体与催化剂表面接触时间，h。

10.1.3.2 气固催化反应过程

在烟气净化工程中，催化法一般采用非均相催化。如图 10-1 所示，气固催化反应一般包括下述步骤：①反应物由气流主体扩散到催化剂外表面；②反应物通过催化剂微孔向内表面扩散；③反应物在催化剂表面活性中心上吸附；④吸附在活性中心的反应物进行化学反应；⑤生成物在催化剂表面活性中心上脱附；⑥由催化剂内表面扩散到外表面；⑦生成物由催化剂外表面扩散到气流主体。在上述 7 个步骤中，①和⑦是反应物和生成物在催化剂表面附近的外扩散过程，主要受气体的流动状况影响；②和⑥为反应物和生成物在催化剂微孔内的扩散过程，主要受微孔结构影响；③、④和⑤统称为表面化学动力学过程，由化学反应、催化剂性能、温度、气体压强等因素决定。

10.1.3.3 表面吸附

烟气 SCR 脱硝技术普遍采用 V_2O_5 催化剂。催化剂起着催化作用，反应物在催化剂表面的活性位（可看作不饱和原子）上必须发生吸附，包括物理吸附和化学吸附。活性位可定

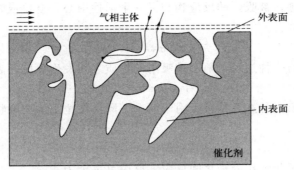

图 10-1　反应物在催化剂表面上的行为过程

义为催化剂表面上能和被吸附的原子或分子形成强化学键的活性中心。化学吸附是影响化学反应的主要因素。在化学吸附过程中，可以发生电子转移、原子重排、化学键的破坏和形成，从而导致化学反应。如果催化反应能涉及化学吸附，则该反应能在进行化学吸附的温度范围内发生。物质 A 在活性位 σ 上可表示为：

$$A+\sigma \rightleftharpoons A\cdot\sigma \tag{10-15}$$

对于给定的催化反应体系，活性位的平衡方程为：

$$C=C_v+C_{A\cdot\sigma}+C_{B\cdot\sigma} \tag{10-16}$$

式中　C_v——活性位的空位浓度，mol/g。

物质 A 在固体表面上的吸附速率与 A 的分压 p_A 和空位浓度 C_v 之积成正比，即：

$$r_{ad}=k_{ad}p_A C_v \tag{10-17}$$

式中　k_{ad}——化学吸附速率常数。

与吸附速率类似，物质 A 从固体表面的脱附速率为：

$$r_{de}=k_{de}C_{A\cdot\sigma} \tag{10-18}$$

式中　k_{de}——化学脱附速率常数。

物质 A 的净吸附速率为：

$$\Delta r_{ad}=k_{ad}p_A C_v - k_{de}C_{A\cdot\sigma} \tag{10-19}$$

单一物质的活性位平衡方程为：

$$C=C_v+C_{A\cdot\sigma} \tag{10-20}$$

当吸附达到平衡时，吸附浓度为：

$$C_{A\cdot\sigma}=\frac{K_A p_A C_v}{1+K_A p_A} \tag{10-21}$$

式中　K_A——吸附平衡常数，$K_A=k_{ad}/k_{de}$。

如果存在两种物质的吸附，则吸附方程为：

$$C_{A\cdot\sigma}=\frac{K_A p_A C_v}{1+K_A p_A+K_B p_B} \tag{10-22}$$

10.1.3.4　表面化学反应路径

反应物被吸附在催化剂表面，反应的路径可能为下列三种：
(1) 单活性位机理，即仅在吸附反应物的活性位发生反应。反应可写为：

$$A\cdot\sigma \rightleftharpoons B\cdot\sigma \tag{10-23}$$

每步反应都是基元反应，反应速率等于吸附速率。

（2）双活性位机理，被吸附的反应物与另一个活性中心（空位或者被占位）相互作用生成产物。反应可表示为：

$$A \cdot \sigma + \sigma \rightleftharpoons B \cdot \sigma + \sigma \tag{10-24}$$

双活性位反应的另一种途径是两个被吸附的物质之间发生反应，表示为：

$$A \cdot \sigma + B \cdot \sigma \rightleftharpoons C \cdot \sigma + D \cdot \sigma \tag{10-25}$$

双活性位反应的第三种途径是被吸附于两个不同活性位上的两种物质之间发生反应，表示为：

$$A \cdot \sigma + B \cdot \sigma^* \rightleftharpoons C \cdot \sigma + D \cdot \sigma^* \tag{10-26}$$

（3）被吸附的分子与气相分子之间反应，反应可表示为：

$$A \cdot \sigma + B \rightleftharpoons C \cdot \sigma + D \tag{10-27}$$

该反应机理被称为 E-R 机理。

10.1.3.5 速率控制步骤

当非均相反应为稳态时，整个催化反应由吸附、表面反应和脱附串联构成，各步速率相等。整个反应由三个步骤中最慢的一步控制，如果此步变快，则整个反应会加速。

10.1.3.6 催化反应速率方程

对于 V_2O_5 催化剂，氨气的化学吸附热为 $-130 \sim -100 \text{kJ/mol}$，一氧化氮的化学吸附热约为 -20kJ/mol，该数据说明氨气与催化剂有较强的化学吸附，一氧化氮与催化剂为较弱的化学吸附。在温度高于 200℃ 的 SCR 脱硝反应中，催化反应机理主要 E-R 机制。SCR 脱硝反应的动力学方程为：

$$r_{NO} = k_0 C_{NO} \frac{K_{NH_3} C_{NH_3}}{1 + K_{NH_3} C_{NH_3}} \tag{10-28}$$

10.1.4 催化反应动力学

依据驱动力模型，催化反应的总体阻力由外扩散阻力、内扩散阻力和化学动力阻力构成。三者阻力的相对大小可将催化反应过程分为外扩散控制、内扩散控制和化学动力学控制。

10.1.4.1 外扩散控制的反应速率方程

假设催化剂表面上发生 A→B 的 n 级不可逆反应，反应速率方程为：

$$r_A = -\frac{dn_A}{V_R dt} = k c_{A,s}^n \tag{10-29}$$

反应物 A 由气相主体向颗粒表面扩散过程如图 10-2 所示，其传质速率为：

$$N_A = k_g a_s (c_A - c_{A,s}) \tag{10-30}$$

球形颗粒表面的对流传质系数可以采用下式计算：

$$Sh = 2 + 0.6 Re^{0.5} Sc^{\frac{1}{3}} \tag{10-31}$$

在气相的催化反应中，施密特数一般较大，$0.6 Re^{0.5} Sc^{1/3} \gg 2$。传质系数 k_m 可以表示为：

$$k_m = 0.6 \left(\frac{D_{AB}^{2/3}}{\nu^{1/6}}\right)\left(\frac{U^{1/2}}{d_p^{1/2}}\right) \tag{10-32}$$

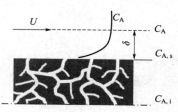

图 10-2 催化剂表面气相扩散

式(10-32)的第一项仅是温度和压力的函数,扩散速率常随着温度的升高而增大;运动黏度 ν 随温度的升高而增加。式(10-32)的第二项是流动速度 U 和颗粒直径 d_p 的函数,因此,为了增大传质系数,一般采用降低颗粒大小或增大颗粒表面的气流速度。如果流速增大2倍,则传质系数提高41%。对于多孔催化剂,可能与颗粒大小有关。

当 $N_A \gg r_A$ 时,反应过程为动力学控制,$c_A \approx c_{A,s}$,催化剂表面反应速率达到最大,称为极限反应速率,即:

$$r_A = k c_A^n \tag{10-33}$$

当 $N_A \ll r_A$ 时,反应过程为外扩散控制,$c_A \gg c_{A,s}$,且 $c_{A,s}=0$,其反应速率等于外扩散速率,称为极限传质速率,即:

$$r_A = N_A = k_g a_s (c_A - c_{A,s}) = k_g a_s c_A \tag{10-34}$$

如何考虑外扩散过程对催化反应速率的影响呢?可采用校正的方法进行处理,即采用效率因子法校正直接以气相主体浓度代替催化剂表面反应物浓度所引起的误差,表达式为:

$$r_A = \psi k c_A^n \tag{10-35}$$

$$\psi = \frac{k c_{A,s}^n}{k c_A^n} = \frac{\text{有外扩散影响时催化剂表面处的实际反应速率}}{\text{无外扩散影响时催化剂外表面处的极限反应速率}} \tag{10-36}$$

式中 ψ——催化剂的外扩散效率因子。

在气相主体温度与催化剂外表面温度相等情况下,在 n 级反应达到稳定后,$r_A = N_A$,通过变换,有下式:

$$\left(\frac{c_{A,s}}{c_A}\right)^n + \frac{1}{Da}\left(\frac{c_{A,s}}{c_A}\right) - \frac{1}{Da} = 0 \tag{10-37}$$

$$Da = \frac{k c_A^n}{k_g a_s c_A} = \frac{\text{催化剂外表面浓度等于气相主体浓度时的反应速率}}{\text{催化剂外表面反应物浓度为零时的传质速率}} \tag{10-38}$$

式中 Da——达姆科勒数,无量纲数。

式(10-37)表明,$\psi = \left(\frac{c_{A,s}}{c_A}\right)^n = f(Da)$。在等温条件下,对于正级数反应,$\psi$ 恒小于1。当达姆科勒数接近0时,ψ 趋近于1,表示反应过程为动力学控制。当达姆科勒数很大时,ψ 数值很小,表示反应过程为外扩散控制。

值得注意的是,只有在已知本征反应速率常数情况下才能计算达姆科勒数和外扩散效率因子,并对催化剂外表面扩散的影响作出判断。然而,更多的情况是可以测定在一定操作条件下的表观反应速率,本征反应速率常数是未知的,为此将 ψ 表示为 ψDa 的函数形式,ψDa 是可观察的参数。

10.1.4.2 内扩散控制的反应速率方程

内扩散过程对反应速率有很大影响,因为催化剂孔隙的内表面积远大于外表面积,且内表面上反应物浓度低于外表面的反应物浓度。反应物在向内表面扩散过程中,一边扩散一边反应,反应物浓度逐渐降低,直到颗粒中心处,浓度降到最低值,并且催化剂的活性越大,单位时间内表面反应的组分量越多,反应物浓度降低得越快。由于内表面结构和反应的复杂性，因此难以直接描述内表面上反应动力学方程。

如图 10-3 所示，在球形颗粒的催化剂上进行 A→B 的 n 级不可逆反应，反应速率方程为：

$$r_A = -\frac{dn_A}{V_R dt} = kc_A^n \qquad (10\text{-}39)$$

$$\left(-\frac{dn_A}{dt}\right)_{dV_R} = kc_{A,i}^n dV_R \qquad (10\text{-}40)$$

以一个催化剂颗粒的体积 V_R 为基准，则有：

$$\left(-\frac{dn_A}{dt}\right)_{V_R} = \int_0^{V_R} kc_{A,i}^n dV_R \qquad (10\text{-}41)$$

式中 $c_{A,i}$——内表面上反应物 A 的浓度。

在内外温度相同情况下，如果忽略内扩散阻力，则内表面反应速率达到最大值，即：

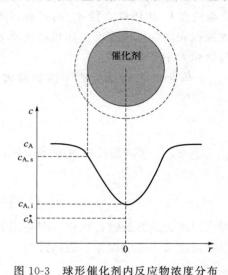

图 10-3 球形催化剂内反应物浓度分布

$$\left(-\frac{dn_A}{dt}\right)_{V_R,\max} = kc_{A,s}^n V_R \qquad (10\text{-}42)$$

因此，实际内表面反应速率可采用对最大内表面反应速率校正的方法表示，即：

$$r_A = \eta k c_{A,s}^n V_R \qquad (10\text{-}43)$$

$$\eta = \frac{\int_0^{V_R} kc_{A,i}^n dV_R}{kc_{A,s}^n V_R} \qquad (10\text{-}44)$$

式中 η——内扩散效率因子，其物理意义是有内扩散影响时的实际反应速率与无内扩散影响时的最大反应速率之比。η 的数值大小表明内扩散的影响程度，也可说明催化剂颗粒内表面的利用率。

若反应为一级反应，则内扩散速率方程为：

$$r_A = \eta k_s S_i (c_{A,s} - c_A^*) \qquad (10\text{-}45)$$

式中 c_A^*——颗粒温度下的平衡浓度，也是颗粒物中反应物可能的最小浓度。颗粒物中浓度接近 c_A^* 的区域反应速率几乎为 0，称为死区。

η 值可通过实验测定，也可以计算获得。实验测定法是首先测得颗粒的实际反应速率，然后逐级压碎，使其内表面转变为外表面，在相同条件下分别测得反应速率，直至反应速率不再变化，此时的反应速率即为消除内扩散影响的反应速率，首次测取值与最后测取值的比值即为 η 值。计算法是通过建立和求解催化剂颗粒内部的物料衡算方程、反应动力学方程和热量平衡方程获得 η 值。若等温催化一级不可逆反应，η 值为：

$$\eta = \frac{3}{\phi}\left[\frac{1}{\tanh(n\phi)} - \frac{1}{\phi}\right] \qquad (10\text{-}46)$$

$$\phi = R\sqrt{\frac{kc_{A,s}^{n-1}}{D_{\text{eff}}}} = f\left(\frac{kc_{A,s}^n V_R}{D_{\text{eff}} \frac{c_{A,s}}{R} A_s}\right) = f\left(\frac{\text{极限反应速率}}{\text{内扩散速率}}\right) \qquad (10\text{-}47)$$

式中 ϕ——蒂勒（Thiele）模数，其物理意义为极限反应速率（催化剂内部反应浓度等于外表面反应浓度时的反应速率）与极限内部传质速率（催化剂内部反应浓度为零时的内部传质速率）相对大小；

R——催化剂颗粒的特征尺寸，$R = V_R/A_s$，m；

A_s——催化剂颗粒的表面积，m^2。

对于一级催化反应，当催化剂颗粒内不存在温度梯度时，内扩散效率因子与蒂勒模数之间相互关系见表10-1和如图10-4所示。内扩散对化学反应的影响可分为三个区域。当 $\phi < 0.4$ 时，η 几乎等于1，表明颗粒内扩散对化学反应的影响可忽略，本征反应速率即表示宏观反应速率，该情况属于反应速率控制。当 $0.4 < \phi < 3$ 时，颗粒内扩散逐渐显现对反应速率的影响。当 $3 < \phi$ 时，η 数值较低，颗粒内扩散对反应速率有严重影响，该区域的曲线近似为直线。如果蒂勒模数足够大，由式（10-46）可得，颗粒内扩散效率因子随蒂勒模数变化趋近于 $1/\phi$。

表10-1　一级不可逆反应的催化剂颗粒的内扩散效率因子

蒂勒模数 ϕ	球粒催化剂	片状催化剂	圆柱形催化剂
0.1	0.994	0.997	0.995
0.2	0.977	0.987	0.981
0.5	0.876	0.924	0.892
1	0.672	0.762	0.698
2	0.416	0.482	0.432
5	0.187	0.200	0.197
10	0.097	0.100	0.100

图10-4表示，不同形状催化剂的蒂勒模数与效率因子的关系曲线几乎重合，相互之间的最大偏差为10%~15%，因此工程计算可以采用统一的计算式，计算结果的偏差不大。工业颗粒催化剂的内扩散效率因子一般在 0.2~0.8。

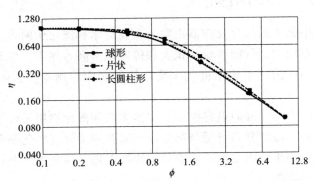

图10-4　催化剂颗粒内扩散效率因子与蒂勒模数之间关系

(1) 催化反应宏观动力学方程

当催化过程达到稳定时，从气相主体到催化剂表面的反应物扩散通量等于催化剂颗粒内部的实际反应量，即有：

$$r_A = \psi k_g S_e (c_A - c_{A,s}) = \eta k_s S_i (c_{A,s} - c_A^*) \tag{10-48}$$

由此可得：

$$r_A = \frac{c_A - c_A^*}{1/\psi k_g S_e + 1/\eta k_s S_i} = k_T(c_A - c_A^*) \tag{10-49}$$

上式分母中第一项为外扩散阻力，第二项为内扩散阻力与表面反应阻力之和。根据各项阻力相对大小，即可判断催化反应的控制方式。

对于外扩散控制，可以提高气固相对流速，增大传质系数，降低外扩散阻力。对于内扩散控制，可改变孔结构特性，如孔道的长短、孔径的大小。对于化学动力学控制，可增强催化剂活性。在 SCR 脱硝过程中，化学反应是瞬间完成的，扩散是主要的控制因素。因此，氨气在气流中的均匀混合，气流在催化剂断面上的均匀分布，以及催化剂的物理化学性能就成了最主要的因素。前两个影响因素可通过流体相似模拟试验和优化设计解决。催化剂的性能取决于成分、粒度、微孔特性、单元形式和制备工艺等，需要专门研究确定。

(2) 化学反应动力学方程

在一定的温度和压力情况下，反应速率与反应物浓度之间的函数关系的方程即为反应动力学方程。反应动力学方程的形式有双曲线型和幂函数型，两种形式方程的精度相差不大。幂函数型方程相对简单，应用也广泛。

对于 A→B 的 n 级不可逆反应，幂函数形式的动力学方程为：

$$r_A = k c_A^n \tag{10-50}$$

幂指数 n 由实验确定。

10.2 SCR 反应器

10.2.1 催化反应器的结构

在废气治理工程中采用的催化反应器主要分为固定床和流化床两类。流化床反应器具有传热效率高、温度分布均匀、气固接触面积大和传质速率高等优点，但动力消耗大，催化剂容易磨损流失。因此，在治理工程中流化床反应器的实际应用不多，固定床反应器被广泛采用。

固定床反应器的优点是：轴向返混少，反应器体积和催化剂用量较小，气体在反应器内停留时间必须严格控制，温度分布可适当调节，因而有利于提高转化率和选择性；催化剂磨损小；可在高温高压下操作。固定床反应器的主要缺点是：传热条件差；催化剂更换、再生不便；床层温度分布不均匀。

催化反应器是烟气脱硝系统的核心技术。火电厂采用的烟气脱硝装置是固定床反应器，利用烟气在高温段的热量达到催化反应要求的温度。如图 10-5 所示，SCR 反应器主要由反应器壳体、气流组织部件、催化剂和清灰装置构成，其中催化剂层主要采用 2+1 布置（2 层运行，1 层备用）。反应器内的烟气流速一般取 5~6m/s，比锅炉尾部烟道的烟气流速小得多，因此，SCR 反应器采用与锅炉尾部烟道错位布置与连接。蜂窝状催化剂的箱体结构如图 10-6 所示。

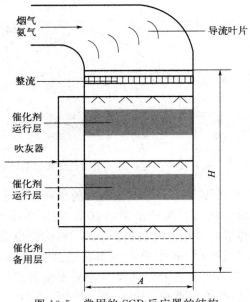

图 10-5　常用的 SCR 反应器的结构

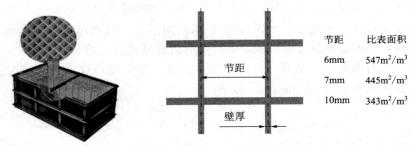

图 10-6　蜂窝状催化剂的箱体结构

10.2.2　影响脱硝效率的主要因素

在 SCR 脱硝过程中，影响脱硝效率的主要因素是反应温度、氨氮物质的量比、接触时间和催化剂性能。

10.2.2.1　反应温度的影响

200～400℃ 催化剂的 η-T 实验曲线如图 10-7 所示。当反应温度低于 250℃ 时，效率 η 随温度上升而迅速增加；当反应温度达到 310℃ 时，脱硝效率达到最大值（约 90%）；当反应温度高于 310℃ 时，效率 η 随温度升高而降低。

反应温度对效率的影响主要存在两种化学反应的变化趋势。反应温度升高，一方面使氨的还原速度增大，提高氮氧化物的脱除效率；另一方面促使氨的氧化反应和热分解反应增强，从而降低氮氧化物的脱除效率。氮氧化物的脱除效率存在最大值是上述两种反应的综合效果。V_2O_5/TiO_2 催化剂的最适宜温度即是 310℃ 左右。

10.2.2.2　氨氮物质的量比

在适宜的反应温度 310℃ 情况下，NH_3 与 NO_x 物质的量比对 NO_x 脱除效率的影响

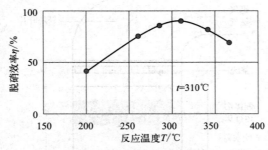

图 10-7　SCR 反应温度对氮氧化物脱除效率的影响

如图 10-8 所示。图 10-8 实验数据说明，在氨氮物质的量比小于 1 的情况下，NO_x 脱除效率随氨氮物质的量比的增加而提高，实验结果验证了 NH_3/NO_x 的催化还原反应的动力学方程。但是，氨氮物质的量的增加同时也提高 NH_3 氧化反应和分解反应的速率，因此在氨氮物质的量比达到一定数值时 NO_x 脱除效率将达到最高值；如果 NH_3 投入量再增加，则 NO_x 脱除效率将逐渐减小。此外，在反应速率不变的情况下，增加氨氮物质的量比将增大未转化 NH_3 的排放浓度，造成二次污染。所以，SCR 工艺一般将氨氮物质的量比控制在 1.2 以下。

理论研究表明，在化学计量当量比为 1.0 时 NO_x 的脱除效率能达到 95% 以上，且氨的逸出浓度维持在 5×10^{-6} 或更小，如图 10-9 所示。实际上，随着运行时间的增加，催化剂的活性逐渐降低，氨的逸出量逐渐增加，一旦氨的逸出量超过允许值，则必须添加催化剂，或者更换已经失活的催化剂。从环境保护、工业卫生、降低脱硝成本以及减少铵盐生成考虑，氨逸出需要控制在 $1.5\sim2.3\mathrm{mg/m^3}$ 以下。

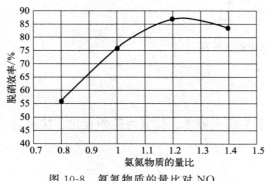

图 10-8　氨氮物质的量比对 NO_x 脱除效率的影响

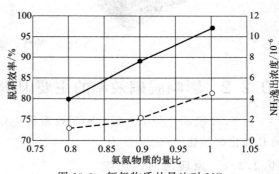

图 10-9　氨氮物质的量比对 NO_x 脱除效率和氨逸出的影响

10.2.2.3　接触时间

接触时间是指气流中 NH_3、NO_x 与催化剂三者共同接触的时间，定义为催化剂体积与通过催化剂的烟气标准状况体积流量之比。该比值综合反映了烟气的流量因素和催化剂的体积因素。

在适宜的反应温度 310℃ 和氨氮物质的量比为 1 的条件下，接触时间对 NO_x 脱除效率的影响如图 10-10 所示。变化曲线表明，在一定的接触时间范围内，接触时间越长，脱硝效率越高，主要是由于接触时间长有助于反应气体在催化剂微孔内的扩散、吸附、反应和产物气的解吸、扩散，进而提高 NO_x 脱除效率。但是，若接触时间过长，NH_3 的氧化反应和分解反应也将增强，这使得 NO_x 脱除效率下降。

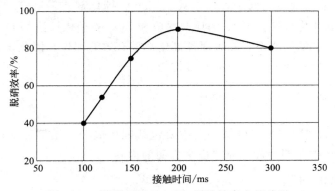

图 10-10　接触时间与 NO_x 脱除效率之间关系

试验证明，NH_3 和 NO_x 在催化剂表面上的化学反应速率极为迅速，理想的接触时间仅需 200ms，设计的接触时间应当大于此值，工程设计所采用的接触时间一般为 0.5~0.6s。

10.2.2.4　催化剂的性能

催化剂的性能主要取决于活性组分的设计和制备成型的工艺。

SCR 脱硝催化剂的活性组分一般采用 V_2O_5。实验证明，在一定的 V_2O_5 含量范围内，脱硝效率随着催化剂的 V_2O_5 含量增加而提高；当 V_2O_5 含量大于 6.6% 时，脱硝效率逐渐降低，如图 10-11 所示。这是由 V_2O_5 在 TiO_2 载体上的分布不同所导致的结果。红外光谱分析表明，当 V_2O_5 含量在 1.4%~4.5% 时，V_2O_5 在 TiO_2 载体上的分布是均匀的，并以等轴聚合钒基形式存在；当 V_2O_5 含量高于 6.6% 情况下，V_2O_5 在 TiO_2 载体上会形成新的结晶区——V_2O_5 结晶区，导致了催化剂的活性下降，脱硝效率随之下降。在工程上，催化剂的 V_2O_5 含量一般不超过 6.6%。

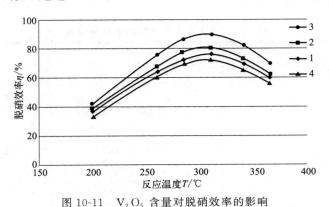

图 10-11　V_2O_5 含量对脱硝效率的影响

1—V_2O_5 1.4%；2—V_2O_5 3.0%；3—V_2O_5 4.5%；4—V_2O_5 6.6%

SCR 催化剂的组成对催化性能具有决定性的影响。V_2O_5 是 SCR 催化剂的活性组分，它既可将 NO_x 催化还原为 N_2 和 H_2O，又对 SO_2 氧化为 SO_3 起催化作用，因此工业催化剂的 V_2O_5 含量取值较低（0.3%~1.5%）。SCR 催化剂的基本材料是 V-Ti。为了保证催化效果，通常加入一定的添加剂以改善其性能。添加约 10% 的 WO_3，既可以增加催化剂的活性反应温度范围，又可以改善催化剂机械结构和晶体性质。添加一定数量的 MoO_3，则可增强催化剂抵抗砷中毒的能力，并降低 SO_2/SO_3 的转化率。通常用 MoO_3 替代 WO_3，但 $V_2O_5-MoO_3/TiO_2$ 催化剂活性低于 $V_2O_5-WO_3/TiO_2$ 催化剂。采用 Ti/Si 双料载体，可以达到最佳活性和最低钝化特性。NO_x 的还原反应和 SO_2 的氧化反应都取决于气体从催化剂的外表面向活性区域扩散的速率，外表面是催化剂最有效的部位，因此设计要求气流在催化剂层的全断面上分布均衡和催化剂内部分布均匀。

10.2.3 催化剂

催化剂是 SCR 烟气脱硝技术的核心，主要包括配比成分、结构形式以及中毒防护和再生处理等方面。SCR 催化剂的设计要考虑多方面的内容。

10.2.3.1 催化剂的组成

催化剂是将具有催化活性的物质负载于适当的结构载体上。催化剂主要由活性物质、助催化剂和载体组成。有的催化剂还加入成型剂或者造孔物质等，制成所需要的形状和孔结构。

活性物质能单独对化学反应起催化作用，可单独用作催化剂。用于气体净化的主要是某些金属、金属盐和金属氧化物。

助催化剂本身没有催化作用，但加入少量助催化剂能明显提高主活性物质的催化性能。助催化剂又称助剂或添加剂，还可以提高主活性物质对反应的选择性和稳定性。

载体是用以承载主活性物质和助催化剂的材料。其基本功能是：提供大的比表面积，提高活性物质和助催化剂的分散度和催化效能；改善催化剂的传热、抗热、耐磨性和机械强度。因此要求选用具有一定机械强度、良好导热性能、较好化学稳定性的多孔材料作载体。常用的载体材料有氧化铝、铁矾土、沸石、陶土、活性炭、金属等。载体的形状有网状、球形、板片状、柱形、波纹状、蜂窝式等，以阻力小、比表面积大和填装方便为原则。活性物质和助催化剂可采用喷涂和浸渍等方法附于载体表面，也可以与载体材料混合成型。常用的净化气态污染物的催化剂组成见表 10-2。

表 10-2　净化气态污染物的催化剂组成

催化剂		用途
活性物质	载体	
V_2O_5（含量 6%～12%）	SiO_2（助催化剂 K_2O 或 Na_2O）	有色冶炼厂烟气制酸，硫酸厂尾气回收制酸，SO_2、SO_3
Pt、Pd（含量 0.5%）	$Al_2O_3 \cdot SiO_2$	硝酸生产及化工废气，NO_x、N_2
Cu、CrO_2	$Al_2O_3 \cdot MgO$	
Pt、Pd	Ni、NiO_3、Al_2O_3	有机废气的净化 $CO+HC$、CO_2+H_2O
CuO、Cr_2O_3、Mn_2O_3、稀土金属氧化物	Al_2O_3	
Pt(0.1%)、Pd、Rh	硅铝小球、蜂窝陶瓷	汽车尾气净化
碱土、稀土和过渡金属氧化物	$\alpha-Al_2O_3$、$\gamma-Al_2O_3$	
碘	活性炭	烟气净化	SO_2、H_2SO_4
V_2O_5（含量<4.5%）	TiO_2		NO_x、N_2

在 SCR 烟气脱硝工程中，催化剂大致有三种类型：贵金属型、金属氧化物型和离子交换的沸石分子筛型。在 NH_3-SCR 反应器中，应用最多的 SCR 催化剂是 V/Ti 系催化剂，V_2O_5 是活性组分，TiO_2 是载体材料。V_2O_5 是最重要的活性成分，具有较高的氮氧化物的还原性，也促进 SO_2 向 SO_3 的转化。为了改善催化剂性能，还需要掺和少量的添加剂。例如，添加钼、钨、锰、铬的氧化物，用以调节和提高催化剂的热稳定性、抗腐蚀中毒的能力以及机械强度。因此，SCR 催化剂大多以 V_2O_5、V_2O_5-WO_3、V_2O_5-MoO_3 为活性组分。载体用 TiO_2、Al_2O_3、Fe_2O_3 及 SiO_2 等，其中 TiO_2 具有较高的活性和抗 SO_2 性能，是最合适的脱硝材料。

10.2.3.2 催化剂的性能

催化剂的性能主要是指活性、选择性和稳定性。

催化剂的活性是衡量催化剂效能大小的标准，它与比表面积的大小、活性中心的分布密度、化学成分、制备工艺密切相关。催化剂的活性通常是指在一定的反应条件下，单位质量（或体积）的催化剂在单位时间内产生的反应产物量，其定义式为：

$$A = \frac{m_P}{t m_R} \tag{10-51}$$

式中 A——催化剂活性，g/(s·g)；

m_P——反应产物生成量，g；

m_R——催化剂质量，g；

t——反应时间，s。

脱硝催化反应器常用脱硝效率表征催化剂的活性。催化剂只有在一定的温度范围内才具有催化活性，温度太低，活性较弱；温度太高，催化剂会受到损坏。

催化剂的选择性是指当化学反应在热力学上有几个平行反应方向，一种催化剂在一定条件下仅对其中的一个反应方向起加速作用的特性。催化剂的选择性用 B 表示，定义式为：

$$B = \frac{\text{转化为目标产物的反应物量}}{\text{通过催化剂床的反应物的总转化量}} \tag{10-52}$$

催化剂的选择性强，副反应少，可减少无谓的原料消耗。活性和选择性是选择和控制反应参数的基本依据。两者都能度量催化剂加速化学反应速率的效果，其区别在于活性着重表示提高产品产量的作用，而选择性表示的是提高原材料利用率的作用。

催化剂的稳定性是指操作过程中催化剂保持活性的能力。它包括热稳定性、机械稳定性和抗毒性。催化剂的寿命是反映稳定性的重要指标，它与催化剂材料、组成和工作条件有关。在正常情况下，催化剂的寿命在 20000～30000h。

10.2.3.3 催化剂的结构

催化剂中的活性氧化物可以用浸渍的办法附于载体表层，也可以用它的粉末物料与载体材料均匀混合压制而成。SCR 催化剂常用后法制备。首先将 V_2O_5 和 TiO_2 研磨成微细颗粒，然后加入添加剂和黏结剂，经充分混匀，挤压成型，最后在一定温度下焙烧和切割，便制得成品催化剂单元。

催化剂的结构形式多样，烟气脱硝 SCR 反应器常采用蜂窝式、板式和波纹状结构型催化剂。

蜂窝式催化剂为整体挤压成型，活性组分和载体在催化剂内分布均匀，通体活性，制造工艺较为复杂。如图 10-12 所示，蜂窝式催化剂单元截面积为 150mm×150mm，长度不超过 1000mm。蜂窝式催化剂比表面积与催化剂单元的节距和壁厚有关，节距和壁厚越大，比表面积越低，如图 10-13 所示。选择催化剂单元的节距和壁厚应根据工程实际情况确定。在工程应用时，先将多个催化剂单元置于一个特制的框架内，形成催化剂模块，再用催化剂模块组成催化床层，每台 SCR 反应器通常设置 3~4 层催化床层。

平板式催化剂是将活性材料"镀"在金属骨架上，板与板之间的孔隙较大，阻力较小，但是单位体积的接触表面积小，需要的催化剂量大。板式催化剂具有金属骨架，强度较高，长度能达到 1500mm，如图 10-14 所示。在相同脱硝效率情况下，催化剂的层数设置较少，使得 SCR 反应器更加紧凑和节省空间。在脱硝 SCR 反应器中，板式催化剂同样采用模块式结构。

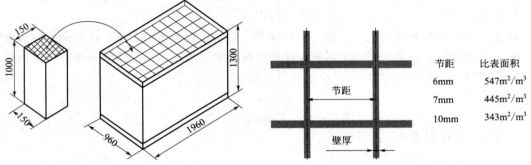

图 10-12　蜂窝式催化剂的单元结构　　　　图 10-13　蜂窝式催化剂的节距和壁厚

平板式催化剂最大的优点是不容易发生堵灰。但是，省煤器后的飞灰质量浓度高达 15~20g/m³（标态），如果脱硝 SCR 反应器的催化剂间隙过小，也会造成飞灰堵塞、磨损加重，系统阻力增大。

波纹状催化剂以加固纤维状的 TiO_2 为载体，将活性组分 V_2O_5 和 WO_3 的混合物均匀分布在催化剂表面，结构如图 10-15 所示。实际应用证明，波纹状催化剂具有较高的活性、较低的钝化速率、较强的机械强度和较好的抗腐蚀能力。波纹状催化剂既可用于低灰工况，也可用于高灰工况。由于波纹状催化剂的孔隙率和 V_2O_5 含量相对较低，因此 SO_2 氧化速率较低，脱硝活性较高。

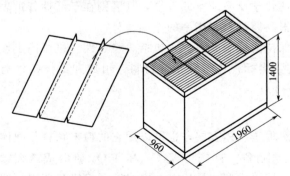
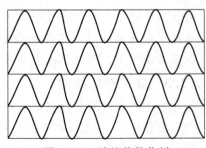

图 10-14　板式催化剂的单元结构　　　　图 10-15　波纹状催化剂

波纹状催化剂有两种标准模块 A 和 H，质量分别约为 50kg 和 27kg，能抗振动，移动容易。波纹状催化剂的安装也是采用模块组合方式。根据系统的大小和设备的布置确定模块的数量。

10.2.3.4 催化剂的活性衰退与中毒机理

在 SCR 脱硝的运行过程中，催化剂长时间与高温含有污染物的烟气接触，其催化活性将随时间逐渐衰退。导致催化剂活性衰减的原因有物理因素和化学因素。

物理因素有催化剂的磨损、沉积覆盖和孔道堵塞，也有超温所引起的烧结。如图 10-16 所示，当催化剂长期在允许工作温度以上运行时，高温环境将引起催化剂活性粒子的烧结，致使催化剂粒子增大，比表面积减小，催化剂活性降低，且发生烧结的催化剂是不可再生的，因此脱硝 SCR 不可超温运行。

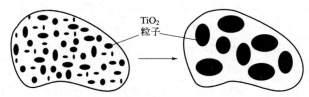

图 10-16 催化剂烧结引起的结晶变化

化学因素有碱金属、碱土金属、重金属以及酸性气体等物质在催化剂表面发生反应，减少催化剂的活性位，以致降低催化剂的整体活性。

碱金属主要是 Na 和 K 的化合物，其使催化剂的中毒机理如图 10-17 所示。Na 和 K 等可溶性金属盐的碱性比 NH_3 的强，金属离子与催化剂活性成分反应，替换了酸性位 H，减弱了对 NH_3 的吸附作用，从而降低了催化剂的脱硝效率。

图 10-17 催化剂的碱金属中毒机理

烟尘含有一定的 As_2O_3 组分，As_2O_3 组分扩散至催化剂表面，在催化剂的活性位置发生反应，形成新的表面结构，减少了催化剂表面的活性位，致使催化剂活性降低，如图 10-18 所示。根据 SCR 催化剂的运行实践，当燃煤中 As 的浓度低于 $5\mu g/g$，可以不考虑 As 的毒化。对于 TiO_2 为载体的催化剂，加入 MoO_3 添加剂，MoO_3 能与催化剂表面的 V_2O_5 形成复合型氧化物，可以抵抗 As 的毒化作用。

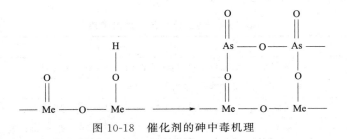

图 10-18 催化剂的砷中毒机理

锅炉烟气普遍含有一定浓度的 SO_2。SO_2 对催化活性影响较大，并且它的中毒是不可逆的。在大多数条件下，SO_2 使得 NH_3-SCR 催化剂的金属活性位硫酸化，阻碍催化剂活性组分的氧化还原循环过程。此外，SO_2 还会与 NH_3 形成亚硫酸铵而覆盖催化活性位。

引起催化剂活性衰退的因素很多，SCR 催化剂性能退化类型与机理见表 10-3。

表 10-3 SCR 催化剂性能退化机理

退化类型	退化机理
物理因素	
磨损	飞灰冲刷催化剂表面，对活性成分均布的催化剂活性影响较小
孔道堵塞	微细飞灰堵塞影响传质过程，降低催化剂有效表面积，增加压降
表面覆盖	CaO、形成的铵盐和 $CaSO_4$ 沉积，堵塞微孔，减少活性位
烧结	超温引起氧化钛晶粒增大，晶型转变，比表面积减小，寿命降低
化学因素	
碱金属	碱金属与活性中心作用，降低酸性位数量，抑制氨吸附。活性降低顺序 K>Ca>Na>Mg
碱土金属	减少酸性位数量；CaO 和 $CaSO_4$ 的沉积，阻碍传质。Ca 是引起催化剂失活的主要方式
重金属 As 和 Pb	吸附活性位，抑制活性，阻碍催化反应
酸性气体 SO_2	硫酸化活性位，阻碍氧化还原；生成硫酸铵等覆盖活性位
酸性气体 HCl	HCl 致使碱性位转化为酸性位，同时破坏氧化还原循环；生成铵盐覆盖。HCl 存在使大量的 B 酸位生成
P	生成钒的磷酸盐，降低催化剂活性位；磷化合物堵塞微孔，阻碍 SCR 反应。P 导致的失活原理与碱金属原理基本一致

10.2.3.5 防止催化剂失活措施

水、硫的酸性物质和硫酸铵的凝结对 SCR 催化剂性能的影响不可忽视。一方面，烟气所含水蒸气的凝结水容易将飞灰中的有毒物（碱金属、钙、镁）转移到催化剂表面上，导致催化剂失活。其次，凝结水使得飞灰硬化并阻塞催化剂，致使吹灰装置达不到清灰效果。再次，凝结水与氨、SO_x 结合生成硫酸铵盐，硫酸铵盐会堵塞催化剂的孔隙，或者覆盖在催化剂的表面，致使降低整个装置的脱硝效率。如果 SCR 反应器在低于露点温度运行，含硫的酸性物质会凝聚在催化剂上，也会导致催化剂失活。因此，SCR 反应器应在烟气露点温度以上运行。

依据催化剂的活性衰退与中毒机理，有关防止催化剂失活的措施总结于表 10-4 之中，作为脱硝 SCR 反应器的设计和运行参考。

表 10-4 防止催化剂失活的措施

因素	中毒物质	对应措施
烟气	SO_3	为防止硫酸氢铵沉淀或者堵塞，尽量保持 SCR 最低运行温度
	SO_2	为避免亚硫酸盐的堵塞，采用 TiO_2 基催化剂
	卤化物	为避免 NH_3 与卤化物的化合物堵塞问题，选择合适的催化剂
	湿气或水分	为避免飞灰的可溶性盐的扩散与沉积，可选择板式催化剂，并设置飞灰沉积板等
	高温	为防止催化剂烧结和重结晶，反应器不可超温运行
灰分	可溶性盐	为避免飞灰的可溶性盐的扩散与沉积，可选择板式催化剂，并设置飞灰沉积板等
	碱金属	为避免碱金属的催化剂中毒问题，选用合适的催化剂

续表

因素	中毒物质	对应措施
灰分	砷	为避免砷的催化剂中毒问题,选用合适的催化剂
	钙	为防止$CaSO_4$覆盖催化剂表面,选用合适的催化剂
	灰	为防止飞灰堵塞催化剂,选用高孔隙率的催化剂(板式催化剂)
	SiO_2等	为防止磨蚀催化剂,选用硬度高的催化剂(板式催化剂)
	未燃物	未燃物易造成催化剂的超温烧结或者化学损伤,应最大程度上减少未燃物的产生

10.2.3.6 催化剂的选用

催化剂是脱硝 SCR 反应器的核心,主要包括配比成分、结构形式、中毒防护。蜂窝式催化剂、平板式催化剂和波纹状催化剂都是成熟的产品,已形成普遍的工业应用。如何选用 SCR 催化剂需要根据机组参数、烟气性质、燃煤和飞灰性质,考虑多方面的问题,如图 10-19 所示。

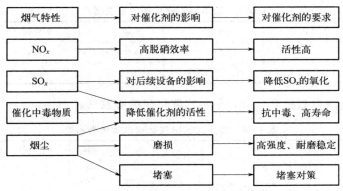

图 10-19 催化剂选用考虑因素

在 SCR 烟气脱硝方案中,催化剂的投资占整个系统投资的比例较大。催化剂的寿命一般在 2~3 年,这样催化剂的更换频率将直接影响整个脱硝系统的运行成本,因此催化剂的选择是整个 SCR 系统中的重点。选用 SCR 催化剂,必须了解催化剂的产品形式、规格和适用条件。

根据催化反应温度,SCR 工艺分为高温(高于 400℃)、中温(300~400℃)和低温(低于 300℃)。大部分 SCR 催化剂的反应温度选择在 250~420℃之间,催化剂的使用温度见表 10-5。

表 10-5 催化剂的使用温度

催化剂	沸石催化剂	氧化钛基催化剂	氧化铁基催化剂	活性炭/焦催化剂
使用温度/℃	345~590	300~400	380~430	100~150

蜂窝式和板式催化剂都能满足脱硝装置的脱硝性能要求,两种催化剂只是在制造和几何构造方面有所差别。蜂窝式催化剂多用于立式 SCR 反应器;板式催化剂多用于卧式反应器。二者的主要优缺点见表 10-6。此外,燃气机组的烟气脱硝不用板式催化剂,而是采用蜂窝式催化剂,因为机组启停频繁,含尘低,需要一定抗热应力的能力。

表 10-6 蜂窝式和板式催化剂的优缺点比较

序号	项目	平板式	蜂窝式	说明
1	催化剂活性	良	良	TiO_2 为载体,V_2O_5 为主要的活性物质
2	抗磨损能力	优	一般	板式不锈钢作为基材
3	抗堵塞能力	优	一般	板式几何形状弯角较少
4	烟气阻力	良	一般	蜂窝在截面上和烟气接触界面大
5	催化剂体积	一般	优	蜂窝式比表面积较大,体积比平板式小
6	整体机械强度	强	一般	蜂窝式基材全是 TiO_2,TiO_2 里有不锈钢骨架
7	抗热冲击能力	一般	优	板式催化剂易变形致使剥落失效

对于相同的燃煤机组,蜂窝式催化剂的用量可比平板式节省 20% 左右,但其单价比平板式高约 20%,因此两者的总体费用差不多。1 台 600MW 燃煤机组如果设置 1 台反应器,采用两种不同形式催化剂所设计的反应器尺寸见表 10-7。

表 10-7 采用不同催化剂的反应器尺寸

项目	平板式	蜂窝式	项目	平板式	蜂窝式
流速/(m/s)	6	4~5	高度/mm	11.9	13.5
截面积/m^2	11.1×23.7	12.1×26.6	体积/m^3	3130	4245

蜂窝式催化剂的参数见表 10-8,平板式催化剂的参数见表 10-9。

表 10-8 蜂窝式脱硝催化剂单体选型参数

单体型号	截面外形/mm	单排孔数/个	总开孔数/个	节距/mm	孔径/mm	内壁厚/mm	外壁厚/mm	开孔率/%	比表面积/(m^2/m^3)	单体高/mm
15×15	150×150	15	225	9.8	8.50	1.30	2.15	72.25	340.62	
16×16	150×150	16	256	9.2	8.00	1.20	2.00	72.82	364.69	
	150×150	16	256	9.2	7.90	1.30	2.05	71.01	360.18	
	150×150	18	324	8.2	7.40	0.80	1.60	78.85	426.71	
18×18	150×150	18	324	8.2	7.20	1.00	1.70	74.65	415.28	
	150×150	18	324	8.2	7.10	1.10	1.75	72.59	409.57	
	150×150	18	324	8.2	7.00	1.20	1.80	70.56	403.85	
19×19	150×150	19	361	7.6	6.64	0.96	3.28	70.74	727.86	300~1500
	150×150	20	400	7.4	6.60	0.80	1.40	77.44	469.83	
	150×150	20	400	7.4	6.50	0.90	1.45	75.11	462.78	
20×20	150×150	20	400	7.4	6.40	1.00	1.50	72.82	455.72	
	150×150	20	400	7.4	6.30	1.10	1.55	70.56	448.65	
	150×150	21	441	7.0	6.15	0.85	1.93	74.13	482.73	
21×21	150×150	21	441	7.05	6.10	0.95	1.45	72.93	478.84	
	150×150	21	441	7.05	6.05	1.00	1.47	71.74	474.95	
	150×150	21	441	7.0	6.04	0.96	1.98	71.50	474.17	

续表

单体型号	截面外形/mm	单排孔数/个	总开孔数/个	节距/mm	孔径/mm	内壁厚/mm	外壁厚/mm	开孔率/%	比表面积/(m²/m³)	单体高/mm
22×22	150×150	22	484	6.7	6.40	0.30	1.45	88.11	550.95	300~1500
	150×150	22	484	6.7	5.94	0.76	1.68	75.90	511.64	
	150×150	22	484	6.7	5.83	0.87	1.74	73.11	502.24	
	150×150	22	484	6.7	5.80	0.90	1.75	72.36	499.67	
25×25	150×150	25	625	5.9	5.10	0.80	1.64	72.25	567.28	
	150×150	25	625	5.9	4.80	1.10	1.80	64.00	534.13	
35×35	150×150	35	1225	4.2	3.70	0.50	1.75	74.53	806.34	

表 10-9 板式/波纹板式脱硝催化剂单体选型参数

单体型号	截面外形/mm	截面边长/mm	板数/个	节距/mm	板间高/mm	板厚/mm	折弯全长/mm	板间隙率/%	比表面积/(m²/m³)	单体高/mm
A	470×470	470	85	5.50	4.80	0.7	496.14	86.64	381.82	670~1950
B	470×470	470	78	6.00	5.30	0.70	495.61	87.75	350.00	
C	470×470	470	72	6.50	5.80	0.70	495.08	88.70	322.73	
D	470×470	470	67	7.00	6.30	0.70	494.55	89.50	300.00	
E	470×470	470	63	7.50	6.80	0.70	494.02	90.14	281.79	

10.2.4 SCR反应器的设计

10.2.4.1 SCR反应器的设计步骤与基本原则

气固相催化反应器的设计有三种计算方法：一是经验计算法；二是数学模型法；三是理论计算法。以实验模拟为基础的经验计算法比较简便与可靠，获得了普遍的应用。

经验计算法是把整个催化床作为一个整体，利用生产的经验参数设计新的反应器，或者通过中间试验测得最佳工艺条件参数（如反应温度、空间速度等）和最佳操作参数（如空床气速和许可压降等），在此基础上求出相应条件下的催化剂体积、反应床截面积和高度。经验计算法要求设计条件符合所借鉴的原生产工艺条件或中间试验条件，尽可能保持两者在反应物温度、浓度、空间速度、催化床层温度分布和气流分布等方面的一致性。因此，不宜高倍放大，中间试验的规模要足够，否则设计误差较大。

烟气脱硝SCR反应器的设计主要是催化剂设计、反应器结构设计、整流设计、喷氨设计和吹灰设计，具体设计步骤如图10-20所示。SCR系统的性能主要决定于催化剂的质量和反应器的设计条件。在工程上，设计或选择合适的反应器需要结合实际情况，应当遵循下列基本原则：

（1）根据催化反应热效应的大小、反应对温度的敏感程度以及催化剂活性的温度范围，选择反应器的结构类型，保证床层温度分布适宜。

（2）在满足温度条件的前提下，应尽量增大催化剂的装填系数，以提高设备的利用率。

（3）床层阻力应尽量降低，以减少动力消耗和运行费用。

（4）在满足工艺要求基础上，反应器结构简单，便于操作，造价低廉，安全稳定且可靠。

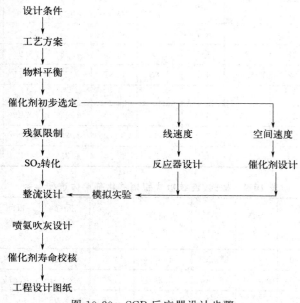

图 10-20　SCR 反应器设计步骤

10.2.4.2　催化剂的装载量

SCR 反应器设计关键是确定空间速度和线速度，以此确定催化剂的用量和反应器的结构尺寸。在初步确定反应器的结构尺寸的情况下，相继设计整流装置、喷氨装置和吹灰装置等内容。催化剂的装载量计算公式为：

$$V_R = \frac{Q_V}{u_{sp}} \tag{10-53}$$

式中　u_{sp}——催化剂的空间速度，h^{-1}；

Q_V——在标准状况下反应气体的流量，m^3/h。

空间速度是催化剂的重要性能参数，不同的催化剂有不同的空间速度范围。每种催化剂都有最佳 u_{sp} 值范围，其通过实验测取。V/Ti 系催化剂的最佳 u_{sp} 值一般介于 6000～7000h^{-1} 之间。将选取的最佳空间速度值和给定的烟气量代入式（10-53）即可获得催化剂体积。需要注意的是，在计算过程中需要依据实际数据进行一系列的修正，以得出真正的催化剂体积，最后在设计时作适当放大，留一定裕量。

在 SCR 系统中，催化剂的装载量越大，则脱硝效率越高，同时氨的逃逸量也越低，但投资费用会显著增加，所以在 SCR 系统的优化设计中，催化剂的装载量是个很重要的参数。

在给定了脱硝效率和氨逸出量的情况下，所需催化剂的装载量取决于 NO_x 的入口浓度；当 NO_x 入口浓度和氨流出量一定时，所需催化剂的装载量取决于要求达到的脱硝效率。

催化剂的装载量还取决于它的使用寿命，这是因为催化剂的寿命受制于中毒和灰垢沉积等多种不利因素的影响。

10.2.4.3 催化剂床层的断面面积

根据烟气特性和催化剂产品数据,选择反应器的线速度。线速度是指气流流过催化剂断面的速度,是决定反应器断面面积和气体在反应区停留时间的重要参数,线速度一般为 $4\sim6\mathrm{m/s}$。催化剂的断面面积的计算公式为:

$$F=\frac{Q_V}{u\times 3600} \tag{10-54}$$

式中　F——催化剂床层的断面面积,或者按催化剂单元的外廓尺寸计算的截面积与单元数的乘积,m^2;

　　　u——线速度,$\mathrm{m/s}$;

　　　Q_V——气体流过断面的体积流量,m^3/h。

根据催化剂的体积和催化剂床层的断面面积,即可确定催化剂床层的高度。

10.2.4.4 催化剂床层的压降

气体通过颗粒催化剂床层的压降可按下式计算:

$$\Delta p=51.68\frac{\rho_0^{0.65}S^{1.55}Q_V^{1.65}V_R\mu^{0.35}}{p\varepsilon_c^3 F^{2.65}}\times\frac{T}{T_0} \tag{10-55}$$

式中　Δp——气体通过床层的压降,Pa;

　　　p——被处理气体进入反应器的压强,Pa;

　　　ρ_0——被处理的气体在标准状态下的密度,$\mathrm{kg/m}^3$;

　　　S——颗粒床比表面积,$\mathrm{m}^2/\mathrm{m}^3$;

　　　ε_c——床层孔隙率;

　　　Q_V——被处理气体的流量,m^3/s;

　　　T——气体在床层中的平均温度,K;

　　　T_0——273K;

　　　μ——气体的动力黏度,Pa·s;

　　　F——床层断面面积,m^2。

气体通过蜂窝式催化剂床层的压降可用下式计算:

$$\Delta p=\xi\frac{l}{d}\times\frac{v_g^2\rho_g}{2} \tag{10-56}$$

式中　l——蜂窝孔道长度(多层排列时,l 为各层孔道长度之和),m;

　　　d——蜂窝孔道直径,m;

　　　ρ_g——气体密度,$\mathrm{kg/m}^3$;

　　　v_g——气体在床层有效流通断面内的速度,m/s;

　　　ξ——阻力系数。

阻力系数根据床层通道内气体流动的 Re 不同,分别按下列各经验公式计算。

当 $100\leqslant Re\leqslant 500$ 时:

$$\xi=\frac{74.2}{Re^{0.973}} \tag{10-57}$$

当 $500<Re\leqslant 1500$ 时:

$$\xi=\frac{3.95}{Re^{0.5}} \tag{10-58}$$

当 $1500 < Re \leqslant 3500$ 时：

$$\xi = \frac{0.65}{Re^{0.25}} \tag{10-59}$$

10.2.4.5 催化剂床层的温升

催化剂床层的温升可按下式进行计算：

$$T_2 - T_1 = \theta(c_{A1} - c_{A2}) \tag{10-60}$$

式中 T_1——入口温度，K；

T_2——出口温度，K；

θ——温升系数，需由实验求得；

c_{A1}——组分 A 反应前的体积分数，%；

c_{A2}——组分 A 反应后的体积分数，%。

计算催化床层的温升主要在于判断温度是否突破催化剂的使用范围，确定反应器换热的要求，估计温度对反应速率的影响。

10.2.4.6 SCR 反应器壳体及其连接烟道

在确定催化剂床层断面尺寸和床层高度的情况下，依据锅炉尾部烟道的结构尺寸，即可进行反应器的壳体和连接烟道的设计。该阶段的技术要求是气流组织良好，达到速度分布均匀、浓度分布均匀、温度分布均匀以及流动阻力低的指标。在 100%BMCR 工况下第一层催化剂入口烟气的流速偏差系数小于 15%，流向偏差小于 10°，温度偏差小于 15℃，氨氮物质的量比偏差系数小于 5%，空气预热器入口的烟气流速偏差系数小于 20%。为此，数值模拟和物理模拟常作为反应器内的气流组织分析的手段，前者已深受工程重视。数值模拟的区域包括省煤器下部、省煤器至反应器的连接烟道、反应器、反应器至空气预热器的连接烟道。数值模拟应以烟道、喷氨装置、导流片、整流装置、SCR 反应器等的详细设计数据为基础建立模型。计算单元网格数宜大于 300 万，喷氨混合区域需要网格加密。入口边界条件一般设烟气流速、烟气温度和氮氧化物浓度为均匀分布。通过数值模拟结果分析，获得最优设计方案，其中有导流叶片优化设计、喷氨格栅优化设计。

（1）导流板

由于 SCR 反应器布置条件的限制，致使连接烟道转向急剧，不仅增加流动阻力，而且使得速度场极不均匀，这对 SCR 反应器的脱硝性能影响很大。反应器空置模拟的流场计算结果如图 10-21 所示。在催化剂床首层的入口断面，速度偏差可高达 81%。设置导流板的效果如图 10-22 所示，催化剂首层入口断面的速度偏差可降到 4.8%。物理模拟和工程实践都证明，设置导流板可以消除流场的不均匀性。为了保证空气预热器的换热效果，在空气预热器前也应设置导流板。导流板的设计不可一概而论，导流板的几何形状、片数、板的长度以及设置位置应依据工程实际情况确定。

（2）喷氨格栅

鉴于烟道断面尺寸较大、烟气流速较高、氨气喷入量很小，氨混合气的喷入必须格外注意，以保证两者快速地达到混合均匀。

氨气喷入采用多点布置方式，即烟道断面被划分为多个控制区域，每个区域布置若干喷氨点，每个控制区域的流量单独可调。喷氨格栅是常用的氨气喷入装置，其结构如图 10-23 所示。多根氨混合气管道被布置在烟道断面处，每根管道设置多个喷嘴，喷嘴如图 10-24 所示。

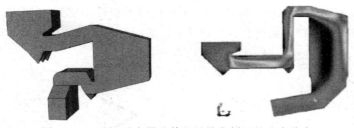

图 10-21　SCR 反应器及其空置纵向剖面的速度分布

(a) 未设置导流板　　　　　　　　(b) 设置导流板

图 10-22　SCR 催化剂床首层断面的速度分布

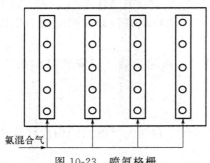

图 10-23　喷氨格栅　　　　　　　图 10-24　氨喷嘴结构

喷氨格栅的布置涉及连接烟道的长度、烟气系统阻力、SCR 反应器的安装高度与载荷问题。如果喷氨格栅布置在省煤器下方，可充分利用省煤器下方空间，缩短连接烟道长度，降低 SCR 反应器的安装高度，降低系统阻力和设备基础的载荷，从而降低系统的投资及运行费用。在总体上，喷氨格栅应尽量远离催化剂床的首层，以保证充分的混合距离。

（3）喷氨混合器

工程实践证明，喷氨混合器可以强化氨氮混合比的均匀性，且结构简单，技术要求较低。喷氨混合器的工作原理就是利用扰流体产生的旋涡作用强化氨气与烟气的充分混合。

扰流体有多种结构形式。典型的扰流体有平板、V 形板、三角翼、体形板、旋流叶片等，如图 10-25 和图 10-26 所示。这类扰流体的背风区域都产生强烈的旋涡，旋涡强度、回流区域与气流速度和几何形状有关。如果将氨混合气喷射到回流区内，则在涡流的强制作用下与烟气充分混合，达到催化剂入口混合均匀性的技术要求。

（4）反应器壁

SCR 反应器为长方体结构，外形尺寸依据催化剂床层大小确定，在 10～20m 之间。SCR 反应器以型钢加强的大型薄壁钢结构件，外壁厚度在 20mm 以下。反应器补强板和外部加强筋都与塔体有效焊接为一个整体。SCR反应器的设计温度为400℃，选用低合金结构钢Q345材料，壁外加强结构温度在300℃以下，选用普通碳素结构钢Q235材料。

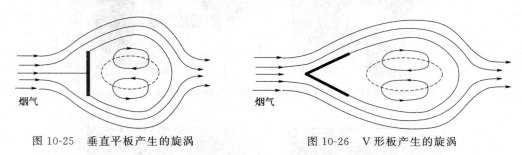

图 10-25　垂直平板产生的旋涡　　　　图 10-26　V形板产生的旋涡

（5）连接烟道

烟道一般由足够强度的钢板制成，能承受所有荷重和具有气密性的焊接结构。所有焊接接头在内外都要进行连续焊。烟道壁厚需要预留腐蚀余量，总体上最小壁厚为6mm，内部尺寸精度至少在±0.5%的公差之内。烟道外部有充分的加固和支撑，以防止过度的颤动和振动。

烟道采用内、外支撑组合形式，内侧采用内撑杆结构，外侧采用加固肋结构，其益处是受力好、用材省。

进口烟道采用可变弹簧吊架，出口烟道采用带摩擦片的刚性支架。进口烟道存在三向位移，因此采用可变弹簧吊架来承受烟道部分重量。出口烟道仅存在两向水平位移，因此采用带摩擦片的刚性支架来承受烟道部分重量。

热位移采用非金属膨胀节补偿，膨胀节100%预偏安装，即安装时膨胀节两侧烟道错边，工作时两侧烟道轴线在一直线上。

10.2.4.7　钢架结构

烟气脱硝支承钢架是工程材料消耗的主要部分，合理经济的钢结构设计对项目经济指标有着举足轻重的影响。

在工艺方面，烟气脱硝系统是发电系统的一个环节，其支承钢架的工作条件与锅炉钢结构比较类似。脱硝设备的支承钢架应遵守《锅炉钢结构设计规范》的相关条款，该规范对荷载取值、材料指标、变形规定、设计分析及抗震构造等均有具体规定和要求。

国内的SCR反应器一般布置于锅炉的炉后。SCR反应器的钢架主体与锅炉钢结构和锅炉房结构分开，是一个完全独立的受力体系。

电厂的脱硝钢架高度一般在50m左右，平面长宽比为3以下，高宽比为6以下。根据反应器和烟道的受力特点，为保证结构的空间工作和整体刚度，能够承受和传递较大的水平力，结构体系通常采用框架-支撑体系，如图10-27所示。反应器和进口烟道搁置在40.20m标高层。

反应器的搁置方式有悬吊式和支承式。当反应器采用悬吊式时，反应器的顶部搁置在大板梁上，反应器的重心位于搁置层的下方。当反应器采用支承式时，反应器的底部搁置在大板梁上，反应器的重心位于搁置层的上方。不管采用哪一种搁置方式，反应器顶部和底部都需设计水平限位点，如图10-28所示。每个水平限位点应该仅约束沿反应器边长方向的单向水平位移，限位点的水平作用力应该尽快通过平面支撑传递给竖向框架。对应于水平限位的楼面层应有足够的平面刚度，同一平面层内同方向水平限位点的水平位移相差不应过大。

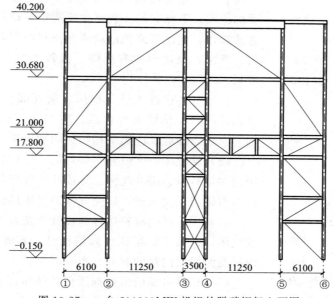

图 10-27　一台 2×300MW 机组的脱硝钢架立面图

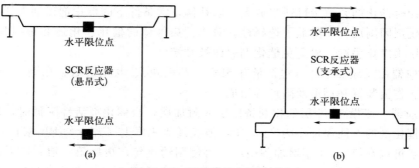

图 10-28　反应器的搁置方式

热应力最可能发生的部位是支座和反应器外壁上尺寸较大的加强筋或者柱梁处。支座对反应器的热胀冷缩效应会起到约束作用，合理的支座设计是减小热应力的关键。加强筋或者柱梁均焊接在反应器外壁上，它们之间是刚性连接。在设计壁外的加强结构时，尽量减小加强结构的径向尺寸，并尽可能使钢结构贴近壁板，且连续布置，以保证从内壁到加强结构之间良好的热传导，以减小温差。当加强结构的径向尺寸过大时，应将其包在保温层之内，尽可能避免加强结构完全暴露在保温层之外或部分在保温层外，如图 10-29 所示。

通常结构梁采用 H 型钢截面，钢柱采用 H 型钢或箱型柱。斜支撑构件可采用圆管，也可采用 H 型截面或箱型截面，需根据杆件内力、节间无支撑长度及连接节点综合考虑。

有多种专业设计软件可用于烟气脱硝钢结构的分析与计算，例如 PKPM 钢结构设计软件。通过建立钢结构的空间模型，获得钢结构的优化设计结果。

10.2.4.8　SCR 反应器的设计

固定床催化反应器的设计应考虑并解决下列技术问题：

（1）颗粒催化剂装填时自由落下的高度应小于 0.6m，强度高的催化剂也不应超过 1m。

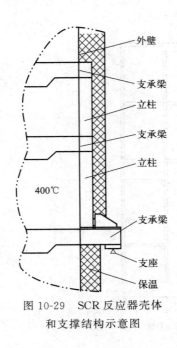

图 10-29 SCR 反应器壳体和支撑结构示意图

床层装填一定要均匀，床层厚度不能超出其抗压强度所能承受的范围。下流式操作，要注意底层颗粒所受的总压力；上流式操作，应注意避免启动或非正常操作对床层的冲起和掉落。蜂窝式催化剂要有起降、翻转工具，防止因振动造成碎裂。

（2）气体在进入催化剂床之前要混合均匀，如对 NO_x 催化还原时，要设置混合器，使 NO_x 与还原剂 NH_3 混合均匀，否则降低反应速率和物料的利用率。

（3）反应床内气流分布要均匀，采用较长的直管段；采用惰性填料层、组合丝网、导流叶片等气流分布装置；出口位置离床层不能太近，以免气流通过床层时留下死角。

（4）反应器的材料选择与设计要按有关规范进行。对腐蚀气体，在采用涂层或内衬结构时，要解决好防腐、涂层、内衬及涂层式内衬的修补、更换问题。

（5）提供可靠的催化剂活化条件和再生条件。有些催化剂在装填后需通入氢气或水蒸气在特定的温度下进行活化。设计时需预留管道，再生也需水蒸气或氢气。

（6）设计时催化剂装填量可适当放大，以补偿正常条件下的催化剂逐渐失活，但又要避免过量的催化剂因副反应而降低了选择性。对于污染气体的催化净化还要根据其具体组分，考虑是否采用预净化手段，以避免催化剂表面被黏结。

SCR 反应器由反应器本体（包括催化剂框篮和模块）、吹灰装置、吊装工具、钢结构、烟气均布器、整流装置和烟道及附件等组成。

SCR 反应器一般设 1~2 层催化剂备用层或附加层，当催化剂活性降低时，增加备用层或附加层。催化剂的性能保证多为 2~3 年，但经过清洗再生（需请专业厂家），可以恢复部分活性，一般可以在第 3~4 年增加备用层，再使用约 4 年，更换第一层；以后再陆续更换第二层、第三层，依次类推。脱硝效率与催化剂总体积有关，由于催化剂每层的高度有一定的调节范围，催化剂层数和脱硝效率之间并无严格对应关系，催化剂备用层可装在最上面或最下面。

催化剂模块应布置紧凑，并留有必要的膨胀间隙。催化剂模块应设计有效防止烟气短路的密封系统，密封装置的寿命不低于催化剂的寿命。催化剂各层模块规格应统一，具有互换性。对燃煤机组，每层催化剂应设计 3~5 套可拆卸的催化剂测试部件。催化剂模块应采用钢结构框架，便于运输、安装、起吊。催化剂设计应充分考虑不同形式催化剂的重量对 SCR 钢结构的影响。

10.3 SCR 烟气脱硝系统及其附属设施

鉴于我国对烟气污染物施行严格的排放标准，火电厂大多采用 SCR 脱硝工艺。该工艺是干式过程。在一定温度下，借助催化剂的作用，用氨基还原剂将烟气中的 NO_x 还原成无

害的 N_2。工业上一般采用液氨或氨水,也可以用尿素作为还原剂。催化剂则常用 V_2O_5/TiO_2 型。这种工艺已形成燃煤锅炉机组的主流烟气脱硝技术。

10.3.1 SCR 系统布置

一般火电厂烟气脱硝系统有三种工艺布置方式:高温高尘布置方式、高温低尘布置方式和低温低尘布置方式,如图 10-30 所示。

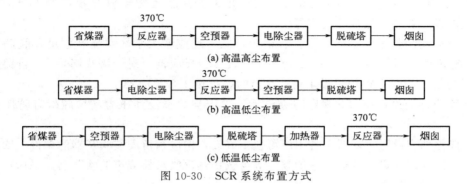

图 10-30　SCR 系统布置方式

高温高尘布置方式是普遍应用的布置方式。该方式的优点是省煤器出口烟气温度在催化剂的适宜温度范围之内,缺点是烟气的含尘量高,影响催化剂使用寿命。

高温低尘布置方式一般不采用,因为布置在省煤器后的高温电除尘器在 300～400℃ 的高温下难以可靠运行。低温低尘布置方式也不常用,虽然催化剂不受飞灰和 SO_3 等气态毒物的影响,但是系统较为复杂,且增加能源消耗和运行费用。

由于燃气轮机机组的烟气含尘浓度和含 SO_2 浓度很低,因此 SCR 脱硝工艺可不设置高温除尘器,采用高温低尘布置方式。其 SCR 反应器常用卧式结构,操作更简便。

10.3.2 SCR 烟气脱硝系统

SCR 烟气脱硝系统主要包括 SCR 催化反应器、供氨系统、附属设施、电气系统、仪表与控制系统等。

SCR 烟气脱硝系统应根据节能、降耗、增效、安全的原则进行选择。烟气脱硝系统应根据当地气象条件、锅炉燃用的煤质资料、锅炉最大连续出力工况下烟气参数、锅炉本体资料和脱硝效率等技术参数进行设计。SCR 烟气脱硝系统的主要性能指标满足以下要求:氮氧化物的排放低于当地排放指标;氨的逃逸浓度不宜大于 $3\mu L/L$;当设计煤含硫量小于 2.5% 时,SO_2/SO_3 的转换率小于 1%;当设计煤含硫量大于等于 2.5% 时,SO_2/SO_3 的转换率小于 0.75%。

催化剂的机械寿命不小于 10 年。用于燃煤机组的催化剂化学寿命为 16000～24000h;用于燃油和燃气电厂的催化剂的保证化学寿命不宜低于 32000h。

SCR 烟气反应系统应按单元制设计。SCR 烟气反应系统的设计煤种与锅炉设计煤种相同。当燃用校核煤种时,SCR 烟气反应系统能长期稳定连续运行,且应满足排放要求。SCR 烟气反应系统应能适应机组的负荷变化和机组启停次数的要求。SCR 催化剂应能承受运行温度为 420℃(烟煤),或者 450℃(无烟煤、贫煤、高硫煤、高水分褐煤)的工况,每次不大于5h，一年不超过3次。

SCR烟气反应系统应能适应锅炉正常运行工况下的任何负荷。SCR烟气反应系统的正常工作温度范围为300～420℃。如果温度过低，硫酸氢铵冷凝将导致诸多问题。为了防止锅炉低负荷运行烟温过低，SCR反应器内的烟气温度应保持在适合投氨的温度（300℃）以上，以确保脱硝效率。当锅炉低负荷运行，省煤器出口烟温低于催化剂最低运行温度时，SCR脱硝系统应停止喷氨。如果该运行工况达不到当地环保排放要求，则可采取提高SCR反应器入口烟温的措施，比如从省煤器上游引出部分高温烟气至SCR反应器入口，或者将SCR反应器设置在两级省煤器之间等。

SCR反应器的数量依据锅炉容量、锅炉形式、反应器大小、空预器数量和脱硝系统可靠性要求等确定。对于Ⅱ型锅炉，1台锅炉宜设2台反应器。对于塔式锅炉，1台锅炉宜设1～2台反应器。当1台锅炉只设1台空预器时，可设1台反应器。

SCR反应器的设计压力和瞬态防爆设计压力应与炉膛设计压力和炉膛瞬态防爆设计压力一致。

每层催化剂应设置吹灰器，备用层可暂不装设，但应预留安装吹灰器的条件。吹灰系统宜采用单元制，根据煤质及运行维护条件等可选用蒸汽吹灰器或声波吹灰器。采用声波吹灰器时，应具有稳定可靠的气源。

10.3.3 还原剂储存与制备

锅炉烟气脱硝技术一般选择氨气作为还原剂。氨气可由液氨、氨水或者尿素等原料制取。下面描述该三种原料的供氨系统。

10.3.3.1 液氨储存及氨气制备

液氨的卸料、储存和制备系统及设备布置应严格执行国家相关的法律、法规和规定，符合现行国家标准和行业标准的有关规定。

液氨储存及氨气制备系统宜为全厂公用。当机组台数较多或扩建需要时，可根据总平面布置格局采取分组布置。

液氨储存通常采用高压常温储存方式，储罐为卧式圆柱压力容器，如图10-31所示。液氨储罐属三类容器，其设计原则执行《石油化工储运系统罐区设计规范》《压力容器》和《固定式压力容器安全技术监察规程》等。

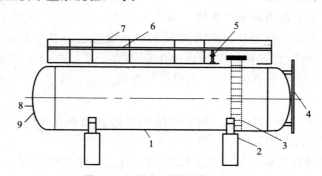

图10-31 液氨储罐结构示意图

1—罐体；2—支架；3—内部梯子；4—液位计；5—安全阀；6—喷淋管线；
7—作业台；8—温度计；9—压力计

液氨的总储量可按锅炉在 BMCR 工况下 3~7d 的总消耗量设计，计算公式为：

$$V_{NH_3} = \frac{20N\dot{m}_{NH_3}t_d}{x_{NH_3}\rho_{NH_3}\varphi} \tag{10-61}$$

式中　N——机组台数，台；

　　　20——日满负荷工作时间，h/d；

　　$\dot{m}_{NH_3}$——取在 BMCR 工况下单机氨消耗量，kg/h；

　　　t_d——储存天数，d；

　　x_{NH_3}——液氨含纯氨的质量分数，%；

　　ρ_{NH_3}——液氨密度，kg/m³；

　　　φ——设计装量系数。

液氨储罐的数量不应少于 2 台，单罐储存溶剂宜小于 120m³。储罐的设计温度根据我国各地区环境极端气温的记录数据决定，并且留有一定的裕量。储罐的设计压力不应低于 2.16MPa。液氨储罐的材质应为低合金钢。储罐的设计装量系数不应大于 0.90。

液氨储罐应设人孔、进出料管、气体放空管、气体平衡管、排污管和安全释放阀。储罐外接液氨管道应设置双阀；储罐的进料管应从罐体下部接入，若必须从上部接入，应延伸至距罐底 200mm；液氨储罐间宜设气相平衡管，平衡管直径不宜大于储罐气体放空管直径，也不宜小于 40mm。储罐的安全附件按标准和规程的规定要求设置。

氨压缩机效率高，氨的损失小，因此卸氨系统普遍采用氨压缩机实现液氨的输送和残氨的回凝。

卸氨系统的原理如图 10-32 所示。氨压缩机将液氨储罐气相空间的氨气压缩输送至液氨槽车的气相空间，提高槽车的压力，槽车内的液氨在压差作用下通过液相管道流入液氨储罐。

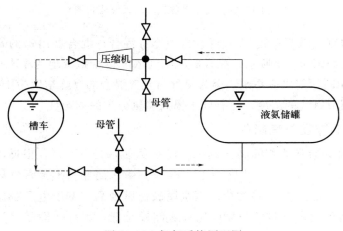

图 10-32　卸氨系统原理图

当槽车内液氨卸完时，氨压缩机再将槽车内的残余氨气压缩输送至液氨储罐的液相空间，氨气被液氨凝结液化。

液氨蒸发器为水浴管式间接加热结构，如图 10-33 所示。管外为温水浴，管内是液氨，温水将液氨加热气化制成常温的氨气。液氨蒸发器的总出力宜满足全部机组在 BMCR 工况下的氨气消耗量的要求，至少留有5%的设计裕量，并设1台备用。液氨蒸发器应配置单元运行的氨气缓冲罐，其容量宜满足蒸发器额定出力0.5～1min的停留时间，材质可为碳钢。

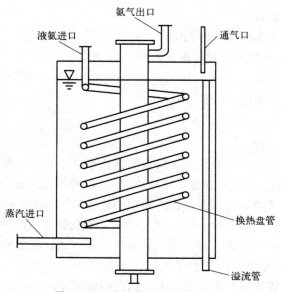

图 10-33 液氨蒸发器结构示意图

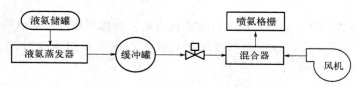

图 10-34 液氨制备氨气的系统流程图

液氨所制取的氨气需要在氨/空气混合器中充分混合，混合器出口的氨气浓度不得大于5%（体积分数），如图10-34所示。混合器的氨气浓度运行报警值为7%；混合器的氨气浓度达到12%时应切断氨气供应系统，因为氨气与空气混合的爆炸浓度为16%～35%。氨/空气混合器有助于调节氨气的浓度，也有利于提高喷氨分布的均匀性。

10.3.3.2 氨水储存及氨气制备

氨水作为SCR系统还原剂的制备原料，其浓度为19%～25%。根据国家标准《危险货物品名表》（GB 12268—2012），浓度为10%～35%氨水属非易燃无毒气体，具有轻度危险性。根据《危险化学品名录》，该浓度的氨水属碱性腐蚀品。鉴于电厂脱硝用氨水浓度不超过25%，氨水储罐的火灾危险性分类应比液氨储罐要低，其危险性随之降低。这是选择氨水作为制备原料的优点。

氨水储罐形式可为卧式或者立式，采用常压密封储存。材质应根据所用的密封气体确定。当采用氮气密封时，氨水储罐可选碳钢材质；当采用压缩空气密封时，则应选用不锈钢材质或碳钢内衬防腐层的储存罐。氨水储罐在运行时通入一定压力的压缩空气或氮气，目的是维持罐内的压力，抑制氨水的蒸发，同时防止氨水计量泵入口处氨水的气化。

氨水储罐设有人孔、进口料管、出口料管、排污管、安全释放阀、真空破坏阀（入口侧宜配置阻火器）。进液管若从罐体上部进入，应延伸至距罐底 200mm 处。当罐体为碳钢内衬防腐层时，至少需设两个相隔一定距离的人孔。每台氨水储罐应设置防爆型液位计、压力表及就地温度计。

氨水储罐的容量应满足 BMCR 工况下氨水消耗量所需储存天数的要求，同时考虑氨水的一次输送容量。氨水储存天数可参照液氨的要求确定。

以氨水为原料的制氨系统如图 10-35 所示。氨水制氨系统包括氨水蒸发器系统和氨水计量分配系统。

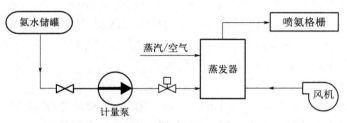

图 10-35 氨水制备氨气的系统流程图

氨水蒸发系统主要包括氨水蒸发器、再循环风机等设备。氨水采用加热装置使其蒸发，形成氨气和水蒸气。氨水蒸发器的热源可选择烟气，也可采用蒸汽。当烟气作为热源时，宜采用再循环风机将 SCR 反应器出口的烟气输送至氨水蒸发器；当以蒸汽作为热源时，宜将辅助蒸汽送入氨水蒸发器。氨水蒸发器可以采用直接接触式换热方式（例如喷淋式）。喷淋式氨水蒸发器可选用双流体喷嘴，采用压缩空气或蒸汽将氨水雾化成微小液滴，以增加气液接触面积，从而提高蒸发效率。氨水蒸发器出口的氨气/烟气（或蒸汽）混合气中氨气浓度不应大于 5%（体积分数），氨气浓度高于 12% 时应切断氨水供给系统。

氨水计量分配系统包括氨水计量输送泵、氨水流量计量和控制设备。氨水的计量/输送设施宜按单元机组配置。氨水计量/输送泵的材质宜为不锈钢。氨水流量依据锅炉负荷变化、SCR 反应器进出口的烟气中的 NO_x 含量等测量信号进行自动调节。氨水的计量分配装置一般根据氨水蒸发器所需的氨水量在 20%~100% 范围内自动调节，或通过氨水蒸发入口的调节阀，自动调节喷入的氨水流量。

10.3.3.3 尿素储存及氨气制备

（1）尿素制氨化学原理

尿素（碳酰胺）是一种白色晶体，其分子式为 $CO(NH_2)_2$。尿素易溶于水，吸湿性强，吸湿后结块，吸湿速度比颗粒尿素快 12 倍。在 20℃ 下，尿素的临界吸湿点为相对湿度 80%；当 30℃ 时，临界吸湿点降至 72.5%，因此尿素应避免在盛夏潮湿气候下敞开存放。

尿素具有热不稳定性，尿素溶液在一定温度下发生分解，生成二氧化碳、氨气及其他生成物。热解反应的主要化学过程为：

$$CO(NH_2)_2 \longrightarrow NH_3 + HNCO \tag{10-62}$$

$$HNCO + H_2O \longrightarrow NH_3 + CO_2 \tag{10-63}$$

尿素具有水解作用，水解反应方程为：

$$CO(NH_2)_2 + H_2O \longrightarrow NH_2COONH_4 \tag{10-64}$$

$$NH_2COONH_4 \longrightarrow 2NH_3 + CO_2 \tag{10-65}$$

上述尿素的热解反应和水解反应分别是尿素热解制氨工艺和尿素水解制氨工艺的化学基

本原理。

用于 SCR 脱硝的尿素有一定的纯度要求。水解反应器要求的尿素质量指标具体为：$Cl^-<0.1mg/L$，$Cr(Ⅵ)<0.05mg/L$，甲醛$<0.3\%$。

(2) 尿素颗粒储存

外购散装颗粒尿素宜采用罐车运输。当热（水）解尿素制氨时，一般不采用外购袋装尿素，以防袋子的杂屑落入尿素中，不利于热（水）解。厂内尿素储仓宜为高位布置的锥形底立式储罐。为了避免尿素的吸潮板结，尿素储仓应配置电加热热风流化装置、袋式除尘器以及给料计量机。尿素储仓材质可为碳钢，锥斗部分宜内衬 S30408 不锈钢，其他设备和管道材质不宜低于 S30408 不锈钢。储仓容量应能满足全厂所有机组 1~3d 脱硝所需的尿素用量。对于海边或潮湿环境，储仓容量可以按全厂所有机组 1d 脱硝所需用量考虑；当环境干燥时，储仓容量可以全厂所有机组 3d 脱硝所需用量考虑。

(3) 尿素溶解装置

尿素溶解装置包括溶解罐、加热蒸汽系统、搅拌器和尿素溶液混合泵。水和尿素在溶解罐中配制成质量浓度为 40%~55% 的溶液。溶剂水的温度宜为 40~80℃，硬度小于 $2mmol/L(1/2Ca^{2+}+1/2Mg^{2+})$。如果利用热力系统的疏水溶解尿素，水温应控制低于 100℃，防止温度高于 130℃ 而发生分解。为了减少后续系统水蒸发所需的热量，用于储存的尿素溶液浓度可趋近上限；为了降低防止尿素溶液结晶所需的加热能耗，尿素溶液浓度也可为 40%。为了防止尿素溶液的结晶，尿素溶液温度应高于结晶温度。在运行中，结晶温度+8℃ 之和被设定为在线加热器提升溶液温度的启动值；溶液温度不得高于 130℃。

尿素溶解罐的总容积宜满足所有机组在 BMCR 工况下 1d 的尿素溶液耗量。尿素溶液储罐的总储存容量宜为全厂所有机组 BMCR 工况下 5~7d 的日平均消耗量。1mol 的尿素可生成 2mol 的氨。尿素耗量计算式为：

$$\dot{m}_n=\frac{1.76\dot{m}_{NH_3}}{\eta_n} \tag{10-66}$$

式中　$\dot{m}_n$——BMCR 工况单机纯尿素的耗量，kg/h；

$\dot{m}_{NH_3}$——取 BMCR 工况单机纯氨的耗量，kg/h；

η_n——尿素热解或水解制氨的转化率（按制造商提供的数据选取）。

(4) 尿素热解制氨工艺

尿素溶液的热解反应器结构为立式细长圆柱罐体，如图 10-36 所示。尿素溶液分解反应温度宜为 350~650℃。尿素溶液在压缩空气驱动下由 L 型喷嘴雾化，以液滴形式被喷入反应器。雾化喷射器宜沿着反应器的侧壁周向均匀布置。反应器的热源可选择锅炉的一次风或

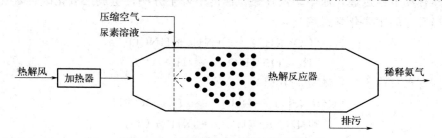

图 10-36　尿素热解反应器结构示意图

二热风和辅助的加热设备联合方式。加热设备可采用电加热器或者采用燃用柴油或天然气的风道加热器。反应器的热源也可采用抽取的锅炉高温烟气。尿素溶液的液滴在高温空间中被分解为氨气和二氧化碳。反应器被设计为细长结构，其目的就是保证液滴和气体的混合物在反应器内具有足够的停留时间以达到分解完全。反应器出口产物温度为260～350℃，经氨喷射系统进入SCR脱硝反应器。

每台锅炉配置一套100%容量的尿素绝热分解室。尿素热解反应器的容量应满足锅炉在BMCR负荷下最大的制氨需求量，并有10%的裕量。尿素热解反应器的外壳宜为碳钢，内层宜为不锈钢，中间充填耐高温保温材料。反应器宜布置在锅炉房内或靠近锅炉房。

尿素热解制氨的系统主要包括尿素储仓、尿素溶解罐、尿素溶液给料泵、尿素溶液储罐、供液泵、计量分配装置、热解反应器、稀释空气加热系统及控制系统等。具体介质的流向如图10-37所示。每台尿素热解反应器应设置1套计量和分配装置。计量和分配装置应根据SCR反应器进出口烟气中NO_x浓度、锅炉负荷来自动调节进入每台尿素热解反应器的尿素溶液流量。

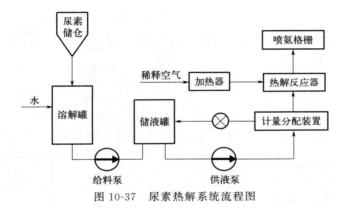

图10-37 尿素热解系统流程图

（5）尿素水解制氨工艺

尿素溶液的水解反应器通常设计为卧式罐体结构，如图10-38所示。尿素的水解反应温度约为149℃，气液两相平衡的压力为0.28～0.83MPa。水解反应器的热源采用电加热或者蒸汽加热方式。如果水解反应器的出力较小，则可采用电加热；如果水解反应器的出力较大，宜选择蒸汽为热源。40%～50%浓度的尿素溶液进入水解反应器被加热器加热到约

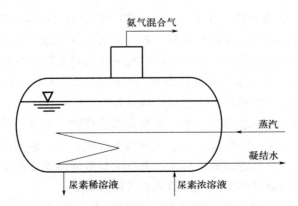

图10-38 尿素溶液水解反应器结构示意图

149℃，产生一定浓度范围的氨气、二氧化碳和水蒸气。尿素溶液的浓度不同，所产生的氨气浓度不同。当尿素溶液浓度为 40% 时，分解产生 28.5% 浓度的氨气、14.3% 浓度的二氧化碳和 57.2% 浓度的水蒸气。当尿素溶液浓度为 50% 时，分解产生 37.5% 浓度的氨气、18.7% 浓度的二氧化碳和 43.8% 浓度的水蒸气，相应的氨气出力可达到 15~1000kg/h。氨气流量由水解反应器的液位以及加热蒸汽的流量控制。水解反应器的压力由氨气出口处的压力调节阀门控制。

尿素水解反应器的容量依据配置确定。如果尿素水解反应器为全厂公用，并设有 1 台备用，其总容量（不包括备用）应满足全厂锅炉 BMCR 负荷下最大的制氨量的需求。当锅炉台数较少，尿素车间距离锅炉较远时，尿素水解反应器可为单元制配置。当采用单元制配置时，尿素水解反应器应满足锅炉 BMCR 负荷下最大的制氨需求，并有 10% 的裕量，尿素水解反应器不设备用。

尿素水解制氨系统主要包括尿素颗粒储仓、尿素溶解/存储罐、供液泵、尿素水解反应器、回热换热器、分离器、引射器、稀释风机、混合器以及事故氨洗涤器等，其流程图如图 10-39 所示。

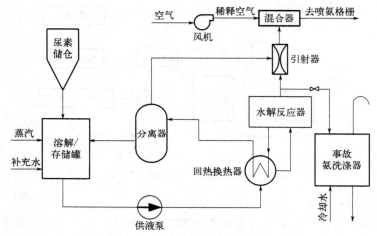

图 10-39　尿素水解系统流程图

在工程设计中，尿素水解制氨系统还需要考虑排污问题、NH_3 与 CO_2 的逆向反应问题、能量回收问题。

由于尿素含有一定量的杂质［如 Cl^-、$Cr(Ⅵ)$ 等］，加上溶解所用水中的杂质和尿素输运过程中混入的杂质，水解反应器在运行一定时间后，其中尿素溶液的杂质将被浓缩和沉淀，因此水解反应器需要定期排污。排污的频率与尿素质量和运行累积出力有关，通常每月排污 1 次，排污率 10%。排污水的主要污染物是 $Cr(Ⅵ)$。排污水应收集后处理，或者纳入城市污水管网，或者用于煤场喷淋，或送至灰场处置。

水解反应器尿素溶液并不能完全水解，还剩余部分残液，残液仍含有部分尿素和 NH_3，其在容器压力作用下流向尿素溶解罐。由于残液温度较高，为了避免能量损失，将残液经过回热换热器，加热水解反应器进口尿素溶液，进口尿素溶液的温度提高可以降低反应器的加热量，达到节能效果。回热换热器可以采用套管式换热器。

尿素溶液水解反应的产物含有一定的 CO_2 气体，为了避免 NH_3 与 CO_2 在低温下逆向反应，生成氨基甲酸铵，氨气输送管道需要维持一定的温度。反应生成的氨气在管道内需要采取伴热、保温措施，以维持氨气管内的温度在150℃以上。

10.3.4　SCR烟气脱硝的附属设施

SCR烟气脱硝系统的附属设施主要是吹灰器、旁路、均流装置、喷氨装置等。由于均流装置和喷氨装置与SCR反应器在流动和混合方面有着紧密关系，因此在工程设计中常将均流装置和喷氨装置与SCR反应器一并考虑。此处仅讨论用于SCR烟气脱硝系统的吹灰器。

10.3.4.1　吹灰器

燃煤烟气的飞灰含量很高，通常在SCR反应器中设置吹灰器，以不断清除覆盖在催化剂活性表面的颗粒物，以保持催化剂的活性、脱硝效率和降低反应器的压降。SCR反应器普遍采用声波吹灰器。

声波吹灰器是利用特定频率的声波破坏粉尘的堆积结构。声波的能量通常是由它的频率与分贝决定的。低频声波的能量比高频声波的衰减少，其不容易被粉尘吸收。因此，同样分贝的声波，频率较低的声波对粉尘的作用效果较大。但是，如果频率小于60Hz，声波将可能破坏固体结构以及机械连接装置。在声波的频率一定情况下，声波的作用距离与声波的分贝成一定的关系，如图10-40所示。

75型声波吹灰器可以提供低频（75Hz）高能（147dB）的声波，可以作用于整个SCR反应器。在高浓度SCR工艺中，应用过的最大的SCR反应器长度为13m。由于75型声波清灰器占地空间少，突出SCR反应器外壁只有600mm左右，整个声波清灰器基本上被埋于保温层内，对人行通道基本上无影响。

75型声波吹灰器分为四部分。如图10-41所示，A、B部分为铸铁，C部分为不锈钢，发声头为碳钢，发声头内部金属膜片为钛金属。C部分为深入到SCR反应器中接触烟气的部分，其余部分安装于SCR反应器外部，并涂有防锈漆。钛金属膜片是75型声波吹灰器的唯一活动部件。该膜片安装于声波吹灰器的发声头内，膜片双面都压制抛光使其厚度均匀一致。该膜片制作工艺的独到性保证了膜片的长久寿命。从操作简便性、节约的角度，声波吹灰器的控制器通常直接连到DCS系统。75型声波吹灰器的技术参数如表10-10所示。

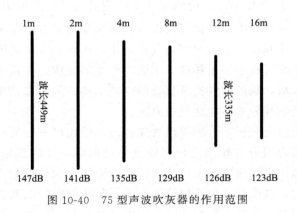

图10-40　75型声波吹灰器的作用范围

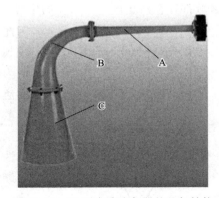

图10-41　75型声波吹灰器的几何结构

表 10-10 75 型声波吹灰器的技术参数

项目	单位	参数	备注
基本频率	Hz	75	
声压级	dB	147	
前向作用范围	m	2～16	
侧向作用范围	m	3～8	
使用寿命	年	很长	膜片:3～5 年
最高使用温度	℃	870	
气源		压缩空气	
气源压力	MPa	0.62	
耗气量	L/s	40	推荐每 10min 吹 10s。每台吹灰器在 10s 的喷吹间隔中会消耗 0.368m³

根据声波吹灰器的作用范围，每层催化剂都布置声波吹灰器，备用层吹灰器可不安装。最上面一层吹灰器可以 20°角向下倾斜安装，其他层的吹灰器水平布置。第一层吹灰器倾斜安装主要考虑偏转声波的指向性，使更多的声波能量作用于积灰面，角度的选择在于作用范围与指向性以及声波反射间的平衡，其他层间吹灰器采用水平布置，主要考虑两层之间间距较小，声波可以在此空间内多次反射，形成良好的声场，有效地利用声能。声波吹灰器除了可以吹扫下层催化剂外，还可以对上层催化剂的底部进行吹扫。各层吹灰器交错布置，以使声场均匀，消除死角，同时通过声能的叠加性提高吹灰效果。

在总体上，声波吹灰器具有以下优点：①能量衰减慢；②无死区；③吹扫频次高，吹扫效果好；④故障率极低，维护成本低；⑤结构紧凑，占地面积小；⑥价格低廉，安装简单；⑦耗气量小，能耗低。

10.3.4.2 灰斗

烟气飞灰容易造成催化剂的磨损、孔内堵塞、覆盖层中毒和烧结，从而降低催化剂的活性。磨损和孔内堵塞是火电厂普遍存在的问题。因此，SCR 反应器入口宜设置灰斗。如果锅炉已经设置省煤器灰斗，SCR 反应器入口可不再设置灰斗。

锅炉在省煤器的下部设置灰斗，使得烟气在灰斗内旋转 90°，依据惯性将烟气中的大颗粒灰渣分离出来。在灰斗的设计和改造中，主要考虑的内容是：灰斗的流场特性与气固两相流特性；灰斗的阻力特性；所分离灰尘的筛分特性。

流场结构对灰斗的灰尘分离有重要影响。从图 10-42 可以看出，灰斗外侧壁面附近和底部区域都存在滞止区，但灰斗的中部区域气流行程不足，内侧有一个高速的气流短路通道。

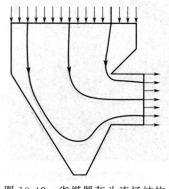

图 10-42 省煤器灰斗流场结构

因此，大量灰粒由短路被气流夹带，颗粒难以穿越多条流线到达灰斗底部，达不到惯性分离效果。因此，文献研究认为，气流行程不足是颗粒不能脱离气流的原因。在灰斗的流动区域，局部的气流呈复杂的涡流结构，涡流和湍流扩散也是惯性分离不能达到的原因。

鉴于以上分析，合理组织气流的流场结构可充分发挥惯性与重力的分离作用。合理的流场结构是：外侧高速、内侧低速、进口高速、出口低速、底部滞止流和较弱的涡流。为此，改变灰斗的几何结构、增大灰斗的空间以及在灰斗中设置一定的部件可达到合理的流场结构，以改善灰尘惯性分离的效果。

10.3.5 SCR烟气脱硝系统的技术性能

SCR烟气脱硝系统的设计质量和运行效果主要从环保性能、资源能源消耗和技术经济性能进行考察。

10.3.5.1 环保性能

SCR烟气脱硝系统的环保性能主要包括氮氧化物的排放浓度、脱硝效率、氨逃逸率、SO_2/SO_3 转化率以及氨泄漏、废水、固废和噪声。部分环保性能指标参考表10-11。

表10-11 部分环保性能指标分级

项目	NO_x排放浓度/(mg/m³)	脱硝效率/%	氨逃逸率/(mg/m³)
A	≤50	≥85	≤1.5
B	50~100	70~85	1.5~2.3

10.3.5.2 资源能源消耗

SCR烟气脱硝系统的资源能源消耗主要包括单位脱硝催化剂消耗、单位脱硝液氨消耗和单位脱硝综合能耗，具体分级指标见表10-12。

表10-12 资源能源消耗指标分级

项目	单位催化剂消耗/(t/t)	单位液氨消耗/(t/t)	单位脱硝综合能耗/(kgce/t)
A	≤0.015	≤0.4	≤500
B	0.015~0.03	0.4~0.45	500~1000

10.3.5.3 技术经济性能

SCR烟气脱硝系统的技术经济性能主要有系统阻力、单位脱硝成本、单位投资，具体分级指标见表10-13。

表10-13 技术性能指标分级

项目	系统阻力/Pa	占地面积/(m²/MW)	单位脱硝成本/(元/t)	单位投资/(万元/MW)
A	≤600	≤4.5	≤3000	≤12
B	600~1000	4.5~6.5	3000~5000	12~35

思考题与习题

10-1 阐述SCR脱硝技术的原理及其优缺点。

10-2 试分析氨氮物质的量比对脱硝率的影响。

10-3 试说明温度对催化剂性能的影响。

10-4 试列举SCR催化反应器的选型基本原则。

10-5 新建火电厂设计SCR脱硝，已知催化剂反应床的催化剂体积为$125m^3$，设计烟气流量为$100 \times 10^4 m^3/h$，试计算空间速度。

10-6 阐述SCR脱硝过程中氨的氧化机理及危害。

10-7 SCR运行过程中影响催化剂寿命的因素有哪些？

第 11 章
二氧化碳捕集技术

二氧化碳捕集被认为是大规模减少温室气体排放、减缓全球变暖最经济、最可行的方法。本章详细阐述了胺溶液对二氧化碳的吸收反应和传质特性，介绍了溶液吸收式二氧化碳捕集系统与设备，阐述了相关填料选型、高度、液泛和压降的计算方法，介绍了二氧化碳捕集的性能参数，本章内容为系统与设备的设计提供了必备的基础。

11.1 二氧化碳捕集方法

对于火力发电厂、水泥厂、钢铁厂、石油化工等企业，由化石燃料燃烧并经除尘、脱硫和脱硝处理后的烟气，一般含有 8%～20% 的二氧化碳。这类烟气具有气体处理量大、二氧化碳分压低、杂质含量较高等特点。至目前，从烟气中分离二氧化碳主要有化学吸收法、物理吸收法、膜分离法、吸附分离法、低温分离法等技术。研究表明：

（1）物理吸收法选择性差、回收率低、经济性不佳、运行成本和能耗都比较高。

（2）吸附法原料适应性广，无设备腐蚀和环境污染，工艺过程简单，能耗低，压力适应范围广，但吸附解吸频繁，自动化程度要求高，需要大量的吸附剂，更适合于二氧化碳浓度为 20%～80% 的工业气体。

（3）膜分离法装置紧凑，占地少，且操作简单，具有广阔的发展前景。其缺点是目前的膜材料对二氧化碳的分离率较低，难以得到高纯度的二氧化碳。

（4）低温分离法需要低温操作，分离效果较差，比较适应于高浓度（含量 60% 以上）的二氧化碳回收。

（5）化学吸收法存在吸收剂损失大、再生能耗较高等缺点，但示范工程证实，针对二氧化碳浓度为 8%～20% 的烟气，化学吸收法是上述几种分离方法中经济性最好的、成熟的二氧化碳捕集技术，国内外已建成的烟气二氧化碳捕集装置均采用化学吸收法。

11.2 溶液化学反应

到目前为止，采用液体化学吸收法从烟气中分离二氧化碳的吸收剂主要采用胺类化合物，如单乙醇胺（MEA）、二乙醇胺（DEA）、甲基二乙醇胺（MDEA）、三乙醇胺（TEA）、二亚乙基二胺等。下述介绍单一吸收剂和组合型吸收剂与二氧化碳的吸收反应。

(1) 二氧化碳与氢氧根的反应

二氧化碳被液体吸收需经历由气相转变为液相的溶解过程，其以反应方程形式表示为：

$$CO_2(g) \rightleftharpoons CO_2(l) \tag{11-1}$$

二氧化碳在界面处的平衡由亨利定律描述，其为：

$$p_A = Hc_{A,int} \tag{11-2}$$

进入液相的二氧化碳将发生下述化学反应：

$$CO_2 + OH^- \rightleftharpoons HCO_3^- \tag{11-3}$$

$$HCO_3^- + OH^- \rightleftharpoons CO_3^{2-} + H_2O \tag{11-4}$$

在二氧化碳经历的上述过程中，溶解过程的速率很快。根据实验检测数据，碳酸氢根与氢氧根的反应速率大大高于二氧化碳与氢氧根的反应，因此二氧化碳与氢氧根的反应控制整个二氧化碳被吸收的过程。

在参考温度下，二氧化碳与氢氧根的反应平衡常数为 $6 \times 10^7 \, m^3/kmol$，因此该反应可认为是不可逆反应。在所研究的浓度范围内，浓度对二氧化碳与氢氧根反应的活化能基本没有影响。在 20℃ 下，活化能为 45.64 kJ/mol。

在无限稀溶液情况下，二氧化碳与氢氧根的反应速率常数为：

$$\lg k_{OH^-}^{\infty} = 11.895 - \frac{2382}{T} \tag{11-5}$$

特别注意的是，在溶液中不同的阳离子对二氧化碳与氢氧根离子的反应有显著影响。

(2) 二氧化碳与单乙醇胺（MEA）的吸收反应

$$CO_2 + R^1NH_2 \rightleftharpoons R^1NH_2^+CO_2^- \tag{11-6}$$

$$R^1NH_2^+CO_2^- + B \rightleftharpoons R^1NCOO^- + BH_2^+ \sharp \tag{11-7}$$

(3) 二氧化碳与二乙醇胺（DEA）的吸收反应

$$CO_2 + R^1R^2NH \rightleftharpoons R^1R^2NH^+CO_2^- \tag{11-8}$$

$$R^1R^2NH^+CO_2^- + B \rightleftharpoons R^1R^2NCO_2^- + BH^+ \tag{11-9}$$

上述反应先生成两性离子的中间产物，其为速率控制反应，然后进行去质子化反应，反应快速。该反应机理有助于实验数据的阐释。

(4) 二氧化碳与甲基二乙醇胺（MDEA）的吸收反应

$$CO_2 + MR^2N + H_2O \rightleftharpoons MR^2NH^+ + HCO_3^- \tag{11-10}$$

$$MR^2NH^+ + OH^- \rightleftharpoons MR^2N + H_2O \tag{11-11}$$

MDEA 不能与二氧化碳直接反应，而是起到促进二氧化碳的水解，生成碳酸氢根和质子化胺的作用。该反应速率相对于 MEA 较慢。

(5) 二氧化碳与三乙醇胺（TEA）的吸收反应

$$CO_2 + R^3N + H_2O \rightleftharpoons R^3NH^+ + HCO_3^- \tag{11-12}$$

$$R^3NH^+ + OH^- \rightleftharpoons R^3N + H_2O \tag{11-13}$$

三乙醇胺的反应在有水的情况下才能进行。

在上述反应中，MEA 和 DEA 反应快，但是其吸收焓大，MEA 的吸收焓为 -84kJ/mol，DEA 的吸收焓为 -67kJ/mol。MDEA 吸收焓为 -55kJ/mol。MDEA 的吸收能力最强，一个二氧化碳分子与一个氨基发生反应。

(6) 二氧化碳与二亚乙基二胺的吸收反应

$$CO_2 + PZ \rightleftharpoons PZH^+COO^- \tag{11-14}$$

$$PZH^+COO^- + B \rightleftharpoons PZCOO^- + BH^+ \tag{11-15}$$

二亚乙基二胺属于多元胺，具有很强的吸收能力，且反应异常快速，属微毒类化学物质。在上述吸收反应中，B 为碱性物质，可以为氢氧根、水或者另一个烷醇胺；R^1、R^2、R^3 为碳氢基。

关于一级和二级胺与二氧化碳反应的总体速率方程为：

$$r_{CO_2} = \frac{k_{f,z}[CO_2][Am]}{1 + \dfrac{k_{r,z}}{\sum k_b[B]}} \tag{11-16}$$

根据 B 在吸收体系中的贡献，一级和二级胺的动力学方程皆存在下述两种情况：$\dfrac{k_{r,z}}{\sum k_b[B]} \ll 1$ 和 $\dfrac{k_{r,z}}{\sum k_b[B]} \gg 1$。

根据催化水解机理，三级胺的动力学方程为：

$$r_{CO_2} = k_c[CO_2][Am] \tag{11-17}$$

为了便于应用，二氧化碳吸收的总包反应速率定义为：

$$r_{ov} = k_{ov}[CO_2] \tag{11-18}$$

对于快速准一阶吸收反应，可以表示为：

$$N_{CO_2} = [CO_2]_{int}\sqrt{k_{ov}D_{CO_2}} = \frac{P_{CO_2}}{H}\sqrt{k_{ov}D_{CO_2}} \tag{11-19}$$

二氧化碳的水解反应速率很慢，反应速率常数为 0.026s^{-1}（298K），因此该反应可忽略。二氧化碳和氢氧根离子的反应相对于二氧化碳的水解反应较为快速，其反应速率常数为 $8322m^3/(kmol·s)$ （298K），因此其反应速率为：

$$r_{OH^-,int} = k_{OH^-,int}[CO_2][OH^-] \tag{11-20}$$

$$\lg(k_{OH^-,int}) = 13.635 - \frac{2985}{T} \tag{11-21}$$

这样，一级和二级胺的吸收反应动力学方程为：

$$r_{ov} = k_{ov}[CO_2] = (r_z + r_{OH^-,int}) \tag{11-22}$$

表观反应速率常数定义为：

$$k_{app} = k_{ov} - k_{OH^-,int}[OH^-] \tag{11-23}$$

k_{ov} 由实验计算获得，氢氧根离子浓度由下述关系获得：

$$[OH^-] = \frac{K_w}{K_a}\left(\frac{1}{\alpha} - 1\right), \alpha \geqslant 10^{-3} \tag{11-24}$$

$$[OH^-] = \sqrt{\frac{K_w}{K_a}[Am]}, \alpha \leqslant 10^{-3} \tag{11-25}$$

式中 K_a——胺的去质子化平衡常数。

这样可获得一级和二级胺溶液的两性离子反应速率常数。

三级胺（TEA、MDEA）不能直接与二氧化碳反应，但是三级胺能起催化水解作用。其表面反应速率常数为：

$$k_{app} = k_{R^3N}[Am] \tag{11-26}$$

研究表明，三级胺与二氧化碳反应的阶数为1，与催化水解机理极为相符。三级胺的二阶反应速率常数分别为：

$$k_{2,TEA} = 8.741 \times 10^{12} \exp(-8625/T) \tag{11-27}$$

$$k_{2,TMDEA} = 2.661 \times 10^{11} \exp(-6573/T) \tag{11-28}$$

对于多元胺溶液，比如二亚乙基二胺是二级环胺，其具有高反应活性和吸收能力。B可以为 PZ、$PZCOO^-$、PZH^+、H_2O 或者 OH^-。

$$r_{CO_2} = \frac{k_{2,PZ,z}[CO_2][PZ]}{1 + \frac{k_{-1,z}}{\sum k_b[B]}} \tag{11-29}$$

由于 PZ 和 $PZCOO^-$ 的碱性强，分别为 9.731 和 9.44，因此该溶液体系存在下述关系：

$$\frac{k_{-1,z}}{\sum k_b[B]} \ll 1 \tag{11-30}$$

这样，二阶速率常数简化为：

$$k_{2,PZ,z} = 128.4\exp\left(-\frac{6200}{T}\right)\frac{1}{D_{CO_2}} \tag{11-31}$$

11.3 溶液吸收二氧化碳的传质过程

纯水吸收二氧化碳的传质过程可被认为没有化学反应,该吸收体系常被用作参考系统。其气液相平衡的亨利常数可用下式表示:

$$H_{CO_2,w} = 2.825 \times 10^6 \exp(-2040/T) \tag{11-32}$$

该式的亨利常数单位取 $kPa \cdot m^3/kmol$。

但是,二氧化碳在纯水中的亨利常数不能直接代替在胺溶液中的亨利常数,并且二氧化碳在胺溶液中的亨利常数不能直接被测取,因为其在溶液中发生了化学反应。有研究通过测取一氧化二氮气体分别在纯水和胺溶液中的亨利常数,然后按下式获取二氧化碳在胺溶液中的亨利常数,即:

$$\frac{H_{CO_2,s}}{H_{N_2O,s}} = \frac{H_{CO_2,w}}{H_{N_2O,w}} \tag{11-33}$$

$$H_{N_2O,w} = 8.547 \times 10^6 \exp\left(-\frac{2284}{T}\right) \tag{11-34}$$

$$H_{N_2O,s} = \frac{1}{RT(a_0 + a_1[Am] + a_2[Am]^2 + \cdots)} \tag{11-35}$$

二氧化碳在胺溶液中的扩散系数采用同样方法获取,计算表达式为:

$$D_{CO_2,w} = 2.397 \times 10^6 \exp\left(-\frac{2122.2}{T}\right) \tag{11-36}$$

$$D_{N_2O,w} = 4.041 \times 10^6 \exp\left(-\frac{2288.4}{T}\right) \tag{11-37}$$

$$D_{N_2O,s} = 5.533 \times 10^{-12} \frac{T}{\mu^{0.545}} \tag{11-38}$$

$$D_{CO_2,s} = D_{CO_2,w}/D_{N_2O,w} \tag{11-39}$$

式(11-38)的动力黏度单位为 $Pa \cdot s$。

气膜二氧化碳的传质系数采用下式估算,即:

$$Sh = 1.075 \left(ReSc \frac{d}{h}\right)^{0.85} \tag{11-40}$$

液膜二氧化碳的总体积传质系数按填料式吸收塔整理分析,其表达式为:

$$\frac{1}{K_y a} = \left(\frac{0.226}{f_p}\right) \left(\frac{Sc}{0.660}\right)^{0.5} \left(\frac{G_x}{6.782}\right)^{-0.5} \left(\frac{G_y}{0.678}\right)^{0.35} \tag{11-41}$$

式中 f_p——填料参数。

11.4 二氧化碳捕集系统

典型的二氧化碳捕集系统由填料吸收塔、填料汽提塔、再沸器、溶液热交换器、冷凝器、溶液泵、回液泵等设备组成，如图 11-1 所示。对于胺溶液吸收系统，烟气在进入吸收装置前必须达到具体指标要求。有关研究表明，烟气温度不宜高于 45℃，具体温度可根据化学吸收法适用的工艺条件确定；粉尘含量不宜大于 $5mg/m^3$；二氧化硫含量不宜大于 $10\sim20mg/m^3$，为了最大限度降低对后续装置及吸收剂的影响，宜低于 $10mg/m^3$；氮氧化物含量不宜大于 $50mg/m^3$。如果烟气达不到要求，应对烟气进行预处理。一般采用直接喷淋冷却方式。在降低烟气温度的同时，还可进一步脱除烟气中的粉尘及二氧化硫。洗涤液采用工业水，如果二氧化硫含量高，应在洗涤液中加入氢氧化钠或碳酸氢钠等碱液。洗涤液 pH 值宜为 6~8，偏低不仅会影响洗涤效果，还会造成预处理装置及相应管线的腐蚀，pH 值偏高容易跟烟气中的 CO_2 反应，同时容易使装置结垢。

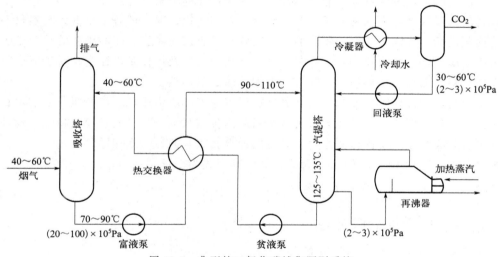

图 11-1　典型的二氧化碳捕集原则系统

11.4.1　填料吸收塔

为了提高溶液对二氧化碳的吸收能力和吸收效率，吸收塔一般采用填料吸收塔，且操作压力也提高到较高数值。填料吸收塔主要由塔体、填料和塔内件共同构成一个完整的整体。塔内件主要包括液体分布装置、填料紧固装置、填料支撑装置、液体收集再分布装置、防壁流及进出料装置、气体进料及分布装置和除雾装置。

11.4.1.1　填料

填料分为散装填料和规整填料。散装填料又称颗粒填料，通常以乱堆方式装填在塔内，也称乱堆填料。散装填料有环形填料、鞍形填料、环鞍形填料、球形填料和其他填料等。散装填料的主要优点是结构简单、价格便宜；然而流体分布不均是它的缺点。

规整填料是一种在塔内按均匀几何图形排列、整齐堆砌的填料，在整个塔截面上几何形状规则、对称、均匀，规定了气液流路，改善了沟流和壁流现象，压降可以很小。在相同的能量和压降下，较散装填料提供更多的比表面积，在同等容积中也可达到更高的传质、传热效果。同时，由于其结构的均匀、规则、对称性，在与散装填料具有相同的比表面积时，其空隙率更大，具有更大的通量，综合处理能力比散装填料塔大很多。通过对规整填料的深入研究以及对塔内件（如气液分布器）的精心设计、制造、安装和认真操作等，可以做到工业放大效应不明显。规整填料有金属板波纹填料、非金属板波纹填料、网波纹填料和其他填料等。

吸收塔需根据物系性质、分离难易程度、操作条件、物系腐蚀性、力学强度、气液负荷处理能力等因素选择填料类型、尺寸及材质。

散装填料在吸收过程中应用广泛,适应性强,填料价格同规整填料相比更便宜,并且制造、安装、清洗方便。规整填料则空隙率大,压降低,允许通量大,对于气膜控制的难分离物系非常合适,但其价格较高,制造、安装比较麻烦。各种填料的流体力学性能、传质性能、操作弹性等性能指标均有较大差异,而且各种填料均有不同尺寸和规格,可初选几种合适填料,进行工艺计算,估计设备的投资费用及操作费用,进行优化比较,确定填料类型及尺寸。一般情况下,吸收过程的液量很大,宜用大尺寸的填料。

填料的材质众多,金属材质通常有不锈钢、碳钢、铝、铜、低合金钢等,塑料材质有聚乙烯、聚氯乙烯、聚丙烯、聚四氟乙烯等,陶瓷材质有普通陶瓷、耐酸陶瓷等。对于吸收过程,选用金属、塑料和陶瓷均可,应视被分离介质的特性及操作条件而定。对于腐蚀物系可选用陶瓷填料,而对于塑料填料,需特别考虑材质的耐热性。

对于填料,设计计算主要是确定其高度、泛点速度和阻力压降。填料吸收塔的填料高度多采用传递单元高度和传递单元数来关联填料层内传质系数、相平衡及填料特性,物理意义明确,可有效表征填料层内传质效率。高度的计算公式与脱硫一章相同。

液泛气速可采用 Brain-Hougen 公式计算,其公式为:

$$\lg\left(\frac{u_G^2}{g} \times \frac{\alpha}{\varepsilon^3} \times \frac{\rho_G}{\rho_L} \mu_L^{0.2}\right) = A - B\left(\frac{L}{G}\right)^{0.25}\left(\frac{\rho_G}{\rho_L}\right)^{0.125} \tag{11-42}$$

式中 u_G——泛点空塔气速,m/s;

ρ_G, ρ_L——气相和液相密度,kg/m³;

μ_L——液相动力黏度,mPa·s;

A, B——不同填料的实验数值;

α/ε^3——干填料因子,m⁻¹。

设计空塔气速宜取泛点气速的 50%~70%。

由于填料泛点压降与流动参数和系统性质关系不大,主要由填料特性决定,根据该原理有泛点压降经验关联式:

$$\Delta p_f = 4.17 \varphi^{0.7} \tag{11-43}$$

式中 Δp_f——泛点压降,mmH₂O;

φ——填料因子,m⁻¹。

尽管泛点气速的预测非常重要,但迄今为止,尚无一个能够准确计算泛点的通用关联式,最可靠的是在工业或实验装置中对填料实验测取压降-气速关联图,以此确定泛点气速。

11.4.1.2 液体分布装置

液体分布装置一般应满足下列要求:

(1) 每个喷淋点的液体流率均匀,高性能液体分布器要求各点流率与平均流率的最大误差小于±6%。因此,喷淋点的小孔或堰口必须精确加工。

(2) 在整个塔截面上,喷淋点排列均匀、位置对称,单位面积上的流率均匀。

(3) 喷淋点密度 DPD 是喷淋点总数除以塔截面积。其值取决于填料形式和填料层高度。

其表达式为：

$$DPD = \frac{C}{D_r Z} \quad (11\text{-}44)$$

式中　C——常数；
　　　D_r——填料对液体的分散系数；
　　　Z——达到平衡分布的填料层高度。

(4) 操作弹性大。
(5) 气体通过的截面积大，阻力小。
(6) 结构紧凑，占用空间小。
(7) 不易堵塞、不易造成雾沫夹带和引起雾沫。
(8) 制造容易，安装、检修方便，易调整水平。

塔内液体不均匀分布，除液体初始分布不佳外，塔体不垂直也是原因之一。文献指出，塔体倾斜1%会导致塔效率降低到正常值的50%～70%。液体不均匀分布会导致填料层内局部区域的气液比与全塔宏观的气液比有显著差别。对精馏而言，这些局部区域可能出现浓度夹紧点，从而降低全塔总传质效率。液体不均匀分布是造成填料塔放大效应的主要因素。

当液体初始分布质量下降到40%时，20理论级的填料层会下降到10理论级；而8理论级会下降到5理论级。所以填料层中理论级数越多，液体分布质量的影响也越大。如果填料层小于5理论级时，不良分布的影响很小。

11.4.2　塔顶冷凝器

塔顶冷凝器通常采用管壳式换热器，小型塔器也可采用板式换热器作冷凝器。塔顶温度较高的较大型塔器，冷凝器采用空冷器，温度更高时，甚至可采用废热锅炉作为冷凝器。

当塔不高，且能承受冷凝器重量时，冷凝器可直接安装在塔顶部。这时管壳式冷凝器可以卧放，物料蒸汽在壳程，冷却介质走管程。也可把管壳式冷凝器竖立于塔顶，物料蒸气走管程，冷却介质走壳程。这种布置方式，塔顶回流可直接流回塔内，无须再设回流泵，回流温度可接近塔顶温度而不致过冷太多，有利于塔的分离。

当冷凝器较重时，通常安放在地面或操作平台上，此时则需要回流泵。

11.4.3　塔底再沸器

典型的再沸器形式有三种：降膜式、立式热虹吸式和强制循环式。

降膜式再沸器的主要特点是持液量小、压降低、传热系数高以及循环速率低。产生的蒸汽也是从上至下进入塔内，沿管壁下流的液膜在蒸汽推动下增加湍动，从而提高传热系数。缺点是投资高、安装垂直度要求高、有液体分配及保证沿管壁呈膜状均匀流下问题。适合于中等黏度以下的液体、热敏性物系及起泡沫物系。循环速率为2～10倍蒸发速率。

立式热虹吸式再沸器依靠单相液体与双相气液混合物间的密度差产生自然循环。热负荷过大时，会引起流量不稳定，管内液体和蒸汽的流动不平稳，且产生脉冲。在高热负荷时脉冲变大，可能引起气阻。故热负荷不应超过37.9kW/m²。管径一般取25～38mm，管子长度为2.5～4m。设计温差取20～50℃。再沸器出口管路设计过小会引起最大允许热负荷降低。因此，出口管道的最小流通面积至少应等于管程的总横截面积，并保证出口管路的总压降小于再沸器总压降的30%。

强制循环式再沸器通常采用卧式，塔底液面高于再沸器管束，管内液相通常是两程或更多程，液体通过管束时有过热，液体离开再沸器后进入到塔底空间才开始蒸发。这样可避免有些物料蒸发时有结晶物沉积在管束内。这种再沸器特点是传热系数高，强制循环流速可达5~6m/s，以防止结垢。缺点是持液量大、停留时间长、物料过热程度高。不适合热敏性物料，适合于高黏度、易结垢及结晶的物料。循环速率为蒸发速率的20~100倍。

对于二氧化碳捕集，再沸器宜选用热虹吸式或釜式再沸器。

11.4.4 二氧化碳捕集性能

二氧化碳捕集系统需要达到环境友好和高效运行。其具体要求是：无二次污染，吸收剂微毒（最好无毒），无腐蚀，吸收能力强，再生能耗低，吸收剂稳定性强，系统操作简单，结构紧凑，投资低。

(1) 二氧化碳捕集能力

二氧化碳捕集能力以单位时间内所能分离的二氧化碳质量，即：

$$G_{CO_2} = G_1 C_1 - G_2 C_2 \tag{11-45}$$

式中　G_1——吸收塔烟气进口流量，kg/h；

G_2——吸收塔烟气出口流量，kg/h；

C_1——吸收塔进口烟气中二氧化碳浓度，kg/m³；

C_2——吸收塔出口烟气中二氧化碳浓度，kg/m³。

(2) 碳捕集率

按下式计算：

$$\eta_{CO_2} = \frac{(F_1 C_1 - F_2 C_2)}{F_1 C_1} \times 100\% \tag{11-46}$$

碳捕集率不宜低于80%。

(3) 碳捕集能耗

设气体分离过程为稳定流动。根据热力学理论，混合气体的分离需要消耗功，气体分离装置的能量平衡如图11-2所示。

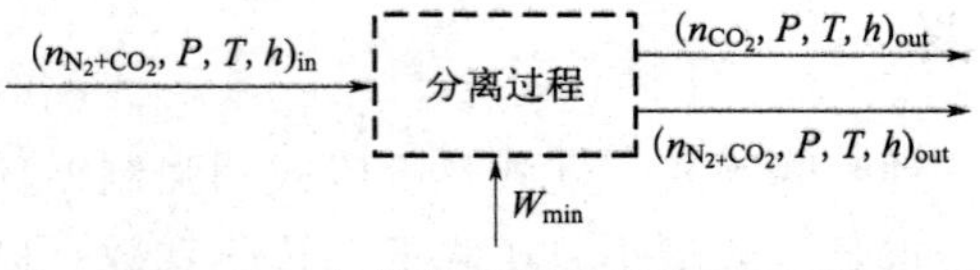

图 11-2　气体分离的稳定流动过程

气体的能量平衡方程为：

$$(nh + Q + W_s)_{out} - (nh + Q + W_s)_{in} = 0 \tag{11-47}$$

如果考虑能量损失，其能量方程为：

$$\left[nb + Q\left(1 - \frac{T_0}{T_s}\right) + W_s\right]_{in} - \left[nb + Q\left(1 - \frac{T_0}{T_s}\right) + W_s\right]_{out} = W_{loss} \tag{11-48}$$

$$b = h - T_0 s = x_i h_i(T) - T_0 \left[x_i s_i(T) + R x_i \ln\left(\frac{1}{x_i}\right)\right] \tag{11-49}$$

$$W_{loss} = T_0 \Delta S_{irr} \quad (11\text{-}50)$$

假设烟气为理想气体,依据混合气体方程,推导捕集单位二氧化碳的最小功耗为:

$$W_{min} = -\frac{RT_0}{\theta}\left\{\ln\frac{1}{x_{CO_2}} + \frac{1-\theta x_{CO_2}}{x_{CO_2}}\ln\frac{1}{1-\theta x_{CO_2}} + (1-\theta)\ln[(1-\theta)x_{CO_2}]\right\} \quad (11\text{-}51)$$

式中 θ——二氧化碳回收率,也等于碳捕集率。

$$\theta = \eta_{CO_2} = \frac{n_{CO_2}}{n_{CO_2,flue}} \quad (11\text{-}52)$$

假设气体分离是可逆过程,则:

$$W_{min} = nb_{out} - nb_{in} \quad (11\text{-}53)$$

设烟气温度为 40℃,二氧化碳回收率为 90%,则二氧化碳捕集的最小单位功耗为 175kJ/kg。最小单位功耗随烟气含二氧化碳浓度的变化如图 11-3 所示。

在工程上,烟气二氧化碳捕集纯化装置回收二氧化碳所需消耗的能量,即二氧化碳捕集能耗,应包括在捕集过程中的二氧化碳从富液中解吸的总热量(即再生能耗)加上吸收解吸装置运行过程中的电能及水消耗。其中再生能耗宜以消耗的蒸汽计,捕集每吨二氧化碳所需的能耗应按下列公式进行计算:

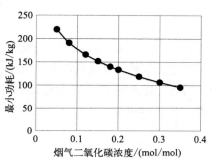

图 11-3 二氧化碳捕集的理论单位最小功耗变化规律

$$E_z = E_r + \frac{E_e + E_w}{m_{CO_2}} \quad (11\text{-}54)$$

$$E_r = \frac{Q_m H_v}{G_{CO_2}} \quad (11\text{-}55)$$

式中 E_z——每吨二氧化碳捕集能耗,GJ/t;
E_r——每吨二氧化碳再生能耗,GJ/t;
E_e——每小时捕集装置运行所需要的电能,GJ/h,用电设备分别计算加和得到;
E_w——每小时捕集装置运行所需要的水耗,GJ/h,需根据循环水量进行估算;
Q_m——每小时的蒸汽使用量,t/h;
G_{CO_2}——每小时二氧化碳产量,t/h;
H_v——蒸汽在实际工况下的焓值,GJ/t。

在设计时,二氧化碳捕集装置的能耗不宜高于 4.2GJ/t。吸收塔的填料高度不宜高于 20m,解吸塔的填料高度不宜高于 15m。进入吸收塔的贫液温度宜为 40～50℃,解吸塔底的温度宜为 100～125℃。吸收塔洗涤系统补充用水应采用脱盐水。吸收剂应选用吸收二氧化碳的能力强、再生性能好、腐蚀性小、不易降解的溶剂。二氧化碳吸收与解吸系统的能量应回收利用。

11.4.5 吸收剂

单一的吸收剂都有各自的优点和不可忽略的缺点,因此常利用位阻效应和电子效应选择添加剂以改变单一吸收剂的吸收性能、再生性能以及抗氧化性能。二亚乙基二胺是最为常用的促进剂,毒性属于微毒。二亚乙基二胺的主要优点是:一是具有超强的吸收二氧化碳的反应活性;二是具有很高的吸收二氧化碳的能力。尤其是,如果将少许的二亚乙基二胺添加到

MEDA 吸收溶液中，则显著提高 MEDA 溶液的吸收速率，因为位于界面的二亚乙基二胺快速与二氧化碳反应，然后在溶液主体内快速离解而将二氧化碳转移给 MEDA，离解后的二亚乙基二胺扩散返回至界面处。也就是说，添加的二亚乙基二胺起到了快速转运作用，显著增加了界面处二氧化碳的驱动力，达到深度净化二氧化碳的效果。

从 2000 年开始，已经提出数千种碳捕集的新吸收剂。其吸收能力是一个集中关注的因素，但是鲜有关注吸收剂的传递特性。几乎没有例外地致力于开发与提高二氧化碳的吸收能力和降低再生的能耗。表面上看，再生能耗决定运行成本。但是，总体成本是由投资和运行成本共同构成。因此，不仅要关注材料的平衡特性，而且要关注传递特性。设备的大小和运行成本是吸收剂的物理特性和化学特性的函数。

在总体上，二氧化碳捕集的能耗较高。不仅需要研究环境友好高效的吸收剂，而且需要研究新的系统与设备结构，为大规模实施碳捕集技术降低成本（投资成本和运行成本）。

思考题与习题

11-1 试分析现阶段不同二氧化碳捕集技术存在的问题。

11-2 分析化学吸收法捕集二氧化碳能耗来源并试提出降低能耗的措施。

11-3 将少许的二亚乙基二胺添加到 MEDA 吸收溶液，可显著提高 MEDA 溶液的吸收速率，试加以阐述。

参 考 文 献

[1] 徐通模，惠世恩. 燃烧学 [M]. 2版. 北京：机械工业出版社，2017.
[2] [美] 特纳斯. 燃烧学导论：概念与应用 [M]. 姚强，李水清，王宇，译. 北京：清华大学出版社，2009.
[3] 徐通模，金安定，温龙. 锅炉燃烧设备 [M]. 西安：西安交通大学出版社，1990.
[4] 周立行. 燃烧理论和化学流体力学 [M]. 北京：科学出版社，1990.
[5] 刘正白. 燃烧学 [M]. 大连：大连理工大学出版社，1992.
[6] 岑可法，姚强，洛仲泱，等. 燃烧理论与污染控制 [M]. 北京：机械工业出版社，2004.
[7] 谢克昌. 煤的结构与反应性 [M]. 北京：科学出版社，2002.
[8] 钱焕群，王立波. 烟气净化理论与设计 [M]. 北京：化学工业出版社，2022.
[9] GB 30720—2014. 家用燃气灶具能效限定值及能效等级 [S]. 北京：中国标准出版社，2014.
[10] GB 16410—2020. 家用燃气灶具 [S]. 北京：中国标准出版社，2007.
[11] GB/T 19839—2005. 工业燃油燃气燃烧器通用技术条件 [S]. 北京：中国标准出版社，2005.
[12] GB 13223—2011. 火电厂大气污染物排放标准 [S]. 北京：中国标准出版社，2011.
[13] DL/T 5196—2016. 火力发电厂石灰石-石膏湿法烟气脱硫系统设计规程 [S]. 北京：中国计划出版社，2013.
[14] 薛建明，王小明，刘建民，等. 湿法烟气脱硫设计及设备选型手册 [M]. 北京：中国电力出版社，2011.
[15] DL/T 5480—2013. 火力发电厂烟气脱硝设计技术规程 [S]. 北京：中国计划出版社，2013.